小型建设工程施工项目负责人岗位培训教材

水 利 水 电 工 程

小型建设工程施工项目负责人岗位培训教材编写委员会　编写

中国建筑工业出版社

图书在版编目（CIP）数据

水利水电工程/小型建设工程施工项目负责人岗位培训教材
编写委员会编写. —北京：中国建筑工业出版社，2013.8
小型建设工程施工项目负责人岗位培训教材
ISBN 978-7-112-15572-9

Ⅰ.①水… Ⅱ.①小… Ⅲ.①水利水电工程-施工管理-岗
位培训-教材 Ⅳ.①TV5

中国版本图书馆 CIP 数据核字（2013）第 144184 号

本书是《小型建设工程施工项目负责人岗位培训教材》中的一本，是水利水电工程专业小型建设工程施工项目负责人参加岗位培训的参考教材。全书共分 3 章，包括基础知识、案例、建造师（水利水电工程）注册执业管理规定及相关要求等。本书可供水利水电工程专业小型建设工程施工项目负责人作为岗位培训参考教材，也可供水利水电工程专业相关技术人员和管理人员参考使用。

* * *

责任编辑：刘 江 岳建光 张伯熙
责任设计：李志立
责任校对：刘梦然 党 蕾

小型建设工程施工项目负责人岗位培训教材
水 利 水 电 工 程
小型建设工程施工项目负责人岗位培训教材编写委员会 编写

*

中国建筑工业出版社出版、发行（北京西郊百万庄）
各地新华书店、建筑书店经销
北京红光制版公司制版
河北省零五印刷厂印刷

*

开本：787×1092 毫米 1/16 印张：21¼ 字数：512 千字
2014 年 4 月第一版 2014 年 4 月第一次印刷
定价：**56.00** 元
ISBN 978-7-112-15572-9
（24158）

小型建设工程施工项目负责人岗位培训教材

编写委员会

主　　编： 缪长江

编　　委：（按姓氏笔画排序）

王　莹　　王晓峥　　王海滨　　王雪青

王清训　　史汉星　　冯桂炬　　成　银

刘伊生　　刘雪迎　　孙继德　　李启明

杨卫东　　何孝贵　　张云富　　庞南生

贺　铭　　高尔新　　唐江华　　潘名先

序

为了加强建设工程施工管理，提高工程管理专业人员素质，保证工程质量和施工安全，建设部会同有关部门自 2002 年以来陆续颁布了《建造师执业资格制度暂行规定》、《注册建造师管理规定》、《注册建造师执业工程规模标准（试行）》、《注册建造师施工管理签章文件目录（试行）》、《注册建造师执业管理办法（试行）》等一系列文件，对从事建设工程项目总承包及施工管理的专业技术人员实行建造师执业资格制度。

《注册建造师执业管理办法（试行）》第五条规定：各专业大、中、小型工程分类标准按《注册建造师执业工程规模标准（试行）》执行；第二十八条规定：小型工程施工项目负责人任职条件和小型工程管理办法由各省、自治区、直辖市人民政府建设行政主管部门会同有关部门根据本地实际情况规定。该文件对小型工程的管理工作做出了总体部署，但目前我国小型建设工程还未形成一个有效、系统的管理体系，尤其是对于小型建设工程施工项目负责人的管理仍是一项空白，为此，本套培训教材编写委员会组织全国具有丰富理论和实践经验的专家、学者以及工程技术人员，编写了《小型建设工程施工项目负责人岗位培训教材》（以下简称《培训教材》），力求能够提高小型建设工程施工项目负责人的素质；缓解"小工程、大事故"的矛盾；帮助地方建立小型工程管理体系；完善和补充建造师执业资格制度体系。

本套《培训教材》共 17 册，分别为《建设工程施工管理》、《建设工程施工技术》、《建设工程施工成本管理》、《建设工程法规及相关知识》、《房屋建筑工程》、《农村公路工程》、《铁路工程》、《港口与航道工程》、《水利水电工程》、《电力工程》、《矿山工程》、《冶炼工程》、《石油化工工程》、《市政公用工程》、《通信与广电工程》、《机电安装工程》、《装饰装修工程》。其中《建设工程施工成本管理》、《建设工程法规及相关知识》、《建设工程施工管理》、《建设工程施工技术》为综合科目，其余专业分册按照《注册建造师执业工程规模标准（试行）》来划分。本套《培训教材》可供相关专业小型建设工程施工项目负责人作为岗位培训参考教材，也可供相关专业相关技术人员和管理人员参考使用。

对参与本套《培训教材》编写的大专院校、行政管理、行业协会和施工企业的专家和学者，表示衷心感谢。

在《培训教材》的编写过程中，虽经反复推敲核证，仍难免有不妥甚至疏漏之处，恳请广大读者提出宝贵意见。

小型建设工程施工项目负责人岗位培训教材编写委员会
2013 年 9 月

《水利水电工程》
编 写 小 组

审　　定：钱　敏　唐　涛

组　　长：成　银

副 组 长：陈修翔　杨子江

编写人员：（按姓氏笔画排序）

成　银　　成安发　　朱丽燕　　伍宛生

苏孝敏　　杨子江　　何建新　　沈继华

沈掌林　　张绍虎　　张祥东　　陈修翔

陈送财　　赵长海　　赵殿信　　胡　慨

翁国华　　薛永志

前　言

本书根据《注册建造师执业管理办法（试行）》（建市［2008］48号）关于小型工程施工项目负责人的有关规定并结合小型水利水电工程的具体情况进行编写，包括基础知识、案例和注册建造师（水利水电工程）执业管理规定及相关要求三章。其中第一章基础知识包括水利水电工程施工技术、水利工程项目施工管理和水利水电工程项目相关法律、法规和标准、规范三节；第二章案例包括水利水电工程项目工程实例、水利水电工程质量与安全事故案例和水利水电工程项目综合管理案例三节；第三章注册建造师（水利水电工程）执业管理规定及相关要求包括执业工程规模标准、执业工程范围和施工管理签章文件三节。本书突出了小型水利水电工程建设与施工管理的专业特点。

本书为小型工程施工项目负责人（水利水电工程专业）的考核指导用书，也可作为高等学校工科专业的教学参考用书和从事水利水电工程建设管理、勘测设计、施工、监理、咨询、质量监督、安全监督、行政监督等工作人员的参考用书。

本书由成银、陈修翔主编，成银、伍宛生、陈修翔、陈送财、何建新、沈继华、苏孝敏、张绍虎、张吉东、杨子江、胡慨、赵殿信、赵长海、薛永志等同志编写。全书由杨子江统稿，成银、陈修翔审稿，钱敏、唐涛审定。

在本书的编写过程中，得到了水利部淮河水利委员会、中水淮河规划设计研究有限公司、安徽水利开发股份有限公司、中水淮河安徽恒信工程咨询有限公司、安徽安兆工程咨询服务有限公司、安徽省水利水电职业技术学院等单位给予的大力支持和帮助，在此一并致以衷心的感谢。

本书编写过程中参考了许多文献资料和一些企业的施工项目管理经验，在此对文献资料的作者和经验的创造者表示诚挚的感谢。由于水平有限，书中难免有不妥之处，恳请读者批评指正，以便再版时修改完善。

目　　录

第1章 基 础 知 识

1.1 水利水电工程施工技术

1.1.1 水利水电工程建筑物的类型及组成

1.1.1.1 水利水电工程等级划分及洪水标准

1. 水利水电工程等级划分

（1）水利水电工程等别划分

根据《水利水电工程等级划分及洪水标准》SL 252—2000 的规定，水利水电工程根据其工程规模、效益以及在国民经济中的重要性，划分为Ⅰ、Ⅱ、Ⅲ、Ⅳ、Ⅴ五等，适用于不同地区、不同条件下建设的防洪、灌溉、发电、供水和治涝等水利水电工程，见表1-1。

水利水电工程分等指标 表 1-1

工程等别	工程规模	水库总库容（$10^8 m^3$）	防洪		治涝	灌溉	供水	发电
			保护城镇及工矿企业的重要性	保护农田（10^4亩）	治涝面积（10^4亩）	灌溉面积（10^4亩）	供水对象重要性	装机容量（10^4kW）
Ⅰ	大（1）型	≥10	特别重要	≥500	≥200	≥150	特别重要	≥120
Ⅱ	大（2）型	10～1.0	重要	500～100	200～60	150～50	重要	120～30
Ⅲ	中型	1.0～0.10	中等	100～30	60～15	50～5	中等	30～5
Ⅳ	小（1）型	0.1～0.01	一般	30～5	15～3	5～0.5	一般	5～1
Ⅴ	小（2）型	0.01～0.001		＜5	＜3	＜0.5		＜1

注：1. 水库总库容是指校核洪水位以下的静库容；

2. 灌溉面积与治涝面积是指设计面积。

对于综合利用的水利水电工程，当按各综合利用项目的分等指标确定的等别不同时，其工程等别应按其中的最高等别确定。

（2）水工建筑物的级别划分

水利水电工程中水工建筑物的级别，反映了工程对水工建筑物的技术要求和安全要求。应根据所属工程的等别及其在工程中的作用和重要性分析确定。

水利水电工程的永久性水工建筑物的级别应根据建筑物所在工程的等别及建筑物的重要性确定为五级，分别为1、2、3、4、5级，见表1-2。

永久性水工建筑物级别

表 1-2

工程等别	主要建筑物	次要建筑物
Ⅰ	1	3
Ⅱ	2	3
Ⅲ	3	4
Ⅳ	4	5
Ⅴ	5	5

永久性水工建筑物的级别确定时，对于下述情况可提高或降低其主要建筑物的级别。

1）对失事后造成损失巨大或影响非常严重的 2～5 级水利水电工程主要永久性建筑物，经论证并报主管部门批准，可提高一级；

2）对失事后造成损失不大的 1～4 级水利水电工程主要永久性建筑物，经论证并报主管部门批准，可降低一级；

3）对工程地质条件特别复杂的永久性水工建筑物或采用缺乏实践经验的新型、新结构时，对 2～5 级水利水电工程主要永久性建筑物可提高一级，但洪水标准可不提高；

4）对水库大坝按表 1-2 规定为 2 级、3 级永久性水工建筑物的，如坝高超过表 1-3 中的数值者可提高一级，但洪水标准可不提高。

永久性水工建筑物级别

表 1-3

坝的原级别	坝 型	坝高（m）
2	土石坝	90
2	混凝土坝、浆砌石坝	130
3	土石坝	70
3	混凝土坝、浆砌石坝	100

堤防工程的级别，应该按照《堤防工程设计规范》GB 50286 确定。堤防工程的防洪标准主要由防洪对象的防洪要求而定。堤防工程的级别根据堤防工程的防洪标准确定，见表 1-4。

堤防工程的级别

表 1-4

防洪标准 （重现期，年）	≥100	<100，且≥50	<50，且≥30	<30，且≥20	<20，且≥10
堤防工程的级别	1	2	3	4	5

穿堤水工建筑物的级别，按所在堤防工程的级别和与建筑物规模相应的级别中的最高级别确定。

2. 水利水电工程永久性水工建筑物洪水标准

永久性水工建筑物的洪水标准分为正常运用（设计工况）和非常运用（校核工况）两种洪水标准。洪水标准根据建筑物类型、级别按表 1-5 和表 1-6 来选定。

山区、丘陵区水利水电工程永久性水工建筑物洪水标准　　　　表 1-5

项　目		永久性水工建筑物级别				
		1	2	3	4	5
洪水重现期（年）	设计工况	1000～500	500～100	100～50	50～30	30～20
	校核工况 土石坝	可能最大洪水（PMF）10000～5000	5000～2000	2000～1000	1000～300	300～100
	校核工况 混凝土坝、浆砌石坝	5000～2000	2000～1000	1000～500	500～200	200～100

平原地区水利水电工程永久性水工建筑物洪水标准　　　　表 1-6

项　目		永久性水工建筑物级别				
		1	2	3	4	5
		洪水重现期（年）				
设计工况	水库工程	300～100	100～50	50～20	20～10	10
	拦河工程	100～50	50～30	30～20	20～10	10
校核工况	水库工程	2000～1000	1000～300	300～100	100～50	50～20
	拦河工程	300～200	200～100	100～50	50～20	20

　　山区、丘陵区的土石坝失事后将会造成特别重大的灾害时，1 级建筑物的校核洪水标准应取可能的最大洪水或万年一遇洪水，2～4 级建筑物可提高一级设计。

　　对 1 级混凝土坝和浆砌块石坝，如果洪水漫顶将会造成严重损失时，校核洪水标准需经过专门论证并报主管部门批准，应取可能的最大洪水或万年一遇洪水。

1.1.1.2　土石坝与堤防的构造及作用

　　1. 土石坝的类型

　　土石坝常按坝高、施工方法或筑坝材料分类。

　　（1）按坝高分类

　　我国《碾压式土石坝设计规范》SL 274 规定：土石坝按坝高可分为低坝、中坝和高坝。高度在 30m 以下的为低坝；高度在 30～70m 之间的为中坝；高度超过 70m 的为高坝。

　　（2）按施工方法分类

　　按施工方法土石坝可分为碾压式土石坝、水力冲填坝、定向爆破堆石坝等。其中碾压式土石坝最常见，它是用适当的土料分层堆筑，并逐层加以压实（碾压）而成的坝。它又可分为三种：

　　1）均质坝。坝体断面不分防渗体和坝壳，坝体基本上是由均一的黏性土料（壤土、砂壤土）筑成，见图 1-1（a）。

　　2）土质防渗体分区坝。即黏土心墙坝和黏土斜墙坝，用透水性较大的土料作坝的主体，用透水性极小的黏土作防渗体的坝。防渗体设在坝体中央的或稍向上游的称为黏土心墙或黏土斜墙坝，是高、中坝中最常用的坝型，见图 1-1（b）～图 1-1（d）。

　　3）人工材料防渗坝。防渗体由沥青混凝土、钢筋混凝土或其他人工材料（如土工膜）建成的坝。按其位置也可分为心墙或面板坝两种，见图 1-1（e）、图 1-1（f）。

3

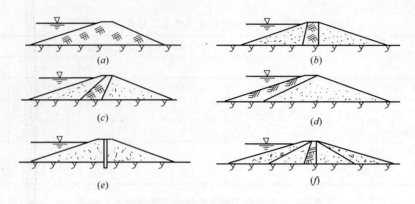

图 1-1 土石坝的类型

（3）按筑坝材料分类

1）土坝。坝体材料以土和砂砾为主。

2）土石混合坝。土和石两种材料在坝体中均占相当比例。

3）堆石坝。以石渣、卵石、爆破石为主，除防渗体外，坝体的绝大部分或全部由石料堆筑而成。

2. 土石坝的构造及作用

（1）土石坝的主要组成

土石坝的基本剖面一般为梯形或复式梯形，主要由坝顶构造、防渗体、护坡和坝坡排水及坝体排水设施组成。

（2）土石坝的构造及作用

1）坝顶构造（图 1-2）

①坝顶宽度。坝顶宽度应根据构造、施工、运行和抗震等因素确定。如无特殊要求，高坝可选用 10～15m，中、低坝可选用 5～10m。同时，坝顶宽度必须充分考虑心墙或斜墙顶部及反滤层、保护层的构造需要。

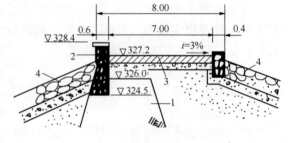

图 1-2 某土坝坝顶构造
1—心墙；2—斜墙；3—路面；4—回填土

②护面。护面的材料可采用碎石、砌石、沥青或混凝土，Ⅳ级以下的坝下游也可以采用草皮护面。如有公路交通要求，还应满足公路路面的有关规定。作用是保护坝顶不受破坏。为了排除雨水，坝顶应做成向一侧或两侧倾斜的横向坡度，坡度宜采用 2‰～3‰。对于有防浪墙的坝顶，则宜采用单向向下游倾斜的横坡。

③防浪墙。坝顶上游侧常设混凝土或浆砌石修建的不透水的防浪墙，墙基要与坝体防渗体可靠地连接起来，以防高水位时漏水，防浪墙的高度一般为 1.0～1.2m。

2）防渗体

土坝防渗体主要有心墙、斜墙、铺盖、截水墙等，设置防渗设施的作用是：减少通过坝体和坝基的渗流量；降低浸润线增加下游坝坡的稳定性；降低渗透坡降防止渗透变形。

①均质坝。整个坝体就是一个大的防渗体，它由透水性较小的黏性土筑成。

②黏性土心墙和斜墙。心墙一般布置在坝体中部，有时稍偏上游并略为倾斜；斜墙布

置在坝体的上游，以便于和上游铺盖及坝顶的防浪墙相连接。

黏性心墙和斜墙顶部水平厚度一般不小于3m，以便于机械化施工。防渗体顶与坝顶之间应设有保护层，厚度不小于该地区的冰冻或干燥深度，同时按结构要求不宜小于1m。

③非土料防渗体。非土料防渗体有钢筋混凝土、沥青混凝土、木板、钢板、浆砌块石和塑料薄膜等，较常用的是沥青混凝土和钢筋混凝土。

3）土石坝的护坡与坝坡排水

①护坡。土石坝的护坡的形式有：草皮、抛石、干砌石、浆砌石、混凝土或钢筋混凝土、沥青混凝土或水泥土等。作用是防止波浪淘刷、顺坝水流冲刷、冰冻和其他形式的破坏。

②坝坡排水。除干砌石或堆石护面外，均必须设坝面排水。为了防止雨水冲刷下游坝坡，常设纵横向连通的排水沟。与岸坡的结合处，也应设置排水沟以拦截山坡上的雨水。坝面上的纵向排水沟沿马道内侧布置，用浆砌石或混凝土板铺设成矩形或梯形。坝较长时，则应沿坝轴线方向每隔50～100m设一横向排水沟，以便排除雨水。

4）坝体排水设施

坝体排水设施的形式有贴坡排水、棱体排水、褥垫排水、管式排水和综合式排水。坝体排水的作用是降低坝体浸润线及孔隙水压力，防止坝坡土冻胀破坏。在排水设施与坝体、土基接合处，都应设置反滤层。其中贴坡排水和棱体排水最常用。

①贴坡排水。紧贴下游坝坡的表面设置，它由1～2层堆石或砌石筑成，见图1-3。贴坡排水顶部应高于坝体浸润线的逸出点，保证坝体浸润线位于冰冻深度以下。

贴坡排水构造简单、节省材料、便于维修，但不能降低浸润线，且易因冰冻而失效，常用于中小型工程下游无水的均质坝或浸润线较低的中等高度坝。

②棱体排水。在下游坝脚处用块石堆成棱体，顶部高程应超出下游最高水位，超出高度应大于波浪沿坡面的爬高，并使坝体浸润线距坝坡的距离大于冰冻深度。应避免棱体排水上游坡脚出现锐角，顶宽应根据施工条件及检查观测需要确定，但不得小于1.0m，见图1-4。

棱体排水可降低浸润线，防止坝坡冻胀和渗透变形，保护下游坝脚不受尾水淘刷，多用于河床部分（有水）的下游坝脚处。

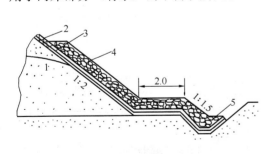

图1-3 贴坡排水

1—浸润线；2—护坡；3—反滤层；
4—排水体；5—排水沟

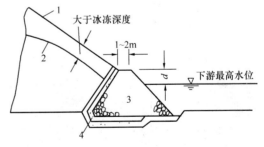

图1-4 堆石棱体排水

1—下游坝坡；2—浸润线；
3—棱体排水；4—反滤层

③褥垫排水。将块石平铺在坝体靠下游部分的地基上，周围设反滤层，形成褥垫进行排水。

④管式排水。用带孔的陶瓦管、混凝土管、钢筋混凝土管或碎石埋入坝体进行排水。

⑤反滤层。为避免因渗透系数和材料级配的突变而引起渗透变形，在防渗体与坝壳和坝壳与排水体之间都要设置 2～3 层粒径不同的砂石料作为反滤层。材料粒径沿渗流方向由小到大排列。

3. 堤防的构造及作用

（1）堤防的分类

堤防是沿江、河、湖、海、排灌渠道或分洪区、行洪区边界修筑的挡水建筑物，按其所处的位置和作用不同可分为河堤、湖堤、海堤、围堤、水库堤防和渠堤等。

（2）堤防的构造

上述 6 种堤防由于其工作条件不尽相同，其构造也略有区别，其中土质堤防的构造与作用和土石坝类似，包括堤顶、防渗体、护坡、坝坡排水及堤体排水等构造。

堤高超过 6m 的背水坡应设戗台，宽度不宜小于 1.5m；风浪大的海堤、湖堤临水侧宜设置消浪平台，其宽度可为波高的 1～2 倍，但不宜小于 3m。

城市、工矿区等修建土堤受限制的地段，宜采用浆砌石、混凝土或钢筋混凝土结构的防洪墙，它们与重力坝的构造相似。

（3）堤防的作用

堤防的主要作用是约束水流、控制河势、防止洪水泛滥成灾，海堤可抗御风浪、海潮入侵。

1.1.1.3 水闸的组成与作用

水闸是一种既能挡水又能泄水的低水头水工建筑物，通过闸门启闭来控制水位和流量，以满足防洪、灌溉、排涝等需要。

1. 水闸的类型

（1）按水闸所承担的任务可分为进水闸、节制闸、泄水闸、排水闸、挡潮闸等。

（2）按闸室结构形式可分为开敞式水闸和涵洞式水闸。

1）开敞式水闸：闸室上面是露天的，上面没有填土，见图 1-5。当引（泄）水流量较大、渠堤不高时，常采用开敞式水闸。

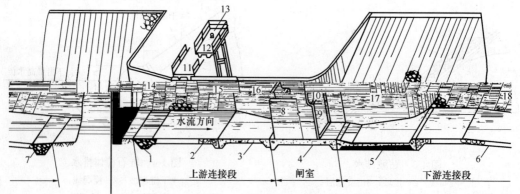

图 1-5 水闸的组成部分

1—上游防冲槽；2—上游护底；3—铺盖；4—底板；5—护坦（消力池）；

6—海漫；7—下游防冲槽；8—闸墩；9—闸门；10—胸墙；11—交通桥；

12—工作桥；13—启闭机；14—上游护坡；15—上游翼墙；16—边墩；

17—下游翼墙；18—下游护坡

2）涵洞式水闸：主要建在渠堤较高，引水流量较小的渠堤之下，闸室后有洞身段，洞身上面填土作为路基。根据水力条件的不同，涵洞式可分为有压的和无压的两种。

2. 水闸的组成及其作用

水闸由闸室和上、下游连接段三部分组成，见图1-5。

（1）闸室

闸室是水闸的主体，起挡水和调节水流的作用。它包括底板、闸墩、闸门、胸墙、工作桥和交通桥等。

1）底板。底板按结构形式，可分为平底板、低堰底板和反拱底板；工程中用得最多的是平底板。根据底板与闸墩的连接方式不同，平底板可分为整体式和分离式两种。

①整体式底板。底板与闸墩连成整体。作用是将上部结构重量及荷载传给地基，并有防冲及防渗作用。底板厚度必须满足强度和刚度要求，可取为 $1/5 \sim 1/7$ 倍闸孔净宽，但不宜小于 $0.5 \sim 0.7m$。整体式平底板抗震性能较好。中等密实以下的地基或地震区适宜采用整体式底板。

对多孔水闸，为适应地基不均匀沉降和减小底板内的温度应力，需要沿水流方向用横缝（温度沉降缝）将闸室分成若干段，每个闸段一般不超过20m。

②分离式底板。底板与闸墩之间用沉降缝分开，称为分离式底板，闸孔中间底板，也称为小底板；另一部分是闸墩底板。分离式闸墩底板基底压力较大，一般宜建在中等密实以上的地基上。

2）闸墩。闸墩的作用主要是分隔闸孔，支承闸门、胸墙、工作桥及交通桥等上部结构。

闸墩多用 C15～C30 混凝土浇筑，小型水闸可用浆砌块石砌筑，但门槽部位需用混凝土浇筑。

3）工作桥。工作桥的作用是安装启闭机和供管理人员操作启闭机之用，为钢筋混凝土简支梁或整体板梁结构。桥的高度必须满足闸门能提出门槽检修的要求。

4）胸墙。作用是挡水，以减小闸门的高度。跨度在5m以下的胸墙可用板式结构，超过5m跨度的胸墙用板梁式结构；胸墙与闸墩的连接方式有简支和固结两种。

（2）上游连接段

上游连接段由铺盖、护底、护坡及上游翼墙组成。

1）铺盖。作用主要是延长渗径长度以达到防渗目的，应该具有不透水性，同时兼有防冲功能。常用材料有黏土、混凝土、钢筋混凝土等，以混凝土铺盖最为常见。

混凝土铺盖常用 C15 混凝土浇筑，厚度 $0.2 \sim 0.4m$，铺盖与底板接触的一端应适当加厚，并用沉降缝分开，缝内设止水，见图1-6。

2）护底与护坡。它的作用是防止高速水流对渠（河）底及边坡的冲刷，长度一般为3～5倍堰顶水头。材料有干砌石、浆砌石或混凝土等。

3）上游翼墙。它的作用是改善水流条件、挡土、

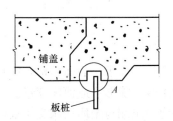

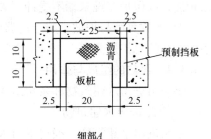

图1-6　铺盖构造示意图

7

防冲、防渗等。其平面布置形式有圆弧形翼墙、扭曲面翼墙、八字形翼墙和隔墙式翼墙等；结构形式有重力式、悬臂式、扶壁式和空箱式等。

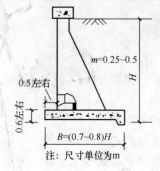

图 1-7 重力式挡土墙示意图

①重力式翼墙。见图 1-7，依靠自身的重量维持稳定性，由浆砌石或混凝土筑成，适应地基承载力较高、高度在 5～6m 以下的情况，在中小型水闸中应用很广。

②悬臂式翼墙。挡土墙是固结在底板上的悬臂结构，由钢筋混凝土筑成。适用于高度为 6～9m，地质条件较好的情况。

③扶壁式翼墙。扶壁式翼墙是由直墙、底板和扶壁组成的钢筋混凝土结构。适用于高度为 8～9m，地质条件较好的情况。

④空箱式翼墙。空箱式翼墙是扶壁式翼墙的特殊形式。由顶板、底板、前墙、后墙、隔墙与扶壁组成。适用于高度较高、地质条件较差的情况。

（3）下游连接段

下游连接段通常包括护坦、海漫、下游防冲槽（齿墙）以及下游翼墙与护坡等。

1）护坦。承受高速水流的冲刷、水流脉动压力和底部扬压力的作用，因此要求护坦应具有足够的重量、强度和抗冲耐磨能力，通常用混凝土筑成，也可采用浆砌块石。为了防止不均匀沉降而产生裂缝，护坦与两侧翼墙底板及闸室底板之间，均应设置沉陷缝。缝的位置如在闸基防渗范围内，缝中应设止水。

2）海漫与防冲槽。在消力池后面应设置海漫与防冲槽，见图 1-8。其作用是继续消除水流余能，调整流速分布，确保下游河床免受有害冲刷。

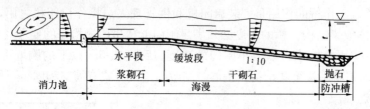

图 1-8 海漫与防冲槽

海漫构造要求：表面粗糙，能够沿程消除余能；透水性好，以利渗流顺利排出；具有一定的柔性，能够适应河床变形。海漫材料一般采用浆砌或干砌块石筑成。

在海漫末端与土质河床交接处可能会遭受冲刷，因此在海漫末端设置防冲槽与下游河床相连，以保护海漫末端不受冲刷破坏。

3）下游翼墙与护坡。与上游翼墙和护坡基本相同，护坡要做到防冲槽尾部。下游八字形翼墙的总扩散角在 15°～24°之间。

1.1.1.4 泵站的组成与作用

泵站由进出水建筑物和泵房组成。

1. 泵站进出水建筑物

泵站进出水建筑物一般包括引水渠、沉砂及冲砂建筑物、前池、进水池、出水管道和出水池。

（1）引水渠。当泵站的泵房远离水源时，应利用引水渠（岸边式泵站可设涵洞）将水源引至前池和进水池。泵站的引水渠分为自动调节引渠和非自动调节引渠。

（2）沉砂及冲砂建筑物。当从多砂河流取水时，一般可设置沉砂及冲砂建筑物。

（3）前池。是衔接引渠和进水池的水工建筑物。根据水流方向可将前池分为两大类，即正向进水前池和侧向进水前池。

（4）进水池。是水泵（立式轴流泵）或水泵进水管（卧式离心泵、混流泵）从中直接吸水的水工建筑物，一般布置在前池和泵房之间或泵房的下面（湿室型泵房）。

（5）出水池。是衔接水泵出水管与灌溉（或排水）干渠（或承泄区）的水工建筑物，根据水流出流方向出水池分为正向出水池和侧向出水池。

（6）压力水箱。是一种封闭形式的出水建筑物，箱内水流一般无自由水面，大多用于排水泵站且承泄区水位变幅较大的情况。按水流方向分，压力水箱有正向出水和侧向出水两种。

（7）出水管道。水泵房至出水池之间有一段压力管道称为出水管道。出水管道的铺设方式有明式铺设和暗式铺设两种。

2. 泵房的结构形式

泵房结构形式有移动式和固定式两大类。移动式分为囤船型和缆车型；固定式分为分基型、干室型、湿室型、块基型四种。小型泵站工程主要是分基型、干室型、湿室型三种。

（1）分基型泵房。分基型泵房的结构主要特征是机组的基础和泵房基础分开建造，泵房室外地坪高程高于进水池最高水位，泵房无水下结构，见图1-9。

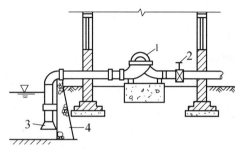

图1-9　分基型泵房

1—水泵；2—闸阀；3—喇叭口；4—挡土墙

（2）干室型泵房。当水源水位变幅超过水泵的有效吸程，或地下水位较高，为了防止泵房底部渗水，将泵房基础和机组基础用钢筋混凝土筑成整体结构，使泵房底部形成一个防水地下室，称为干室型泵房，见图1-10。

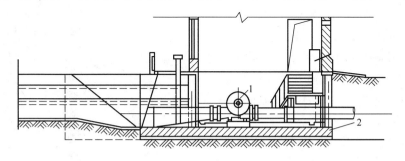

图1-10　干室型泵房

1—水泵；2—混凝土泵室底板

（3）湿室型泵房。湿室型泵房的特点是泵房和进水池合建成上下层建筑物。上层安装动力机和附属设备，称为电机层；下层作进水池用，和前池连通，因此室内有水，水泵安装于此层，称为水泵层，见图1-11。

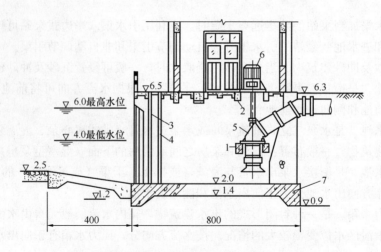

图 1-11　某墩墙式湿室型泵房（单位：高程 m，尺寸 cm）

1—水泵梁；2—电机梁；3—拦污栅槽；4—检修闸门槽；

5—立式轴流泵；6—电动机；7—泵室底板

1.1.1.5　渠系建筑物的分类与作用

渠系上的水工建筑物称为渠系建筑物。渠系建筑物按其作用可分为控制建筑物、交叉建筑物、衔接建筑物、泄水建筑物、量水建筑物、输水建筑物、防冲防淤建筑物等。

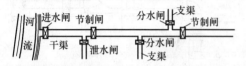

图 1-12　控制建筑物位置示意图

1. 控制建筑物

控制建筑物包括进水闸、分水闸、节制闸等，如图 1-12 所示。其主要作用是控制渠道的水位和流量。

（1）进水闸。进水闸是从灌溉水源引水的控制建筑物，起着控制全灌区引水流量的作用，是取水枢纽的主要组成部分。进水闸有开敞式和封闭式两种，采用无坝取水时多选用开敞式水闸；采用有坝取水或水库取水时，多为封闭式涵闸。

（2）分水闸。分水闸是上级渠道向下级渠道分配水量的控制性建筑物，其位置一般设在干渠以下各级渠道的引水口处，斗、农级渠道的分水闸称为斗、农门。分水闸的闸底高程宜与上级渠道的渠底齐平或稍高于上级渠底，闸室结构可采用开敞式或涵洞式。图 1-13 为开敞式分水闸。

（3）节制闸。节制闸是控制本级渠道某渠段水位和流量的控制建筑物，如图 1-13所示。节制闸的主要作用是抬高上游渠道水

图 1-13　分水闸、斗门和节制闸

位，便于下级渠道引水；控制上、下游水量，以便实行轮灌；截断渠道水流，保护下游主要建筑物或渠段的安全。节制闸的闸室结构一般采用开敞式，节制闸应垂直于渠道中心线布置，布置时一般要考虑以下几种情况：

1）当上级渠道供水不足时，水位将降低，以致满足不了下级渠道引水要求，可在该

10

分水口偏下游的地方建节制闸，以控制水流，抬高不位。这种情况下可考虑一座节制闸同时控制几个分水口，以满足其上游几个分水口对水位的要求。

2）当下级渠道实行轮灌时，需在上、下游轮灌分组处设节制闸。在上游渠道轮灌期间，用节制闸截断水流，把全部水量分配给上游轮灌组中的下级各条渠道。

3）为了保护渠道上的重要建筑物或险工险段，常在该渠段的上游建节制闸。为排泄降雨期间汇入上游渠段的径流，或当上游渠段出现险情时需排除渠道中的余水，通常在节制闸的上游设置泄水闸，把渠道中的多余水量由泄水闸排向天然河道或排水沟。因此，节制闸常和泄水闸联合修建。

2. 交叉建筑物

渠道跨越河溪、渠沟、洼地、道路时，需要修建交叉建筑物。常见的交叉建筑物有渡槽、倒虹吸、涵洞和桥梁等。

（1）渡槽。渡槽也称过水桥，是用明槽代替渠道将渠水平顺渡过障碍的一种交叉建筑物，如图 1-14 所示。其适用条件是：

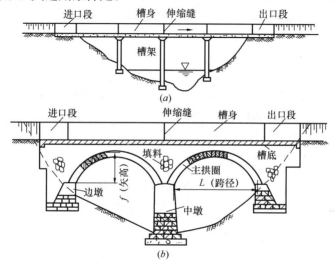

图 1-14　输水渡槽
（a）梁式渡槽；（b）拱式渡槽

1）渠道与河沟相交，渠底高于河沟的最高洪水位，并有一定的净空高度，以不影响河沟泄洪为准。

2）渠道与洼地相交，修建高填方渠道工程量大或占地太多。

3）渠道与道路相交，渠底高于路面且高差大于车辆行驶要求的安全净空高度（一般应大于 4.5m）。

（2）倒虹吸

倒虹吸是用敷设在地面或地下的压力管道输送渠水穿过河流、洼地、道路等障碍的一种交叉建筑物，如图 1-15 所示。其适用条件是：

1）渠道与道路相交，渠水面高于路面，其高差不能满足行车净空要求。

2）渠道与河沟相交，渠底低于河沟洪水位，修建渡槽影响河沟泄洪。

3）渠道与河沟相交，河沟有通航要求，建渡槽影响通航。

11

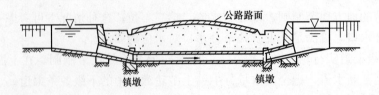

图 1-15　倒虹吸

4）渠道与河沟相交，河沟宽深，地质条件差，修建渡槽下部结构复杂，施工难度大。

5）渠道与洼地相交，洼地有大片农田，不宜作填方，修渡槽造价又太高，可考虑修建倒虹吸。

（3）涵洞

涵洞是渠道穿越障碍时常用的一种交叉建筑物，如图 1-16 所示。其适用条件是：

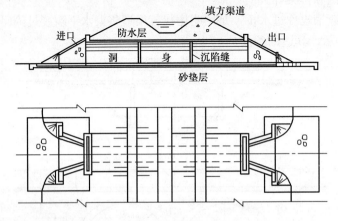

图 1-16　填方渠道下的涵洞

1）渠道与道路相交，渠水面低于路面，渠道流量又较小时修建。

2）渠道与河沟相交，河沟洪水位低于渠底且流量不大时，可在填方渠道下修建涵洞以泄洪。

3）挖方渠道通过土质极不稳定的地段，也可修建涵洞代替明渠。

（4）桥梁

当渠道与道路相交且渠道水位低于路面、流量较大、水面较宽时，要在渠道上修建桥梁来满足交通要求。

3. 衔接建筑物

当渠道通过地势陡峻或地面坡度较大的地段时，为了保持渠道的设计比降，防止渠道冲刷，避免深挖高填，减少渠道工程量，在保证自流灌溉控制水位的前提下，可将渠道分成上、下两段，中间用衔接建筑物连接，以合理地过渡渠水水面。常见的衔接建筑物主要有跌水和陡坡。

（1）跌水

跌水是使渠道水流呈自由抛射状下泄的一种衔接建筑物，常用于跌差不大（一般在3m 以内）的陡坎处，如图 1-17 所示。它由进水段、跌水壁、消力池、出水段四部分组成。为了保证输水安全，应将跌水建在挖方地基上。

（2）陡坡

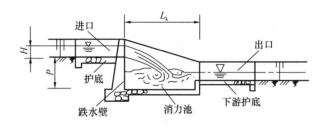

图 1-17　跌水

陡坡是利用倾斜渠槽将上、下游渠道连接起来的衔接建筑物。倾斜渠槽的比降一般陡于临界坡度，故称陡坡，如图 1-18 所示。陡坡由进水段、陡坡段、消力池、出口段构成。陡坡的落差和比降应根据实际地形、地质等条件确定。在实际工程中，陡坡被广泛地采用，其选用的条件是：

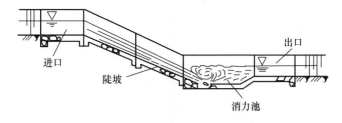

图 1-18　陡坡

1）跌差较大，坡面较长且比较均匀时多用陡坡。

2）陡坡段是岩石，做跌水开挖难度较大。

3）陡坡地段土质较差，修建跌水基础处理工程量较大。

4）从盘山渠道上直接引出的垂直等高线的支、斗渠，其上游段没有灌溉任务时，可在支、斗渠口结合分水闸修建陡坡。

一般来说，跌水的消能效果好，有利于保护下游渠段的安全；而陡坡的开挖工程量较小，比较经济。具体选用时应根据跌差、地形、地质等条件，通过分析比较后确定。此外，以上所述均为单级跌水或陡坡。当跌差大于 5m 采用单级跌水或陡坡不经济时，可采用多级跌水或多级陡坡。多级跌水可按水面落差相等或台阶跌差相等的原则分级，每级高度宜小于 5m。

4．泄水建筑物

灌溉渠道在运用中，往往由于种种原因，引起渠道水位上升，超过渠道最高水位，危及渠道安全。为保证渠道安全，防止漫溢决堤，需在渠道上的适当位置修建泄水建筑物。常见的泄水建筑物有泄水闸、溢流堰、退水闸等。其主要作用是：排除渠中余水、坡面径流入渠的洪水、渠道和建筑物发生事故时的渠水。

（1）泄水闸

泄水闸多设在重要建筑物和大填方渠段的上游以及大量山洪入渠处的下游，以保证渠道和建筑物的安全。其底高程一般应低于渠底高程或与之齐平，以便泄空渠水；闸的中心线与渠道中心线的夹角宜为 $60°\sim90°$；闸室结构可采用开敞式或封闭式。

（2）溢流堰

溢洪堰一般设在大量山洪汇入的渠段末端附近，堰顶高程宜与渠道加大流量的相应水位齐平，在洪水入渠超过堰顶高程时自动溢流泄水，保证渠道安全。

（3）退水闸

退水闸一般设在干、支渠道或重要斗渠的末端，以排除渠道中的灌溉余水，并可用于事故泄水。

泄水建筑物布置应结合排水系统统一考虑，以便就近排入排水沟或天然河道中。

5. 输水建筑物

渠道遇到山岭，当绕行或明挖工程量太大不经济时，可修建隧洞输水。

6. 量水建筑物

为了测定渠道流量，达到计划用水、科学用水、节约用水目的，需要利用渠系上的建筑物进行量水，如采用水闸、渡槽、涵洞、跌水、陡坡等量水；也可以利用特设的量水设备，如三角形量水堰、梯形量水堰、巴歇尔量水槽、无喉道量水槽、量水喷嘴等。

在万亩以上灌区的干、支渠上，可利用直线段进行量水，并设立测流断面和相应的测流设施，利用流速仪等进行测流。小型渠道可根据流量、比降、水流含沙量等不同情况选用特设的量水设备。

除以上介绍的各种渠系建筑物外，还有为防止水流所挟带的泥沙淤积渠道而修建的沉沙池、冲沙闸等防淤建筑物；为防止江、河、湖、海水倒灌而修建的防洪闸、挡潮闸等挡水建筑物；利用渠道上集中落差所修建的水力加工站和小水电站等。

1.1.1.6 农村饮水安全工程的组成与作用

农村饮水安全工程的水源可分为地下水源和地表水源。地下水源包括上层滞水、潜水、承压水、裂隙水、熔岩水和泉水等；地表水源包括江河水、湖泊水、水库水及海水等。

根据条件不同，农村饮水安全工程给水系统分为分散式给水系统和集中式给水系统。

1. 分散式给水系统工程的组成

分散式给水系统主要有下列 3 种形式：

1）雨水收集给水系统；

2）手动泵给水系统；

3）山泉水、截潜水、集蓄水池给水系统。

（1）雨水收集给水系统工程的组成

雨水收集给水系统可采用屋顶集水式或地面集水式，以及两者的结合。

当采用屋顶集水式雨水收集给水系统时，可用简易滤池进行处理。

当采用地面集水式雨水收集给水系统时，收集的雨水应进行处理，处理构筑物可选择自然沉淀、粗滤、慢滤等。

1）供电有保证时，可采用下列处理工艺：

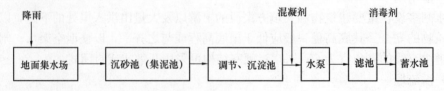

2）供电没有保证时，可采用下列处理工艺：

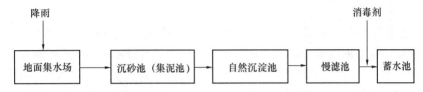

降雨 → 地面集水场 → 沉砂池（集泥池） → 自然沉淀池 → 慢滤池 ← 消毒剂 → 蓄水池

（2）手动泵给水系统工程的组成

手动泵给水系统由水源井（管井）、井台及手动泵等设施组成。

（3）山泉水、截潜水、集蓄水池给水系统工程的组成

山泉水给水系统由泉水水源、引泉池和供水管道组成。

采用截潜水给水系统，当潜水埋藏较浅、水质较好时，山区截潜水重力给水系统可修建渗渠、集水井收集潜水，经消毒后，利用地形高差经管道重力输送至用户；截取地表流淌山溪水的重力给水系统，当水量随季节变化较大时，可在适宜地点筑坝蓄水，并设简易净水构筑物，利用地形高差经管道重力输送至用户。

集蓄水池给水系统可根据当地实际情况，采用大口井取水或家用水窖式取水、集蓄水池集水，集蓄水池应设置通气孔、溢流管、人孔，集蓄浅层地下水时应设反滤层；大口井宜采用取水池、蓄水池、井室合一的形式。

2. 集中式给水系统工程的组成及作用

（1）工程建设标准

1）供水水质标准

根据《村镇供水工程技术规范》SL 310，Ⅰ～Ⅲ型供水工程以及有条件的Ⅳ型、Ⅴ型供水工程，供水水质应符合国家《生活饮用水卫生标准》GB 5749 要求。

2）供水水压标准

①配水管网中最不利用户接管点的最小服务水头为 10m。

②对管网中用户较集中、楼层较高区域可实行分压供水。

③配水管网中最小服务水头：消火栓设置处不应低于 10m，单层建筑物为 10m，二层建筑物为 12m，二层以上每增高一层增加 4.0m。

（2）工程措施选择

工程措施一般有新建引水、新建提水、管网延伸和水厂改造（既有水厂改造又有管网延伸归入水厂改造）四种形式。针对项目区农村供水设施现状和存在问题，根据各地的水资源条件、用水需求、地形条件、居民点分布等情况，本着因地制宜、方便管理、节省投资、降低成本、工程安全可靠的原则确定工程措施。

1）水源水量充沛，在地形、管理、投资效益比、制水成本等条件适宜时，应优先选择适度规模的联片集中供水。

2）水源水量较小，或受其他条件限制时，可选择单村或单镇供水。

3）距离城镇供水管网较近，条件适宜时，应选择管网延伸供水。

4）山丘区宜选择重力流方式供水。

5）人口集中，有好水源，应按供水到户设计。

6）当用水区地形高差较大或个别用水区较远时，应分压供水。

根据以上原则，结合各片实际情况，充分利用现有设施，达到解决饮水安全问题的目的，并使工程覆盖范围内的饮水安全、供水水质、水量和保证度，充分发挥已有供水工程效益。

（3）水源保护措施

在实施过程中，应着重加强对现有水源的安全保护，防止水源二次污染。

1）施工前，应根据相关的规范、规定及标准，制定出较完善的施工组织设计，布置好施工现场。施工中严禁破坏水源环境及地质构造，将施工对饮用水源的不利影响降至最低。

2）施工期应加强施工场地卫生管理，妥善处理污废水和生活、建筑垃圾。在人员生活、生产密集的场地周围设置净化设施，废水需经简单沉淀、过滤后排放到水源保护区范围之外，严禁直接向水源体倾倒。

3）施工中的开挖面和永久性的弃土、弃渣场应采取一定的措施进行防护，取土区回填后可进行复耕或造林种草，避免产生新的水土流失，并在工程结束后对施工区的植被进行恢复。

4）选用合格的建筑材料和设备，并采用新工艺、新材料、新方法施工，确保工程质量。施工结束后应及时进行供水系统调试、清洗，避免工器具、废弃物等滞留于供水系统中，影响供水水质，确保供水系统安全。

（4）地下水水源给水工程的组成及作用

地下水水源的物理、化学及细菌指标等方面均较地面水的水质好，水温也低，一般只需经简单处理便可使用。采用地下水作水源具有经济、安全及便于维护管理等优点。因此，符合卫生要求的地下水，应首先考虑作为饮用水的水源。但地下水的储量非常有限，不宜大量开采，在取集时，必须遵循开采量应小于动储量的原则，否则将使地下水资源遭受破坏，甚至会引起陆沉现象。

1）原水水质符合现行国家标准《地下水质量标准》GB/T 14848 规定的三类以上水质时，可采用下列工艺：

①自流式

②抽升式

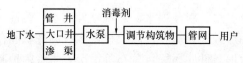

上述工艺中泉室、管井、大口井、渗渠的作用是聚水，农村饮水安全工程的井型主要是管井（图1-19）；水泵的作用是提水；高位水池的作用是蓄水和提供供水水压；调节构筑物的作用是提供供水水压；管网是将洁净的自来水分配供应到各用户的管道系统，根据管线所起作用的不同，可分为干管和分配管。干管的主要作用是担负沿供水范围的输水工作，分配管的主要任务则是配水给用户。

配水管网的布置方式，一般可分为树枝状管网与环状管网两种基本方式。树枝状管网总长度短，修建费用省，但断水可能性大，而环状管网则相反。农村饮水安全工程的配水管网布置一般采用树枝状管网布置形式，在平缓区 600～1000m 设置一处排气阀，在管道最低处设放空阀（兼排泥阀），往高地水池、水塔或地形高的地区供水要设缓闭止回阀等水管防护装置。

2）当地下水含铁、锰、氟、砷及含盐量超过现行国家标准《生活饮水卫生标准》GB 5749

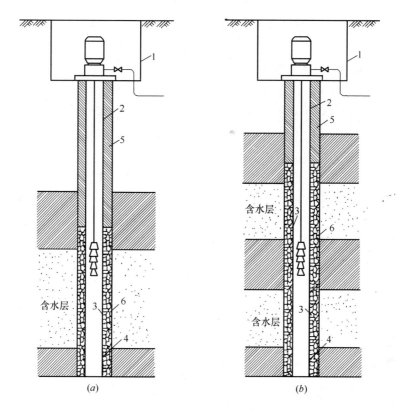

图 1-19　管井的一般构造

（a）单过滤器管井；（b）多过滤器管井

1—井室；2—井壁管；3—过滤器；4—沉淀管；5—黏土封闭；6—人工填砾

规定的水质指标限值时，应进行针对性的净化处理。

（5）地表水水源给水工程的组成及作用

地表水水源给水工程的一般由取水工程、净水工程、输配水工程组成。

取水工程由给水水源、取水构筑物和取水泵站组成。主要作用是选择合适的地表水水源和提水方式，并将水提升至净水工程中进行处理。

净水工程采用的净水工艺主要有：混凝、沉淀、过滤、离子交换、化学氧化、膜法、吸附、曝气及生物处理等。其作用是将取自天然水源的水处理成符合生活饮用或工业使用的水。地表水净化的常用工艺流程如图 1-20 所示。

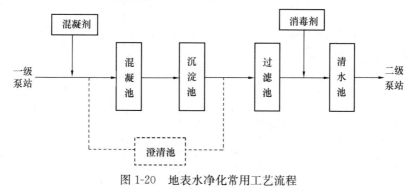

图 1-20　地表水净化常用工艺流程

输配水工程包括输水管网和配水管网，其作用与地下水源给水工程管网的作用相同。

1.1.2 水利水电工程施工导流

施工导流是指在河床中修筑围堰围护基坑，并将施工期间河道上游的来水按设定的方式导向下游，创造工程建设干地施工条件。施工导流设计是分析研究当地的自然条件、工程特性和其他行业对水资源的需求，选择导流方案，划分导流时段，选定导流标准和导流设计流量，确定导流建筑物的形式、布置、构造和尺寸，拟定导流建筑物的修建、拆除、封堵的施工方法，拟定河道截流、拦洪度汛和基坑排水的技术措施，通过技术经济比较，选择一个经济合理的导流方案。导流建筑物系指枢纽工程施工期所建造、使用的临时性挡水和泄水建筑物，挡水建筑物主要是围堰，泄水建筑物包括导流明渠、导流隧洞、导流涵管、导流底孔等临时建筑物和部分利用的永久泄水建筑物。

1.1.2.1 施工导流标准

导流建筑物级别及其设计洪水标准，简称施工导流标准。施工导流标准是影响导流建筑物规模、永久建筑物施工安全及工程投资的决定性因素，是导流建筑物的设计依据。导流标准与工程所在地的水文气象特性、地质地形条件、永久建筑物类型、施工工期等直接相关，应按《水利水电工程等级划分及洪水标准》SL 252、《水利水电工程施工组织设计规范》SL 303、《水电水利工程施工导流设计导则》DL/T 5114，结合工程特点综合分析，合理确定导流建筑物级别及设计洪水标准，使导流设计流量尽量符合实际施工流量，取得安全和经济的统一，减少风险，节约投资。

导流建筑物的级别，依据导流建筑物的保护对象、失事后果、使用年限和工程规模等指标划分为（Ⅲ～Ⅴ级），具体按表1-7确定，当导流建筑物根据表1-7指标分属不同级别时，应以其中最高级别为准，但列为3级导流建筑物时，至少应有两项指标符合要求。

导流建筑物级别划分表　　　　　　　　　　　　　　　　　　表 1-7

级别	保护对象	失事后果	使用年限（年）	导流建筑物规模	
				围堰高度（m）	库容（108m³）
3	有特殊要求的1级永久性水工建筑物	淹没重要城镇、工矿企业、交通干线或推迟工程总工期及第一台（批）机组发电，造成重大灾害和损失	>3	>50	>1.0
4	1级、2级永久性水工建筑物	淹没一般城镇、工矿企业或影响工程总工期及第一台（批）机组发电而造成较大经济损失	1.5～3	15～50	0.1～1.0
5	3级、4级永久性水工建筑物	淹没基坑、但对总工期及第一台（批）机组发电影响不大，经济损失较小	<1.5	<15	<0.1

注　1. 导流建筑物包括挡水和泄水建筑物，两者级别相同；
　　2. 表列四项指标均按导流分期划分，保护对象一栏中所列永久性水工建筑物级别系按《水利水电工程等级划分及洪水标准》SL 252划分；
　　3. 有、无特殊要求的永久性水工建筑物均系针对施工期而言，有特殊要求的1级永久性水工建筑物系指施工期不应过水的土石坝及其他有特殊要求的永久性水工建筑物；
　　4. 使用年限系指导流建筑物每一导流分期的工作年限，两个或两个以上导流分期共用的导流建筑物，如分期导流一期、二期共用的纵向围堰，其使用年限不能叠加计算；
　　5. 导流建筑物规模一栏中，围堰高度指挡水围堰最大高度，库容指堰前设计水位所拦蓄的水量，两者应同时满足。

导流建筑物设计洪水标准应根据建筑物的类型和级别在表1-8规定幅度内选择，对导流建筑物级别为3级且失事后果严重的工程，应提出发生超标准洪水时的预案。

导流建筑物洪水标准［重现期（年）］   表 1-8

导流建筑物类型	导流建筑物级别		
	3	4	5
土石结构	50～20	20～10	10～5
混凝土、浆砌石结构	20～10	10～5	5～3

在下列情况，导流建筑物洪水标准可用表1-8中的上限值：

（1）河流水文实测资料系列较短（小于20年）或工程处于暴雨中心区；

（2）采用新型围堰结构形式；

（3）处于关键施工阶段，失事后可能导致严重后果；

（4）工程规模、投资和技术难度用上限值和下限值相差不大；

（5）在导流建筑物级别划分中属于本级别上限。

1.1.2.2 施工导流方式

施工导流方式，应根据地形、地质条件、水文特性、流冰、枢纽布置以及航运等要求综合比较选定。施工导流有分期围堰导流方式和一次拦断河床围堰导流方式两类。

1. 分期围堰导流

分期围堰导流，就是用围堰将水工建筑物分段分期围护起来进行施工。分段就是将河床围成若干个施工基坑，分段进行施工，分段是分期的前提条件。分期就是从时间上将导流过程划分阶段施工。分期围堰法导流适用于河床宽、流量大、工期长的工程，尤其适用通航和冰凌严重的河道，这种导流方法费用低。包括束窄河床导流和通过已建或在建的建筑物导流。

（1）束窄河床导流

束窄河床导流通常用于分期导流的前期阶段，特别是一期导流。其泄水道是被围堰束窄后的河床。确定河床的束窄程度要考虑：束窄河床后的流速对通航和围堰、河床防冲的影响；各段主体工程的工程量、施工强度的均衡；便于布置后期导流用的泄水建筑物，不致使后期围堰过高或截流落差过大，造成截流困难。束窄河床的允许流速取决于围堰及河床的抗冲允许流速。当河床覆盖层是深厚的细土粒层时，束窄河床不可避免地会产生一定的冲刷。对于非通航河道，只要这种冲刷不危及围堰和河岸的安全，一般都是许可的。

（2）通过建筑物导流

通过建筑物导流的主要方式，包括设置在混凝土坝体中的底孔导流、混凝土坝体上预留缺口导流、梳齿孔导流，平原河道上低水头河床式径流电站可采用厂房导流等。这种导流方式多用于分期导流的后期阶段。

2. 一次拦断河床围堰导流

一次拦断河床围堰导流是指在河床内距主体工程轴线（如大坝、水闸等）上下游一定的距离，修筑拦河堰体，一次性截断河道，使河道中的水流经河床外修建的临时泄水道或永久泄水建筑物下泄。断流围堰法导流适用于枯水期流量不大，河道狭窄的河流，按其导流泄水建筑物的类型可分为明渠导流、隧洞导流、涵管导流等。在实际工程中也采用明渠、隧洞等组合方式导流。

（1）明渠导流

明渠导流（图 1-21）是在河岸或河滩上开挖渠道，在基坑的上下游修建横向围堰，河道的水流经渠道下泄。这种施工导流方法一般适用于岸坡平缓或有一岸具有较宽的台地、垭口或古河道的地形。明渠具有施工简单，适合大型机械施工的优点；有利于加速施工进度，缩短工期；对通航、放木条件也较好。

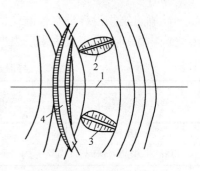

图 1-21　明渠导流
1—水工建筑物轴线；2—上游围堰；
3—下游围堰；4—导流明渠

导流明渠的布置要保证水流顺畅，泄水安全、施工方便、缩短轴线、减少工程量。明渠进出口与上下游河道主流的交角以 30°左右为宜，转弯半径应大于五倍渠底宽度。与上下游围堰之间的距离一般为 $50\sim100\text{m}$，以防明渠水流冲刷围堰。明渠与基坑之间要有适当的距离，减少明渠水流向基坑内渗透。

（2）隧洞导流

隧洞导流（图 1-22）是在河岸边开挖隧洞，在基坑的上下游修筑围堰，一次性拦断河床形成基坑，保护主体建筑物干地施工，天然河道水流全部或部分由导流隧洞下泄的导流方式。这种导流方法适用于河谷狭窄、两岸地形陡峻、山岩坚实的山区河流。

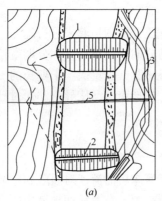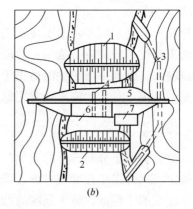

（a）　　　　　　　　　　　　（b）

图 1-22　隧洞导流示意图
（a）隧洞导流；（b）隧洞导流并配合底孔宣泄汛期洪水
1—上游围堰；2—下游围堰；3—导流隧洞；4—底孔；
5—坝轴线；6—溢流坝段；7—水电站厂房

（3）涵管导流

涵管导流（图 1-23）是利用涵管进行导流。适用于导流流量较小的河流或只用来担负枯水期的导流。一般在修筑土坝、堆石坝等工程中采用。涵管通常布置在河岸滩地上，其位置常在枯水位以上，这样可在枯水期不修围堰或只修小围堰而先将涵管筑好，然后再修上、下游断流围堰，将河水经涵管下泄。

1.1.2.3　施工围堰

围堰是导流工程中的临时性挡水建筑物，用来围护施工基坑，保证水工建筑物能在干地施工。在导流任务完成后，若围堰不能与主体工程结合成为永久工程的一部分，应予以拆除。

1. 围堰分类

（1）按使用材料，可分为土石围堰、混凝土围堰、草土围堰、木笼围堰、竹笼围堰、钢板桩格形围堰等。

（2）按围堰与水流方向的相对位置，可分为横向围堰和纵向围堰。

（3）按围堰与保护的工程相对位置，可分为上游围堰和下游围堰。

（4）按导流期间基坑过水与否，可分为过水围堰和不过水围堰。过水围堰除需要满足一般围堰的基本要求外，还要满足堰顶过水的要求。

（5）按围堰挡水时段，可分为全年挡水围堰和枯水期挡水围堰。

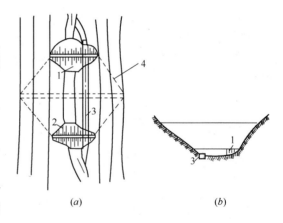

图 1-23 涵管导流示意图
（a）平面图；（b）上游立视
1—上游围堰；2—下游围堰；3—涵管；4—坝体

2. 围堰形式选择

选择围堰形式需根据当时当地的具体条件，在满足以下原则，通过技术经济比较后确定。

（1）安全可靠，能满足稳定、防渗、抗冲的要求；

（2）就地取材造价低、构造简单，建造、拆除方便；

（3）堰基处理切实可行，堰体便于与岸坡或已有建筑物连接。

土石围堰是广泛使用的围堰形式，但作为纵向围堰时，应注意堰体的防冲保护；混凝土围堰宜建于岩基。

3. 围堰的构造

围堰布置应满足所围护的永久建筑物所需的基坑开挖，施工机械、设备布置，基坑排水及施工道路等场地的要求。并使水流平顺，防止堰底坡脚被水流冲刷。确定堰顶高程时尚需考虑波浪爬高和围堰的安全超高。

（1）土石围堰

土石围堰可与截流戗堤结合，可利用开挖弃渣，并可直接利用主体工程开挖装运设备进行机械化快速施工。土石围堰的防渗结构形式有斜墙式、斜墙带水平铺盖式、垂直防渗墙式及灌浆帷幕式等。见图 1-24。

（2）混凝土围堰

混凝土围堰是用常态混凝土或碾压混凝土建筑而成。混凝土围堰宜建在岩石地基上。混凝土围堰的特点是挡水水头高，底宽小，抗冲能力大，堰顶可溢流。尤其是在分段围堰法导流施工中，用混凝土浇筑的纵向围堰可以两面挡水，而且可与永久建筑物相结合作为坝体或闸室体的一部分。混凝土围堰结构形式有重力式、拱形等形式。

（3）草土围堰

草土围堰是一种草土混合结构。草土围堰能就地取材，结构简单，施工方便，造价低，防渗性能好，适应能力强，便于拆除，施工速度快。但草土围堰不能承受较大的水头，一般适用于水深不大于 6～8m，流速小于 3～5m/s 的中、小型水利工程。

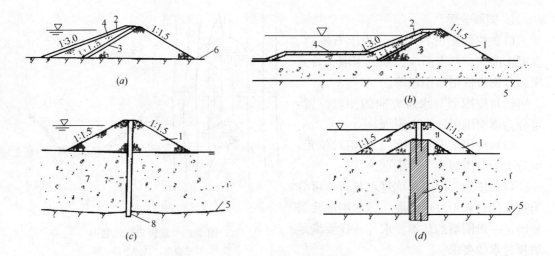

图 1-24　土石围堰

(a) 斜墙式；(b) 斜墙带水平铺盖式；(c) 垂直防渗墙式；(d) 灌浆帷幕式

1—堆石体；2—黏土斜墙、铺盖；3—反滤层；4—护面；5—隔水层；

6—覆盖层；7—垂直防渗墙；8—灌浆帷幕；9—黏土心墙

（4）竹笼围堰

竹笼围堰是用内填块石的竹笼堆叠而成的挡水建筑物，在迎水面一般用木板、混凝土面板或填黏土阻水。采用木面板或混凝土面板阻水时，迎水面直立；用黏土防渗时，迎水面为斜墙。竹笼围堰的使用年限一般为 1～2 年，最大高度约为 15m。

（5）钢板桩格形围堰

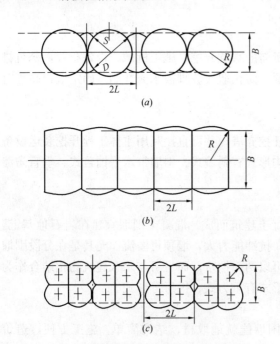

钢板桩格形围堰是由一系列彼此相连的格体形成外壳，然后在内填以土料或砂料构成。格体是土或砂料和钢板桩的组合结构，由横向拉力强的钢板桩连锁围成一定几何形状的封闭系统。钢板桩格形围堰按挡水高度不同，其平面形式有圆筒形格体、扇形格体、花瓣形格体（图 1-25），应用较多的是圆筒形格体，圆筒形格体钢板桩围堰，一般适用的挡水高度小于 15～18m，可以建在岩基或非岩基上，也可作过水围堰用。

4. 围堰施工

（1）土石围堰的施工

围堰的施工有水上、水下两部分。水上部分的施工与一般土石坝相同，采用分层填筑，碾压施工，并适时安排防渗墙施工；水下部分的施工，土料、石渣、堆石体的填筑可采用进占法，也可采用各种驳

图 1-25　钢板桩格型围堰平面形式

(a) 圆筒形格体；(b) 扇形格体；(c) 花瓣形格体

22

船抛填水下材料。土石围堰与岸坡的接头，主要通过扩大接触面和嵌入岸坡的方法，以延长塑性防渗体的接触，防止集中绕渗破坏。

土石围堰与混凝土纵向围堰的接头，通常采用刺墙形式插入土石围堰的塑性防渗体中，并将接头的防渗体断面扩大，以保证在任一高程处均能满足绕流渗径长度要求。

围堰拆除一般是在使用期的最后一个汛期过后，随上游水位的下降，逐层拆除围堰背水坡和水上部分。土石围堰的拆除可用挖掘机开挖、爆破、挖泥船开挖或人工开挖等。

（2）混凝土围堰的施工

混凝土围堰多为重力式。狭窄河床的上游围堰，在堰肩地质条件允许的情况下，也可采用拱形结构。混凝土围堰的施工与混凝土坝相似。混凝土围堰一般需在低土石围堰保护下干地施工，但也可创造条件在水下浇筑混凝土或预填骨料灌浆。

混凝土围堰的拆除，一般只能用爆破法炸除，但应注意，必须使主体建筑物或其他设施不受爆破危害。

（3）钢板桩格形围堰施工

钢板桩格形围堰的修建和拆除机械化程度高，钢板桩回收可达70％，边坡垂直、断面小、占地少，安全可靠。钢板桩格形围堰修建工序：定位、打设模架支柱、模架就位、安插打设钢板桩、安装围檩和拉杆、拆除支柱和模架、填充砂砾料至要求高度。

钢板桩围堰的拆除。工程完工后，围护的基坑充水使围堰的两侧水位平衡，围堰内的砂砾料分层挖除，拆除钢拉杆和围檩，用振动锤拔除钢板桩。

1.1.2.4 施工导流泄水建筑物

1. 导流隧洞

导流隧洞轴线宜选在地质构造简单，岩石坚硬完整、断层较少、裂隙不发育的地层，尽量避免通过较大的不良地质构造。洞轴方向与岩石走向夹角大于30°为宜。充分利用地形条件，使洞线顺直。进出口位置应选在洞顶岩层厚度在1倍洞径以上，并距上、下游围堰有一定的安全距离的地方。进出口高程除满足导、截流要求外，尚需考虑泥沙淤积以及封堵条件等综合要求。隧洞断面设计通过水力计算进行选定，一般采用圆拱直墙式断面。短距离的导流隧洞一般采用钻爆法进行施工。长距离的导流隧洞通常采用先进的盾构法进行施工。

2. 导流明渠

导流明渠轴线应避开滑坡、断层等不利地质条件，可利用缓坡、台地、垭口以减少开挖工程量。导流明渠进出口位置，距上、下游围堰堰脚要适当，避免因进出口回流淘刷围堰坡脚。渠内水流平稳顺畅，不冲不淤。明渠进出口底板高程和渠道纵坡根据水力计算确定，并考虑截流时水流的分流条件，明渠底宽尚应综合考虑导流与航运等要求。岩石开挖的明渠可不考虑衬砌，需衬砌时应进行喷锚衬砌与混凝土衬砌优选比较。开挖土方形成的明渠，边坡衬砌可与边坡支护相结合。

3. 导流底孔

导流底孔宜与永久建筑物相结合，底孔宜布置在近河道主流位置，以利于泄流顺畅。当底孔与明渠组合导流时，底孔布置在明渠坝段内。底孔尺寸应满足截流、导流泄水、航运、排冰等各项要求；并根据坝体应力及闸门制造能力进行综合比较选定。底孔进口形式应通过水工模型试验验证选定。为使进口水流顺畅，进口上缘宜选用椭圆曲线。底孔导流后，应采用与坝体同强度等级的混凝土对底孔进行封堵，并采取措施保证封堵混凝土与坝体的良好结合。

1.1.2.5 河道截流

在水利水电工程施工中，截断原河床水流，把河水引向导流泄水建筑物下泄的工作，就是截流。截流是在河床中修筑横向围堰工作的主要部分。

1. 截流时间与设计流量的选择

截流时间应根据工程施工控制性进度计划和总进度计划经过全面分析比较确定，一般应考虑以下因素：

（1）尽可能在较小流量时截流，必须全面考虑河道水文特性和截流前后应完成的各项控制性工程要求，综合权衡分流建筑物、截流及围堰施工难度，合理使用枯水期。

（2）对于有通航、过木、灌溉、供水等要求的河道，截流时间的确定应全面兼顾，使截流对河道的综合利用的影响最小。

（3）有冰冻的河流一般不在流冰期截流，避免截流和闭气工作的复杂化或失败，如特殊情况必须在流冰期截流时应充分论证，并有周密的安全措施。

截流设计流量应根据河流水文特性及施工条件进行选择，一般可选用截流期间5～10年一遇的月或旬平均流量。

2. 截流戗堤轴线和龙口位置的选择

（1）戗堤轴线位置选择

通常截流戗堤是土石横向围堰的一部分，应结合围堰结构形式和围堰布置统一考虑，单戗截流的戗堤可布置在上游围堰或下游围堰中非防渗体的位置。如果戗堤靠近防渗体，在二者之间应留足闭气料或过渡带的厚度，同时应防止合龙的流失料进入防渗体部位，以免在防渗体底部形成集中漏水通道。为了在合龙后能迅速闭气并进行基坑抽水，一般情况下将单戗堤布置在上游围堰内较有利。

当采用双戗或多戗截流时，为了使各条戗堤均能分担落差，戗堤间距需满足一定要求。通常双戗或多戗截流的戗堤分别布置在上、下游围堰内，如果围堰底宽很大，上、下游围堰间距也很大，可考虑将双戗布置在一个围堰内。

平堵截流戗堤轴线的位置应着重考虑便于架桥的地形条件，力求使架桥工作量小。如果采用栈桥，应着重研究桥墩处的地质条件。

（2）龙口位置的选择

选择龙口位置时，应充分考虑龙口位置的地形、地质等条件。从地质条件来看，龙口应尽量选在河床抗冲刷能力强的地段，如河床基岩裸露或覆盖层较薄处，以免河床产生较大冲刷，引起戗堤突然塌方失事。从地形条件看，龙口处河底不宜有顺流向陡坡和深坑，如选在基岩粗糙、层次参差不齐的地段有利于抛投料物和戗堤的稳定。

有通航要求的河流，龙口一般选在深槽主航道处，以利于合龙前的通航，无通航要求的河流，龙口也可选择浅滩上，对分流条件有利，合龙段的戗堤高度也较小，但应注意龙口上、下游的水流对抛投料的稳定以及下游河床的冲刷等不利影响，必要时应做模型试验。

另外，龙口附近应有比较宽阔的场地，用于堆放各种抛投料，并便于布置道路和回车场，以便组织抛投的高强度施工。

3. 截流方式的选择

截流方式可归纳为戗堤法截流和无戗堤法截流两种。戗堤法截流主要有平堵、立堵及混合截流；无戗堤法截流主要有建闸截流、水力冲填法、定向爆破截流、浮运结构截流等。在工程实际中应根据当地水文气象、地形地质、施工条件以及材料等选择截流方法。

（1）戗堤法截流

1）平堵

平堵（图 1-26）是先在龙口建造浮桥或栈桥，由自卸汽车等运输工具运来抛投料，沿龙口前沿投抛。先下小料，随着流速增加，逐渐抛投大块料，使堆筑戗堤均匀地在水下上升，直至高出水面，截断河床。平堵比立堵法的单宽流量小，最大流速也小，水流条件较好，可以减小对龙口基床的冲刷。所以特别适用于易冲刷的河床上截流。由于平堵架设浮桥及栈桥，对机械化施工有利，因而投抛强度大，容易截流施工；但在深水高速的情况下，架设浮桥，建造栈桥比较困难。

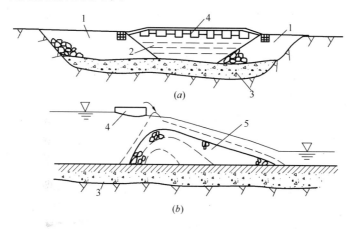

图 1-26　平堵法截流

(a) 立面图；(b) 横断面图

1—截流戗堤；2—龙口；3—覆盖层；4—浮桥；5—截流体

2）立堵

立堵（图 1-27）是用自卸汽车等运输工具运来抛投料，以端进法抛投（从龙口两端或一端下料）进占戗堤，直至截断河床。立堵在截流过程中所发生的最大流速，单宽流量都较大，加以所生成的楔形水流和下游形成的立轴漩涡，对龙口及龙口下游河床将产生严重冲刷，因此不适用于地质不好的河道上截流，否则需要对河床作妥善防护。立堵法无须

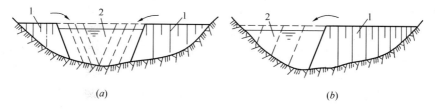

图 1-27　立堵法截流

(a) 双向进占；(b) 单向进占

1—截流戗堤；2—龙口

架设浮桥或栈桥，简化了截流准备工作，因而赢得了时间，节约了投资，在许多岩质河床的工程上广泛应用。

3）混合堵

混合堵是采用立堵与平堵相结合的方法，有立平堵和平立堵两种。

①立平堵。为了充分发挥平堵水力条件较好的优点，降低架桥的费用，工程中可采用先立堵、后架桥平堵的方式。前苏联布拉茨克水电站，在截流流量 $3600m^3/s$、最大落差 3.5m 的条件下，采用先立堵进占，缩窄龙口至 100m，然后利用管柱栈桥全面平堵合龙。

②平立堵。对于软基河床，单纯立堵易造成河床冲刷，往往采用先平抛护底，再立堵合龙的方案。此时，平抛多利用驳船进行。青铜峡、丹江口、大化及葛洲坝等工程均采用此方式。

（2）无戗堤法截流

1）建闸截流

建闸就是在泄水道中预先修建闸墩，并建截流闸分流，降低戗堤水头，待抛石截流后，再下闸截流。该方法在三门峡和乌江渡工程中曾成功采用，该法可克服 7～8m 以上的截流落差，虽然建闸截流可以减小戗堤进占时的落差，待进占合龙后再下闸截流，但这种方法需具备建造截流闸的地形地质条件。

2）水力冲填

河流在某种流量下有一定的挟砂能力，当水流含砂量远大于该挟砂能力时，粗颗粒泥砂将沉淀河底进行冲填。基于这一原理，冲填开始时，大颗粒泥沙首先沉淀，而小颗粒则冲至其下游侧逐渐沉落。随着冲填的进展，上游水位逐步壅高，部分流量通过泄水通道下泄。随着河床过水断面的缩窄，某些颗粒逐渐达到抗冲极限值，一部分土体仍向下游移动，结果使戗堤下游坡继续向下游扩展，一直到冲填体表面摩阻造成上游水位更大的壅高，而迫使更多流量流向泄水通道，围堰坡脚才不再扩展，而在高度方向急剧增长，直至露出水面。

3）定向爆破

在坝址处于峡谷地区、岩石坚硬、岸坡陡峻、交通不便或缺乏运输设备时，可采用定向爆破截流。利用定向爆破，将大量岩石抛入河道预定地点，瞬时截断水流。在合龙时，为了瞬间抛入龙口大量材料封闭龙口，除了用定向爆破岩石外，还可在河床上预先浇筑巨大的混凝土块体，将其支撑体用爆破法炸断，使块体落入水中，将龙口封闭。

1971 年 3 月，碧口水电站在流量 $105m^3/s$ 情况下，将龙口缩窄到 20m 宽，利用左岸陡峻岸坡，设计布置了三个药包，一次定向爆破堆筑了 $6800m^3$，均堆积高度为 10m，成功地截断了水流。

4）浮运结构截流

浮运结构截流就是将各种浮运结构拖至龙口，在埽捆、柴排护底下，装载土砂料，充水使其沉没水中，一次截断水流。其后进一步发展浮运结构成为封闭式钢筋混凝土浮箱，在浮箱之间留出缺口形成"梳齿孔"过流，由于缩窄龙口水流不大，浮箱容易沉放，最后，将缺口闸阀放下，即可达到截断水流的目的。截流用浮运结构包括旧驳船、钢筋混凝土箱型结构。木笼也是一种浮运结构，我国新安江水电站曾采用这种方式截流。

浮运结构截流的优点是成戗断面较小，用料较少；缺点是制作需大型设备，耗用钢材

（钢缆和金属闸门）多，造价高，护底标准高，基床面要求平整，施工也受气候、水文等条件影响。

4. 截流工程的技术措施

截流工程是整个水利枢纽施工的关键，它的成败直接影响工程进度。截流工程的难易程度取决于河道流量、泄水条件、龙口的落差、流速、地形地质条件、材料供应情况及施工方法、施工设备等因素。减少截流难度的主要技术措施包括加大分流量，改善分流条件，改善龙口水力条件，增大抛投料的稳定性，减少块料流失，加大截流施工强度等。

（1）加大分流量，改善分流条件

分流条件好坏直接影响到截流过程中龙口的流量、落差和流速。分流条件好，截流就容易，反之就困难。改善分流条件的主要措施有：

1）合理确定导流建筑物尺寸、断面形式和底高程。导流建筑物不仅要满足导流要求，而且应满足截流的需要。

2）确保泄水建筑物上、下游引渠开挖和上、下游围堰拆除的质量。这是改善分流条件的关键环节，不然泄水建筑物虽然尺寸很大，但分流却受上下游引渠或上下游围堰残留部分控制，泄水能力受到限制，增加截流工作的难度。

3）在永久泄水建筑物泄流能力不足时，可以专门修建截流分水闸或其他形式泄水道帮助分流，待截流完成后，借助于闸门封堵泄水闸，最后完成截流任务。

4）增大截流建筑物的泄水能力。当采用木笼、钢板桩格式围堰时，也可以间隔一定距离安放木笼或钢板桩格体，在其中间孔口宣泄河水，然后以闸板截断中间孔口，完成截流任务。另外也可以在进占戗堤中埋设泄水管帮助泄水，或者采用投抛构架块体增大戗堤的渗流量等办法减少龙口溢流量和溢流落差，从而减轻截流的困难程度。

（2）改善龙口水力条件

龙口水力条件是影响截流的重要因素，改善龙口水力条件的措施有双戗截流、三戗截流、宽戗截流、平抛垫底等。

1）双戗截流

双戗截流采取上、下游二道戗堤，协同进行截流，以分担落差。通常采取上下戗堤立堵。常见的进占方式有上下戗轮换进占、双戗固定进占和以上两种进占方式混合使用。也有以上戗进占为主，由下戗配合进占一定距离，局部壅高上戗下游水位，减少上戗进占的龙口落差和流速。

双戗进占，可以起到分摊落差，减轻截流难度，便于就地取材，避免使用或少使用大块料、人工块料的好处。但双线施工，施工组织较单戗截流复杂；二戗堤进度要求严格，指挥不易；软基截流，若双线进占龙口均要求护底，则大大增加了护底的工程量；在通航河道，船只需要经过两个龙口，困难较多，因此双戗截流应谨慎采用。

2）三戗截流

三戗截流是利用第三戗堤分担落差，可以在更大的落差下用来完成截流任务。

3）宽戗截流

宽戗截流是增大戗堤宽度，以分散水流落差，从而改善龙口水流条件。

但是进占前线宽，要求投抛强度大，工程量也大为增加，所以只有当戗堤可以作为坝体（土石坝）的一部分时，才宜采用，否则用料太多，过于浪费。

4）平抛垫底

对于水位较深，流量较大，河床基础覆盖层较厚的河道，常采取在龙口部位一定范围抛投适宜填料，抬高河床底部高程，以减少截流抛投强度，降低龙口流速，达到降低截流难度的目的。

（3）增大抛投料的稳定性，减少块料流失

增大抛投料的稳定性，减少块料流失的主要措施有采用特大块石、葡萄串石、钢构架石笼、混凝土扭块体等来提高投抛体的本身稳定。也可在龙口下游平行于戗堤轴线设置一排拦石坎来保证抛投料的稳定，防止抛投料的流失。

（4）加大截流施工强度

加大截流施工强度，加快施工速度，可减少龙口的流量和落差，起到降低截流难度的作用，并可减少投抛料的流失。加大截流施工强度的主要措施有加大材料供应量、改进施工方法、增加施工设备投入等。

1.1.2.6　基坑排水

1. 初期排水

围堰合龙闭气之后，为使主体工程能在干地施工，必须首先排除基坑积水、堰体和堰基的渗水、降雨汇水等，称为初期排水。

（1）排水量的组成及计算

初期排水总量应按围堰闭气后的基坑积水量、抽水过程中围堰及地基渗水量、堰身及基坑覆盖层中的含水量，以及可能的降水量等组成计算。其中可能的降水量可采用抽水时段的多年日平均降水量计算。

初期排水流量一般可根据地质情况、工程等级、工期长短及施工条件等因素，参考实际工程经验，按以下公式确定。

$$Q = \eta V / T$$

式中　Q——初期排水流量（m^3/s）；

V——基坑的积水体积（m^3）；

T——初期排水时间（s）；

η——经验系数，主要与围堰种类、防渗措施、地基情况、排水时间等因素有关，一般取 $\eta = 3 \sim 6$，当覆盖层较厚，渗透系数较大时取上限。

（2）水位降落速度及排水时间

为了避免基坑边坡因渗透压力过大，造成边坡失稳产生坍坡事故，在确定基坑初期抽水强度时，应根据不同围堰形式对渗透稳定的要求确定基坑水位下降速度。

对于土质围堰或覆盖层边坡，其基坑水位下降速度必须控制在允许范围内。开始排水降速以 0.5～0.8m/d 为宜，接近排干时可允许达 1.0～1.5m/d。其他形式围堰，基坑水位降速一般不是控制因素。

对于有防渗墙的土石过水围堰和混凝土围堰，如河槽退水较快，而水泵降低基坑水位不能适应时，其反向水压力差有可能造成围堰破坏，应经过技术经济论证后，决定是否需要设置退水闸或逆止阀。

排水时间的确定，应考虑基坑工期的紧迫程度、基坑水位允许下降的速度、各期抽水设备及相应用电负荷的均匀性等因素，进行比较后选定。一般情况下，大型基坑可采用

5～7d，中型基坑可采用 3～5d。

2. 经常性排水

基坑积水排干后，围堰内外的水位差增大，此时渗透流量相应增大。另外基坑已开始施工，在施工过程中还有不少施工废水积蓄在基坑内，需要不停地排除，在施工期内，还会遇到降雨，当降雨量较大且历时较长时，其水量也是不可低估的。

（1）排水量的组成

经常性排水应分别计算围堰和地基在设计水头的渗流量、覆盖层中的含水量、排水时降水量及施工弃水量。其中降水量按抽水时段最大日降水量在当天抽干计算；施工弃水量与降水量不应叠加。基坑渗水量可分析围堰形式、防渗方式、堰基情况、地质资料可靠程度、渗流水头等因素适当扩大。

（2）排水方式

经常性排水有明沟排水和人工降低地下水位两种方式。

1）明沟排水

此方式适宜于地基为岩基或粒径较粗、渗透系数较大的砂卵石覆盖面，在国内已建和在建的水利水电工程中应用最多。这种排水方式是通过一系列的排水沟渠，拦截堰体及堰基渗水，并将渗透水流汇集于泵站的集水井，再用水泵排出基坑以外。

2）人工降低地下水位

在基坑开挖过程中，为了保证工作面的干燥，往往要多次降低排水沟和集水井的高程，经常变更水泵站的位置。这样造成施工干扰，影响基坑开挖工作的正常进行。此外，当进行细砂土、砂壤土之类的基础开挖时，如果开挖深度较大，则随着基坑底面下降，地下水渗透压力的不断增大，容易产生边坡坍滑、底部隆起以及管涌等事故。为此，采用人工降低地下水位的办法，即在基坑周围钻设一些管井，将地下水汇集于井中抽出，使地下水位降低到开挖基坑的底部以下。

人工降低地下水位的方法很多，按其排水原理分为管井排水法、真空井点排水法、喷射井点法、电渗井点排水法等。

排水方法的选择与土层的地质构造、基坑形状，开挖深度等都有密切关系，但一般主要按其渗透系数来进行选择。管井排水法适用于渗透系数较大、地下水埋藏较浅（基坑低于地下水水位）、颗粒较粗的砂砾及岩石裂隙发育的地层，而真空排水法、喷射法和电渗排水法等则适用于开挖深度较大、渗透系数较小且土质又不好的地层。

在不良地质地段，特别是在多地下水地层中开挖洞室时，往往会出现涌水，为了创造良好的施工条件，可以钻超前排水孔（甚至采用导洞），让涌水自行流出排走。这也是人工降低地下水水位的一种方法。

3. 排水设备的选择

无论是初期排水还是经常性排水，当其布置形式及排水量确定后，需进行水泵的选择，即根据不同排水方式对排水设备技术性能（吸程及扬程）的要求，按照所能提供的设备型号及动力情况以及设备利用的经济原则，合理选用水泵的型号及数量。

水泵的选择，既要根据不同的排水任务，不同的扬程和流量选择不同的泵型，又要注意设备的利用率。在可能的情况下，尽量使各个排水时期所选的泵型一致，同时，还需配置一定数量的柴油发电机，以防事故停电对排水工作造成影响。

（1）泵型的选择

水利工程一般常用离心式水泵。它既可作为排水设备，又可作为供水设备。这种水泵的结构简单，运行可靠，维修简便，并能直接与电动机座连接。过水围堰的排水设备选择，应配备一定数量的排砂泵。

离心式水泵的类型很多，在水利水电工程中，SA型单级双吸清水泵和S型单级双吸离心泵两种型号水泵应用最多，特别在明沟排水时更为常用。

通常，在初期排水时需选择大容量低水头水泵，在降低地下水位时，宜选用小容量中高水头水泵，而在需将基坑的积水集中排出围堰外的泵站中，则需大容量中高水头的水泵。为运转方便，应选择容量不同的水泵，以便组合运用。

（2）水泵台数的确定

在泵型初步选定之后，即可根据各型水泵所承担的排水流量来确定水泵台数。

此外，还需考虑抽水设备重复利用的可能性，单机重量及搬迁条件，设备效率，以及取得设备的现实性、经济性等因素。另外还需配备一定的事故备用容量。备用容量的大小，应不小于泵站中最大的水泵容量。

1.1.2.7 案例分析

1. 新建水库工程导流方案

（1）工程概况

云南某新建小（1）型水库工程由主坝、溢洪道、输水洞等单项组成，主坝为黏土心墙风化料坝，最大坝高约48m，溢洪道位于主坝左岸山体上，输水洞位于大坝右岸山体内。坝址所在河道走向呈北东—南西向，河谷呈"V"形，谷底宽38～160m，两岸地势基本相同，岸坡一般20°～35°，局部45°左右。

（2）导流标准

该工程中的主坝、溢洪道及输水洞等主要建筑物级别为4级，根据《水利水电工程施工组织设计规范》SL 303，其导流建筑物级别应为5级，导流洪水标准为5～10年一遇，考虑到围堰的规模及上游挡水库容不大，本工程施工期导流洪水标准取下限，即5年一遇。

（3）导流方式

因该工程位于所在河谷呈"V"形，谷底窄，两岸山体陡峭，不具备分期导流及明渠导流的地形条件，而两岸山体为弱—微风化岩石，成洞条件较好，根据水文资料，施工期导流流量不大（12.98m³/s），采用隧洞导流可节省导流工程量，方便施工，因此，该工程施工在左岸山体开挖隧洞导流。具体的导流安排如下：工程开工后先进行导流隧洞施工，期间在导流隧洞进口预留土埂挡水，上游来水通过原河道下泄，导流隧洞具备过水条件后开始主坝工程施工，施工前在其上游筑围堰挡水，上游来水通过导流隧洞下泄。为节省投资，该工程导流隧洞部分与永久输水洞结合，隧洞进口高程略高于河床高程，底坡1.5%，断面形式为圆形，内径1.8m。

2. 水闸除险加固工程导流方案

（1）工程概况

河南某水闸除险加固工程位于淮河一级支流寨河中下游，该水闸的闸室段左侧为3孔提升式平板闸，中部是旧8孔水力自控翻板闸，右为新2孔水力自控翻板闸，除险加固的主要工程内容包括拆除重建左侧及中部 11 孔闸室，并将右侧 2 孔水力自控翻板闸改建成溢流堰。

（2）导流标准

该水闸为大（2）型水闸，闸室及两岸连接建筑物等主要建筑物级别为 2 级，根据《水利水电工程施工组织设计规范》SL 303，该水闸施工围堰为 4 级建筑物，综合考虑围堰规模、失事后果等因素，本工程导流洪水标准均取下限，该水闸施工围堰挡水标准 10 年一遇，相应洪峰流量为 166m³/s。

（3）导流方式

该水闸为寨河干流上的一道控制性工程，上游无其他蓄、泄洪设施，施工期间需采取适当的导流措施将上游来水导入下游河道，保证主体工程干地施工及施工安全。根据主体工程布置及现场地形条件，适合该工程的导流方式有分期导流及开挖明渠导流两种方式，考虑到明渠导流方案的土方工程量大、临时占地多，投资大，该工程施工采用分期导流，一期（第一年 10 月至第二年 5 月）筑围堰围基坑左侧，完成 8 孔水力自控翻板闸及 3 孔提升式平板闸的改建，期间利用右侧两孔翻板闸导流，汛前具备行洪条件；二期（第二年 10 月至第三年 5 月）筑围堰围基坑右侧，施工右岸溢流堰，期间利用新建的左侧闸室导流。

3. 穿堤建筑物工程导流方案

（1）工程概况

某大型灌区主干渠全长 112.58km，运行多年需要进行除险加固，设计拆除重建原干渠下穿涵，主体工程施工时段 11 月份至次年元月份。拆除重建的渠下涵采用钢筋混凝土箱涵结构，主要由进出口两岸连接建筑物、洞身、消能防冲设施等组成，共 2 孔，进口底板高程为 49.0m，洞身箱涵孔口尺寸为 2.5m×3.0m（宽×高）。

（2）导流标准及导流方式

该涵洞主要建筑物级别为 3 级，根据《水利水电工程施工组织设计规范》SL 303，导流建筑物级别为 5 级，因本工程安排在非汛期施工，上游来水较少，且围堰规模不大，围堰失事后果不严重，因此，本工程的导流洪水标准取 5 年一遇。

据调查，该涵洞上游的引水干渠在每年 10 月至次年 4 月为非灌溉期，老涵拆除施工前，干渠上游控制闸关闭，渠内蓄水很少，水深一般在 1.0m 以下，主要的来水为区间地表径流。根据降雨及气候特征，施工期间在干渠的上、下游（开挖线外分别）各填筑一道围堰，将上游干渠来水截断，并保证下游水不倒灌基坑，并在围堰基坑外侧埋设涵管导流。

（3）导流设计及围堰施工

围堰按超施工期洪水位 1.0m 考虑，顶宽 3m，长度约 60m，围堰边坡 1：2，围堰采用黏土填筑，填筑压实度不低于 0.92。导流涵管下设 100mm 厚碎石垫层，上铺 200mm 素土保护导流管，以防止拆除老涵或其他施工时损坏导流管。

4. 水闸工程导流

（1）工程概况

某流域治理工程之一新建 6 孔节制闸，布置在主河一级支流距主河口 300m 处的河道顺直段上，包括闸室、上下游连接段、两岸工程等。闸室采用胸墙式结构，6 孔，单孔净宽5m，总净宽30m，采用3孔一联，每联总宽度19m，顺水流方向长17m。

（2）导流标准及导流方式

该水闸主要建筑物级别为3级，根据《水利水电工程施工组织设计规范》SL 303，导流建筑物级别为5级。考虑到本工程规模不大，且汛期河道内洪峰流量较大，导流困难，因此，本工程安排在非汛期内施工，导流洪水标准取5年一遇。

根据现场地形条件，本工程上游无其他泄洪措施，且该闸规模较小，不具备分期导流条件，因此，本工程施工期间在其上、下游填筑围堰挡水，在左岸开挖一条导流明渠导流。

（3）导流建筑物设计

该闸在上、下游基坑边线外20m左右填筑施工围堰，围堰均采用均质土填筑，上游围堰顶宽为3m，下游围堰结合交通顶宽为6m，上下游水上边坡1：3，水下边坡为自然坡（约1：5）。

根据施工期导流流量（22.2m³/s），经计算，导流明渠断面为：底宽12m，边坡1：2。

5. 水库除险加固工程导流方案

（1）工程概况

皖南某大型灌区渠道枢纽工程，由船闸、总干渠进水闸、节制闸、副坝、灌溉支渠进水闸和上游日调节水库等构成。水库总库容3750万m³，正常蓄水位57.5m，相应库容3221万m³，防洪限制水位55.7m，死水位52.0m。

该枢纽工程除险加固主要内容为：对原5孔进水闸、14孔泄洪闸进行除险加固，对原灌溉支渠进水闸进行拆除重建，在副坝新建3孔泄洪闸。

（2）导流方式

本工程分两期施工，一期工程主要施工内容为进水闸除险加固、左岸新建扩孔泄洪闸及拆除重建灌溉支渠放水涵，新建泄洪闸围堰分上、下游侧横向围堰及与泄洪闸第2孔相接的纵向围堰，利用剩余的12孔泄洪闸用于导流，一期工程导流时段为10月～次年3月，对应10年一遇流量为721m³/s，老泄洪闸单孔净宽10m，闸溢流堰顶高程为52.0m。二期工程主要内容为加固14孔老泄洪闸，二期工程导流时段为10月～次年2月，对应10年一遇流量为627m³/s，二期利用3孔新闸进行导流，新闸单孔净宽10m，闸底板高程为47.0m。

（3）导流建筑物设计

一期工程的上、下游围堰堰体为砂砾石混合料填筑，采用高压摆喷墙截渗，上游围堰截渗墙由堰顶深入岩基层下1m，下游围堰截渗墙由填筑水位上0.5m，深入堰基下3m，一期纵向围堰下游段顶高程由55.3m渐变至50.5m。二期工程的上、下游围堰堰体为砂砾石混合料填筑，采用高压摆喷墙截渗，上游围堰截渗墙由堰顶深入岩基层下1m，下游围堰截渗墙由填筑水位上0.5m，深入堰基下3m。围堰的详细设计参数见表1-9。

围堰设计参数表 表1-9

围堰类型	围堰型式	设计水位（m）	堰顶高程（m）	堰顶宽（m）	两侧边坡	围堰长度（m）
上游围堰	混合料加高压摆喷截渗墙	54.3	55.3	5	1：2	120

围堰类型	围堰型式	设计水位(m)	堰顶高程(m)	堰顶宽(m)	两侧边坡	围堰长度(m)
下游围堰	混合料加高压摆喷截渗墙	49.5	50.5	3	1:2	99
纵向围堰	袋装混合料加土工膜截渗	54.3～49.5	55.3～50.5	1	1:1～1:2	105
上游围堰	混合料加高压摆喷截渗墙	52.5	53.5	5	1:2	186
下游围堰	混合料加高压摆喷截渗墙	49.3	50.3	3	1:2	260

1.1.3　水利水电工程地基处理

1.1.3.1　地基基础的要求及地基处理的方法

1. 地基的要求

（1）水工建筑物的地基分类

水工建筑物的地基分为两大类型，即岩基和软基。

1）岩基是由岩石构成的地基，又称硬基。

2）软基是由淤泥、粉土、砂、砂砾石、砂卵石等构成的地基。又可细分为砂砾石地基、软土地基。

①砂砾石地基是由砂砾石、砂卵石等构成的地基，它的空隙大，孔隙率高，因而渗透性强。

②软土地基是由淤泥、粉土、粉细砂等土质构成的地基。这种地基孔隙率大、压缩性大、含水量大、渗透系数小、水分不易排出、承载能力差、沉陷大、触变性强等特点，在外界的影响下很易变形。

（2）水工建筑物对地基的基本要求

1）具有足够的强度。能够承受上部结构传递的应力。

2）具有足够的整体性和均一性。能够防止基础的滑动和不均匀沉陷。

3）具有足够的抗渗性。以免发生严重的渗漏和渗透破坏。

4）具有足够的耐久性。以防在地下水长期作用下发生侵蚀破坏。

2. 掌握地基处理的方法

水利水电工程地基处理的方法主要有换填法、断层破碎带处理、深层搅拌法、水泥灌浆法、高压喷射灌浆、混凝土防渗墙，还有强夯法、排水固结法、挤实法及各类桩基等。

1.1.3.2　换填法

1. 换填法的分类及适用范围

换填法主要分为：换土垫层法、褥垫法。换土垫层法按材料不同又分为碎石垫层、灰土垫层、素土垫层、砂垫层、加筋土垫层以及其他性能稳定、无侵蚀性材料做的垫层。

换土垫层法是将软弱土或不良土开挖至一定深度，回填抗剪强度较高、压缩性较小的岩土材料，并分层回填夯实，垫层能有效扩散基底压力，可提高地基承载力、减小沉降量。换土垫层法适用于处理各类浅层软弱地基，当在地基范围内上层软弱土较薄时，则可全部采用换填处理，对于建筑范围内局部存在的松填土、暗沟、暗塘、大古墓或拆除旧基础后的坑穴，均可采用换填法进行地基处理，在这种局部的换填处理中，保持建筑地基整体变形均匀是换填应遵循的基本原则。

33

褥垫法适用于建筑物部分坐落在基岩上，部分坐落土上以及类似的情况。其原理为当建筑物的地基一部分压缩性较小，而另一部分压缩性较大时，为了避免不均匀沉降，在压缩性较小的区域，通过换填一定厚度的可压缩性的土料形成褥垫，以减少沉降差。

2. 换填法施工

（1）灰土垫层

灰土垫层是将基础底面下一定范围内的软弱土层挖除，用按一定体积比配合的灰土在最优含水量的情况下分层回填夯实或压实。适用于处理 1～4m 厚的软弱土层。

灰土垫层施工要点

①灰土垫层施工前必须验槽，如发现坑（槽）内有局部软弱土层或孔穴，应挖出后用素土或灰土分层填实。

②施工时，应将灰土拌合均匀，控制含水量，如土料水分过多或不足时，应晾干或洒水润湿，一般可按经验在现场直接判断，其方法为手握灰土成团，两指轻捏即碎。这时灰土基本上接近最优含水量。

③分段施工时，上下两层灰土的接缝距离不得小于 500mm。接缝处的灰土应夯实。

④分层虚铺厚度，必须按所使用的夯实机具体来定，参见表 1-10。每层灰土的夯打遍数应根据设计要求的干土重度在现场试验确定。

灰土最大虚铺厚度   表 1-10

夯实机具种类	重量（kg）	虚铺厚度（mm）	备　注
石夯、木夯	4～8	200～250	人力送夯、落距 400～500mm、一夯压半夯
轻型夯实机械	—	200～250	蛙式打夯机、柴油打夯机
压路机	60～1000	200～300	双轮

⑤在地下水位以下的基坑（槽）内施工时，应采取排水措施。夯实后的灰土，在 3d 内不得受水浸泡。

⑥灰土垫层筑完后，应及时覆盖或作临时遮盖，防止日晒雨淋。浇筑完毕或尚未夯实的灰土如遭受雨淋浸泡，则应将积水及松软灰土除去并补填夯实，受浸湿的灰土应在晾干后再夯打密实。

（2）素土垫层

素土垫层是先挖去基坑下的部分或全部软弱土，然后回填土分层夯实而成。素土垫层常用于处理湿陷性黄土或杂填土地基。

素土垫层的土料一般以黏性土为宜。填土必须在干地施工。夯（压）实施工时，应使土的含水量接近最优含水量，最优含水量应通过室内击实试验确定，也可以采用 $w \pm 2\%$ 作为土的施工控制含水量（w 为土的最优含水量）。

填土的夯（压）实应分层进行，每层的虚铺厚度参见表 1-10。填土夯（压）实后达到的干土重度可按室内击实试验和现场测得的最大干土重度进行控制。

3. 质量检验

（1）垫层质量检验包括：分层施工质量检查和工程质量验收。

（2）分层施工的质量和质量标准应使垫层达到设计要求的密实度。

（3）对于工程量较大的换填垫层，应按所选用的施工机械、换填材料及场地的土质条件进行现场试验，以确定压实效果。

（4）干密度检测采用环刀法、灌砂法、灌水法或其他方法检验。

（5）垫层的施工质量检验必须分层进行。应在每层的压实系数符合设计要求后铺填上层土。

（6）采用环刀法检验垫层的施工质量时，取样点应位于每层厚度的 2/3 深度处。检验点数量，对大基坑每 50～100m² 不应少于 1 个检验点；对基槽每 10～20m 不应少于一个点。

（7）竣工验收采用载荷试验检验垫层承载力时，应按单位工程数量或工程的面积确定检验点数。

1.1.3.3 断层破碎带处理

1. 断层处理要求

断层破碎带是指断层两端相对运动，相互挤压，使附近的岩石破碎，形成与断层面大致平行的破碎带，断层破碎带有大有小，小的仅几厘米，大者达到数公里甚至更宽，与断层的规模和力学性质有关。断层破碎带的处理，工程技术复杂，施工难度大，质量要求高，安全问题突出。为确保处理工作经济、合理、按期实施，重大断层破碎带处理应编制专门的施工组织设计。

2. 断层破碎带的处理原则

（1）处理工作应安排在工程蓄水运行之前完成，最好在其上部（或邻近）建筑物施工以前进行。

（2）断层破碎带处理，应尽量采用明挖、回填混凝土的方式。对坝基深部缓倾角或位于坝头、坝肩部位的断层，可采用洞挖混凝土置换、水泥灌浆、化学灌浆、预应力锚固等方法。

（3）在设计、施工中要防止由于断层破碎带的处理而引起岩体的应力释放、变形或爆破扰动、松动滑移等问题，并采取相应的有效措施。

（4）断层破碎带开挖要遵循自上而下的施工原则，并作好安全支护，必要时应分段、分层开挖、回填。

（5）在组织实施断层破碎带处理的全过程中，设计、地质、施工和质量检查及监理部门要密切配合，及时研究处理施工中出现的问题。

（6）断层处理往往是建筑物地基开挖清理的延续和混凝土浇筑的前一道工序，其施工布置和主要机械设备、辅助设施等，一般可在这两个工序的基础上进行调整、充实和配套。为便于在断层带的狭窄槽坑内施工，宜采用轻便、灵巧、效率高的通用机具和设备。

3. 断层破碎带开挖和岩面修整

（1）主要内容和要求

1）断层开挖部位、处理范围、断面尺寸、几何体形应符合设计要求。

2）清除松动岩石和岩石壁面风化岩块，切除与次生构造面斜交的岩石锐角。

3）壁面的泥皮、水锈蚀面或光滑平面应凿毛并刷洗干净。

4）对岩石破碎及地质较差地段和部位，除加强常规检查外，应对岩体进行监测，根据不同情况及时采取措施，例如采用锚杆、锚桩或钢支撑支护等，必要时可边挖边衬，作好岩体渗漏水及施工用水的引排，以保证施工中的安全。

5）断层的处理系重要隐蔽工程，断层破碎带开挖修整完毕后，应进行基础验收工作，由测量、地质人员进行的竣工测绘和地质素描以及工程、水文地质说明等资料交验收部门验收，未经验收不得进行下一工序的施工。

（2）施工方法

断层破碎带的开挖是在不良地质地段施工，应以浅钻孔，多循环，弱爆破的原则进行开挖，对各类洞室开挖，断面较小的可采用全断面掘进方式，对断面较大的采用先导洞后扩挖的方式；并应根据地质条件及时做好支护工作，其开挖手段分两类：

1）采用工具和机械开挖。以人力开挖为主的有镐凿、撬挖、钢钎锤击以及圆柱楔形劈块胀劈等方法。常用的手提式机械有电镐、风镐、风钻。特殊部位也有用一般钻机或大口径钻机钻孔或连锁造孔。

2）进行控制爆破和静态爆破。断层开挖宜采用控制爆破和静态爆破。控制爆破有龟裂爆破、预裂爆破、光面爆破等。静态爆破可解决爆破震动、飞石等问题并能减轻劳动强度，提高工效，且施工方便安全。工程中使用的 SCA 膨胀剂，灌注在孔径 30～50mm，孔深为 1～1.5m 的钻孔中，经 10～24h 可形成 30～50MPa 的固体膨胀压力。在慢加荷的形式下胀碎岩石。钻孔孔距一般为 0.4～0.6m。

断层开挖应与石方开挖及混凝土浇筑系统（包括风、水、电供应）的主要机械设备和设施相衔接。

4. 回填混凝土

（1）混凝土特性指标

混凝土的抗压、抗裂、抗渗、抗侵蚀等各项指标应分别满足设计要求及施工和易性的要求。

（2）温度控制

为保证回填混凝土的完整性以及与岩面可靠结合，混凝土的温度控制一般可采用下列措施：

1）预冷骨料，采用低温水、加冰拌合；

2）采用低热水泥和合理的水泥用量；

3）采用改善骨料级配，掺用混合材、外加剂和控制混凝土坍落度和级配；

4）严格控制混凝土入仓温度，一般不高于 10～15℃（等于或稍低于基础温度为宜）或控制基础允许温差；

5）采用冷却管进行早期冷却，降低混凝土水化热温升高峰值。一期冷却通水期一般为 10～15d，允许水管冷却温差 20～25℃，允许冷却速度 1.0～1.5℃/d。混凝土塞在接触（回填）灌浆前按要求进行二期冷却；

6）掺膨胀剂。采用 MgO 时其掺量为胶凝材料总量的 5% 以内。

（3）布设加强钢筋

断层开挖后，在拐角、突变处和受力集中、结构需补强的部位，必须布置加强钢筋，以防止或限制混凝土开裂。加强钢筋应按设计要求进行设置。

（4）分缝和接缝

1）断层一般采用整体回填浇筑：需分段时，一般应与坝体分缝一致。

2）分缝应正交断层走向：断层宽度小于 1～2m 时，可有不小于 45°夹角。

3）接缝可参照坝体横缝要求施工：最低处的接缝灌浆干管需在底部并联增设一节管路作为备用，以免管路系统不通或失效。

（5）槽坑排水

混凝土浇筑时要做好截引、排走地面和槽坑底的水流。防止积水随混凝土浇筑升高，沿岩壁流淌，带走水泥浆或稀释混凝土。渗流较大时，可利用岩壁浅孔固结灌浆堵漏，或临渗水面设置暗沟，将水引至邻近坝段积水坑抽排。

（6）混凝土浇筑

断层破碎带岩石开挖完毕后，应尽快回填混凝土，避免岩石长期暴露松弛。

断层破碎带所浇筑的混凝土配比一般采用三级配，对洞室顶部及狭窄部位采用二级配或一级配。

断层破碎带浇筑地点分散，工作面狭小，混凝土的进料、平仓、振捣较困难，多用人工操作。除表部槽塞混凝土可直接用吊罐入仓外，地表以下的槽塞、洞、井、墙等部位均需转运及贮料分料设施。

混凝土的入仓方式，常采用搭设脚手架手推车、皮带输送机、混凝土搅拌运输车、溜槽、溜筒、混凝土泵等方式，应因地制宜，根据不同部位和结构形式选择。混凝土运输设备和运输能力应与拌合、浇筑能力、断层具体情况相适应，尽量缩短运输时间，减少转运次数，避免混凝土在运输过程中发生分离、漏浆、泌水过多降低坍落度等现象，以保证断层混凝土的质量及浇筑工作顺利进行。

1.1.3.4 深层搅拌法

1. 深层搅拌庄的应用

深层搅拌法是通过特制的深层搅拌机械在软土地基中搅拌掺入水泥浆，利用水泥浆和软土之间产生一系列物理—化学反应，使软土硬结固化成具有整体性、水稳定性和一定强度的优质地基。深层搅拌法常用于加固淤泥、淤泥质土、粉土、素填土、黏性土、饱和黄土，以及无流动地下水的饱和松散砂土等。随着施工机械的改进，搅拌能力的提高，使用土质范围在加大。目前在水利工程施工中主要适用：

（1）组成水泥土复合地基，提高地基承载力、增大变形模量、减少沉降量。

（2）形成水泥土支挡结构物：软土地层中的地基开挖、管沟或河道开挖的边坡支护和防止底部管涌、隆起。

（3）形成防渗止水帷幕：由于水泥结构致密，其渗透系数可小于 $1 \times 10^{-9} \sim 1 \times 10^{-11}$ cm/s。

（4）其他应用，进行大面积加固可防止码头岸壁的滑动，用于地下盾构施工地段的软土加固以保证盾构的稳定掘进等。

2. 深层搅拌机械

喷浆型深层搅拌机械有 SJB 型双轴深层搅拌机、DSJ 型单轴深层搅拌机、ZKD 型三轴深层搅拌机。

深层搅拌机由电机、减速机、搅拌轴、搅拌头、中心管、输浆管、单向球阀、横向系板等组成。灰浆泵有柱塞泵、挤压泵、液压注浆泵。

3. 深层搅拌施工技术

（1）施工工艺

1）就位

吊车（或塔架）悬吊深层搅拌机到达指定桩位，使中心管（双搅拌轴机型）或钻头（单轴型）中心对准设计桩位。

2）预搅下沉

启动电机，放松起重机钢丝绳，使搅拌机沿导向架边搅拌、边切土下沉，下沉速度可由电机的电流监测表控制，工作电流不应大于70A。

3）制备水泥浆

待深层搅拌机下沉到一定深度时，即开始按设计确定的配合比拌制水泥浆，待压浆前将水泥浆倒入集料斗中。

4）喷浆搅拌提升

深层搅拌机下沉到设计深度后，开启灰浆泵将水泥浆压入地基中，并且边喷浆、边旋转搅拌钻头，同时严格按照设计确定的提升速度提升深层搅拌机。

5）重复搅拌下沉和提升

待深层搅拌机提升到设计加固范围的顶面标高时，集料斗中的水泥浆应正好排空。为使软土和水泥浆搅拌均匀，可再次将搅拌机边旋转边沉入土中，至设计加固深度后再将搅拌机提升出地面。

6）清洗

向集料斗中注入适量的清水，开启灰浆泵，清洗全部管路中残余的水泥浆，直至基本干净。并将粘附在搅拌头上的软土清除干净。

7）移位

将深层搅拌机移位，重复上述1）～6）步骤，进行下一根桩的施工。

对于单搅拌轴的深层搅拌施工中预搅下沉时也有采用喷浆切割土体、搅拌下沉的工艺，以防止出浆口在下沉过程中被土团所堵塞。

8）喷浆型深层搅拌的施工顺序如图1-28所示。

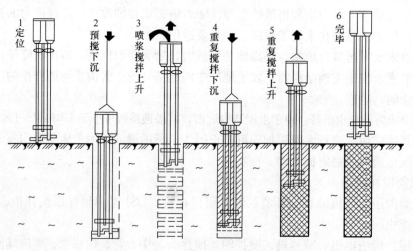

图1-28 喷浆型深层搅拌施工程序

（2）工艺性试桩

工艺性试桩的目的是：

1）确定满足设计固化剂掺入量的各种操作参数。

2）验证搅拌均匀程度及成桩直径。

3）了解下钻及提升的阻力情况，并采取相应的措施。

（3）搅拌桩提升速度和喷浆量的计算

每一个水泥土搅拌桩的施工现场，由于土质有差异、水泥的品种和强度等级不同，因而搅拌加固质量有较大的差别。所以在正式搅拌桩施工前，均应按施工组织设计确定的搅拌施工工艺制数根试桩，再最后确定水泥浆的水灰比、泵送时间、搅拌机提升速度和复搅深度等参数。并使注浆泵出口压力保持在 0.5MPa 左右，且保证搅拌提升速度与输浆速度同步。

制桩质量的优劣直接关系到地基处理的效果。其中的关键是注浆量、水泥浆与软土搅拌的均匀程度。因此，施工中应严格控制搅拌轴提升速度，搅拌轴提升速度 v 可按下式计算

$$v = \frac{\gamma_d Q}{F \gamma \alpha_\omega (1+\alpha_c)}$$

式中　　Q——灰浆泵的额定输浆量，m^3/min；

　　γ_d、γ——分别为水泥浆和土的重量，kN/m^3；

　　　　F——搅拌桩的截面积，m^2；

　　　α_c——水泥浆的水灰比；

　　　α_ω——水泥掺入比。

由于搅拌机械通常采用定量泵输送水泥浆，转速大多又是恒定的，因此灌入地基中的水泥量完全取决于搅拌机的提升速度和复搅次数，施工过程中不能随意变更，并应保证水泥浆能定量不间断供应。采用自动记录是为了最大程度的降低人为干扰施工质量，目前市场销售的记录仪必须有国家计量部门的认证，在施工前必须在有资质的部门进行率定。

由于固化剂从灰浆泵到达搅拌机械的出浆口需通过较长的输浆管，必须考虑水泥浆到达桩端的泵送时间。一般可通过试桩确定其输送时间。

对于双轴型中心管喷浆型深层搅拌机的施工工艺为切土下沉—喷浆搅拌提升，因此为了确保搅拌桩底与土体能充分搅拌均匀，达到较高的强度，要求当水泥浆液到达出浆口后，尚应不提升搅拌机而喷浆搅拌 30s，在水泥浆与桩端土充分搅拌后，再开始提升搅拌头。

深层搅拌机预搅下沉时，当遇到较坚硬的表土层而使下沉速度过慢时，可适当加水下沉。试验表明，当土层的含水量增加，水泥土的强度会降低。但考虑到搅拌设计中一般是按下部最软的土层来确定水泥掺量的，因此只要表层的硬土经加水搅拌后的强度不低于下部软土加固后的强度，也是能满足设计要求的。

深层搅拌机施工时，搅拌次数越多，则拌合更为均匀，水泥土强度也越高，但施工效率就降低。试验证明，当加固范围内土体任一点的水泥土每遍经过 20 次的拌合，其强度即可达到较高值。每遍搅拌次数 N 由下式计算：

$$N = \frac{h\cos\beta\Sigma z}{v}n$$

式中　h——搅拌叶片的宽度（m）；

　　$\cos\beta$——搅拌叶片与觉拌轴的垂直夹角（°）；

　　Σz——搅拌叶片的总枚数；

　　n——搅拌头的回转数（r/min）；

　　v——搅拌头的提升速度（m/min）。

作为深层搅拌的施工单位、监理单位，在参与深层搅拌施工时，检查进场的深层搅拌机械能否符合设计要求的首要任务就是按实际机械参数，依照公式计算出每遍喷浆搅拌次数，如少于 20 次，则应调整机械参数；如仍不合要求应该清退该台搅拌机械，严禁在深层搅拌施工中使用不合格的深层搅拌机械。

根据实际施工经验，搅拌法在施工到顶端 0.3～0.5m 范围时，因上部覆土压力较小，搅拌质量较差。因此，其场地整平标高应比设计确定的桩顶标高再高出 0.3～0.5m，桩制作时仍施工到地面。待开挖基坑时，再将上部 0.3～0.5m 的桩身质量较差的桩段挖除。根据现场实践表明，当搅拌桩作为承重桩进行基坑开挖时，桩身水泥土已有一定的强度，若用机械开挖基坑，往往容易碰撞损坏桩顶，因此基底标高以上 0.3m 宜采用人工开挖，以保护桩头质量。

4. 施工质量控制和检验

（1）保证垂直度

为使搅拌桩基本垂直于地面，要特别注意深层搅拌机的平整度和导向架对地面的垂直度，应控制机械的垂直度偏斜不超过 1%。

（2）保证桩位准确度

布桩位置与设计误差不得大于 2cm，而成桩桩位偏差不应超过 5cm。

（3）水泥浆应符合要求

对于喷浆搅拌工艺所使用的水泥浆要严格按设计的配合比拌制，制备好的水泥浆不得有离析现象，停置时间不宜过长。为防止水泥浆发生离析，应将水泥浆留在灰浆拌制机中进行不断搅动，直至送浆前才缓慢倒入集料斗中。对停置时间超过 2h 的水泥浆应降低强度等级使用。

（4）确保搅拌施工的均匀性

1）搅拌机械预搅下沉时应使土体充分搅碎。对遇到硬土，搅拌机下沉速度过慢时，对于喷浆搅拌可采用冲水下沉，但在喷浆提升前必须将输浆管中的存水排净。

2）严格按设计确定的参数控制水泥浆的喷出量和搅拌提升速度。水泥浆的供应量必须连续；一旦因故中断，必须将搅拌头下沉到停浆面以下 0.5m 处，待恢复供浆后再搅拌提升，以防断桩。

3）应控制重复搅拌时的下沉和提升速度，以保证加固深度范围内每一深度均得到充分搅拌。

（5）确保壁状加固体的连续性

对设计要求搭接成壁的桩应连续施工，相邻桩的施工间隔不超过 24h。相邻桩的重叠不得小于 15cm。

（6）施工记录应详尽完善

施工记录必须有专人负责，深度记录偏差不得大于 5cm；时间记录误差不得大于 2s。

施工中发生的问题和处理情况，均应如实记录，以便汇总分析。

1.1.3.5 水泥灌浆

1. 水泥灌浆分类

（1）帷幕灌浆。帷幕灌浆是用浆液灌入岩体或土层的裂隙、孔隙，形成防水幕，以减小渗流量或降低扬压力的灌浆。

（2）固结灌浆。用浆液灌入岩体裂隙或破碎带，以提高岩体的整体性和抗变形能力的灌浆。

（3）接触灌浆。通过浆液灌入混凝土与基岩或混凝土与钢板之间的缝隙，以增加接触面结合能力的灌浆。

（4）接缝灌浆。通过埋设管路或其他方式将浆液灌入混凝土坝体的接缝，以改善传力条件增强坝体整体性的灌浆。

（5）回填灌浆。用浆液填充混凝土与围岩或混凝土与钢板之间的空隙和孔洞，以增强围岩或结构的密实性的灌浆。

2. 钻孔灌浆用的机械设备

（1）钻孔机械

钻孔灌浆机械主要有回转式、回转冲击式、冲击式三大类。目前用得最多的是回转式钻机，其次是回转冲击式钻机，纯冲击式钻机用得很少。

（2）灌浆机械设备

灌浆机械设备主要有灌浆泵、浆液搅拌机及灌浆记录仪等。

1）灌浆泵

灌浆泵是灌浆用的主要设备。灌浆泵性能应与浆液类型、浓度相适应，容许工作压力应大于最大灌浆压力的 1.5 倍，并应有足够的排浆量和稳定的工作性能。灌注纯水泥浆液应采用多缸柱塞式灌浆泵。

2）浆液搅拌机

用于制作水泥浆的浆液搅拌机，目前用得最多的是传统双层立式慢速搅拌机和双桶平行搅拌机。国外已广泛使用涡流或旋流式高速搅拌机，其转数为 1500～3000r/min。用高速搅拌机制浆，不仅速度快、效率高，而且制出的浆液分散性和稳定性高，质量好，能更好地注入岩石裂隙。

搅拌机的转速和拌合能力应分别与所搅拌浆液类型和灌浆泵的排浆量相适应，并应能保证均匀、连续地拌制浆液。

3）灌浆记录仪

用来记录每个孔段灌浆过程中每一时刻的灌浆压力、注浆率、浆液比重（或水灰比）等重要数据。

3. 灌浆方式和灌浆方法

（1）灌浆方式

灌浆方式有纯压式和循环式两种（图 1-29）。

1）纯压式

纯压式灌浆是指浆液注入孔段内和岩体裂隙中，不再返回的灌浆方式。这种方式设备简单，操作方便；但浆液流动速度较慢，容易沉淀，堵塞岩层缝隙和管路，多用于吸浆量

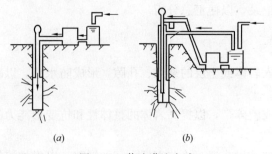

图 1-29　浆液灌注方式

(a) 纯压式；(b) 循环式

大，并有大裂隙存在和孔深不超过 15m 的情况。

2）循环式

循环式灌浆是指浆液通过射浆管注入孔段内，部分浆液渗入到岩体裂隙中，部分浆液通过回浆管返回，保持孔段内的浆液呈循环流动状态的灌浆方式。这种方式一方面使浆液保持流动状态，可防止水泥沉淀，灌浆效果好；另一方面可以根据进浆和回浆液比重的差值，判断岩层吸收水泥的情况。

（2）灌浆方法

灌浆方法可分为全孔一次灌浆法、自上而下分段灌浆法、自下而上分段灌浆法、综合灌浆法和孔口封闭灌浆法等。

1）全孔一次灌浆

全孔一次灌浆是将孔一次钻完，全孔段一次灌浆。这种方法施工简便，多用于孔深不深，地质条件比较良好，基岩比较完整的情况。

2）自下而上分段灌浆

自下而上分段灌浆法是将灌浆孔一次钻进到底，然后从钻孔的底部往上，逐段安装灌浆塞进行灌浆，直至孔口的灌浆方法。见图 1-30。

3）自上而下分段灌浆法

自上而下分段灌浆法是从上向下逐段进行钻孔，逐段安装灌浆塞进行灌浆，直至孔底的灌浆方法。见图 1-31。

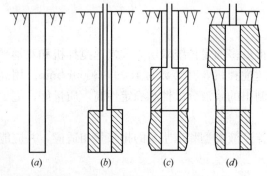

图 1-30　自下而上分段灌浆

（a）钻孔；（b）第三段灌浆；
（c）第二段灌浆；（d）第一段灌浆

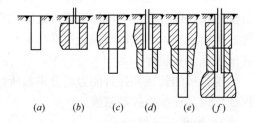

图 1-31　自上而下分段灌浆

（a）第一段钻孔；（b）第一段灌浆；（c）第二段钻孔；
（d）第二段灌浆；（e）第三段钻孔；（f）第三段灌浆

4）综合灌浆法

综合灌浆法是在钻孔的某些段采用自上而下分段灌浆，另一些段采用自下而上分段灌浆的方法。

5）孔口封闭灌浆法。

孔口封闭灌浆法是在钻孔的孔口安装孔口管，自上而下分段钻孔和灌浆，各段灌浆时都在孔口安装孔口封闭器进行灌浆的方法。

灌浆孔的基岩段长小于 6m 时，可采用全孔一次灌浆法；大于 6m 时，可采用自上而下分段灌浆法、自下而上分段灌浆法、综合灌浆法或孔口封闭灌浆法。

4. 帷幕灌浆

帷幕灌浆施工工艺主要包括：钻孔、钻孔冲洗、压水试验、灌浆和灌浆的质量检查等。

（1）钻孔

帷幕灌浆宜采用回转式钻机和金刚石钻头或硬质合金钻头钻进。

钻孔质量要求有：

1）钻孔位置与设计位置的偏差不得大于 10cm。

2）孔深应符合设计规定。

3）灌浆孔宜选用较小的孔径，钻孔孔壁应平直完整。

4）钻孔必须保证孔向准确。钻机安装必须平正稳固；钻孔宜埋设孔口管；钻机立轴和孔口管的方向必须与设计孔向一致；钻进应采用较长的粗径钻具并适当地控制钻进压力。

（2）钻孔冲洗、裂隙冲洗和压水试验

灌浆孔（段）在灌浆前应进行钻孔冲洗，孔内沉积厚度不得超过 20cm。同时在灌浆前宜采用压力水进行裂隙冲洗，直至回水清净时止。冲洗压力可为灌浆压力的 80％，该值若大于 1MPa 时，采用 1MPa。

冲洗时，可将冲洗管插入孔内，用阻塞器将孔口堵紧，用压力水冲洗，压力水和压缩空气轮换冲洗或压力水和压缩空气混合冲洗。

帷幕灌浆采用自上而下分段灌浆法时，先导孔应自上而下分段进行压水试验，各次序灌浆孔的各灌浆段在灌浆前宜进行简易压水；采用自下而上分段灌浆法时，先导孔仍应自下而上分段进行压水试验。各次序灌浆孔在灌浆前全孔应进行一次钻孔冲洗和裂隙冲洗。除孔底段外，各灌浆段在灌浆前可不进行裂隙冲洗和简易压水。压水试验应在裂隙冲洗后进行，采用五点法或单点法。

（3）灌浆方式和灌浆方法

1）灌浆方式

帷幕灌浆应优先采用循环式，射浆管距孔底不得大于 50cm。

2）灌浆方法

帷幕灌浆必须按分序加密的原则进行。

由三排孔组成的帷幕，应先进行边排孔的灌浆，然后进行中排孔的灌浆。边排孔宜分为三序施工，中排孔可分为二序或三序施工；由两排孔组成的帷幕，宜先进行下游排孔的灌浆，然后进行上游排孔的灌浆。每排孔宜分为三序施工；单排帷幕灌浆孔应分为三序施工，如图 1-32 所示。

帷幕灌浆段长度宜采用 5～6m，特殊情况下可适当缩减或加长，但不得大于 10m。采用自上而下分段灌浆法时，灌浆塞应塞在已灌段段底以上 0.5m 处，以防漏灌；孔口无涌水的孔段，灌浆结束后可不待凝，但在断层、破碎带等地质条件复杂地区则宜待凝。采用自下而上分段灌浆法时，灌浆段的长度因故超过 10m，对该段宜采取补救措施。

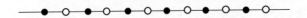

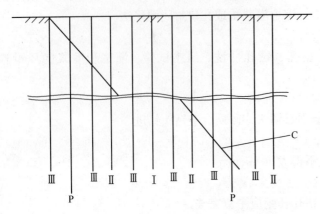

图 1-32 帷幕灌浆孔的施工序

P—先导孔；Ⅰ、Ⅱ、Ⅲ—第一、二、三次序孔；C—检查孔

（4）灌浆压力和浆液变换

1）灌浆压力

灌浆压力宜通过灌浆试验确定，也可通过公式计算或根据经验先行拟定，而后在灌浆施工过程中调整确定。采用循环式灌浆，压力表应安装在孔口回浆管路上；采用纯压式灌浆，压力表应安装在孔口进浆管路上。灌浆应尽快达到设计压力，但注入率大时应分级升压。

灌浆浆液的浓度应由稀到浓，逐级变换。浆液水灰比可采用 5：1、3：1、2：1、1：1、0.8：1、0.6：1、0.5：1 等七个比级。开灌水灰比可采用 5：1。

2）灌浆浆液变换

当灌浆压力保持不变，注入率持续减少时，或当注入率不变而压力持续升高时，不得改变水灰比；当某一比级浆液的注入量已达 300L 以上或灌注时间已达 1h，而灌浆压力和注入率均无改变或改变不显著时，应改浓一级；当注入率大于 30L/min 时，可根据具体情况越级变浓。

灌注细水泥浆液，可采用水灰比为 2：1、1：1、0.6：1 或 1：1、0.8：1、0.6：1 三个比级。

（5）灌浆结束标准和封孔方法

1）灌浆结束标准

采用自上而下分段灌浆法时，在规定的压力下，当注入率不大于 0.4L/min 时，继续灌注 60min；或不大于 1L/min 时，继续灌注 90min，灌浆可以结束。采用自下而上分段灌浆法时，继续灌注的时间可相应地减少为 30min 和 60min，灌浆可以结束。

2）封孔方法

采用自上而下分段灌浆法时，灌浆孔封孔应采用"分段压力灌浆封孔法"；采用自下而上分段灌浆时，应采用"置换和压力灌浆封孔法"或"压力灌浆封孔法"。

（6）特殊情况处理

灌浆过程中，发现冒浆漏浆，应根据具体情况采用嵌缝、表面封堵、低压、浓浆、限流、限量、间歇灌浆等方法进行处理。发生串浆时，如串浆孔具备灌浆条件，可以同时进行灌浆。应一泵灌一孔。否则应将串浆孔用塞塞住，待灌浆孔灌浆结束后，再对串浆孔并行扫孔、冲洗，而后继续钻进和灌浆。

灌浆工作必须连续进行，若因故中断，应及早恢复灌浆。否则应立即冲洗钻孔，而后恢复灌浆。若无法冲洗或冲洗无效，则应进行扫孔，而后恢复灌浆。恢复灌浆时，应使用开灌比级的水泥浆进行灌注。如注入率与中断前的相近，即可改用中断前比级的水泥浆继续灌注；如注入率较中断前的减少较多，则浆液应逐级加浓继续灌注。恢复灌浆后，如注入率较中断前的减少很多，且在短时间内停止吸浆，应采取补救措施。

（7）工程质量检查

灌浆质量检查应以检查孔压水试验成果为主，结合对竣工资料和测试成果的分析，综合评定。灌浆检查孔应在下述部位布置：

1）帷幕中心线上；

2）岩石破碎、断层、大孔隙等地质条件复杂的部位；

3）钻孔偏斜过大、灌浆情况不正常以及经分析资料认为对帷幕灌浆质量有影响的部位。

灌浆检查孔的数量宜为灌浆孔总数的 10%。一个坝段或一个单元工程内，至少应布置一个检查孔；检查孔压水试验应在该部位灌浆结束 14d 后进行；同时应自上而下分段卡塞进行压水试验，试验采用五点法或单点法。

检查孔压水试验结束后，按技术要求进行灌浆和封孔；检查孔应钻取岩芯，计算获得率并加以描述。

5. 固结灌浆

（1）灌浆方式与施工工艺

固结灌浆灌浆方式有循环式和纯压式两种；灌浆施工工艺和帷幕灌浆基本相同。

（2）灌浆技术要求

1）灌浆孔的施工按分序加密的原则进行，可分为二序或三序施工。每孔采取自上而下分段钻进、分段灌浆或钻进终孔后进行灌浆。

2）灌浆孔基岩段长小于 6m 时，可全孔一次灌浆。当地质条件不良或有特殊要求时，可分段灌浆。灌浆压力大于 3MPa 的工程，灌浆孔应分段进行灌浆。

3）灌浆孔应采用压力水进行裂隙冲洗，直至回水清净时止。冲洗压力可为灌浆压力的 80%，该值若大于 1MPa 时，采用 1MPa。

4）灌浆孔灌浆前的压水试验应在裂隙冲洗后进行，采用单点法。试验孔数不宜少于总孔数的 5%。

5）在规定的压力下，当注入率不大于 0.4L/min 时，继续灌注 30min，灌浆可以结束。

6）固结灌浆压水试验检查、岩体波速检查、静弹性模量检查应分别在灌浆结束 3～7、14、28d 后进行。

7）灌浆质量压水试验检查，孔段合格率应在 80% 以上，不合格孔段的透水率值不超过设计规定值的 50%，且不集中。

8）灌浆孔封孔应采用"机械压浆封孔法"或"压力灌浆封孔法"。

6. 回填灌浆

（1）回填灌浆孔，在素混凝土衬砌中宜采用直接钻设的方法；在钢筋混凝土衬砌中应采用从预埋管中钻孔的方法。钻孔孔径不宜小于 38mm，孔深宜进入岩石 10cm，并宜测记混凝土厚度和空腔尺寸。

（2）遇有围岩塌陷、溶洞、超挖较大等特殊情况时，应在该部位预埋灌浆管，其数量不应少于 2 个，位置在现场确定。

（3）顶拱回填灌浆应分成区段进行，每区段长度不宜大于 50m，区段端部必须封堵严密。

（4）回填灌浆前应对衬砌混凝土的施工缝和混凝土缺陷等进行全面检查，对可能漏浆的部位应及时处理。

（5）回填灌浆宜分为两个次序进行，后序孔应包括顶孔。

（6）回填灌浆施工应自较低的一端开始，向较高的一端推进。同一区段内的同一次序孔可全部或部分钻出后，再进行灌浆。也可单孔分序钻进和灌浆。

（7）回填灌浆，一序孔可灌注水灰比为 0.6（或 0.5）：1 的水泥浆，二序孔可灌注 1：1 和 0.6（或 0.5）：1 两个比级的水泥浆。空隙大的部位应灌注水泥砂浆，掺砂量不宜大于水泥重量的 200%。

（8）回填灌浆压力应视混凝土衬砌厚度和配筋情况等确定。一般在素混凝土衬砌中可采用 0.2～0.3MPa；钢筋混凝土衬砌中可采用 0.3～0.5MPa。

（9）回填灌浆，在规定的压力下，灌浆孔停止吸浆，延续灌注 5min 即可结束。

（10）回填灌浆质量检查应在该部位灌浆结束 7d 后进行。检查孔应布置在脱空较大、串浆孔集中以及灌浆情况异常的部位，其数量宜为灌浆孔总数的 5%。

（11）回填灌浆质量检查可采用钻孔注浆法，即向孔内注入水灰比 2：1 的浆液，在规定的压力下，初始 10min 内注入量不超过 10L 认为合格。

（12）灌浆孔灌浆和检查孔检查结束后，应使用水泥砂浆将钻孔封填密实，孔口压抹齐平。

7. 混凝土坝接缝灌浆

（1）一般规定

1）蓄水前应完成蓄水初期最低库水位以下各灌区的接缝灌浆及其验收工作。蓄水后，各灌区的接缝灌浆应在库水位低于灌区底部高程时进行。

2）混凝土坝接缝灌浆的施工顺序应遵守下列原则：

①接缝灌浆应按高程自下而上分层进行。

②拱坝横缝灌浆宜从大坝中部向两岸推进。重力坝的纵缝灌浆宜从下游向上游推进，或先灌上游第一道纵缝后，再从下游向上游顺次灌浆。当既有横缝灌浆又有纵缝灌浆时，施工顺序应按工程具体情况确定。

③处于陡坡基岩上的坝段，施工顺序可另行规定。

3）各灌区需符合下列条件，方可进行灌浆：

①灌区两侧坝块混凝土的温度必须达到设计规定值；

②灌区两侧坝块混凝土龄期应多于 6 个月，在采取有效措施情况下，也不得少于 4 个月；

③除顶层外，灌区上部宜有 9m 厚混凝土压重，且其温度应达到设计规定值；

④接缝的张开度不宜小于 0.5mm；

⑤灌区密封，管路和缝面畅通。

4）在混凝土坝体内应根据接缝灌浆的需要埋设一定数量的测温计和测缝计。

5）同一高程的纵缝（或横缝）灌区，一个灌区灌浆结束，间歇 3d 后，其相邻的纵缝（或横缝）灌区方可开始灌浆。若相邻的灌区已具备灌浆条件，可采用同时灌浆方式，也可采用逐区连续灌浆方式。连续灌浆应在前一灌区灌浆结束后，8h 内开始后一灌区的灌浆，否则仍应间歇 3d 后进行灌浆。

6）同一坝缝，下一层灌区灌浆结束，间歇 14d 后，上一层灌区才可开始灌浆。若上、下层灌区均已具备灌浆条件，可采用连续灌浆方式，但上、下层灌区灌浆间隔时间不得超过 4h，否则仍应间歇 14d 后进行。

7）为了方便施工、处理事故以及灌浆质量取样检查，宜在适当部位设置廊道和预留平台。

（2）灌浆施工

1）灌浆过程中，必须严格控制灌浆压力和缝面增开度。灌浆压力应达到设计要求。若灌浆压力尚未达到设计要求，而缝面增开度已达到设计规定值时，则应以缝面增开度为准，控制灌浆压力。

2）灌浆压力应用与排气槽同一高程处的排气管管口的压力表示。如排气管引至廊道，则廊道内排气管管口的灌浆压力值应通过换算确定。如排气管堵塞，应以回浆管管口相应压力控制。

3）在纵缝（或横缝）灌区灌浆过程中，可观测同一高程未灌浆的相邻纵缝（或横缝）灌区的变形。如需要通水平压，应按设计规定执行。

4）浆液水灰比变换可采用 3:1（或 2:1）、1:1、0.6:1（或 0.5:1）三个比级。一般情况下，开始可灌注 3:1（或 2:1）浆液，待排气管出浆后，即改用 1:1 浆液灌注。当排气管出浆浓度接近 1:1 浆液浓度或当 1:1 浆液灌入量约等于缝面容积时，即改用最浓比级 0.6:1（或 0.5:1）浆液灌注，直至结束。

当缝面张开度大，管路畅通，两个排气管单开出水量均大于 30L/min 时，开始就可灌注 1:1 或 0.6:1 浆液。

5）为尽快使浓浆充填缝面，开灌时，排气管处的阀门应全打开放浆，其他管口应间断放浆。当排气管排出最浓一级浆液时，再调节阀门控制压力，直至结束。所有管口放浆时，均应测定浆液的密度，记录弃浆量。

6）当排气管出浆达到或接近最浓比级浆液，排气管口压力或缝面增开度达到设计规定值，注入率不大于 0.4L/min 时，持续 20min，灌浆即可结束。

7）当排气管出浆不畅或被堵塞时，应在缝面增开度限值内，尽量提高进浆压力，力争达到第 6 条规定的结束标准。若无效，则在顺灌结束后，应立即从两个排气管中进行倒灌。

8）倒灌时应使用最浓比级浆液，在设计规定的压力下，缝面停止吸浆，持续 10min 即可结束。

9）灌浆结束时，应先关闭各管口阀门后再停机，闭浆时间不宜少于 8h。

10）同一高程的灌区相互串通采用同时灌浆方式时，应一区一泵进行灌浆。在灌浆过程中，必须保持各灌区的灌浆压力基本一致，并应协调各灌区浆液的变换。

11）同一坝缝的上、下层灌区相互串通，采用同时灌浆方式时，应先灌下层灌区，待上层灌区发现有浆串出时，再开始用另一泵进行上层灌区的灌浆。灌浆过程中，以控制上层灌区灌浆压力为主，调整下层灌区的灌浆压力。下层灌区灌浆宜待上层灌区开始灌注最浓比级浆液后结束。在未灌浆的邻缝灌区宜通水平压。

12）有三个或三个以上的灌区相互串通时，灌浆前必须摸清情况，研究分析，制定切实可行的方案后，慎重施工。

1.1.3.6 高压喷射灌浆

高压喷射灌浆是采用钻机造孔，将装有喷嘴的注浆管下到预定位置，然后用高压水泵或高压泥浆泵（20～40MPa）将水或浆液通过喷嘴喷射出来，形成高速喷射流束，冲击、切割地层土体，使土粒在喷射流束的冲击力、离心力和重力等综合作用下，与浆液搅拌混合，形成桩柱或板墙状的凝结体，用以提高地基防渗或承载能力的施工技术。同灌浆相比，灌浆是通过压力渗透的方法充填空隙，高压喷射灌浆是通过流体的动力搅动土层，改变了土体的结构。同深层搅拌桩相比，深层搅拌法通过叶片搅拌切割土层，而高喷是通过水力切割土层。高喷这种工法适应的土层范围更广泛。

1. 高压喷射灌浆的适用范围

高压喷射灌浆防渗和加固技术适用砂砾类土、黏性土、黄土和淤泥等地层均能进行喷射加固，效果较好。对粒径过大的含量过多的砾卵石以及有大量纤维质的腐殖土层，一般应通过现场试验确定施工方法。对含有较多漂石或块石的地层，应慎重使用。

2. 高压喷射灌浆的基本方法

高压喷射灌浆的基本方法有：单管法、二管法、三管法（图 1-33）和多管法等。

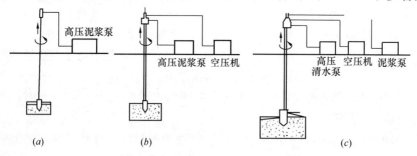

图 1-33　喷射注浆法施工工艺流程
(a) 单管法；(b) 二管法；(c) 三管法

（1）单管法

单管法是用高压泥浆泵以 20～40MPa 或更高的压力，从喷嘴中喷射出水泥浆液射流，冲击破坏土体，同时提升或旋转喷射管，使浆液与土体上剥落下来的土石掺搅混合，经一定时间后凝固，在土中形成凝结体。这种方法形成凝结体的范围（桩径或延伸长度）较小，一般桩径为 0.5～0.9m，板状凝结体的延伸长度可达 1～2m。其加固质量好，施工速度快，成本低。单管法直接喷射高压水泥浆，对设备的磨损严重，但是由于设备简单，多用于地基改良及水利工程的地基防渗。

（2）二管法

二管法是用高压泥浆泵等高压发生装置产生 20～35MPa 或更高压力的浆液，用压缩空气机产生 0.7～0.8MPa 压力的压缩空气。浆液和压缩空气通过具有两个通道的喷射管，在喷射管底部侧面的同轴双重喷嘴中同时喷射出高压浆液和空气两种射流，外嘴喷出气体，内嘴喷出浆液，两种射流共同作用，冲击破坏土体，其直径可以达到 0.8～1.5cm。

二管法适应于粉土、砂土、砾石、卵（碎）石等地层的防渗加固。

（3）三管法

三管法是使用能输送水、气、浆的三个通道的喷射管，从内喷嘴中喷射出压力为30～60MPa的超高压水流，水流周围环绕着从外喷嘴中喷射出一般压力为0.7～0.8MPa的圆状气流，同轴喷射的水流与气流冲击破坏土体。由泥浆泵灌注压力0.2～1.0MPa、浆量80～100L/min、密度 $1.6～1.8g/cm^3$ 的水泥浆液进行充填置换。其直径一般有1.0～2.0m，较二管法大，较单管法要大1～2倍。

三管法用来加固淤泥地层以外的软土地基，各类砂土、卵石等地层的加固。

3. 浆液材料

高喷灌浆最常用的材料为水泥浆，在防渗工程中使用黏土（膨润土）水泥浆。化学浆液使用较少，国内仅在个别工程中应用过丙凝等浆液。采用何种材料要根据工程特点、需要，及设备工艺条件确定。用于灌浆的材料应检验合格后方可使用。关于灌浆材料的要求可以参考水泥灌浆部分，这里不再重复。

4. 施工设备

高压喷射灌浆的施工设备由于高压喷射灌浆的工艺不同而不同。多种设备构成灌浆的成套设备。一般的，高压喷射设备分造孔、供水、供气、供浆喷灌和监测等设备。

（1）造孔设备

造孔机械可分为：回转式钻机、冲击式钻机、振动式钻机、射水式钻机等。在一般工程国产的钻机即可以满足钻进的需要。

（2）供水设备

供水设备主要是高压水泵和高压胶管。高压水泵的额定压力为30～50MPa，流量为50～100L/min，工作压力为20～40MPa。高压胶管的工作压力为30～55MPa。

（3）供气设备

二管和三管法高压喷射灌浆，需要压缩空气与主射流（水或水泥浆）同轴喷射。一般采用的空压机的排气压力为0.7～0.8MPa。如果为深处理工程，应选更高压力的设备。

（4）供浆设备

供浆设备一般包括搅浆机、灌浆泵、上料机等设备。这些设备的型号、规格应同工程的特点和喷浆工艺相适应。

（5）喷灌设备

喷灌设备包括机架、卷扬机、旋摆设备和喷射装置。这些设备的型号、规格应同工程的特点和喷浆工艺相适应。

（6）监测设备

高压喷射灌浆的监测设备包括：浆液的密度测量，水、气、浆的压力和流量的测量，喷射的提升速度的测量等监测设备。用于监测的设备应计量检验合格后方可使用，以便保证监测的数据真实可靠。

5. 高压喷射灌浆的喷射形式

高压喷射灌浆的喷射形式有旋喷、摆喷、定喷三种。

高压喷射灌浆形成凝结体的形状与喷嘴移动方向和持续时间有密切关系。喷嘴喷射时，一面提升，一面进行旋喷则形成柱状体；一面提升，一面进行摆喷则形成哑铃体；当喷嘴一面喷射，一面提升，方向固定不变，进行定喷，则形成板状体。三种凝结体如图1-34所示。上述三种喷射形式切割破碎土层的作用，以及被切割下来的土体与浆液搅拌混合，进而凝结、硬化和固结的机理基本相似，只是由于喷嘴运动方式的不同，致使凝结体的形状和结构有所差异。

6. 高压喷射灌浆的施工程序

高喷灌浆应分排分序进行。在坝、堤基或围堰中，由多排孔组成的高喷墙应先施工下游排孔，后施工上游排孔，最后施工中间排孔。在同一排内如采用钻、喷分别进行的程序施工时，应先施工Ⅰ序孔，后施工Ⅱ序孔。先导孔应最先施工。

施工程序为钻孔、下置喷射管、喷射提升、成桩成板或成墙等。图 1-35 为施工流程示意图。

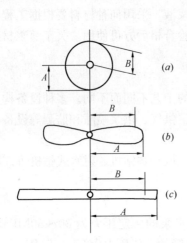

图 1-34　高喷凝结体的形式

(a) 旋喷体（桩）；(b) 摆喷体（板墙）；(c) 定喷体（薄板墙）

A—延伸长度（半径）；B—有效长度（半径）

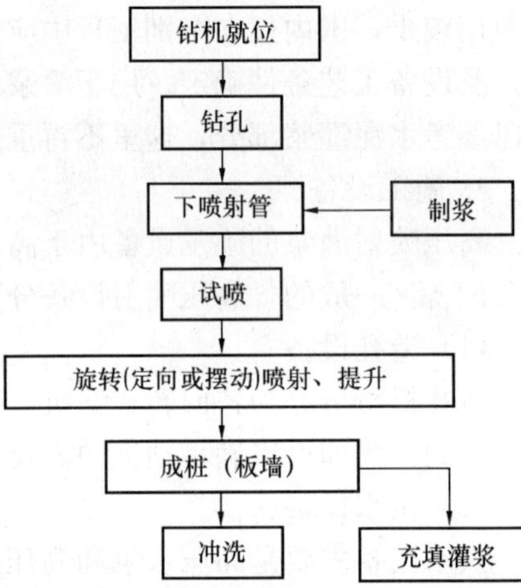

图 1-35　高压喷射灌浆施工流程示意图

7. 高喷灌浆的质量控制要点

高压喷射灌浆是隐蔽工程，施工过程中受到多种因素的影响，施工过程中应高度重视。

(1) 高喷灌浆的孔距

对用于防渗的高喷灌浆，孔距影响高喷的连续性，影响工程的防渗效果，应高度重视。在设备一定的条件下，高喷灌浆的孔距受地质条件、布置形式影响。一般的在砾卵石及卵漂石中，孔距为 1.0～1.5m；中粗砂、壤土或杂填土土层孔距多采用 1.5～2.0m；中细砂、粉砂土层中可采用 2.0～2.5m 的间距。由于地质条件的复杂性，合理的可行的孔距应通过现场试验确定，上面的数据供试验拟定参数时参考。

(2) 浆液的水灰比

高压喷射灌浆时，一部分浆液同土体混合留在地下，一部分浆液则由孔口返回地面。应选择适宜的水灰比，使得加固体的范围满足设计和工艺的要求，同时返浆最小。

(3) 提升和旋转速度

提升和旋转的速度，决定喷射流冲击切割地层的时间长短。在一定的时间范围内时间长一点，切割的范围大一点，浆液同土体混合的均匀一点，但是施工效率低一点。提升慢，耗浆量大。旋转快，桩径小。提升和旋转的速度应通过现场工艺试验获得。下面的数据供施工时参考。提升速度：单管法 20～25cm/min；二管法 5～10cm/min；三管法 5～40cm/min。旋转速度：单管法 20r/min；二管法 20r/min；三管法 5～10r/min。

（4）灌浆的深度

高压喷射灌浆的处理深度影响工程的效果。考虑到喷嘴的位置，灌浆深度应深于设计深度。灌浆管到达孔底后应先喷浆，待浆液从孔中冒出后再提升。

（5）喷嘴的方向

对于定喷和摆喷，在下喷射管时，应将喷嘴对准喷射方向。否则将使墙体不连续，防渗墙体将不能封闭。

8. 高压喷射灌浆的质量检验

检验内容：包括施工前及过程中的原材料检验、浆液的监测、施工过程中的工序检验、固结体的整体性、均匀性、强度特性和抗渗性等检验。

（1）施工用于高喷的原材料应检验合格后，再用于工程。未经检验合格的原材料不用于工程；

（2）施工过程中对浆液的密度、黏度等指标进行检验，对钻孔的深度应根据设计要求和钻孔所处的位置、地质条件确定；

（3）先导孔应按照设计或规范的要求进行，对揭露的地层同地质勘探报告差异较大的，应及报告监理、建设单位；

（4）对固结体可以采用围井的方法检验墙体的渗透性。条件允许时也可以采用钻孔压水试验的方法检验；

（5）若加固体是为了提高地基的强度，可以采用载荷试验的方法检验，若加固体是为了防渗，目前也有采用物探的方法检验墙体的连续性和深度；

（6）所有的检验中最可靠、最直接的检验是大自然的检验。高喷处理后处理的目的是否达到，原来的隐患是否消除，是检验工程处理效果的可靠的有效的方法。检测结论可以通过对原型观测的数据分析获得。

1.1.3.7　混凝土防渗墙

混凝土防渗墙是利用钻孔、挖槽机械，在松散透水地基或坝（堰）体中以泥浆固壁，挖掘槽形孔或连锁桩柱孔，在槽（孔）内浇筑混凝土或回填其他防渗材料筑成的具有防渗等功能的地下连续墙。地下连续墙起源于欧洲，1950 年前后在意大利和法国开始应用。1992 年日本在跨东京湾的高速公路采用 EM-320 型液压铣槽机建成深 138m，厚 2.8m 的防渗墙。我国于 20 世纪 50 年代末开始建设防渗墙，主要用于水库的防渗。目前我国建设的最深的防渗墙为深 154m，防渗墙的厚度在 15～140cm。从墙体材料看有普通混凝土、黏土混凝土、粉煤灰混凝土、塑性混凝土、自凝灰浆和固化灰浆。

1. 造孔成槽设备

造孔成槽有钢绳冲击式钻孔机、冲击式反循环钻机、回转式钻机、抓斗挖槽机和液压铣槽机等设备。

（1）钢绳冲击式钻机

钢绳冲击式钻机（简称冲击钻）通过钻头向下的冲击运动破碎地基土，形成钻孔。它不仅适用于一般的软土地层，也适用于砾石、卵石、漂石和基岩等比较深的地层。在我国已建成的混凝土防渗墙大多都是用这种钻机完成的。

51

（2）冲击式反循环钻机

冲击式反循环钻机适用于软土、砂砾石、漂卵石和岩基等地层。反循环排渣方式有泵吸式、气举式和射流式3种。

（3）回转式钻机

回转式钻机是用旋转的钻头切削、破碎岩土层。分正循环和反循环。正循环是泥浆泵经钻杆向孔底注入泥浆，泥浆从钻杆外的孔口中溢出。反循环是泥浆从槽孔注入，含有岩渣的泥浆由砂石泵自孔底从钻杆中吸出。

（4）抓斗式挖槽机

抓斗式挖槽机（简称抓斗）适用的地层广泛，除大的漂卵石和岩基外，几乎适应所有的覆盖层开挖。这种机械设备简单，易于维修，成本较低，广泛的应用于较软弱的地层中。成槽的宽度为30～150cm，最大深度为130m。

（5）液压铣槽机

液压铣槽机于1973年由法国索列丹斯公司首先研制成功的。1996年我国引进了此种机械用于防渗墙施工。该机械适用均质地层包括坚硬的岩石。

2. 固壁泥浆

泥浆是由水、黏土及化学处理剂组成。不同的配合比，泥浆的性质不同。泥浆的作用是固壁、排渣和冷却钻头。在槽壁上形成的泥皮，有助于增强防渗墙的防渗效果。

（1）泥浆的种类和性能

泥浆的种类有普通黏土浆和膨润土泥浆。同普通泥浆相比，膨润土泥浆的密度小，浇筑混凝土的置换效果好，便于泥浆的循环使用，成墙质量好。这两种泥浆各有特点，应根据工程的地质条件，选用经济合理的泥浆。

（2）表征泥浆性能的指标

表征泥浆性能的指标有黏度、密度、胶体率、含砂量等指标。新制泥浆的性能指标见表1-11。工程施工时可以根据工程的地质条件，设计和规范的要求选取适合工程需要的指标。

新制泥浆的性能指标 表 1-11

项　目	单　位	性能指标	试验仪器
密度	g/cm³	1.1～1.2	泥浆比重称
漏斗黏度	s	18～25	500/700 漏斗
含砂量	%	≤5	含沙量测定仪
胶体率	%	≥96	量筒
稳定性	g/cm³	≤0.03	量筒、泥浆比重称
失水量	ml/30min	<30	失水量仪
泥饼厚	mm	2～4	失水量仪
1min 静切力	N/m²	2.0～5.0	静切力计
pH 值	/	7～9	pH 试纸或电子 pH 计

3. 墙体材料

墙体材料根据抗压强度和弹性模量可分为刚性和柔性材料。抗压强度大于 5MPa、弹性模量大于 1000MPa 的为刚性材料，有普通混凝土、黏土混凝土、粉煤灰混凝土。抗压强度小于 5MPa、弹性模量小于 1000MPa 的为柔性材料，有塑性混凝土、自凝灰浆、固化灰浆等。

用于墙体的材料砂、石子、水泥、外加剂、膨润土、粉煤灰等应检验合格。混凝土配合比应根据设计要求通过试验配制。应当指出，国内外的经验表明，水下浇筑的混凝土墙体的强度，只有机口取样的试块抗压强度的 50%～80%，因此规范建议混凝土的配合比的强度同设计相比应适当提高等级。

4. 造孔成槽及槽段的连接

造孔是防渗墙施工中的主要工序，它受地层等自然条件影响最大，是影响工期、工程成本，甚至决定工程成败的重要因素。

（1）槽段的划分

由于接头是混凝土截渗墙较薄弱的部位，因此槽段尽量长一点。槽段的划分受多种因素影响，具体应考虑这些因素。

1）比较密实的地层槽孔可以长一些，疏松、易塌孔的地层可短些；

2）造孔时间长可短些，反之可长些；

3）地下水位高，渗透性强的地层可短些，反之可长些；

4）含有大漂石较多的地段槽孔应短些；

5）槽段的长度应同混凝土的浇筑能力相适应，保证槽孔混凝土浇筑面有适当的上升速度。

（2）冲击式钻机造孔

采用钢绳冲击钻机和钻劈法造孔成槽在目前的防渗墙施工中广泛使用。这种方法是先钻凿主孔，再劈打副孔。这种方法由于钻头是圆形的，在主副孔之间会留下一些残余部分，俗称小墙。需要变换钻机位置，将小墙打掉，这样就可以形成一个完整的宽度和深度符合要求的槽孔。

（3）抓斗成槽

抓斗成槽可以单抓成槽也看以多抓成槽。单抓成槽即一次抓取一个槽孔。多抓成槽分主副孔每个槽孔多次抓挖成槽。

（4）钻抓法成槽

钻抓法成槽采用冲击钻钻凿主孔，抓斗抓取副孔，可以两钻一抓，也可以三钻二抓、四钻三抓。

（5）槽段的连接

墙段间的接缝是防渗墙的薄弱部位。如果连接不好，可能产生集中渗漏，降低防渗效果。施工方式不同，接头的方式不同。接头的方法有钻凿法、接头管法、双反弧法等方法。

1）钻凿法

钻凿法是施工二期墙段时，在两段一期墙端套打一钻孔的连接方法。接缝呈半圆形。钻凿法适用于有冲击钻施工的情况。这种方法的优点是结构简单、施工简便，对地层和孔深适应性强，造价低；缺点是接头处的刚度较低，浪费材料。

2）接头管法

接头管法是在一期槽段浇筑混凝土前，将专用的接头管置于槽段的两端，后浇筑混凝土。待浇筑的混凝土达到适当的强度后，用专用的机械将接头管拔除，在一期槽段的两端形成半圆形柱面。此面即为一二期混凝土的接缝面。这种接缝方法具有接缝质量好的优点，但是需要专门的设备，施工工艺较为复杂。

3）双反弧法

双反弧法施工时先施工一期槽段，相邻两个一期槽段之间留下一个接头孔的位置，在这个位置钻出圆形孔，利用双反弧钻头扩孔，使圆形孔成双反弧状的孔，再用双反弧钻头将一期墙段侧面的残留的泥渣凿洗干净。这种方法需要专用钻头，施工工艺复杂，但接头效果好。

5. 混凝土的浇筑

槽段混凝土的浇筑是关键工序，直接影响墙体的质量。防渗墙混凝土的浇筑是泥浆下导管浇筑。

（1）导管的要求和布设

水下混凝土采用导管浇筑。导管应有足够的强度，连接密闭，不应漏水。应配备不同长度的导管，以适应导管的合理埋深。导管的布设根数应同槽段的长度相适应。导管的间距应小于 3.5m，槽孔两端的导管距端面的距离以 1.0～1.5m 为宜。开始浇筑时导管距槽底的距离以 15～25cm 为宜。

（2）混凝土的开仓

开始浇筑混凝土时，导管内应放置一直径比导管稍小的隔水塞，以避免混凝土直接同导管内的泥浆接触。首次浇筑的混凝土量应足够将导管埋置一定的深度。此后应确保导管始终在混凝土面以下，且有一定的埋深。

（3）导管埋深的确定

浇筑混凝土过程中应准确记录导管的长度，准确测量混凝土浇筑面的深度，确保导管有适宜的埋深。

（4）导管混凝土面的测量

施工中应准确测量混凝土浇筑面的深度。对浇筑槽段不同部位的混凝土面进行测量，尽量保持混凝土浇筑面水平。

6. 混凝土防渗墙施工的质量控制要点

（1）槽孔深度的确定

防渗墙的深度应满足设计要求是非常必要的。由于地质条件的复杂性，一般防渗墙的设计深度是进入某一岩层的一定深度，这就要求在对工程的地质情况进行详细的勘探时，准确的确定设计指定的地层深度，据此就可以确定防渗墙的深度。在槽孔的钻凿过程中应判定岩层的性质。因此准确的确定设计指定地层的深度是保证防渗墙深度符合设计的非常关键的工作。

（2）槽孔泥浆的控制

由于泥浆具有固壁的功能，因此施工时要保证槽孔内有足够的泥浆并且槽孔的泥浆性能应满足要求。造孔过程中泥浆面如突然降低应及时补足并查明原因。

（3）孔内沉渣清理

槽孔内的沉渣不但影响混凝土的浇筑，更影响防渗墙同底部的接触。因此混凝土浇筑前应清理孔内沉渣。清理沉渣的方法有抽出法和气举排渣法。

（4）原材料和设备的检验

拌制混凝土的原材料应检验合格后再用于工程。拌制混凝土的设备尤其是计量设备应经过计量检定合格，并在施工过程中经常复核，保证原材料计量准确。

（5）施工过程中的钻头直径检验

钻头直径直接影响槽孔的宽度。由于钻头在钻凿过程中易于磨损，因此应经常检测钻头的直径，根据钻头的直径和槽孔开孔宽度的关系，确定合理的钻头直径。

（6）槽段接头的检验

防渗墙的接头是质量薄弱部位，应重点检查接头的处理方法是否符合要求。由于接头都在泥浆一下，因此接头的处理方法应严格按照规定程序进行。

7. 墙体质量的检验

尽管在工程的施工过程中进行了质量控制，各个工序都进行了检验并合格，但是由于影响工程质量是多方面的，尤其对防渗墙这样的隐蔽工程，对完成后的墙体进行检验是十分必要的。对混凝土防渗墙成墙墙体的检验目前有钻孔检验法、超声波检验法和地震透射层析成像法（CT）法。

（1）钻孔检验法

钻孔检验法是使用岩芯钻机在混凝土防渗墙上钻孔获取混凝土试样。通过试样的试验可以获得混凝土的强度、弹性模量等指标。通过钻孔还可以探知墙体有无夹泥、水平冷缝、混凝土的密实程度、墙体同基岩的结合情况、沉渣的厚度等。可以利用钻孔进行压水或注水试验，测量防渗墙的渗透性能。这种检验方法优点是比较直观，缺点是费用高，为点状检验，代表性不足，对墙体有一定的削弱作用。

（2）超声波检验

超声波检验是利用在墙体中预埋的竖直管或在墙体中的钻孔，在相邻的管或孔中做跨孔声波测试，通过计算超声波在混凝土中的传播速度判定混凝土的质量和缺陷。这种方法由于超声波传播的限制，孔距有一定的要求。预先埋管检测失去了检测的随机性；成墙后钻孔又费用较高。这种方法可用于对墙体质量有怀疑处的钻孔检验。

（3）地震投射层析成像法（CT）法

地震投射层析成像法（CT）法是一种地球物理探测法，是一种定性的方法。这种方法同一定的钻孔相配合，也可以做一定的定量解读。

1.1.3.8 案例分析

【案例一】 换填法

某水闸闸基及翼墙部分有一软弱夹层，为保证闸基及上游 1～2# 翼墙和下游第一节翼墙地基承载力，本工程采用水泥土垫层换填方案，水泥掺入量为土重的 8%，压实度不小于 96%。

在最后一块闸室底地基（7# 底板）填土时，因天气影响，碾压没有完成，且之后一个月内天气一直不具备碾压条件，在天气放晴后，施工单位及时进行了碾压，试验后压实度符合要求，在工程施工完成半年后，7# 底板的闸墩因不均匀沉降（沉降值达到 46mm），致使闸墩产生了裂缝，裂缝宽度 0.6~1.2mm，长度在 0.3~2.6m 的裂缝 5 条，最大深度 15.3cm。之后 1 年进行观测，沉降值未发生变化，裂缝未扩展。

1. 换填法的施工要求

（1）灰土垫层施工前必须验槽，如发现坑内有局部软弱土层或孔穴，应挖出后用素土或灰土分层填实。

（2）施工时，应将灰土拌和均匀，控制含水量，如土料水分过多或不足时，应晾干或洒水润湿，一般可按经验在现场直接判断，其方法为手握灰土成团，两指轻捏即碎。这时灰土基本上接近最优含水量。

（3）分段施工时，上下两层灰土的接缝距离不得小于 500mm。接缝处的灰土应夯实。

（4）掌握分层虚铺厚度，必须按碾压试验的参数和机具进行压实。

（5）在地下水位以下的基坑内施工时，应采取排水措施。夯实后的灰土，在 3d 内不得受水浸泡。

（6）灰土垫层筑完后，应及时采用混凝土垫层覆盖，或作临时遮盖，防止日晒雨淋。刚筑完毕或尚未夯实的灰土如遭受雨淋浸泡，则应将积水及松软灰土除去并补填夯实，受浸湿的灰土应在晾干后再夯打密实。

2. 换填土施工事故原因及处理措施

（1）由于连续下雨 1 个月，覆盖不严密，掺入的水泥土中的水泥因雨水浸入已经完全水化，达不到设计的效果。

（2）雨后未将不合格土层挖除重新进行补填，对含水量大的填土应进行翻晒，待含水量达到最优含水量时再及时进行压实。

【案例二】　断层破碎带处理施工

某小型水库修建于 20 世纪 70 年代，水库控制流域面积 4km²，水库总库容 405 万 m³，主要建筑物有大坝、溢洪道和灌溉隧洞等。由于当时受投资限制，溢洪道处有一断层破碎带未处理，在 2007 年病险水库加固中安排专项资金处理。

在溢洪道下游 45m 处发育一平移断层，断层走向 237°，与线路交角约 29°，断层倾角约 50°，断层破碎带内为黄泥夹大孤石，岩体极破碎，页岩呈土状，夹碎颗粒、薄片状页岩，断面为 V 形，根据施工图纸要求，断层开挖时以底宽进行控制，开挖后的底宽小于 0.5m，侧面梅花形布置锚筋（Φ25@1500），锚入岩层深度 1500mm。用 C30 混凝土回填，面层加 Φ10@200 双向钢筋网片，2007 年 9 月施工，2008 年 1 月完工。在 2008 年 7 月爆发的山洪中，溢洪道开启过水，过水后发现：混凝土与岩层被冲开一道宽约 30cm 宽、50cm 深得凹槽，浇筑的混凝土被部分掏空，后经专家讨论分析，施工时破碎带未按设计要求清理至新鲜岩面，使浇筑的混凝土与岩石之间软弱层被高速水流带走，从而形成了凹槽。建议施工单位返工处理。

1. 断层破碎带开挖的要求

（1）处理工作应安排在工程蓄水运行之前完成，最好在其上部（或邻近）建筑物施工以前进行。

（2）断层破碎带处理，应尽量采用明挖、回填混凝土的方式。对坝基深部缓倾角或位于坝头、坝肩部位的断层，可采用洞挖混凝土置换、水泥灌浆、化学灌浆、预应力锚固等方法。

（3）在设计、施工中要防止由于断层破碎带的处理而引起岩体的应力释放、变形或爆破扰动、松动滑移等问题，并采取相应的有效措施。

（4）断层破碎带开挖要遵循自上而下的施工原则，并作好安全支护，必要时应分段、分层开挖、回填。

（5）在组织实施断层破碎带处理的全过程中，设计、地质、施工和质量检查及监理部门要密切配合，及时研究处理施工中出现的问题。

（6）断层处理往往是建筑物地基开挖清理的延续和混凝土浇筑的前一道工序，其施工布置和主要机械设备、辅助设施等，一般可在这两个工序的基础上进行调整、充实和配套。为便于在断层带的狭窄槽坑内施工，宜采用轻便、灵巧、效率高的通用机具和设备。

2. 断层破碎带处理原则

（1）断层开挖部位、处理范围、断面尺寸、几何体形应符合设计要求。

（2）清除松动岩石和岩石壁面风化岩块，切除与次生构造面斜交的岩石锐角。

（3）壁面的泥皮、水锈蚀面或光滑平面应凿毛并刷洗干净。

（4）对岩石破碎及地质较差地段和部位，除加强常规检查外，应对岩体进行监测，根据不同情况及时采取措施，例如采用锚杆、锚桩或钢支撑支护等，必要时可边挖边衬，作好岩体渗漏水及施工用水的引排，以保证施工中的安全。

（5）断层的处理系重要隐蔽工程，断层破碎带开挖修整完毕后，应进行基础验收工作，由测量、地质人员进行的竣工测绘和地质素描以及工程、水文地质说明等资料交验收部门进行验收，未经验收不得进行下一工序的施工。

【案例三】 深层搅拌法施工

某泵站进出口翼墙、泵室、涵洞以及涵洞两侧封闭堤下设计有水泥土搅拌桩，桩径 $d=500mm$，桩长 8～10m，泵站地基桩端持力层为第（6）层重粉质壤土层（$f_k=200kPa$）。在满足桩长条件下，插入第（6）层不小于1m，施工时要增加0.5m的预留桩长，待清基时凿除。水泥掺入量15%，采用湿喷法施工，主要加固层为第（4）层淤泥质土，其湿密度1.9g/cm³，水灰比0.5，水泥密度按3t/m³计算，灰浆泵额定最大输浆量2.1m³/h。本工程选用DSJ-Ⅱ型单头深层搅拌机最大工作深度22m，单轴，三叶片，叶片宽0.05m，叶片与搅拌轴垂直夹角5°，搅拌头钻速为59r/min，液压行走，移动就位方便。集浆斗安放在搅拌桩机上便于控制，使用灰浆流量计记录喷浆量，灰浆拌制机与桩机分离通过灰浆泵输送到集浆斗。

1. 深层搅拌桩工艺流程及质量控制要点

（1）工艺流程包括：

1）搅拌机械就位、调平、对中桩位。

2）预搅下沉至设计加固深度。

3）边喷浆边搅拌提升至预定的停浆面。

4）重复搅拌下沉至设计加固深度。

5）搅拌提升至预定的停浆面。

6）关闭搅拌机械移位。

（2）深层搅拌桩的质量控制要点包括

1）保证垂直度

为使搅拌桩基本垂直于地面，要特别注意深层搅拌机的平整度和导向架对地面的垂直度，应控制机械的垂直度偏斜不超过1%。

2）保证桩位准确度

布桩位置与设计误差不得大于2cm，而成桩桩位偏差不应超过5cm。

3）水泥应符合要求

对于喷浆搅拌工艺所使用的水泥浆要严格按设计的配合比拌制，制备好的水泥浆不得有离析现象，停置时间不宜过长。为防止水泥浆发生离析，应将水泥浆留在灰浆拌制机中进行不断搅动，直至送浆前才缓慢倒入集料斗中。对停置时间超过2h的水泥浆应降低强度等级使用。

4）确保搅拌施工的均匀性

①搅拌机械预搅下沉时应使土体充分搅碎。对遇到硬土，搅拌机下沉速度过慢时，对于喷浆搅拌可采用冲水下沉，但在喷浆提升前必须将输浆管中的存水排净。

②严格按设计确定的参数控制水泥浆的喷出量和搅拌提升速度。水泥的供应量必须连续；一旦因故中断，必须将搅拌头下沉到停浆面以下0.5m处，待恢复供浆后再搅拌提升，以防断桩。

③应控制重复搅拌时的下沉和提升速度，以保证加固深度范围内每一深度均得到充分搅拌。

④确保壁状加固体的连续性对设计要求搭接成壁的桩应连续施工，相邻桩的施工间隔不得超过24h。相邻桩的重叠不得小于15cm。

2. 工艺试验所需的提升速度和单位时间喷浆量计算

（1）根据搅拌次数确定提升速度

深层搅拌机施工时，搅拌次数越多，则拌和更为均匀，水泥土强度也越高，但施工效率就降低。试验证明，当加固范围内土体任一点的水泥土每遍经过20次的拌合，其强度即可达到较高值。每遍搅拌次数N由下式计算：

根据
$$N = \frac{h\cos\beta\Sigma Z}{v}n$$

可知 $v = 0.05 \times \cos5° \times 3 \times 59/20 = 0.44\text{m/min}$

（2）根据提升速度和水灰比确定单位时间喷浆量

根据 $v = \dfrac{\gamma_d Q}{F\gamma_{\alpha_\omega}(1+\alpha_c)}$、水泥浆的密度 $\gamma_d = (1+2)/(1+2/3) = 1.8\text{g/cm}^3$

可知 $Q = 0.19625 \times 19 \times 0.15 \times (1+0.5) \times 0.44/18 = 0.021\text{m}^3/\text{min} = 1.26\text{m}^3/\text{h}$

因此工艺试验应按此指标来进行试桩。

1.1.4 土石坝和堤防工程

1.1.4.1 料场规划与开采

1. 料场规划

土、石坝堤是一种充分利用当地材料的坝、堤型式。土石坝堤用料量很大，在选择坝址阶段需对土、石料场全面调查，结合施工组织设计，对料场作深入勘测，应根据坝堤型式、料场地形、施工方法、导流方式和施工分期等具体条件，并按照施工方便、投资经济、保证质量、不占或少占耕地以及施工期间各种土、石料综合平衡的原则，从空间、时间、质与量诸方面进行全面规划。充分利用符合设计要求的建筑物开挖料，研究开挖、取料和填筑进度的配合及质量控制的措施，提高开挖料直接上坝、堤的比例。料场规划的基本内容包括空间规划、时间规划和料场质与量的规划。

（1）空间规划系指对料场位置、高程的恰当选择，合理布置。土石料的上坝运距应尽可能短。高程上有利于重车下坡，减少运输机械功率的消耗。坝的上下游、左右岸最好都选有料场，这样有利于上下游左右岸同时供料，减少施工干扰，保证坝体均衡上升。用料时原则上应低料低用，高料高用，当高料场储量有富余时，亦可高料低用。同时料场的位置应有利于布置开采设备、交通及排水通畅，对石料场尚应考虑与重要建筑物、构筑物，机械设备等保持足够的防爆、防震安全距离。

（2）时间规划是依据施工强度和坝体填筑部位变化选择料场使用时机和填料数量。随着季节及坝前蓄水情况的变化，料场的工作条件也在变化。在用料规划上应力求做到上坝强度高时用近料场，低时用较远的料场，使运输任务比较均衡。对近料和上游易淹的料场应先用。远料和下游不易淹的料场后用。含水量高的料场旱季用，含水量低的料场雨期用。在枯水季节可多用河滩料场。还应有计划保留一部分近料场供合龙段填筑和拦洪度汛高峰强度时使用。

（3）料场质与量的规划即质量要满足设计要求，数量要满足填筑的要求。在选择和规划料场时，应对料场的地质成因、产状、埋深、储量以及各种物理力学指标进行全面勘探和试验。勘探精度应随设计深度加深而提高。在施工组织设计中，进行用料规划，不仅应使料场的总储量满足坝、堤体总方量的要求，而且应满足施工各个阶段最大筑坝强度的要求。

料场规划应遵照使用规定的料场加工、储存和弃料场地，严禁弃料随意堆放，并做好相应的排水工作。

2. 料场规划的基本要求

（1）充分利用永久和临时建筑物基础开挖的渣料。采取必要的施工技术组织措施确保渣料的充分利用。

（2）应对主要料场和备用料场分别加以考虑。前者要求质好、量大、运距近，且有利于常年开采；后者通常在淹没区外。当前者被淹没或因库区水位抬高。土料过湿或其他原因中断使用时，则用备用料场保证坝体填筑不致中断。

（3）在规划料场实际可开采总量时，应考虑料场查勘的精度、料场天然密度与坝体压实密度的差异。以及开挖运输、坝面清理、返工削坡等损失。实际可开采总量与坝体填筑量之比一般为：土料 2~2.5；砂砾料 1.5~2；水下砂砾料 2~3；石料 1.5~2；反滤料应根据筛后有效方量确定，一般不宜小于 3。

（4）料源充足且质地比较均一，料场剥离层薄，便于开采，利用率高。利于环保，少占耕地。

3. 料场开采准备工作

（1）划定料场范围，核查开挖范围并设立标志。根据设计要求对料场土质做简易鉴别，采集代表性土样做颗粒组成、黏性土的液塑限和击实、砂性土的相对密度等试验。并对可开采土料厚度及储量做出估算；料场土料的可开采储量应大于填筑需要量的 1.5 倍。

（2）了解料场的水文地质条件和采料时受水位变动影响的情况，普查料场土质和土的天然含水量，设置排水系统。

（3）核查开采条件，修建施工道路。施工机械、施工工具、设备及材料的型号、规格、技术性。

4. 料场开采

（1）土料开采

土料的天然含水量接近施工控制下限值时，宜采用立面开挖；若含水量偏大，宜采用平面开挖。当层状土料有须剔除的不合格料层时，宜用平面开挖，当层状土料允许掺混时，宜用立面开挖。冬期施工采料，宜用立面开挖。取土坑壁应稳定，立面开挖时，严禁掏底施工。土料立面开采与平面开采的施工特点及适用条件见表1-12。

土料开采方式比较表 表1-12

开采方式	立面开采	平面开采
料场条件	土层较厚，料层分布不均	地形平坦，适用薄层开挖
含水率	损失小	损失大，用于有含水率要求的土料
冬期施工	土温散失小	土温易散失，不宜在负温下施工
雨期施工	不利因素影响小	不利因素影响大
使用机械	正铲、反铲、装载机	推土机、铲运机、推土机配合装载机

（2）砂砾料开采砂砾料（含反滤料）开采施工特点及适用条件见表1-13。

砂砾料开采方式比较表 表1-13

开采方式	水上开采	水下开采
料场条件	阶地或水上砂砾料	水下砂砾料
适用机械	正铲、反铲、推土机	采砂船、索铲、反铲
冬期施工	不影响	若结冰厚，不宜施工
雨期施工	一般不影响	汛期一般停产

（3）石料开采

坝体堆石料一般是采用深孔微差爆破开采，用作护坡及排水棱体的块石料，块体尺寸要求较高，多采用浅孔爆破法开采。石料的最大允许块度为填筑层厚的 0.8～0.9，对超径石块一般在料场采用钻孔爆破法或机械破碎法解小。

5. 施工机械与配置

土石方工程的开挖机械主要是挖掘机。挖运组合机械主要有推土机和铲运机；装运结合的机械则有装载机。运输机械有自卸汽车，自卸汽车的吨位为 10～35t，汽车吨位大小应根据需要并结合道路桥梁条件来考虑。土石坝工程的施工，应首先选用基本工作的主要设备。即按照施工条件、工程进度和工作面的参数选择主要机械，然后根据主要机械的生产能力和性能选用配套机械。常用土方施工机械的经济运距如下：

（1）履带式推土机的推运距离为 15～30m 时，可获得最大的生产率。推运的经济运距一般为 30～50m，大型推土机的推运距离不宜超过 100m。

（2）轮胎装载机用来挖掘和特殊情况下作短距离运输时，其运距一般不超过 100～150m；

履带式装载机不超过 100m。

（3）牵引式铲运机的经济运距一般为 300m。自行式铲运机的经济运距与道路坡度大小、机械性能有关，一般为 200～300m。

（4）自卸汽车在运距方面的适应性较强。

1.1.4.2 土石方填筑

1. 土方填筑压实标准与参数的确定

（1）土方填筑压实机械

土方填筑压实机械分为静压碾压（如羊脚碾、气胎碾等）、振动碾压、夯击（如夯板）三种基本类型。

（2）土料压实标准

土坝的土料压实标准是根据水工设计要求和土料的物理力学特性提出来的，对于黏性土用干密度 P_d 控制，1 级、2 级坝和高坝的压实度应为 98%～100%，3 级中低坝及 3 级以下的中坝压实度 96%～98%。设计地震烈度为 8 度、9 度的地区，宜取上述规定的大值。对于非黏性土以相对密度 D_r 控制。砂砾石和砂的填筑标准应以相对密度为设计控制指标。砂砾石的相对密度不应低于 0.75，砂的相对密度不应低于 0.7，反滤料为 0.7。控制标准随建筑物的等级不同而不同。

（3）压实参数的确定

1）土料填筑压实参数主要包括碾压机具的重量、含水量、碾压遍数及铺土厚度等，对于振动碾还应包括振动频率及行走速率等。

2）在确定土料压实参数前必须对土料场进行充分调查，全面掌握各料场土料的物理力学指标，在此基础上选择具有代表性的料场进行碾压试验，作为施工过程的控制参数。当所选料场土性差异甚大，应分别进行碾压试验。因试验不能完全与施工条件吻合，在确定压实标准的合格率时，应略高于设计标准。

3）首先选择具有代表性的料场，通过理论计算并参照已建类似工程经验，初选几种碾压机械和拟定的碾压参数进行试验。

4）黏性土料压实含水量可取 $\omega_1 = \omega_p + 2\%$；$\omega_2 = \omega_p$；$\omega_3 = \omega_p - 2\%$ 三种进行试验，ω_p 为土料塑限。

5）选取试验铺土厚度和碾压遍数，并测定相应的含水量和干密度，做出对应的关系曲线（图 1-36）；再按铺土厚度 h、压实遍数 n 和最优含水、最大干密度进行整理并绘制相应的曲线（图 1-37），根据设计干密度，从曲线上分别查出不同铺土厚度所对应的压实遍数和对应的最优含水量；最后再分别计算单位压实遍数的压实厚度进行比较，以单位压实遍数的压实厚度最大者为最经济合理。对非黏性土料的试验，只需作铺土厚度、压实遍数和干密度的关系曲线，据此便可得到与不同铺土厚度对应的压实遍数，根据试验结果选择现场施工的压实参数。

2. 土坝、堤填筑施工

根据施工方法的不同，土坝分为干填碾压（碾压式）、

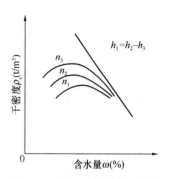

图 1-36 不同铺土厚度、不同压实遍数、土料含水量和干密度的关系曲线

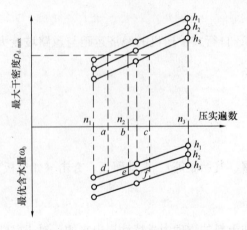

图 1-37 铺土厚度、压实遍数、最优
含水量、最大干密度的关系曲线

水中填土、水力冲填等类型。土堤的施工方法与土坝基本一致。碾压式土坝最为普遍，这里只介绍碾压土坝的施工。

（1）作业内容

碾压土坝的施工作业，包括准备作业、基本作业、辅助作业和附加作业。

1）准备作业包括："一平四通即平整场地、通车、通水、通电、通信"，修建生产、生活福利、行政办公用房以及排水清基等项工作。

2）基本作业包括：料场土料开采，挖、装、运、卸以及坝面铺平、压实、质检等作业。

3）辅助作业是保证准备作业及基本作业顺利进行，创造良好工作条件的作业，包括清除施工场地及料场的覆盖层，从上坝土料中剔除杂物，坝面排水。层间刨毛和加水等。

4）附加作业是保证坝体长期安全运行的防护及修整工作，包括坝坡修整、铺砌护面块石及铺植草皮等。

（2）坝面作业要求与坝面划分

坝面作业包括铺土、平土、洒水或晾晒（控制含水量）、土料压实、修整边坡、铺筑反滤层、排水体及护坡、质量检查等工序。坝面作业的特点是工作面狭窄，工序多。坝面施工应统一管理，严密组织，保证工序衔接。一般多采用流水作业组织坝面施工。

1）坝面作业的基本要求

根据施工方法、施工条件及土料性质不同，坝面作业可以分为铺料、整平和压实三个主要工序。为了不使各工序之间相互干扰，可按流水作业进行组织。坝面作业的基本要求是：

将填筑坝面划分为若干工作段或工作面。工作面的划分，应尽可能平行坝轴线方向，以减少垂直坝轴线方向的交接。同时还应考虑平面尺寸适应于压实机械工作条件的需要。

坝面作业时，应按一定次序进行，以免发生漏压成过分重压。只有在压实合格后，才能铺填新料。

2）坝面划分

采用流水作业施工时，首先根据施工工序数目将坝面划分成区段，然后组织各工种的专业队依次进入所划分的区段施工。对于同一区段内，各专业队按工序依次连续施工；对专业队，则不停地轮流在各个区段完成本专业的施工工作。其优点是各施工队工作专业化，有利于技术训练和提高；同时在施工过程中保证了人、地、机械工作的连续性，既避免了人员窝工和机械闲置，又避免了施工干扰。流水作业时各施工段工作面的大小取决于各施工时段的上坝强度。而各施工时段的上坝强度，可根据施工进度计划用运输强度（松土）计算。

（3）铺料与整平

1）铺料宜平行坝轴线进行，铺土厚度要匀，超径不合格的料块应打碎，杂物应剔除。

进入防渗体内铺料，自卸汽车卸料宜用进占法倒退铺土，使汽车始终在松土上行驶，避免在压实土层上开行，造成超压，引起剪力破坏。汽车穿越反滤层进入防渗体，容易将反滤料带入防渗体内，造成防渗土料与反滤料混杂，影响坝体质量。因此，应在坝面设专用"路口"，既可防止不同土料混杂，又能防止超压产生剪切破坏，倘若万一在"路口"出现质量事故，也便于集中处理，不影响整个坝面作业。

2) 按设计厚度铺料整平是保证压实质量的关键。采用自卸汽车上坝卸料，推土机或平土机散料平土。铺填中不应使坝面起伏不平，避免降雨积水。但平土时还应考虑排水坡度，以便排除雨水。心墙坝或斜墙坝铺筑时应向上游倾斜1%～2%的坡度。均质坝应使中部凸起，向上下游倾斜1%～2%的坡度。

3) 黏性土料含水量偏低，主要应在料场加水，若需在坝面加水，应力求"少、勤、匀"，以保证压实效果。对非黏性土料，为防止运输过程脱水过量，加水工作主要在坝面进行。

(4) 碾压

1) 土料不同，其物理力学性质也不同，因此要求密实的作用外力也不同黏性土料结力是主要的，要求压实作用外力能克服粘结力。非黏性土料（砂性土料、石渣料、砾石料）内摩擦力是主要的，要求压实作用外力能克服颗粒间的内摩擦力。

2) 不同的压实机械设备产生的压实作用外力不同。因此，进行碾压施工要对压实机械进行选择。

3) 碾压方式主要取决于碾压机械的开行方式。碾压机械的开行方式通常有：进退错距法和圈转套压法两种。

进退错距法操作简便，碾压、铺土和质检等工序协调。便于分段流水作业，压实质量容易保证，其开行方式如图1-38（a）所示，用这种开行方式，为避免漏压，可在碾压带的两侧先往复压够遍数后。再进行错距碾压。错距宽度b（单位：m）按下式计算：

$$b = B/n$$

式中　B——碾滚净宽（m）；

　　　n——设计碾压遍数。

圈转套压法要求开行的工作面较大。适合于多碾滚组合碾压。其优点是生产效率较高，但碾压中转弯套压交接处重压过多，易产生超压。当转弯半径小时，容易引起土层扭曲，产生剪力破坏，在转弯的四角容易漏压，质量难以保证，其开行方式如图1-38（b）所示。

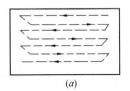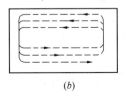

(a)　　　　　　　　(b)

图1-38　碾压机械开行方式
(a) 进退错距法；(b) 圈转套压法

(5) 接头处理

1) 在坝体填筑中，层与层之间分段接头应错开一定距离，同时分段条带应与坝轴线平行布置，各分段之间不应形成过大的高差，接坡坡比一般缓于1：3。

2) 坝体填筑中，为了保护黏土心墙或黏土斜墙不致长时间暴露在大气中遭受影响，一般都采用土、砂平起的施工方法。

土、砂平起施工，有两种方法：一是先土后砂法，即先填土料后填砂砾反滤料；另一种是先砂后土法，即先填砂砾料后填土料。

无论是先砂后土法或先土石砂法，土料边仍有一定宽度未被压实合格；当采用羊脚碾与轮胎碾联合作业时，土砂结合部可用轮胎碾进行压实。无此条件时可采用夯实机具。在夯实土砂结合部时，宜先夯土边一侧，等合格后再夯实反滤料，不得交替夯实，影响质量。

3）对于坝身与混凝土结构物（如涵管、刺墙等）的连接，靠近混凝土结构物部位不能采用大型机械压实时，可采用小型机械夯或人工夯实。填土碾压时，要注意混凝土结构物两侧均衡填料压实，以免对其产生过大的侧向压力，影响其安全。

3. 土方填筑质量控制

施工质量检查和控制是土坝质量和安全的重要保证，它贯穿于土坝施工的各个环节和施工全过程。土坝施工机械控制主要包括料场的质量检查和控制、坝面的质量检查和控制。

（1）料场的质量检查和控制

1）对土料场应经常检查所取土料的土质情况、土块大小、杂质含量和含水量等。其中含水量的检查和控制尤为重要。现场常采用手抓的办法来粗略检测：手抓成团，落地开花。

2）若土料的含水量偏高，一方面应改善料场的排水条件和采取防雨措施，另一方面需将含水量偏高的土料进行翻晒处理，或采取轮换掌子面的办法，使土料含水量降低到规定范围再开挖。

3）当含水量偏低时，对于黏性土料应考虑在料场加水。料场加水的有效方法是采用分块筑畦埂，灌水浸渍，轮换取土，地形高差大也可采用喷灌机喷洒。无论哪种加水方式，均应进行现场试验。对非黏性土料可用洒水车在坝面喷洒加水。避免运输时从料场至坝上的水量损失。

（2）坝面的质量检查和控制

1）在坝面作业中，应对铺土厚度、土块大小、含水量、压实后的干密度等进行检查，并提出质量控制措施。对黏性土，含水量的检测是关键，可用含水量测定仪测定。干密度的测定，黏性土一般可用体积为 $200\sim500\text{cm}^3$ 的环刀测定，砂可用体积为 500cm^3 的环刀测定；砾质土、砂砾料，反滤料用灌水法或灌砂法测定。堆石因其空隙大，一般用灌水法测定。当砂砾料因缺乏细料而架空时，也用灌水法测定。

2）根据地形、地质、坝料特性等因素，在施工特征部位和防渗体中，选定一些固定取样断面，沿坝高 5～10m，取代表性试样（总数不宜少于 30 个）进行室内物理力学性能试验，作为核对设计及工程管理之根据。此外，还须对坝面、坝基、削坡、坝肩接合部、与刚性建筑物连接处以及各种土料的过渡带进行检查。对土层层间结合处是否出现光面和剪力破坏应引起足够重视，认真检查。对施工中发现的可疑问题，如上坝土料的土质、含水量不符合要求，漏压或碾压遍数不够，超压或碾压遍数过多，铺土厚度不均匀及坑洼部位等，应进行重点抽查。不合格的应进行返工。

3）对于反滤层、过渡层、坝壳等非黏性土的填筑，主要应控制压实参数。在填筑排水反滤层过程中，每层在 25m×25m 的面积内取样 1～2 个；对条形反滤层，每隔 50m 设一取样断面，每个取样断面每层取样不得少于 4 个，均匀分布在断面的不同部位，且层间取样位置应彼此对应。对于反滤层铺填的厚度、是否混有杂物、填料的质量及颗较级配等应全面检查。通过颗粒分析，查明反滤层的层间（$d50/d50$）和每层的颗粒不均匀系数（$d60/d10$）是否符合设计要求。如不符要求。应重新筛选，重新铺填。

4）对于坝体填料的质量检查记录，应及时整理，分别编号存档，编制数据库。既作为施工过程全面质量管理的依据，也作为坝体运行后进行长期观测和事故分析的佐证。

4. 石方填筑

石方填筑的施工设备、工艺和压实参数的确定与碾压式土坝非黏性料施工没有本质区别。大规模石方填筑主要出现在堆石坝坝体填筑施工中。

（1）堆石坝坝体材料分区（图1-39）

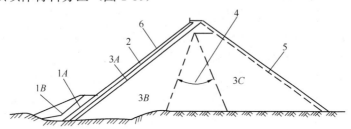

图 1-39　堆石坝坝体分区
1A—上游铺盖区；1B 压重区；2—垫层区；3A—过渡区；3B—土堆石区；3C—下游堆石区；4—主堆石区和下游堆石区的可变界限；5—下游护坡；6—混凝土面板

堆石坝坝体材料分区主要有垫层区，过渡区、主堆石区、下游堆石区（次堆石料区）等。

（2）填筑工艺

1）堆石体填筑可采用自卸汽车后退法或进占法卸料，推土机摊平。后退法的优点是汽车可在压平的坝面上行驶，减轻轮胎磨损。缺点是推土机摊平工作量大。且影响施工进度。进占法卸料，虽料物稍有分离，但对坝料质量无明显影响，并且显著减轻了推土机的摊平工作量，使堆石填筑速度加快。

2）垫层料、过渡料和一定宽度的主堆石的填筑应平起施工，均衡上升。主次堆石可分区、分期填筑，其纵横坡面上均可布置施工临时道路。垫层料的摊铺多用后退法，以减轻物料的分离。当压实层厚度大时，可采用混合法卸料，即先用后退法卸料呈分散堆状，再用进占法卸料铺平，以减轻物料的分离。垫层料铺筑上游边线水平超宽一般为20～30cm。采用自行式振动碾压实。水平碾压时，振动碾与上游边缘的距离不宜大于40cm。垫层料每填筑升高10～15m，进行垫层坡面削坡修整和碾压。如采用反铲削坡时，宜每填高3～4m进行一次。

3）坝料填筑宜采用进占法卸料，必须及时平料，每层铺料后宜用仪器检查铺料厚度，已经发现超厚及时处理。

5. 堆石体的压实参数和质量控制

（1）堆石体的压实参数

一般堆石体最大粒径不应超过层厚的2/3。垫层料的最大粒径为80～100mm，过渡料的最大粒径不超过300mm，下游堆石区最大粒径1000～1500mm。

面板堆石坝堆石体的压实参数（碾压、铺层厚和碾压遍数等）应通过碾压试验确定。

（2）堆石体施工质量控制

1）通常堆石压实的质量指标，用压实重度换算的孔隙率 n 来表示。现场堆石密实度的检测主要采取试坑法。

2）垫层料（包括周边反滤料）需作颗粒分析、密度、渗透性及内部渗透稳定性检查，检查稳定性的颗料分析取样部位为界面处。过渡料作颗料分析、密度、渗透性及过渡性检查，过渡性检查的取样部位为界面处。主、副堆石作颗料分析、密度、渗透性检查等。

3）垫层料、反滤料级配控制的重点是控制加工产品的级配。

4）过渡料主要是通过在施工时清除界面上的超径石来保证对垫层料的过渡性。在垫层料填筑前，对过渡料区的界面作肉眼检查。过渡料的密度亦比较高，其渗透系数较大，一般只作简易的测定。颗料分析的检查主要是供记录用的。

5）主堆石的渗透性很大，亦只作简易检查，级配的检查是供档案记录用的。密度值要做出定时的统计，如达不到设计规定值，要制定解决的办法，采取相应的措施保证达到规定要求。进行质量控制，要及时计算由水管式沉降仪测定的沉降值换算的堆石压缩模量值，以便直接了解堆石的质量。

6）下游堆石的情况与主堆石相似，但对密度的要求相对较低。

1.1.4.3 护坡施工

护坡包括护脚、护坡、封顶三部分。坝体上下游护坡施工，一般包括坡面修整、垫层铺设、护坡施工三道主要工序，还有马道、下游上坝道路、排水沟等项目施工。护坡施工安排宜稍后。

1. 护坡类型及特点

（1）堆石护坡。堆置层厚大，施工工艺简单，适于机械化作业，护坡与坝体填筑同步上升。

（2）干（浆）砌石护坡。工期安排和现场布置灵活。耗用护坡石料数量比堆石护坡少。主要为人工操作，所用劳动力多。

（3）混凝土护坡。分砌筑预制板、块和现场浇筑两种类型。一般均由人力施工。

（4）草皮护坡。适用于温暖湿润地区小型坝的下游护坡。主要由人力施工。

2. 护坡施工

（1）坝坡坡面修整

在铺设坝体上下游垫层前，应先对坡面土料进行修整。削去坡面超填或不合格土料，按设计线将坡面修整平顺。修整方法有反铲、推土机、人工作业三种，但机械作业还需人工配合施工。

（2）垫层铺设

垫层材料一般为粒径 5～40mm 的碎石，铺填厚度为 100～300mm。使用小型自卸汽车沿坡面下放至卸料点，每隔 6～10m 设一个示坡桩拉线示坡，坡面修整验收后，人工铺填压实。

（3）干砌石护坡

干砌石护坡应由低向高逐步铺砌，要嵌紧、整平，铺砌厚度应达到设计要求；上下层砌石应错缝砌筑。坡面有涌水现象时，应在护坡层下铺设 15cm 以上厚度的碎石、粗砂或砂砾作为反滤层。封顶用平整块石砌护。严禁出现通缝、叠砌、浮塞及架空等现象。

（4）浆砌石护坡

浆砌石护坡由面层和起反滤层作用的垫层组成。面层铺砌厚度为 25～35cm，垫层又分单层和双层两种，单层厚 10～15cm，双层厚 20～25cm。原坡面如为砂砾、卵石，可不设垫层。对长度较大的浆砌石护坡，应沿纵向每隔 10～15m 设置宽约 2cm 的伸缩缝一道，并用沥青杉木板条或聚苯乙烯挤塑板填塞。浆砌石护坡，应做好排水孔的施工。

（5）草皮护坡施工

在坝坡上先铺腐殖土，应按设计要求选用草种或草皮，铺草种植要均匀，草皮厚度不应小于 3cm，并注意加强浇水养护，提高成活率。

（6）现浇混凝土护坡

护坡厚度一般为 120～180mm，混凝土强度等级不小于 C20，现场支立模板跳仓浇筑，垂直坝轴线方向取支模分缝，板块宽度一般为 6～10m，缝宽 10mm，缝内填防水柔性材料。平行坝轴线方向一般采取切缝的方法，缝宽 5mm，缝深 30～50mm，缝内灌防水油膏。现场多采用土工布覆盖洒水养护，混凝土浇筑中注意预埋排水孔。

（7）预制混凝土板块护坡

预制混凝土板、块护坡，有直口和锁口两种，板块厚度一般 120～250mm，混凝土强度等级不小于 C30，目前多采用干硬性混凝土，使用压力不小于 20MPa 的机器压制生产。成型的板块洒水养护达到设计强度等级后，采用小型自卸汽车运至现场，人工砌筑。预制板块下使用碎石垫层调平。

1.1.4.4 防渗处理

1. 防渗工程分类

土石坝和堤防工程的防渗工程分类见表 1-14。

防渗工程分类表 表 1-14

类型	施工特点	布 置 类 型
水平防渗	采用原则为铺、压、导	迎水面采用水平黏土铺盖或铺土工膜，以延长渗径； 背水面采用人工，机械或吹填方法建压浸台、堆石排水体、导滤沟及排水减压井等，以导渗或平衡外水压力，防止堤身渗透变形
垂直防渗	适用于地基透水层较薄、隔水层较浅的情况	形成封闭式防渗墙，以控制堤基渗流量和渗透扬压力，防止堤基渗透破坏

2. 水平防渗施工

（1）迎水面黏土覆盖施工

在黏土土源充足的地方可采用黏土水平及斜向铺筑，以延长渗径。

施工工艺：在枯水期排干基底，清理草根树皮等杂质后，与坡脚截水槽和堤身防渗体协同铺筑，尽量减少接缝，并分层铺盖，分层厚度以 15～20cm 为宜，上下层接缝错开，层间应刨毛洒水。分段、分片施工，分段作业面最小长度不应小于 100m，人工施工时，每段作业面长度可适当减短，作业面应分层统一铺土，统一碾压，配备人员或平土机具参与作业，严禁出现界沟。

（2）迎水面土工膜防渗施工

1）土工膜选型

土工膜应满足防渗和强度要求，斜铺时，土工膜与保护层和垫层间应满足抗滑稳定及防老化要求，并确保土工膜在正常使用的情况下不老化过快，基于以上原因，斜坡防渗和水平防渗的土工膜宜采用复合土工膜。

2）土工膜施工

①铺设前的准备工作：检查土工膜的质量是否符合要求，铺设前平整场地，清理杂物，保证铺设在无穿刺物上。采用胶接法黏合或热元件法焊接，胶接法搭接宽度为5～6cm，机接法叠合宽度10～15cm。膜外非织造物采用手提缝合机缝合，接面两边缝合。

②土工膜铺设：土工膜铺设采用纵向铺设，自下游侧依次向上游侧平展铺设，并尽量减少接缝量，铺放定位后，为防止阳光紫外线照射和风吹掀起，要及时固定，并加以覆盖；土工膜到位后，检查接缝有无漏接、破损、褶皱、拼接不均匀等现象。发现破洞要及时粘补，粘补范围应超出破空边缘10～20cm。

③保护层回填。应及时回填保护层，注意回填分层，控制层厚15～20cm，保证干密度满足设计要求。施工时严禁穿带钉鞋作业，土工膜不得受损。

3. 垂直防渗施工

堤防垂直防渗是渗流控制处理的一部分，应尽可能符合前堵后排，以及堤身和堤基渗流控制措施统一考虑的原则。堤防的垂直防渗工程，按防渗体型可分为置换式、半置换式和非置换式；按形成防渗的材料可分为混凝土，水泥土、塑料薄膜、充填注浆、钢板桩等防渗体。

（1）振动沉模防渗板墙

1）施工原理。利用打桩机架吊振锤将空腹模板插入地下，灌入砂浆或混凝土，提起模板便能形成单块混凝土板，单块板相互连接即形成混凝土板墙帷幕。

振动沉模具有造槽功能、模板功能、导向功能和振捣功能，保证了板墙连接紧密，造槽、护壁、浇筑一次性完成。

为保证防渗板墙的接头连续，采用两块模板连续交替施工，将先已沉入地层的模板作为后沉入模板的导向，免去墙间接缝，保证了板墙的紧密性、连续性和完整性。

2）施工设备。振动沉模板板墙施工设备主要由沉模系统、灌注系统部分组成。

（2）抓斗开槽成墙

1）施工方法

常用液压抓斗造孔施工工艺，采用膨润土泥浆护壁，槽孔长度一般为6～7m。槽孔分成间隔的Ⅰ、Ⅱ期槽孔。墙段采用接头管法，即在Ⅰ期槽孔成槽后，将接头管置于槽孔两端，下沉时涂抹脱模剂，然后在孔口固定。采用直升式导管法，依据混凝土初凝时间、浇筑速度、气温等因素，确定接头管拔起时间。接头管全部拔出后形成接头孔，等Ⅱ期槽孔浇筑时，混凝土嵌入Ⅰ期槽孔，形成连续墙。本方法适用于土层及砂卵石层的堤防加固。

2）施工设备

常用施工设备为液压抓斗机、混凝土搅拌机、泥浆搅拌机、50t履带式液压起重机等。

（3）液压开槽机连续成墙

1）技术原理

采用液压驱动油缸，带动上下往复锯切的刀具，沿墙体轴线全断面切削剥离土体，形成一个通长连续规则的长形槽孔。在连续的槽孔内，使用柔性隔离体将槽孔分离为继续开槽段和混凝土浇筑段。开槽机在前连续进行开槽作业，后面进行隔离浇筑成墙的循环流水作业，最后形成地下混凝土连续墙。在连续的槽孔内，也可将土工合成材料连续的铺设于槽孔内，经土料回填，可形成垂直铺塑防渗帷幕。

2）机械设备

主要设备为 YK 系列液压开槽机，由底盘、液压系统、工作装置、排渣系统、起重设施和电气系统等组成。

（4）射水造槽成墙

1）施工方法

利用水泵及成型器中的射水喷嘴形成高速泥浆水流来切割地层，水土混合回流，泥沙溢出地面，同时利用卷扬机带动成型器上下往返运动，进一步切割土层并由成型器下沿刀具切割修整孔壁，形成具有一定规格尺寸的槽孔，槽孔采取泥浆固壁，槽孔成型后采用导管法，进行水下混凝土浇筑建成混凝土单槽，先单序号跳槽造孔浇筑，待混凝土槽板初凝后，建造双序号槽孔。在建造双序号槽孔的过程中，由此成型器的侧面小喷嘴不断冲洗单序号槽板侧面，形成两侧冲干净的混凝土面槽孔，经过双序号浇筑与单序号槽板连成连续混凝土墙体。

2）施工设备

施工设备主要是造孔机、水下混凝土浇筑导管及混凝土搅拌机。

（5）垂直铺塑

1）施工方法及特点

垂直铺塑一般布置在上游堤脚附近，垂直埋入堤基相对不透水层满足防渗要求。埋设深度最深可达 16m。在往复式开槽机开槽刀杆的往复运动下，刮刀不断切割土层，同时，高压水泵提供的高压水经高压水管和刀架空腔从喷嘴射出，也在不断冲击土体。土体在刮刀和高压水的共同作用下，经搅拌形成泥浆，起固壁作用并流向沟槽后方。铺塑装置位于开槽机后方，施工时把竖向固定杆插入缠有土工膜的钢管内，放于沟槽槽底，牵引绳系在开槽机底架后部随机器前进，土工膜即可平顺铺在槽内。沟槽由泥沙淤沉和人工回填。土工膜拼接时，需放在宽敞平坦的地方，土工膜粘结可采用自动热合机粘结，搭接宽度不小于 10cm。适用于各类土层和粉细砂层，与其他防渗技术相比，具有防渗效果好、施工速度快、操作简便、造价低廉等优点。

2）施工设备及建墙材料

垂直铺塑施工设备主要有往复式开槽机、牵引机、垂直铺塑机、供水系统及反循环泵等。建墙材料为聚乙烯土工膜，其埋入地下的使用年限可大于 60 年。聚乙烯土工膜具有良好的隔水、粘结和适应变形的性能，其渗透系数 $k \leqslant 1 \times 10^{-6}$ cm/s。聚乙烯土工膜的主要性能指标为厚度 $0.3 \sim 0.5$mm，幅宽 8.0m，防渗效果受堤坝或堤基影响小，抗震性能优于其他材料。

3）施工条件

垂直铺塑施工时，要求施工场地平整，宽度不小于 4m；地层不宜有大直径树桩、树根、回填垃圾、块石、大量废弃织物、成层分布的卵石以及废弃井等地下障碍物。铺塑轴线不宜有大角度转弯。

4）施工中常遇到的问题及处理方法

施工中，遇到树根、块石或建筑垃圾等地下障碍物时，若埋深较小，可用人工或机械设备沿垂直铺塑轴线清除，或利用切割击碎、挖除等措施处理；当埋深较大、处理困难时，应建议改线。当遇到弯道时，机组可小角度不停地连续作业；当弯道角度较大且施工场地有限时，可建议改线或做折线处理。

（6）多头小直径深层搅拌法

1）施工方法

通过主机的双驱动力传动装置，带动主机上的三个或多个并列钻杆转动钻进，然后再提升搅拌机至孔口。泥浆泵将水泥浆通过高压输浆管输进钻杆，经钻头喷入土内。在钻进和提升的同时，水泥浆和原土充分拌合。移动桩机，多次重复上述过程形成一道防渗墙。本方法适用于砂土、黏土淤泥及粒径小于5mm的砾石土层。

2）施工设备及材料

设备一般采用多头小直径搅拌桩机、泥浆泵。建筑材料主要为普通水泥，其掺入量一般为被搅拌机加固土重量的8%～12%。

1.1.4.5 案例分析

【案例一】 某水库除险加固工程

1. 工程概况

某水库位于丘陵地区，是一座以灌溉为主，兼有滞洪、养殖等综合运用的中型水库。水库流域内地形属浅山区，控制来水面积134.6km^2。水库正常蓄水位49.1km，设计洪水位49.22m，校核洪水位50.13m，总库容4000万m^3。水库于1970年11月开工，1973年4月竣工蓄水。

水库枢纽建筑物由大坝、正常溢洪道、非常溢洪道、南北放水涵洞等组成。由于工程是在特殊的历史背景下兴建，且兴建时受财力、物力的限制，施工质量差，留下很多后患，工程存在坝基防渗措施不完善、土坝坝体渗漏并有渗透破坏的可能、正常溢洪道泄洪闸渗水，消能工不完善、非常溢洪道起用标准过低、涵洞漏水、闸门启闭机老化损坏等主要问题，水库一直带病运行。

2. 加固内容及加固施工

（1）大坝坝体加固内容：新建坝顶道路；坝顶增设照明设施；大坝防渗加固；上游坝坡死水位44.0m以上坡护全部拆除；上游坝坡高度为42.0～50.26m干砌块石护砌；下游坝坡倍厚，使其恢复原设计标准，即：下游坡45.4m高程处设置2.0m宽平台，平台以上坝坡坡比1：2.5，平台以下坝坡坡比1：3.0；下游坝坡加倍后仍采用草皮护坡；下游坝坡增设纵、横向排水沟，在平台坝脚增做贴坡排水；下游坝坡增设浆砌石人行梯道。

（2）大坝防渗加固内容：采用头小直径搅拌桩水泥土防渗墙方案，防渗墙墙底深入坝基黏土层2.0m，黏土层厚度不足2m处，防渗墙做到岩基顶面。多头小直径搅拌桩水泥土防渗墙主要设计指标：桩位偏差小于0.05m，垂直度偏差小于0.5%，28d龄期渗透系数小于$i×10^{-6}$cm/s（1＜i＜10），无侧限抗压强度大于0.5MPa，渗透比降大于50。

本工程施工工期180d，实际施工投入ZCJ型多头小直径钻机2台套，每台套配备台120kW发电机组发电供应，并配置一台120kW发电机组备用，满足施工用电需求。

试验过程：2009年9月22日经监理批准，多头小直径搅拌桩水泥土防渗墙在大坝桩号0+155～0+156.7段坝顶轴线上进行生产性试验。试验参数：桩径（钻头直径）400mm，一次成墙，纵向移位85cm，浆液水灰比1.5：1，水泥掺入比10%、12%、15%。

2009年9月29日经过业主、监理、施工单位联合开挖检测：试验墙体轮廓清晰、整齐，桩体搭接良好，最小墙厚达到300mm以上，满足工程设计要求。在试验墙体不同位置钻取芯样送检进行无侧限抗压强度、渗透系数、允许渗透比降检测，检测结果均满足设计要求，见表1-15：

试验墙体不同位置数值 表1-15

样品编号	水泥掺入比	龄期（d）	强度值（MPa）	渗透系数 k（cm/s）	渗透比降
2009（土）333－001	10%	14	0.88	$2.05×10^{-8}$	>50
2009（土）333－002	12%	14	1.24	$1.73×10^{-8}$	>50
2009（土）333－003	15%	14	1.49	$9.71×10^{-9}$	>50

参数确定：2009年10月12日，将试验成果报至监理部，经监理和业主批准采用浆液水灰比1.5：1（浆液比重$1.37g/cm^3$），水泥掺入比12%。

施工成果：无侧限抗压强度、渗透系数、渗透允许比降检测成果（表1-16）。

检测成果 表1-16

桩号	芯样编号	龄期（d）	水泥土抗压强度（MPa）	抗压强度代表值（MPa）	渗透系数 k（cm/s）	渗透允许比降
0+280	1	28	2.511	2.17	$2.88×10^{-8}$	>60
	2		2.125			
	3		1.866			
0+400	1	28	2.182	2.43	$2.76×10^{-8}$	>60
	2		2.918			
	3		2.189			
0+920	1	28	2.124	2.18	$1.42×10^{-8}$	>60

（3）正常溢洪道加固。原泄洪闸拆除重建，在原闸趾新建泄洪闸共3孔，每孔净宽7.0m；闸顶设交通桥，宽6.5m，闸门采用平面定轮钢闸门，门顶高程49.5m，启闭设备为QP-2×250kN手电两用卷扬式启闭机，检修门为浮箱叠梁钢闸门；泄槽段第一和第四块底板拆除重建；泄槽段及消力池边墙护坡、海漫增设浆砌石结构；下游出口断面扩挖；退水渠干砌石护砌。

（4）非常溢洪道加固。非常溢洪道需增做左侧导流堤，两侧护坡砌石；并增做裹头；导流堤按标准断面补齐土方至51.0m高程，上、下游坡比均为1：2.5。导流堤迎水坡采用浆砌石护砌，背水坡采用草皮护坡。

（5）灌溉涵洞加固。南涵拆除后在原址重建，新建涵洞采用钢筋混凝土结构洞身断面为 $1.0 \times 1.5m$，壁厚 $0.40m$。底板高程为 $42.3m$，洞身长度为 $42.0m$，上游护坦长 $10.0m$，为浆砌石结构。进口翼墙采用浆砌石结构，竖井控制段长 $6.0m$，其后接涵洞洞身其 4 节，每节长 $9.0m$，工作闸门和检修闸门均为钢闸门，均配用 LQ-100kN 手电两用螺杆式启闭机。原北涵在泄洪闸挡土墙内，新建涵洞向左移 $30.0m$，位于桩号 $1+180$ 处，采用钢筋混凝土结构，洞身断面为 $1.0 \times 1.5m$，壁厚 $0.40m$。底板高程 $43.3m$，洞身长度为 $96.0m$，上游护坦长 $10.0m$，为浆砌石结构，进口翼墙采用浆砌石结构。竖井控制段长 $6.0m$，其后接涵洞洞身其 9 节，每节长 $10.0m$，工作闸门和检修闸门均为钢闸门，均配用 LQ-100kN 手电两用螺杆式启闭机。

（6）白蚁防治。针对该水库大坝白蚁危害现状，结合大坝除险加固工程，确定主坝下游及周边 $50m$ 范围为白蚁防治重点，采用清剿坝体内原有白蚁巢，做防蚁毒土层和环境灭蚁等防治措施。

（7）大坝安全监测，本次加固增设监测项目包括：变形、渗流压力。渗流量及上游水位、气温、气压及其自动化监测系统。

【案例二】 某堤防工程施工案例

1. 工程概况

淮北大堤某段全长 $110.56km$，与其他堤段构成的圈堤保护面积 $5723km^2$，耕地 495 万亩，人口 364 万。该段经历次除险加固，整体抗洪能力有了明显的提高，但加固工程不彻底，遗留不少隐患，同时经多年运行，堤防损毁也较为严重。目前该段大堤存在问题的主要为堤身断面不足，堤内外沟塘洼地多；局部堤段砂堤砂基，渗漏隐患多；穿堤建筑物多，险情严重，对堤防安全影响大。

该段工程主要内容包括：堤基加固工程、堤身加固工程、堤身防渗工程、上堤道路工程、穿堤建筑物土建工程、穿堤建筑物电气设备工程、穿堤建筑物金结设备工程、其他工程等。

2. 加固内容

（1）堤基加固

主要施工内容为：堤内外填塘和压渗平台填筑等。堤内侧填塘及压渗平台最大宽度 $50m$；堤外侧对堤身较高、塘底覆盖层厚度小于 $3m$ 的深塘填塘最大宽度 $30m$。填塘原则上均填至周围地面高程（沉降后），填塘及压渗平台面坡比 $1:50 \sim 1:100$，平台末端以 $1:5$ 放坡。

（2）堤身加固

主要施工内容为：清基土方开挖、削坡、堤身加培等。堤顶超高为 $2m$；设计堤顶宽度在为 $8 \sim 10m$；当堤身高度超过 $6m$ 时，内坡设计堤顶以下 $3m$ 处设宽 $2m$ 戗台，戗台以上边坡为 $1:3$，平台以下边坡为 $1:5$，当堤身高度小于 $6m$ 时，堤防内外边坡均采用 $1:3$。堤身主要采用内培方式按上述标准加固达标。

（3）堤身防渗

主要施工内容为：标段范围内的锥探灌浆，排距为 $1.5m$，孔距 $2.0m$，灌浆孔深入堤基以下 $1.0m$ 左右。

1）本标段主要施工参数：工作量：$46+000 \sim 53+710$ 段布置堤身锥探灌浆。施工工期：$120d$。

2）主要设备选择：采用山东产单臂单卡式机型，配套动力为 12kW 柴油机，孔深可达 12m，锥探机单台日进尺 1100～1500m，配备足够的易损件，实际施工配备 2 台锥探机，每套设备用电采用 1 台 75kW 柴油发电机。配套泥浆泵、拌浆机等。采取三班制连续作业，满足进度要求。

3）主要技术参数：泥浆：砂粒含量小于 10%，粉粒含量 40%～70%，黏粒含量 20%～45%，塑性指数 10%～25%，有机质含量小于 2%，有机质含量小于 8%。表观密度 1.3～1.6t/m³，黏度 30～100s，胶体率大于 80%，稳定性小于 0.1g/cm³，失水量 10～30cm³/30min。

灌浆压力：灌浆分三序进行，灌浆压力一般控制在 50～100kPa 左右，并保证孔口压力大于 50kPa。每孔每次平均灌浆量以孔深计，每米孔深控制在 0.5～1.0m³，每孔灌浆次数在 5 次以上。

4）施工成果：工程施工完成后，经钻芯取样检查，达到设计要求。

（4）上堤道路

主要施工内容为：标段范围内的泥结石上堤便道和浆砌石过水涵。

（5）穿堤建筑物土建

拆除重建等四个穿堤建筑物的土建工程。

（6）穿堤建筑物电气

几个涵等穿堤建筑物的动力箱、照明灯具、接地系统材料和电缆等电气设备的采购及安装、调试。

（7）穿堤建筑物金结设备

（8）其他工程

包括：观测设备（水位标尺、测压管、沉降标点）的采购与安装以及设计图纸的其他工程等。

1.1.5 水闸与泵站工程

水闸和泵站工程是应用最广泛的水工建筑物。水闸是低水头的水工建筑物，既能挡水，抬高水位，也可以蓄水，以调节水位，控制流量。泵站是提水建筑物，既可以提水灌溉、城市用水，也可以排涝。同工业与民用建筑物相比，水工建筑物具有以下特点：

（1）挡水，存在渗流问题；

（2）混凝土面多为清水面；

（3）结构截面尺寸较大；

（4）混凝土缝需要设置止水；

（5）混凝土表面有抗冲刷要求；

（6）混凝土配合比除考虑强度外，更应重视耐久性要求；

（7）钢筋混凝土由于上下层钢筋间距较大，需要设置架力筋；

（8）水工建筑物大多地处野外，风力较大。

本章主要针对这些特点，介绍具体施工要求。

1.1.5.1 混凝土施工

混凝土工程施工包括原材料、混凝土的拌合、运输、浇筑、养护等工序，以及模板的制作和安装。对钢筋混凝土工程还包括钢筋的制作、安装。混凝土工程所用的设备包括：拌合、运输、振捣、养护等设备。

1. 原材料

混凝土所用的原材料包括：水泥、石子、砂、水、外加剂、粉煤灰等掺合料。考虑到综合课中已经对水泥、石子、砂、水、外加剂等材料的取样、抽检项目、检测程序已经介绍，本部分不再叙述。由于水利工程时常需要控制混凝土的水化热，需要添加掺合料。应用最多的掺合料是粉煤灰，因此重点介绍粉煤灰。进场使用的粉煤灰要抽样检验，粉煤灰以连续供用200t为一批，不足200t按照一批计。根据《粉煤灰混凝土应用技术规范》GBJ 146和《水工混凝土掺用粉煤灰技术规范》DL/T 5055，水工混凝土掺用的粉煤灰的品质指标和等级见表1-17。

粉煤灰的品质指标和等级 表 1-17

指　　标		等　级		
		Ⅰ	Ⅱ	Ⅲ
细度（45μm 方孔筛筛余)％		≤12	≤20	≤45
烧失量（％）		≤5	≤8	≤15
需水量比（％）		≤95	≤105	≤115
SO_3（％）		≤3	≤3	≤3
碱含量（以 Na_2O 当量计）[1]（％）		≤1.5	≤1.5	≤1.5
含水量（％）	干排法	≤1	≤1	≤1
	湿排法	≤15	≤15	≤15
备注		[1] 只有在使用碱活性骨料时，采用"碱含量"限制指标		

掺合料要选用Ⅰ级或Ⅱ级粉煤灰。

2. 模板的制作、安装和拆除

模板是保证混凝土浇筑后达到规定的形状、尺寸和相互位置的结构物，一般包括由面板、围楞（或肋）组成的单块模板及其支承结构和锚固件等。由于水工建筑物为清水混凝土，因此对模板的要求比较严格。

模板设计时要保证具有足够的强度、刚度和稳定。面板平整、光洁，拼缝密合、不漏浆。同时具有安装、拆卸方便，可以多次使用的要求。模板设计时考虑以下荷载。

模板的自身重力；

新浇筑的混凝土的重力；

钢筋和预埋件的重力；

施工人员和机具设备的重力；

振捣混凝土时产生的荷载；

新浇筑的混凝土的侧压力；

新浇筑的混凝土的浮托力；

倾倒混凝土产生的荷载；

风荷载。由于水利工程地处野外，风荷应重视。

模板制作和安装的允许偏差，根据《水闸施工规范》SL 27的要求见表1-18。根据

《泵站施工规范》SL 234 的要求见表 1-19。

水闸模板制安允许偏差（mm） 表 1-18

项 目		允许偏差
钢模板制作	模板长度和宽度	+2
	模板表面局部不平（用 2m 直尺检查）	2
	连接配件的孔眼位置	+1
木模板制作	模板长度和宽度	+3
	相邻两板面高差	1
	平面刨光模板局部不平（用 2m 直尺检查）	5
模板安装	相邻两板面高差	2
	水平截面内部尺寸 — 长度和宽度	+5
	水平截面内部尺寸 — 平面对角线	+10
	轴线 — 基础	+10
	轴线 — 墩、墙、柱	+5
	轴线 — 梁、板	+10
	承重底模板上表面高程	+5
	预留孔、洞尺寸及位置	10

泵站模板制安允许偏差（mm） 表 1-19

项 目		允许偏差
钢模板制作	模板长度和宽度	+2
	模板表面局部不平（用 2m 直尺检查）	2
	连接配件的孔眼位置	+1
木模板制作	模板长度和宽度	+3
	相邻两板面高差	1
	平面刨光模板局部不平（用 2m 直尺检查）	3
模板安装	轴线位置	5
	相邻两板面高差	2
	截面内部尺寸 — 底板、基础	+10
	截面内部尺寸 — 墙、墩	+5
	层高垂直 — 全高不大于 5m	6
	层高垂直 — 全高大于 5m	8
	底模上表面高程	+5
	搁置装配式构件的支承面标高	+2，－5

　　应当注意，一些如闸墩、墙、梁等先绑扎钢筋后立模板的部位，应于立模板前认真检验模板，待到模板完成安装施工后，由于模板内部有钢筋，有些项目是难以进行检查的，如模板的错台、平整度等很难以检查。模板的缝隙可以利用夜间，在模板内部设置照明设施，从模板外面观察。由于水利工程为清水混凝土，应避免由于模板的色差或脱模剂的影

响，使得混凝土外观颜色差异较大。

模板的拆除时机，应根据实际混凝土的强度，依据有关规范在满足规范容许的强度下，方可已拆除。

3. 钢筋的制作和安装

（1）钢筋的制作和安装

钢筋的规格和型号要符合设计文件的要求。钢筋制作和安装允许偏差，依据《水闸施工规范》SL 27 和《泵站施工规范》SL 234 的要求见表1-20 和表1-21。

钢筋加工后的允许偏差（mm） 表 1-20

项　　目	允许偏差
受力钢筋顺长度方向全长净尺寸	+10
钢筋弯起点位置	+20
箍筋各部分长度	+5

钢筋安装位置和保护层的允许偏差（mm） 表 1-21

项　　目		允许偏差
受力钢筋间距		+10
分布钢筋间距		+20
箍筋间距		+20
钢筋排距		+5
受力钢筋保护层	底板、基础、墩、厚墙	+10
	薄墙、梁和流道	−5，+10
	桥面板和楼板	−3，+5

（2）钢筋接头的连接及检验

钢筋接头连接有绑扎、焊接和机械连接。焊接接头分为：闪光对焊、手工电弧焊（搭接焊、帮条焊、熔槽焊、窄间隙焊等）；机械连接分为：带肋钢筋套筒冷挤压接头、镦粗锥螺纹接头、镦粗直螺纹接头。不同的钢筋有不同的连接方式要求，考虑综合科已经介绍，这里不再赘述。

进场的钢筋原材料一般都能检验合格后再用于工程，但是接头的检验时常被忽视。根据《水工混凝土钢筋施工规范》DL/T 5169，整理了钢筋接头的检验要求，见表1-22。

钢筋接头检验的要求 表 1-22

接头连接方式		工艺试验	接头检验
焊接	手工电弧焊 手工电弧搭接、帮条焊	/	所有接头焊接后都应进行外观检验，检验焊缝的长、宽、高，有无咬边、凹陷、气孔和裂缝。必要时，应从成品中抽取试件，作抗拉试验
	手工电弧熔槽焊	/	
	手工电弧焊	进行工艺试验	
	竖向钢筋接触电渣焊	同型号、同规格的钢筋焊接试验，5个抗拉试件	全部进行外观检验，对焊接质量有怀疑时抽样进行抗拉试验

接头连接方式		工艺试验	接头检验
焊接	闪光对焊	2个冷弯，2个拉伸试件	全部进行外观检验，对焊接质量有怀疑时抽样进行冷弯和拉伸试验
	气压焊接	/	全部进行外观检验，以300个接头为一批，抽取3个试件做拉伸试验，也可以抽3个试件做冷弯试验
机械连接		3个工艺试验	同等级、同型式、同规格接头以500个为一个验收批，不足500个也作为一个验收批，每批随机的抽3个试件做拉伸试验
绑扎		/	检验接头的搭接长度

（3）接头的分布要求

配置在同一截面内的受力钢筋，其接头的截面面积占受力钢筋的总面积的百分比，应符合下列规定：

焊接接头在受弯构件的受拉区，不宜超过50%；受压区不受限制。绑扎接头，在构件的受拉区不宜超过25%；受压区不宜超过50%。机械连接接头其分布应按照设计文件规定执行，设计文件没有要求时，在受拉区不宜超过50%；受压区或装配式构件中受拉较小的部位，A级接头不受限制。

4. 混凝土的拌合、浇筑和养护

（1）混凝土的施工原则

混凝土工程的施工宜掌握以闸室或泵站主体为中心，按照"先深后浅、先重后轻、先高后矮、先主后次"的原则进行。

1）先深后浅。相邻两部位基面深浅不一时，若先浇筑浅部位的混凝土，则在浇筑深的部位时，可能会扰动已浇部位的基土，导致混凝土沉降、走动或断裂。

2）先重后轻。这样做是为了给重的部位有预沉时间，使地基达到相对稳定，以减轻对邻接部位混凝土产生的不良影响。如邻接两岸挡土墙的消力池、铺盖等部位，应尽量推迟到挡土墙砌筑并回填到一定高度后再开始浇筑，以减轻边荷载影响而造成的消力池、铺盖混凝土边缘部位开裂。

3）先高后矮。主要是为了平衡施工力量，加速施工进度。处于闸（泵）室中心的底板及其上部的闸墩、胸墙和桥梁，高度较大、层次较多、工作量较集中，需要的施工时间也较长，在混凝土浇完后，接着还要进行闸门、启闭机、水泵等的安装等工序，因而必须集中力量优先进行。其他如铺盖、消力池、翼墙等部位的施工，则可穿插其中进行，以利施工强度的均衡。

4）先主后次。指先主体部位，后次要部位，既是基于施工安全考虑，也从节省投资、缩短工期着眼。但如遇到流砂、渗水特别严重的地基时，为避免地基破坏，节省地基处理费用，可以打破常规，抓住主要矛盾，先集中力量突击下部工程，以后再进行上部墩、墙和桥梁的施工。

（2）混凝土的配合比设计和施工配合比

1）混凝土的配合比设计

混凝土配合比设计是根据设计的混凝土强度等级、质量控制水平（强度标准差）和混凝土要求的保证率确定混凝土的配制强度，通过计算确定水灰比（或水胶比）。对水利工程来讲，除了通过计算确定水灰比外，混凝土所处的位置不同，最大水灰比有一定的限制。最大水灰比的要求见表1-23。

水灰比最大允许值 表1-23

部　位	严寒地区	寒冷地区	温和地区
上下游水位以上	0.50	0.55	0.60
上下游水位变化区	0.45	0.50	0.55
上下游最低水位以下	0.50	0.55	0.60
基础	0.50	0.55	0.60
内部	0.60	0.65	0.65
受水流冲刷部位	0.45	0.50	0.50

注：在环境水侵蚀情况下，水位变化区外部及水下混凝土最大允许水灰比（或水胶比）应减小0.05。

选取强度计算的水灰比和表1-23的水灰比小值作为设计的水灰比。根据建筑物的结构断面、钢筋含量、运输距离、浇筑方法、运输方式、振捣能力和气候等条件确定混凝土的坍落度，进而确定用水量。根据对混凝土的性能要求选择砂率。据此可以计算出混凝土的各种材料的用量。通过试配，调整各种材料的用量，最终确定混凝土设计配合比。

2）施工配合比的确定

混凝土设计出来的配合比是砂、石子在饱和面干状况下的材料用量。在实际施工时，砂、石子、外加剂等都含有一定的水，这就需要根据检测得到的砂、石子的含水率调整材料用量。具体的就是减少用水量，水减少的量等于砂、石子等中的水量。增加砂、石子的用量。通过这样调整的配合比就是施工配合比。混凝土工程中必须将设计配合比调整成施工配合比才能进行施工。

（3）混凝土的拌合

1）拌合设备

混凝土的拌合设备的拌合能力要同浇筑的强度相适应并有一定的富余。用于材料计量的设备应经计量检定合格。计量的偏差要在允许的范围。施工过程中应定期或不定期的检验计量设备的准确性。

2）混凝土的拌合

混凝土拌合应按照一定的投料顺序投料，拌合时间应同混凝土的种类相适应。

（4）混凝土的浇筑

底板的混凝土浇筑，一般采用逐层浇筑法。但当底板厚度不大，拌合站的生产能力受到限制时，亦可采用台阶浇筑法。底板混凝土的浇筑，一般先浇上、下游齿墙，然后再从一端向另一端浇筑。当底板混凝土方量较大，且底板顺水流长度在12m以内时，可安排两个作业组分层通仓浇筑。首先两组同时浇筑下游齿墙，待齿墙浇平后，将第二组调至上游齿墙，另一组自下游向上游开浇第一坯底板。上游齿墙组浇完，立即调至下游开浇第二坯，而第一坯组浇完又调头浇第三坯。这样交替连环浇筑可缩短每坯间隔时间，加快进度，避免产生冷缝。

对于墩、墙等截面宽度较小的构件，只要控制混凝土浇筑的厚度，就可以保证混凝土浇筑的连续性。

混凝土浇筑应保证连续性。在正常的情况下是可以保证连续浇筑混凝土的，但是当异常情况出现时，时常不能连续浇筑。混凝土允许的间隔时间，以混凝土可以重塑为标准。若混凝土可以重塑，则可以继续浇筑混凝土，否则应停止浇筑混凝土，按施工缝处理。所谓的重塑是指用混凝土振捣器振捣 30s，周围 10cm 范围内混凝土能泛浆且不留孔洞的混凝土。

水工建筑物具有挡水防渗的功能。混凝土施工缝尤其是新老混凝土缝应妥善处理，应凿毛，并在浇筑混凝土前，水平缝铺一层 1～2cm 厚的水泥砂浆，砂浆的水灰比应比混凝土小 0.03～0.05。

混凝土浇筑时对止水部位的混凝土应设专人进行振捣，以保证止水上下的混凝土同止水接触密实。

（5）混凝土的养护

混凝土浇筑后要根据天气及时进行养护，以保证混凝土强度的增长，防止混凝土出现裂缝。养护的时间规范要求为 28d。对于平面混凝土可以采用面上铺设塑料薄膜，薄膜和混凝土面之间充水，利用水的黏滞性能，延长养护的时间间隔。对于墩、墙和柱的养护，可以采用延长拆模的时间，拆除模板后用塑料薄膜包裹保湿的方法养护。对于高温季节施工的混凝土应加强养护，防止混凝土时干时湿。当低温季节施工混凝土时要采取保温的措施。

5. 混凝土温度控制及防裂

（1）混凝土的温度控制

水泥水化时产生热量导致混凝土内部温度升高，对于大体积混凝土易产生温度裂缝。水泥在硬化过程中需要适宜的温度，因此混凝土浇筑时应有适宜温度，温度过高过低都是不适宜的。关于大体积混凝土目前没有一个统一的定义，《普通混凝土配合比设计规程》JGJ/T 55 中规定"混凝土结构物中实体最小尺寸大于或等于 1m 的部位所用的混凝土为大体积混凝土"。

由于混凝土内部的升温是水泥水化产生的，因此降低水化热的方法首先是通过配合比减少水泥的用量，为此可以采取添加外加剂例如减水剂，可以添加掺合料例如粉煤灰。除了配合比控制外，还可以加冰以降低混凝土的浇筑温度，在混凝土中埋设管路，通过在管中通水，用水置换热量已达到降温的目的。同时加强养护。

低温时需要提高混凝土浇筑时的温度，可以采用热水拌和、加热骨料的方法。浇筑后可以采用蓄热法或综合蓄热法保持混凝土的温度。

（2）混凝土的裂缝控制

混凝土浇筑后硬化过程中由于外部的约束作用，导致混凝土中产生拉应力，当拉应力超过混凝土的抗拉强度时，即产生裂缝。

墙、墩产生的裂缝主要是由于底板的约束作用，使得墙、墩不能自由的收束。墙、墩的收束是由于温度和湿度的降低引起，收束时常导致在墙、墩的二分之一、四分之一处产生竖向的裂缝。裂缝的竖直位置一般在底板以上 0.5～1m 左右为裂缝的底端，在距底板 2～3m 左右为裂缝的上端。

理论和实践表明控制裂缝的措施有：配合比中添加粉煤灰、添加外加剂，降低混凝土拌合物的坍落度。工程实践表明墙、墩底部一定高度混凝土同底板同时浇筑，也是减少裂缝的有效措施。延长拆模时间，加强对底板和墙、墩的养护，缩短墙、墩同底板的浇筑时间间隔等方法都有助于避免或减少裂缝。

混凝土裂缝的控制需采取综合的方法，上述一种方法单独采用未必是有效的，工程实践表明，将上述方法综合采用，对控制裂缝是有效的。

1.1.5.2 分缝与止水施工

1. 分缝施工

水利工程中由于结构和功能的要求，水工建筑物设有沉降缝，沉降缝分为竖直和水平缝。缝宽一般为 2cm 左右。缝中一般设置止水和缝间填料。分缝的要求是位置准确，对于水平缝结合面应铅直。对于竖直缝除了缝面铅直外，缝的宽度应符合设计，以便可以自由沉降，避免因不能自由沉降导致缝两侧的混凝土由于相互作用而开裂。

2. 止水设施的施工

（1）沉陷缝填料的施工

沉陷缝的填充材料，常用的有沥青油毡、沥青杉木板及泡沫板等多种。其安装方法有以下两种。

一种是将填充材料用铁钉固定在模板内侧后，再浇混凝土，这样拆模后填充材料即可贴在混凝土上，然后立沉陷缝的另一侧模板和浇混凝土，具体过程见图 1-40。如果沉陷缝两侧的结构需要同时浇筑混凝土，则沉陷缝的填充材料在安装时要竖立平直，浇筑时沉陷缝两侧混凝土的上升高度要基本一致。

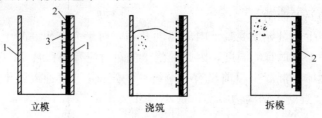

图 1-40　先装填料后浇混凝土的填料施工
1—模板；2—填料；3—铁钉

另一种是先在缝的一侧立模浇混凝土，并在模板内侧预先钉好安装填充材料的长铁钉数排，并使铁钉的 1/3 留在混凝土外面，然后安装填料、敲弯铁钉尖，使填料固定在混凝土面上，再立另一侧模板和浇混凝土，具体过程见图 1-41。

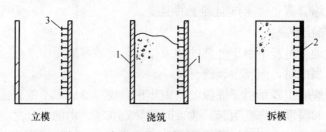

图 1-41　先浇混凝土后装填料的填料施工
1—模板；2—填料；3—铁钉

（2）止水材料种类

常用的止水片材料有金属材料和非金属材料。金属材料有：紫铜片、不锈钢片、铝片；非金属材料有：橡胶、聚氯乙烯（塑料）等。目前水利工程中比较常用的是橡胶止水。橡胶止水的技术要求见表1-24。

橡胶止水带胶料和成品性能指标 表 1-24

项 目		单位	天然橡胶	合成橡胶	橡胶止水带成品
硬度（邵氏A）		度	60＋5	60＋5	60＋5
拉伸强度		MPa	≥18	≥16	≥14
扯断伸长率		%	≥450	≥400	≥450
定伸永久变形		%	≤20	≤25	28＋2
撕裂强度		kN/m	≥35	≥35	
脆性温度		℃	≤−45	≤−40	
热空气老化 70℃×72h	硬度变化（邵氏A）	度	≤＋8		
	拉伸强度变化率（降低）	%	≤10		
	伸长率变化率（降低）	%	≤20		
臭氧老化 50pphm20％48h			2 级	0 级	

（3）止水缝部位的混凝土浇筑

浇筑止水缝部位混凝土的注意事项包括：

1）水平止水片应在浇筑层的中间，在止水片高程处，不得设置施工缝。

2）浇筑混凝土时，不得冲撞止水片，当混凝土将淹没止水片时，应再次清除其表面污垢。

3）振捣器不得触及止水片。

4）嵌固止水片的模板应适当推迟拆模时间，拆除模板后，应及时检验止水上下混凝土的密实情况，有部密实部位，应及时处理。

5）混凝土浇筑时，止水部位应设置专人管理。

1.1.5.3 机电设备安装

1. 设备的进场验收

设备进场后要会同建设、监理、供货商、安装单位对设备进行验收，查验设备的型号、规格同采购合同是否一致，设备的外观是否有损坏，随设备装箱的备品等是否符合合同的要求。出厂的合格证、质保书是否齐全等。

2. 安装质量控制要点

（1）盘柜安装

基础型钢埋设应符合图纸要求，且直度和水平度符合规范的要求；盘柜之间及与建筑物之间的距离符合设计要求；柜体固定牢固，接地可靠，门锁灵活、齐全；盘柜内电气设备安装应符合相应的规范规定，柜内电器、仪表应符合设计要求，保护继电器应进行整定调整合格，仪表应进行校验；盘柜的漆层应完整，无损伤。

（2）电缆线路安装

电缆规格应符合设计要求，且排列整齐，标志牌装设齐全；电缆的固定，弯曲半径，有关距离应符合规范及设计要求；电缆支架、桥架等的金属部件防腐层完好，其安装允许偏差符合规范及设计要求；直埋电缆在直线段每隔 50～100m 处、转弯处、进入建筑物处，应设置明显的方位标志或标桩，进出地面处应加保护管，直埋电缆应经中间检查验收签证后才能回填土；电缆要按规范要求进行测试合格。

（3）接地装置

接地体及接地线的规格及接地装置的布置应符合设计图纸的要求，焊接符合规范规定；整个接地网外露部分的连接可靠，防腐层完好，标志齐全。接地装置的隐蔽部分要在覆盖前进行中间检查及验收签证。接地电阻值要符合规范及设计要求。

（4）硬母线安装

硬母线应有出厂合格证和其他资料；母线的规格、布置的间距要符合设计要求。母线的接触面连接密实，连接螺栓应用力矩扳手紧固，其紧固力矩应符合规范要求。所有螺栓、垫圈、闭口锁、锁紧销、弹簧垫圈、锁紧螺母等应齐全、可靠。油漆完好，相色正确。

（5）水情自动化监控系统

监控系统的机柜、传感器及线缆安装应符合相应的规范要求，室外的线缆应穿管敷设；系统结构及配置应符合设计文件的要求，主要设备的产品合格证、说明书、质保证书等资料要齐全。

（6）水力测量仪表安装

各种水力仪表设计位置要符合设计图纸；仪表盘安装位置应符合设计要求；仪表盘安装水平度及垂直度应用符合规范要求；各测压管安装位置符合设计要求，偏差应在允许范围内，测压管安装完成后，要进行灵敏度测试合格；各压力表的量程应能满足测量要求，最大测量值一般在 2/3 刻度内为宜。

（7）照明系统安装

线管的加工、敷设、连接和固定要符合规范要求。暗敷线管要进行中间检查验收；导线截面及负荷分配须符合设计要求；管内导线总截面应小于或等于管截面的 40%；照明配电箱（板）安装位置应符合设计要求，固定牢固。所有照明配电箱金属外壳、穿线钢管要可靠接地。各照明回路标志正确，并用检查绝缘电阻；一般灯具及开关、插座安装应平整、牢固、位置正确、高度一致，成排灯具、开关、插座的位置偏差应符合规范要求；必须接地或接零的灯具金属外壳与接地（接零）网之间要可靠连接。

1.1.5.4 闸门与启闭机安装

1. 埋件的安装

闸门的埋件是指埋设在混凝土内的门槽固定构件，包括底槛、主轨、侧轨、反轨和门楣等。

采用平面闸门的中小型水闸，在闸墩部位都设有门槽。为了减小启闭门力及闸门封水，门槽部分的混凝土中埋有导轨等铁件，如滑动导轨，主轮、侧轮及反轮导轨、止水座等。这些铁件的埋设可采取预埋及留槽后浇混凝土两种方法。小型水闸的导轨铁件较小，可在闸墩立模时将其预先固定在模板的内侧，如图 1-42 所示。闸墩混凝土浇筑时导轨等铁件即浇入混凝土中。这种预埋方式，误差较大。由于中型水闸导轨较大、较重，在模板上固定较为困难，宜采用预留槽，用浇二期混凝土的施工方法。

（1）门槽垂直度控制

门槽及导轨必须铅直无误，所以在立模及浇筑过程中应随时用吊锤校正。校正时，可在门槽模板顶端内侧钉一根大铁钉（钉入 2/3 长度），然后把吊锤系在铁钉端部，待吊锤静止后，用钢尺量取上部与下部吊锤线到模板内侧的距离，如相等则该模板垂直，否则按照偏斜方向予以调整。

（2）门槽二期混凝土浇筑

在闸墩立模时，于门槽部位留出较门槽尺寸大的凹槽。闸墩浇筑时，预先将导轨基础螺栓按设计要求固定于凹槽的侧壁及正壁模板，模板拆除后基础螺栓即埋入混凝土中，如图 1-43 所示。

导轨安装前，要对基础螺栓进行校正，安装过程中必须随时用垂球进行校正，使其铅直无误。导轨就位后即可立模浇筑二期混凝土。

闸门底槛设在闸底板上，在施工初期浇筑底板时，若铁件不能完成，亦可在闸底板上留槽以后浇二期混凝土如图 1-44 所示。

浇筑二期混凝土时，应采用较细骨料混凝土，并细心捣固，不要振动已装好的金属构件。门槽较高时，不要直接从高处下料，可以分段安装和浇筑。二期混凝土拆模后，应对埋件进行复测，并做好记录，同时检查混凝土表面尺寸，清除遗留的杂物、钢筋头，以免影响闸门启闭。

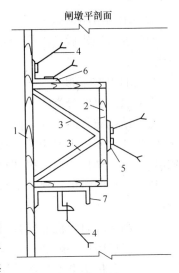

图 1-42　闸门导轨一次装好、一次浇注混凝土

1—闸墩模板；2—门槽模板；3—撑头；4—开脚螺栓；5—侧导轨；6—门槽角铁；7—滚轮导轨

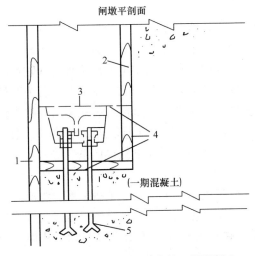

图 1-43　导轨后装，然后浇筑二期混凝土

1—闸墩模板；2—门槽模板；3—导轨横剖面；4—二期混凝土边线；5—基础螺栓（预埋于一期混凝土中）

2. 闸门的安装

闸门安装是将闸门及其埋件装配、安置在设计部位。由于闸门结构的不同，各种闸门的安装略有差异。

（1）门叶安装

如门叶尺较小，则在工厂制成整体运至现场，经复测检查合格，装上止水橡皮等附件后，直接吊入门槽。如门叶尺较大，由工厂分节制造，运到工地后，在现场组装，然后吊入门槽。

图 1-44　底槛的安装

（2）闸门启闭试验

闸门安装完毕后，需作全行程启闭试验，要求门叶启闭灵活无卡阻现象，闸门关闭严密。

3. 启闭机的安装

（1）启闭机的分类

按照结构布置的不同，闸门启闭机分固定式和移动式启闭机两类。

固定式启闭机主要用于工作闸门和事故闸门，每扇闸门配备一台启闭机，常用的有卷扬式启闭机、螺杆式启闭机和油压式启闭机等几种。

移动式启闭机可在轨道上行走，适用于操作多孔闸门，常用的有门式、桥式和台式等几种。

（2）固定式启闭机的安装

固定式启闭机一般的安装程序是：埋设基础螺栓及支撑垫板；安装机架；浇筑基础二期混凝土；在机架上安装提升机构；安装电气设备和保安元件。联结闸门作启闭机操作试验，使各项技术参数和继电保护值达到设计要求。

（3）卷扬式启闭机安装

卷扬式启闭机由电动机、减速箱、传动轴和绳鼓所组成。卷扬式启闭机是由电力或人力驱动减速齿轮，从而驱动缠绕钢丝绳的绳鼓，借助绳鼓的转动，收放钢丝绳使闸门升降。

1）安装顺序

安装顺序为：在水工建筑物混凝土浇筑时埋入机架基础螺栓和支承垫板，在支承垫板上放置调整用楔形板；安装机架。按闸门实际起吊中心线找正机架的中心、水平、高程，拧紧基础螺母，浇筑基础二期混凝土，固定机架；在机架上安装、调整传动装置，包括：电动机、弹性联轴器、制动器、减速器、传动轴、齿轮联轴器、开式齿轮、轴承、卷筒等。

2）调整顺序

调整顺序为：按闸门实际起吊中心找正卷筒的中心线和水平线，并将卷筒轴的轴承座螺栓拧紧；以与卷筒相连的开式大齿轮为基础，使减速器输出端开式小齿轮与大齿轮啮合正确；以减速器输入轴为基础，安装带制动轮的弹性联轴器，调整电动机位置使联轴器的两片的同心度和垂直度符合技术要求；根据制动轮的位置，安装与调整制动器；若为双吊点启闭机，要保证传动轴与两端齿轮联轴节的同轴度；传动装置全部安装完毕后，检查传动系统动作的准确性、灵活性，并检查各部分的可靠性；安装排绳装置、滑轮组、钢丝绳、吊环、扬程指示器、行程开关、过载限制器、过速限制器及电气操作系统等。

（4）螺杆式启闭机安装

螺杆式启闭机是中小型平面闸门普遍采用的启闭机。它由摇柄、主机和螺栓组成。螺杆的下端与闸门的吊头连接，上端利用螺杆与承重螺母相扣合。当承重螺母通过与其连接的齿轮被外力（电动机或手摇）驱动而旋转时，它驱动螺杆作垂直升降运动，从而启闭闸门。

安装过程包括基础埋件的安装、启闭机安装、启闭机单机调试、启闭机负荷试验。

安装前，首先检查启闭机各传动轴，轴承及齿轮的转动灵活性和啮合情况，着重检查螺母螺纹的完整性，必要时应进行妥善处理。

检查螺杆的平直度，每米长弯曲超过 0.2mm 或有明显弯曲处可用压力机进行机械校直。螺杆螺纹容易碰伤，要逐圈进行检查和修正。无异状时，在螺纹外表涂以润滑油脂，并将其拧入螺母，进行全行程的配合检查，不合适处应修正螺纹。然后整体竖立，将它吊入机架或工作桥上就位，以闸门吊耳找正螺杆下端连接孔，并进行连接。

挂一线锤，以螺杆下端头为准，移动螺杆启闭机底座，使螺杆处于垂直状态。对双吊点的螺杆式启闭机，当两侧螺杆找正后，安装中间同步轴，螺杆找正和同步轴连接合格后，最后把机座固定。

对电动螺杆式启闭机，安装电动机及其操作系统后应作电动操作试验及行程限位整定等。

4. 水泵的安装

（1）水泵的分类

泵是一种能量转换机械，它将外施于它的能量再转施于液体，使液体能量增加，从而将液体提升或压送到所需之处。用以提升、压送水的泵称为水泵。水泵要正常工作，除水泵本身外，还需有配套的动力设备、附属设备和管路系统。泵根据作用原理可分为：动力式泵和挤压式（容积式）泵两大类。动力式泵分为叶片式泵、漩涡泵、射流泵和气举泵（又称空气扬水机）。挤压式泵分为：往复式泵和回转式泵。水利工程中应用**最广泛**的是叶片式泵。叶片式泵分为离心泵、轴流泵及混流泵；按泵轴安装形式分为立式、**卧**式和斜式；按电机是否能在水下运行分为常规泵机组和潜水电泵机组等。

各种类型的水泵有不同的规格，表示规格的参数有口径、转速、流量、扬程、功率、效率及汽蚀余量（或允许吸出真空高度）等。

离心泵按叶轮进水方向分为单吸式和双吸式；按叶轮的数目分为单级和多级，单级泵只有一个叶轮，多级泵则有两个以上叶轮；按泵轴安装形式分为立式、卧式和斜式。离心泵的比转数 n_s 的范围 $30\sim300$，其中 $n_s=30\sim80r/min$ 的**称为低比转数离心泵**，$n_s=80\sim150r/min$ 的称为中比转数离心泵，$n_s=150\sim300r/min$ 的称为高比转数离心泵。单级双吸卧式离心泵常见的系列为 Sh、S、SA 型。例如：20Sh-19 表示该泵为进口直径为 20 英寸（即 500mm）单级双吸卧式离心泵，该泵比转数为 $19\times10=190r/min$。

轴流泵通常按泵轴的安装方向和叶片是否可调进行分类。按泵轴的安装**方向**分为立式、卧式和斜式三种，卧式轴流泵又分轴伸式、猫背式、贯流式和电机泵等；按叶片调节方式分为固定叶片轴流泵、半调节和全调节轴流泵三种。轴流泵的比转数 n_s 在 $500r/min$ 以上，属高比转数低扬程水泵，通常用于扬程低于 10m 的泵站。我国使用的轴流泵型号多为 ZLB、ZLQ、ZWB、ZWQ 等，Z 表示轴流泵，L 表示立式，W 表示卧式，X 表示斜式，B 表示半调节，Q 表示全调节。字母前面的数字表示水泵出口的直径（英寸或 mm），后面的数字乘以 10 后表示水泵的比转数 n。

混流泵按结构形式分为立式、卧式、涡壳式和导叶式。我国混流泵的扬程范围一般为 $5\sim20m$。近年来发展的导叶式混流泵有取代部分扬程较高的轴流泵的趋势，扬程较高的混流泵也有取代扬程很低的离心泵的趋势。

离心泵、轴流泵和混流泵相比较，离心泵流量小、扬程大，轴流泵流量大、扬程小。混流泵介于离心泵和轴流泵之间。

（2）水泵的安装

不同的泵有不同的安装要求，限于篇幅，仅介绍基本的安装要点。

1）设备到达安装地点后，应会同建设、监理、供货单位和安装单位根据到货清单和合同进行验收，核对设备的型号、规格和数量同合同是否一致。提供的合格证、资料要妥善保管。接收的设备要存放在适宜的地方；

2）土建单位要提供设备基础的基准线、基准点和高程点。设备基础的混凝土强度应满足设计要求。房屋应满足安装的需要；

3）预留的洞口位置及尺寸、预埋件的位置及偏差应满足安装的要求；

4）泵和电机的轴中心线的偏差应满足设计和规范的要求。

（3）管路的安装

水泵的进出水管有金属管道和混凝土管道。

1）管道的验收已经合格，管道的防腐已经完成，各种配件已经检验合格；土建的管床、镇墩已经验收合格；与管道连接的设备中心线已经找正并合格；

2）管道的接头的连接方式应可靠、密封性能良好。管道阀门和管件的安装应符合要求；

3）管道的坡向、坡度要满足设计要求。管子连接不可采用强制对口，安装间断时要及时封闭敞开的管口；

4）地埋管道应排除沟内积水，经压水试验合格后和防腐处理完成经过验收，然后分层填土并夯实。

1.1.5.5 案例分析

【案例一】 水闸工程施工

1. 工程概况

（1）工程基本情况

水闸底槛高程 17.5m，闸墩顶高程 26.0m，闸室顺水流方向长 19m，每孔闸室净宽 10m。中墩厚 1.4m，边墩厚 1.2m。闸室底板为两孔一联分缝的分离式底板；大底板厚 1.5m，小底板厚 1.2m，大小底板间设搭接缝，缝间设两道橡胶止水。

（2）工程地质条件

闸址处地层共分七层，自上而下依次为：

①层轻粉质壤土夹重粉质壤土。②层重粉质壤土，局部为粉质黏土，夹薄层轻粉质壤土透镜体。③-1 层砂壤土夹极细砂，局部夹薄层黏性土。④-1 层淤泥质重粉质壤土，局部夹轻粉质壤土及粉土薄层。④-2 层重粉质壤土，粉质黏土，局部为淤泥质，夹中～轻粉质壤土薄层。⑤层重粉质壤土，下部夹中～轻质壤土，部分钻孔含铁锰质结核。⑥层细砂，上部夹砂壤土，下部夹中砂，局部夹薄层黏性土。⑦层粉质黏土，重粉质壤土。闸底板建基面主要落于第②层重粉质壤土层中。砂层承压水水位为 18.90～19.10m。

2. 施工降水

本工程的水文地质特点是上部为弱透水层，其下有相对不透水层，下部为强透水层，其地层下部－1.0m～－4.0m 处又为相对不透水层，地层上部存在潜水，下部有很高的承压水头。在下游布置深井，井间距为 20m，以达到降低砂层中存在的承压水。井底进入砂层不少于 6m，配 4JD-10 深井泵。

井管布置：自地面高程约 18.0～3.0m，均为不透水井管，总长 15m，自高程 3.0～-3.0m 为透水过滤井管，长约 6.0m。自高程 -3.0～-4.0m 为 1m 长的有底沉淀管。

井管结构：采用内径为 0.4m，外径为 0.5m 的 C20 混凝土不透水管及沉淀管，透水过滤管采用无砂水泥砾石混凝土管。井管的接头用 15cm 宽的土工布包裹密实。透水管外包二层 60 目的滤布。

透水井管外填粗砂反滤层，厚为 20cm，钻孔直径为 0.9m，反滤层砂料过筛清洗，不均匀系数小于 2，砂反滤层的填筑高程到 12.0m，不透水管外围用直径 2～5cm 黏土球填捣密实封闭。

深井抽水时，及时进行地下水位及井中抽出的水含砂量测量，掌握承压水位变化。配备 1 名工程技术人员，每日记载天气情况，定期观测相关水位、各测压管的水位，做好记录。并经常检查各井深井泵运行情况。

降水深井使用结束，根据造井记录地质柱状图，采用黏土球封堵后用混凝土压顶。

3. 土方工程

基坑开挖前，按设计断面及高程进行测量放样。开挖边坡 1∶2～1∶3，在基坑上部四周挖截水沟一道，使基坑以外的降水和生产弃水能集中外排，在基坑底部每边预留工作面 2.0m，在基坑边缘外 1.0m 外挖 1m×1m 的排水沟，在排水沟适当位置挖集水坑，作为集水、排水处，用水泵将水排向围堰排水沟内，集水坑尺寸视基坑排水量大小而定。为防止雨水冲刷坡面，在坡面及平台处设置排水沟。

建筑物四周回填，用 2.8kW 蛙式夯机夯实，先排除积水，清除杂物，在结构填土部位刷黏土浆，并保持其湿润，随刷随填。

4. 现浇混凝土施工方法

（1）闸室底板混凝土施工方法

1）底板钢筋混凝土施工顺序

本工程底板钢筋混凝土由 10 块大底板及 11 块小底板相间隔组成，混凝土工程量大，采用先浇筑小底板后浇筑大底板，先施工齿槽钢筋混凝土后施工平段底板钢筋混凝土的施工程序。

2）模板及脚手架工程

采用木模板施工，支撑采用钢管支撑系统。所用木模板均在加工场按图纸配制，刨光木模板表面，保持模板的平整度和光洁度，检查合格后运至现场安装，模板在安装前涂刷隔离剂，以利拆除。

由控制桩先在垫层上放出中心线，校核无误后，依次放出边线和底槛、门槽、闸墩线，复核无误后，在角点打入水泥钉，并做红漆点。

模板按照所放边线进行站立，拼缝夹橡胶条，拐角用阴角模，以免漏浆。

从底部开始，模板设三道横楞，每道横楞均设水平支撑（设斜支撑时斜角小于 45°）。水平支撑间距为 0.6m，支撑和楞木均用脚手架钢管，每根支撑均设置钢管桩，桩长大于 70cm。浇筑混凝土时派专人对模板及其支撑进行观察和维护。

模板安装好后搭设仓面脚手架方便操作人员施工，仓面脚手架采用 Φ48×3.5 脚手架钢管及 5cm 厚木板等材料搭设，并采取有效的连接措施，使各种脚手架材料间有可靠的连接，保证仓面脚手架整体稳定。

运送混凝土的泵管的支撑系统采用 Φ25 螺纹钢筋焊成的钢筋笼，直接支撑于底板仓内，并高于混凝土面 40cm。

3）钢筋工程

模板安装好后，现场检查安装质量、尺寸、位置均符合要求后，进行钢筋施工。

钢筋在内场按图纸及规范要求加工成型，检查无误后运至现场绑扎定位，底层筋垫 5cm 厚混凝土垫块。上、下两层钢筋网片间用Ⅱ型钢筋支撑，支撑与上、下层钢筋网片点焊，确保网片之间的尺寸，支撑水平间距 1.0m。利用垫层上底槛、门槽、闸墩线进行插筋，插筋绑扎好后用垂球校正，浇筑混凝土时派专人对其支撑观察和校正。

4）止水及伸缩缝

本工程采用橡胶止水，安装模板的同时，在结构缝位置按设计要求安装橡皮止水，橡胶止水带为定尺产品，垂直于水流方向与顺水流方向的止水接头在厂家定型做好，顺水流方向无接头，垂直于水流方向的止水采用热接法，搭接长度均大于 20cm。安装模板时用小木板固定止水片，使其在混凝土浇筑过程中不移位。止水有 W7 型 W5 两种，大底板及小底板间两层止水，上层为 W7 型，下层为 W5 型，闸底板与其他底板间用 W7 型。

结构缝处已浇筑的混凝土表面完全清除干净，填缝板采用二毡三油。

5）混凝土浇筑

采用 HLC-NAF$_2$ 泵送剂，并采用淮南平圩电厂生产的"常华牌"Ⅰ级粉煤灰替代 20% 的水泥用量（粉煤灰超量系数 1.3），减少水泥用量，降低水化热。

混凝土熟料采用拌合楼拌制，混凝土拌合车运至输送泵处，由混凝土输送泵送入仓面。

混凝土浇筑采用分层连续浇筑法和分层移动浇筑法，严格分层，每层厚度 30cm，条宽控制在 2m。振捣时，振动棒"快插慢拔，插点均匀"，无漏振。振捣时间以混凝土粗骨料不再显著下沉，并开始泛浆为准，无欠振或过振。在止水片附近浇筑时，认真仔细振捣，止水片边口无上浮、下沉，无欠振现象。在混凝土即将淹没止水片时，清除其表面干混凝土浆等杂物，并将其整理平展。

混凝土浇筑过程中，仓内的泌水及时排除并对混凝土进行复振，避免外来水进入仓内，在混凝土第一遍振捣结束后 1~2h 内，混凝土尚未初凝时，采取二次复振。

混凝土浇筑满仓后，用水准仪控制表面高程，混凝土终凝前，人工压实、抹平、收光。

混凝土浇筑终凝后在混凝土表面覆盖塑料薄膜和麻袋进行保湿养护，闸墩放线时改用麻袋覆盖并洒水养护。

（2）闸墩混凝土施工方法

1）混凝土浇筑顺序

本工程闸墩长 19m，宽 1.4m，高约 8.5m，钢筋混凝土 210m³，混凝土强度等级 C20。闸室大底板施工结束后紧接着施工闸墩，为避免闸墩施工时底板受力不均，每块大底板上三个闸墩同时施工，且在施工中控制相邻闸墩混凝土面高差小于 1m。

2）模板及脚手架工程

本工程不仅对闸墩的内在质量要求极高，而且对其外观要求十分严格。采用整体性较好的大型钢模板作为闸墩模板，制作闸墩的钢模板用 3mm 厚的钢板制作。横向板肋采用 5mm 厚，50～100mm 宽的钢板条加工，模板纵向加劲肋采用角钢材料制作，以增加模板整体刚度。模板的具体尺寸根据墩墙中部直段及上、下游墩头的形状以及方便施工而制作，主要有 1500mm×750mm、400mm×750mm、300mm×750mm 长方形钢模及内径 1400mm、高为 3m 和 1.3m 的半圆柱模等。

模板间连接用 M12 螺栓，紧固用 Φ16 对销螺栓，加固用 Φ48 钢管围囹，支撑系统为 Φ48 钢管排架。

底板混凝土上放出中心线校核无误后，放出模板边线及门槽线。

模板在安装前，涂刷隔离剂，以利于模板拆除。安装时按照所放边线进行站立，单个墩墙直面水平方向安装 11 块 1500mm×750mm 定型大模板，1 块 400mm×750mm 定型大模板，垂直方向从下往上安装 11 块 1500mm×750mm 定型大模板，顶部安装一块 1500mm×300mm 定型模板，模板采用 M12 螺栓连接，拼缝间垫 1mm 厚双面胶。

墩墙加固采用对销螺栓结合双道 Φ48 脚手架钢管围囹。对销螺栓两侧紧固垫片采用 160mm 厚钢板，墩墙内采用 Φ25 厚壁钢套管。围囹水平方向间距为 750mm，垂直方向间距为 750mm。闸墩支撑系统采用 Φ48 钢管搭设，每边三根立杆，间距 1500mm，内立杆距模板为 500mm 左右，步距 1400mm，剪力撑顺水流方向每 3m 设置一道，十字交叉，与水平面夹角小于 45°。

3) 钢筋制安

钢筋绑扎时按图纸要求的保护层厚度安放保护层垫块，侧面绑扎带预埋铅丝的垫块。钢筋安装的位置、间距、保护层及各部分钢筋的大小尺寸等严格按设计图纸执行。

在混凝土浇筑施工中，派专人值班，发现变动及时校正。

4) 混凝土浇筑

混凝土浇筑采用分层连续浇筑法，每层厚 40cm，三个闸墩同时施工。

为改善闸墩的约束条件，2.0m 高度以下采用常态混凝土浇筑施工，2.0m 以上部位采用泵送混凝土施工。

常态混凝土施工方法：混凝土由搅拌车运送至浇筑现场（坍落度控制 40～60mm），放入 1.0m³ 吊斗内，采用 50T 吊车将吊斗内混凝土吊至仓面，通过事先挂好的喇叭口及串桶下料，人工进仓平仓、振捣。

泵送混凝土施工方法：混凝土由搅拌车运送至浇筑现场（坍落度控制在 100～140mm），由混凝土泵送至浇筑仓面，通过喇叭口及串桶下至仓底。

混凝土泵管架搭设在仓面脚手架上，距仓面顶高度不小于 50cm，泵管架与脚手架系统相互独立，防止泵管架的振动引起模板变形、位移。混凝土入仓后，平仓人员及时进行平仓、振捣。

混凝土振捣、收仓：浇筑时，每个仓面上使用 2 台插入式振动器，振捣时，遵循"快插慢拔，插点均匀"的原则施工，无漏振。振捣时未碰撞模板、钢筋及预埋件。

闸墩混凝土浇筑满仓后，用水准仪控制表面高程，成型混凝土面高程均符合设计要求，混凝土终凝前，人工压实、抹平、收光。

混凝土养护：施工闸墩混凝土前，已加工好 PVC 喷淋管，混凝土浇筑结束一定时间后，沿闸墩顶部四周已经安装喷淋管，喷淋管道与潜水泵连接，形成一个有效实用的喷淋系统。同时在混凝土表面覆盖薄膜，专人负责抽水养护，实行交接班制度，养护时间30d，同时做好喷淋养护记录。

【案例二】 某泵站机电设备及泵安装方法

1. 工程概况

某泵站建于1959年。1995年改建，2孔穿堤涵洞为钢筋混凝土结构，断面3m×3.5m，洞身长65m，底高程9m，细沙地基。1996年11月新泵站完成。考虑到水闸案例中已介绍了混凝土的施工方法，这里只介绍电机设备和泵的安装方法。

2. 机电设备安装

（1）电气防雷及保护接地装置施工

施工工序：审阅图纸→准备施工材料→制作接地极→安装接地极→敷设接地干线→处理接地干线焊缝→测量接地电阻→回填。

认真审图，搞清楚接地极、接地干线的材质、规格、型号、埋设深度、施工特殊技术要求等设计要点，电气设备的保护接地电阻阻值符合设计要求。接地干线连接采用搭接方式，在干线焊接中保证三个焊接面，搭接长度为干线宽度的2.5倍，焊缝应均匀、密实，并做好焊缝防腐处理工作，在干线与接地极的连接中，利用角钢做备板加大干线与接地极的焊接面积；隐蔽工程经监理确认后再进行隐蔽，隐蔽记录作为档案资料存档。

（2）电缆桥架安装

施工工序：验收桥架→划线、定位→安装立柱、托臂→敷设桥架→焊接地线→与接地网连接→处理焊缝→竣工验收。

电缆桥架规格、型号应符合设计要求。型钢应无毛刺，连接孔尺寸应统一，防腐层应均匀，桥架、托臂的强度、厚度应符合要求。认真清点附件，数量与质量应符合施工要求。确定电缆桥架的安装位置，划线、定位。多层桥架间的支臂应平行，间距均匀。在埋设件上焊接立柱，加垫铁调整误差，焊缝长度应达到标准。立柱安装应垂直，偏差不大于长度的千分之二。立柱间距应符合设计要求，在同一结构条件区段内，偏差不大于100mm。遇下列情况增设立柱：水平转弯前后约300mm处；水平转向直上或直下约100mm处；伸缩缝前后约300mm处；标高明显变化的爬坡前后200mm处；否则应增加立柱。但如果实际情况不能满足上述条件上时，应灵活掌握，按图施工。各层托臂应横平竖直，且与立柱垂直，不得左右倾斜或上翘下坍，偏差不大于±2mm；托臂间距符合设计要求，同层应在同一水平面上，高低偏差不大于±5mm。桥架的接地线在一般情况下焊接在立柱上。

（3）配管

施工工序：准备施工材料—钢管除锈、刷油漆—制作钢管弯头—划线、定位—敷设钢管→处理焊缝→套护线帽。

接到图纸或设计联络书时，及时准备施工材料，对钢管进行防腐处理，按规范要求进行沥清漆或红丹油漆进行防腐，在进行预埋钢管敷设时，钢管内应加穿引线，引线两端卷进管内（或回折进管），并封好管口。在进行钢管敷设时，成排钢管弯曲半径应一致，明敷钢管应横平竖直，排列整齐，支架均匀，夹具紧固，多弯和长距离的钢管中间应加拉线盒，拉线盒的大小与数量在施工中具体确定。暗配钢管与明配管（G50以上）之间的连接采用套管连接方式，套管长度为钢管外径的1.5～2倍，套管两端的焊接应密实；明配钢管（G50及以下）之间的连接采用丝扣连接方式。钢管的接地按规范要求利用黄绿相间的导线连接；丝扣连接钢管的接地采用导电膏或利用接地圆钢焊接跨接接地线。

（4）盘、箱、柜等电气设备安装

盘、箱、柜等电气设备的安装应使用汽车吊吊装，开箱后按顺序将设备吊装到专用运输小车上（大件重件则用滚杠）再由人力安装就位，在进行人力安装无法就位的地方，应制定专门的吊装运输工具辅助安装。电气设备基础槽钢长度应与盘箱总长度一致，槽钢高度高出室内地坪10～40mm。盘箱在基础型钢上固定应以设计为依据采用焊接方式或其他连接方式，焊接应牢固可靠，焊接部位在盘柜骨架的内侧。主控柜、继电保护柜、自动装置等盘箱这儿的固定按设计要求施工，否则应采用螺栓紧固在基础型钢上。

（5）变压器的安装

变压器本体安装要点：在变压器室门前利用5根长2m的200×200道木、2根长2m的10♯槽钢搭建临时平台，临时平台应高出变压器基础，其高度应保证变压器的倾斜角度不大于15°。在临时基础上放置6根32厚的钢管做滚杠。利用吊车将变压器吊卸在滚杠上，进一步检查每一个环节，确保无误。核对变压器的方向。起吊变压器吊索夹角不得大于60°。利用钢丝绳等辅助工具拖运变压器至安装位置。（拖动变压器时应平稳不得倾斜，不得偏离轨道）。

（6）电缆敷设及电缆头的制作

敷设电缆前，要对电缆路径进行全线调查了解，查清欲放电缆型号、绝缘等级。按图纸规定排列，长距离的先放，大截面的先放，靠里侧的先放，在交汇处尽量减少和避免重复交叉。合理安排减少中间接头。敷设完的电缆始端和尾端应贴好电缆标签，同时应用透明胶带加固保护。敷设电缆时一般采用人工方式进行敷设。

（7）配线施工

控制电缆进设备应加装一固定点，电缆应排列整齐，电缆标签应贴在易看的一面，高度统一，电缆护套切除时防损伤芯线，切口处用塑料胶带包扎成萝卜头状。备用芯线要贴上电缆编号，系在线槽内，电缆芯线不管在槽内还是明设线把，都应平直，端子在上面的靠里，下面的靠外，尽量避免或减少交叉，靠端子一段应加工成弧形进端子。接线端子应使用规定的型号，使用合适的压接工具，芯线绝缘离端子的尾部距离既不能长也不可以无间隙，电缆线芯按图纸进行编号，使用号码烫印机打号，号码应清晰、易见。

（8）母线制安

母线的制作安装，应严格按规范要求进行施工，母线与母线以及母线与电器接线端子的螺栓搭接面在安装前用甲级布清扫干净，并涂以电力复合脂。母线平置时，贯穿螺栓由下往上穿，其余情况下，螺母置于维护侧，螺栓长度露出螺母2～3扣。贯穿螺栓连接的母线两外侧均有平垫圈，相邻螺栓垫圈间留有3mm以上的净距，螺母侧装有弹簧垫圈或锁紧螺母。螺栓受力均匀，避免盘柜的接线端子受到额外应力。母线的接触面连接紧密，连接螺栓采用相应的力矩扳手紧固。

3. 水泵安装

（1）离心泵安装准备工作

1）检查离心泵和电机，确定在运输和装卸过程中没有损伤。

2）检查工具和起重机械，并检查机器的基础。

（2）离心泵安装顺序

1）整套离心泵运抵现场时，都已装好电机；找平底座时，可不必卸下离心泵和电机。

2）安装离心泵的基础平面应用水平找平，待基础混凝土到达一定强度后将泵按装在基础上，并用水平仪检查水平情况，如不平，应用垫铁调正，直到水平为止，然后用混凝土浇灌底座和地脚螺栓孔眼。

3）混凝土达到一定的强度后，检查底座和地脚螺栓是否松动，合适后拧紧地脚螺栓的螺母，最后再检查一下整台机组的水平度，稍有不平时，可用斜铁找平。

4）离心泵的吸入管路和吐出管路应有各自的支架，管路重量不应由直接由离心泵承受。

5）离心泵泵轴与电机旋转方向应一致，否则，以三相异步电动机为动力时，只要把三根引线中任意两根对换位置连接即可。

1.2 水利水电工程项目施工管理

1.2.1 水利工程施工招标投标管理

1.2.1.1 水利工程施工招标投标管理有关规定

水利建设工程是我国建设领域最早推广建设工程采购实行招标投标方式的行业。1982年7月鲁布格水电站、1986年板桥水库复建工程建设的施工招标投标，在当时曾引起强烈震动。

水利部在20世纪80年代曾颁发《水利工程施工招标投标工作管理规定》，1995年颁发《水利工程建设项目施工招标投标管理规定》，1998年对此规定进行修改后重新发布，该规定对于水利工程建设项目的招标投标工作起了重要的推进作用，但上述所列文件主要针对施工招标，关于勘察、设计、监理的招标工作没有具体的管理规定。在招标投标法颁布以后，为加强水利工程建设项目招标投标工作的管理，规范水利工程建设项目招标投标活动，水利部发布了《水利工程建设项目招标投标管理规定》（水利部令第14号），该规定于2001年10月29日颁发，2002年1月1日起施行。该规定分为第一章总则、第二章行政监督与管理、第三章招标、第四章投标、第五章评标标准与方法、第六章开标、评标和中标、第七章附则等共59条。

为了配合《水利工程建设项目招标投标管理规定》（水利部令第14号）的使用，有针对性规范重要设备和材料、监理、施工、勘察设计领域的招标投标活动，水利部陆续主持或参与颁布的实施细则有：

（1）《水利工程建设项目重要设备材料采购招标投标管理办法》（2002年12月25日，水建管［2002］587号文）

（2）《水利工程建设项目监理招标投标管理办法》（2002年12月25日，水建管［2002］585号文）

（3）《评标委员会和评标方法暂行规定》（2001年7月5日，国家发展计划委员会、国家经济贸易委员会、建设部、铁道部、交通部、信息产业部、水利部令第12号）

（4）《工程建设项目施工招标投标办法》（2003年5月1日，国家发展和改革委员会、建设部、铁道部、交通部、信息产业部、水利部、民用航空总局、国家广播总局令第30

号）

（5）《工程建设项目勘察设计招标投标办法》（2003 年 8 月 1 日，国家发展和改革委员会、建设部、铁道部、交通部、信息产业部、水利部、民用航空总局、国家广播电影总局令第 2 号）

（6）《水利工程建设项目勘察（测）设计招标投标管理办法》（水总〔2004〕511 号文）

（7）《工程建设项目货物招标投标办法》（2005 年 3 月 1 日，国家发展和改革委员会、建设部、铁道部、交通部、信息产业部、水利部、民用航空总局、国家广播电影总局令第 11 号）

对于投诉处理、行政监督、监察、评标专家及专家库等方面，水利部也出台了相应的管理规定，并在实践中起到了重要规范作用。

1.2.1.2　水利工程施工招标条件与程序

根据水利部《水利工程建设项目招标投标管理规定》（水利部令第 14 号），水利工程施工招标的有关条件和程序要求有：

1. 施工招标程序

（1）水利工程施工招标报告备案；

（2）编制招标文件；

（3）发布招标信息（招标公告或投标邀请书）；

（4）组织资格预审（若进行资格预审）；

（5）组织踏勘现场和投标预备会（若组织）；

（6）对问题进行澄清；

（7）组织成立评标委员会；

（8）组织开标、评标。依法必须进行招标的项目，自招标文件开始发出之日起至投标人提交投标文件截止之日止，最短不应当少于 20 日；

（9）确定中标人；

（10）提交招标投标情况的书面总结报告；

（11）发中标通知书；

（12）订立书面合同。招标人与中标人签订合同后 5 个工作日内，应当退还投标保证金。

2. 水利工程项目施工招标应具备以下条件：

（1）初步设计已经批准；

（2）建设资金来源已落实，年度投资计划已经安排；

（3）监理单位已确定；

（4）具有能满足招标要求的设计文件，已与设计单位签订适应施工进度要求的图纸交付合同或协议；

（5）有关建设项目永久征地、临时征地和移民搬迁的实施、安置工作已经落实或已有明确安排。

3. 水利工程施工招标资格审查

小型水利工程施工招标原则上应采取资格后审，即在开标后对投标人资格进行审查。

投标人资格要求包括：

（1）资质条件要求

包括资质证书有效性和资质等级符合性两个方面的内容。

资质证书有效性要求投标人资质证书必须在有效期内，没有被吊销资质证书等情况。

资质等级符合性是指投标人必须具有相应级别的水利水电工程施工总承包资质或水利水电工程专业承包资质。小型水利工程施工涉及的资质包括总承包系列二级、三级和堤防工程、河湖整治工程专业二级、三级，相应承包范围如下：

总承包二级企业可承担单项合同额不超过企业注册资本金5倍的下列工程的施工：库容1亿立方米、装机容量100MW及以下水利水电工程及辅助生产设施的建筑、安装和基础工程施工。工程内容包括：不同类型的大坝、电站厂房、引水和泄水建筑物、通航建筑物、基础工程、导截流工程、砂石料生产、水轮发电机组、输变电工程的建筑安装；金属结构制作安装；压力钢管、闸门制作安装；堤防加高加固、泵站、涵洞、隧道、施工公路、桥梁、河道疏浚、灌溉、排水工程施工。

总承包三级企业可承担单项合同额不超过企业注册资本金5倍的下列工程的施工：库容1000万 m³、装机容量10MW及以下水利水电工程及辅助生产设施的建筑、安装和基础工程施工。工程内容包括：不同类型的大坝、电站厂房、引水和泄水建筑物、通航建筑物、基础工程、导截流工程、砂石料生产、水轮发电机组、输变电工程的建筑安装；金属结构制作安装；压力钢管、闸门制作安装；堤防加高加固、泵站、涵洞、隧道、施工公路、桥梁、河道疏浚、灌溉、排水工程施工。

河湖整治工程专业二级企业可承担单项合同额不超过企业注册资本金5倍的2级及以下堤防相对应的河道、湖泊的河势控导、险工处理、疏浚、填塘固基工程的施工；三级企业可承担单项合同额不超过企业注册资本金5倍的3级及以下堤防相对应的河湖疏浚整治工程及一般吹填工程的施工。

堤防工程专业承包二级企业可承担单项合同额不超过企业注册资本金5倍的2级及以下堤防的堤身填筑、堤身整险加固、防渗导渗、填塘固基、堤防水下工程、护坡护岸、堤顶硬化、堤防绿化、生物防治和穿堤、跨堤建筑物（不含单独立项的分洪闸、进水闸、排水闸、挡潮闸等）工程的施工；三级企业可承担单项合同额不超过企业注册资本金5倍的3级及以下堤防的堤身填筑、堤身整险加固、防渗导渗、填塘固基、堤防水下工程、护坡护岸、堤顶硬化、堤防绿化、生物防治和穿堤、跨堤建筑物（不含单独立项的分洪闸、进水闸、排水闸、挡潮闸等）工程的施工。

（2）财务要求

财务要求可从注册资本金、净资产、利润、流动资金投入等方面提出量化指标。

判断投标人财务是否满足要求可依据投标文件"近3年财务状况表"，主要包括经会计师事务所或审计机构审计的财务会计报表，包括资产负债表、现金流量表、利润表和财务情况说明书的复印件。

（3）业绩要求

业绩一般指类似工程业绩，招标人有特殊要求的，也可要求非类似工程业绩，申请人业绩以完成时间计算。类似工程的定义应符合项目具体特点，除特殊水电站外，一般从造价等方面约定。

判断投标人业绩是否满足要求可依据投标文件"近5年完成的类似项目情况表"所附中标通知书和（或）合同协议书、工程接收证书（工程竣工验收证书）、合同工程完工证书的复印件。

（4）信誉要求

信誉要求可以根据水利部《水利建设市场主体信用信息管理暂行办法》（水建管〔2009〕496号）和《水利建设市场主体不良行为记录公告暂行办法》（水建管〔2009〕518号）并结合招标项目的特点确定。投标人信誉的判断依据是水利建设市场主体信用主管部门公布的信用等级标准、投标文件"近3年发生的诉讼及仲裁情况"所说明相关情况及法院或仲裁机构做出的判决、裁决等有关法律文书。

（5）项目经理资格要求

项目经理应当由本单位的水利水电工程专业注册建造师担任，注册建造师级别，按照水利水电工程注册建造师执业工程范围和执业工程规模标准确定。除执业资格要求外，项目经理还必须有一定数量类似工程业绩，且具备有效的安全生产考核合格证书。

（6）营业执照要求

营业执照上载明的注册资金应符合相应的承揽范围，营业执照应在有效期内，无年检不合格或被吊销营业执照等情况。

（7）安全生产许可证要求

安全生产许可证有效性可要求安全生产许可证应在有效期内，没有被吊销安全生产许可证等情况。

（8）其他主要人员要求

委托代理人、安全管理人员（专职安全生产管理人员）、质量管理人员、财务负责人还必须是本单位人员，企业负责人、技术安全管理人员（专职安全生产管理人员）具备有效的安全生产考核合格证书。

4. 评标办法

水利工程施工招标评标办法包括经评审的最低投标价法和综合评估法。小型水利工程原则上采取经评审的最低投标价法。

采用经评审的最低投标价法的，评标委员会对满足招标文件实质要求的投标文件，根据招标文件规定的量化因素及量化标准进行价格折算，按照经评审的投标价由低到高的顺序推荐中标候选人，但投标报价低于其成本的除外。经评审的投标价相等时，投标报价低的优先；投标报价也相等的，由招标人自行在招标文件中确定。

经评审的最低投标价法中，评审标准包括初步评审标准和详细评审标准。初步评审标准分为形式评审标准、资格评审标准、响应性评审标准、施工组织设计和项目管理机构评审标准。

（1）形式评审标准

1）投标人名称与营业执照、资质证书、安全生产许可证一致；

2）投标文件的签字盖章符合招标文件规定；

3）投标文件格式符合招标文件规定的"投标文件格式"的要求；

4）只能有一个报价；

5）投标文件的正本、副本数量符合招标文件规定；

6）投标文件的印刷与装订符合招标文件规定；

7）投标文件的密封和标识符合招标文件规定。

（2）资格评审标准

1）具备有效的营业执照；

2）具备有效的安全生产许可证；

3）具备有效的资质证书且资质等级符合招标文件规定；

4）财务状况符合招标文件规定；

5）业绩符合招标文件规定；

6）信誉符合招标文件规定；

7）项目经理资格符合招标文件规定；

8）企业主要负责人具备有效的安全生产考核合格证书；

9）技术负责人资格符合招标文件规定；

10）委托代理人、安全管理人员（专职安全生产管理人员）、质量管理人员、财务负责人应是投标人本单位人员，其中安全管理人员（专职安全生产管理人员）具备有效的安全生产考核合格证书。

（3）响应性评审标准

1）投标范围符合招标文件规定；

2）计划工期符合招标文件规定；

3）工程质量符合招标文件规定；

4）投标有效期符合招标文件规定；

5）投标保证金符合招标文件规定；

6）权利义务符合招标文件合同条款及格式规定的权利义务；

7）已标价工程量清单符合招标文件工程量清单的有关要求；

8）技术标准和要求符合招标文件技术标准和要求（合同技术条款）的规定。

（4）施工组织设计和项目管理机构评审标准

1）施工方案与技术措施合理可行，符合国家规程规范要求；

2）质量管理体系与措施中，质量计划可行，岗位职责明确，材料采购质量监管有措施，过程控制及检验符合质量管理规定，质量管理项措施针对性强；

3）安全管理体系与措施中，安全体系运行良好，安全预案可靠性强，安全经费有保障；

4）环境保护管理体系与措施中，环境保护管理体系健全，污染物处理及排放与国家及地方环境保护标准的符合，技术及管理措施可行；

5）工程进度计划与措施中，进度计划符合招标文件要求，关键路径正确，逻辑关系合理；

6）资源配备计划中，施工设备计划、试验、检测仪器设备计划、劳动力配备计划、资金使用计划合理满足招标项目要求；

7）项目管理机构中项目经理、技术负责人、质量管理人员、财务负责人、安全管理人员（专职安全生产管理人员）学历、专业、职称和业绩符合招标文件要求。

初步评审结束后，评标委员会对通过初步评审的报价进行详细评审，检查已标价工程量清单的合理性，计算出经评审的投标报价，并编制价格比较一览表。

评标委员会发现投标人的报价明显低于其他投标报价，或者在设有标底时明显低于标底，使得其投标报价可能低于其成本的，应当要求该投标人做出书面说明并提供相应的证明材料。投标人不能合理说明或者不能提供相应证明材料的，由评标委员会认定该投标人以低于成本报价竞标，其投标作废标处理。中标人能够合理说明理由并提供证明材料的，招标人可以按照招标文件的规定适当提高履约担保，但最高不得超过中标合同价的 15%。

投标人是否低于成本价中标可参照下述标准判断：

(1) 投标报价中的工程材料费数额必须保证工程质量的数额要求；

(2) 投标报价中的人工费必须满足市场人工费的最低标准；

(3) 投标报价中必须有完成规定工程量的最低机械台时费；

(4) 投标报价中必须包括能保证工程质量的最低管理费和应交的税金。

5. 水利建设市场主体信用管理

水利建设市场主体（指参与水利工程建设活动的建设、勘察、设计、施工、监理、咨询、供货、招标代理、质量检测、安全评价等企（事）业单位及相关执（从）业人员，下同）信用信息包括基本信息、良好行为记录信息和不良行为记录信息。

基本信息是指水利建设市场主体的名称、注册地址、注册资金、资质、业绩、人员、主营业务范围等信息。

良好行为记录信息是指水利建设市场主体在工程建设过程中遵守有关法律、法规和规章，受到县级以上人民政府、水行政主管部门、流域管理机构或相关专业部门、有关社会团体的奖励和表彰，所形成的信用信息。

不良行为记录信息是指水利建设市场主体在工程建设过程中违反有关法律、法规和规章，受到县级以上人民政府、水行政主管部门、流域管理机构或相关专业部门的行政处理，或者未受到行政处理但造成不良影响的行为，所形成的信用信息。

水利建设市场主体不良行为记录实行公告制度。对水利建设市场主体在工程建设过程中违反有关法律、法规和规章，受到县级以上人民政府、水行政主管部门、流域管理机构或相关专业部门的行政处理，所形成的不良行为记录进行公告。

水利建设市场主体信用信息实行实时更新。水利建设市场主体基本信息发布时间为长期，良好行为记录信息发布期限为 3 年，不良行为记录信息发布期限不少于 6 个月。依法限制水利建设市场主体资质（资格）等方面的行政处理决定，所认定的限制期限长于 6 个月的，公告期限从其决定。

对受到以下 18 种行政处理决定的不良行为，有关部门将给予公告：

(1) 警告；

(2) 通报批评；

(3) 罚款

(4) 没收违法所得；

(5) 暂停或者取消招标代理资格；

(6) 降低资质等级；

(7) 吊销资质证书；

（8）责令停业整顿；

（9）吊销营业执照；

（10）取消在一定时期内参加依法必须进行招标的项目的投标资格；

（11）暂停项目执行或追回已拨付资金；

（12）暂停安排国家建设资金；

（13）暂停建设项目的审查批准；

（14）取消担任评标委员会成员的资格；

（15）责令停止执业；

（16）注销注册证书；

（17）吊销执业资格证书；

（18）公告部门或相关部门依法做出的其他行政处理决定。

不良行为记录公告期限为 6 个月。公告期满后，转入后台保存。

施工单位发生下列行为系不良行为

（1）资质管理方面

1）超越本单位资质等级承揽工程的；

2）未取得资质证书承揽工程的；

3）以欺骗手段取得资质证书承揽工程的；

4）允许其他单位或者个人以本单位名义承揽工程的。

（2）招标投标方面

1）相互串通投标或者与招标人串通投标的，以向招标人或者评标委员会成员行贿的手段谋取中标的；

2）投标人以他人名义投标或者以其他方式弄虚作假，骗取中标的；

3）中标人将中标项目转让给他人的，将中标项目肢解后分别转让给他人的，违反本法规定将中标项目的部分主体、关键性工作分包给他人的，或者分包人再次分包的；

4）非因不可抗力原因，中标人不按照与招标人订立的合同履行义务。

（3）质量安全方面

1）在施工中偷工减料的，使用不合格的建筑材料、建筑构配件和设备的，或者有不按照工程设计图纸或者施工技术标准施工的其他行为的；

2）未对建筑材料、建筑构配件、设备和商品混凝土进行检验，或者未对涉及结构安全的试块、试件以及有关材料取样检测的；

3）不履行保修义务或者拖延履行保修义务的；

4）发生重大工程质量事故隐瞒不报、谎报或者拖延报告期限的；

5）不接受水利工程质量监督机构监督的；

6）经水利工程质量监督机构核定工程质量等级为不合格或工程需加固或拆除的；

7）竣工工程质量不符合国家和水利行业现行的工程标准及设计文件要求的；

8）未应向项目法人（建设单位）提交完整的技术档案、试验成果及有关资料的；

9）由于施工单位责任造成质量事故的；

10）不依照本法规定保证安全生产所需的资金投入，致使生产经营单位不具备安全生产条件的；

11）未按照规定设立安全生产管理机构或者配备安全生产管理人员的；

12）主要负责人和安全生产管理人员未按照规定经考核合格的；

13）未按照规定对从业人员进行安全生产教育和培训，或者未按照规定如实告知从业人员有关的安全生产事项的；

14）特种作业人员未按照规定经专门的安全作业培训并取得特种作业操作资格证书，上岗作业的；

15）未在有较大危险因素的生产经营场所和有关设施、设备上设置明显的安全警示标志的；

16）安全设备的安装、使用、检测、改造和报废不符合国家标准或者行业标准的；

17）未对安全设备进行经常性维护、保养和定期检测的；

18）未为从业人员提供符合国家标准或者行业标准的劳动防护用品的；

19）特种设备以及危险物品的容器、运输工具未经取得专业资质的机构检测、检验合格，取得安全使用证或者安全标志，投入使用的；

20）使用国家明令淘汰、禁止使用的危及生产安全的工艺、设备的；

21）生产、经营、储存、使用危险物品，未建立专门安全管理制度、未采取可靠的；

22）安全措施或者不接受有关主管部门依法实施的监督管理的；

23）进行爆破、吊装等危险作业，未安排专门管理人员进行现场安全管理的；

24）对重大危险源未登记建档，或者未进行评估、监控，或者未制定应急预案的；

25）生产、经营、储存、使用危险物品的车间、商店、仓库与员工宿舍在同一座建筑内，或者与员工宿舍的距离不符合安全要求的；

26）生产经营场所和员工宿舍未设有符合紧急疏散需要、标志明显、保持畅通的出口，或者封闭、堵塞生产经营场所或者员工宿舍出口的；

27）与从业人员订立协议，免除或者减轻其对从业人员因生产安全事故伤亡依法应承担的责任的；

28）未按照国家有关规定在施工现场设置消防通道、消防水源、配备消防设施和灭火器材的；

29）未按照规定在施工起重机械和整体提升脚手架、模板等自升式架设设施验收合格后登记的；

30）施工单位挪用列入建设工程概算的安全生产作业环境及安全施工措施所需费用的；

31）施工前未对有关安全施工的技术要求做出详细说明的；

32）未根据不同施工阶段和周围环境及季节、气候的变化，在施工现场采取相应的安全施工措施，或者在城市市区内的建设工程的施工现场未实行封闭围挡的；

33）在尚未竣工的建筑物内设置员工集体宿舍的；

34）施工现场临时搭建的建筑物不符合安全使用要求的；

35）未对因建设工程施工可能造成损害的毗邻建筑物、构筑物和地下管线等采取专项防护措施的；

36）安全防护用具、机械设备、施工机具及配件在进入施工现场前未经查验或者查验不合格即投入使用的；

37）使用未经验收或者验收不合格的施工起重机械和整体提升脚手架、模板等自升式架设设施的；

38）委托不具有相应资质的单位承担施工现场安装、拆卸施工起重机械和整体提升脚手架、模板等自升式架设设施的；

39）在施工组织设计中未编制安全技术措施、施工现场临时用电方案或者专项施工方案的；

40）施工单位取得资质证书后，降低安全生产条件的；

41）未取得安全生产许可证擅自进行生产的；

42）安全生产许可证有效期满未办理延期手续，继续进行生产的；

43）转让安全生产许可证的；

44）冒用安全生产许可证或者使用伪造的安全生产许可证的。

（4）其他方面

其他克扣或者无故拖欠劳动者工资的。

水利建设市场主体信用等级分为诚信（AAA级，AA级、A级）、守信（BBB级）、失信（CCC级）三等五级。AAA级表示为信用很好，AA级表示为信用好，A级表示为信用较好，BBB级表示为信用一般，CCC级表示为信用差。水利建设市场主体信用评价标准由基础管理，经营效益、市场行为、工程服务、品牌形象和信用记录六个指标体系30项指标组成，按权重分别赋分，合计100分。信用等级评价分值为91～100分的为AAA级，81～90分的为AA级，71～80分的为A级，61～70分的为BBB级，60分以下的为CCC级。

1.2.1.3　水利工程施工投标条件与程序

水利工程施工投标必须准确把握市场竞争态势，遵守招标文件的要求，并结合自身情况做出决定。主要要求如下：

1. 招标信息获取

采用公开招标方式的项目，招标人一般在国家发展计划委员会指定的媒介之一发布招标公告，这些媒介包括《中国日报》、《中国经济导报》、《中国建设报》和《中国采购与招标网》（http：//www.chinabidding.com.cn）。一些地方水行政主管部门对发布公告的媒介有进一步要求。投标前应及时关注相关媒介，了解相关信息。为了降低投标风险，准确把握招标公告载明的信息至关重要。投标人应当从公告中掌握的信息包括：

（1）项目合法性

水利工程建设项目施工招标必须具备一定的条件。水利部14号令第十六条第（三）款规定了水利工程建设项目施工招标必须具备的条件。如"初步设计已经批准和建设资金来源已落实，年度投资计划已经安排"等条件。项目审批机关名称指本项目审批机关名称，如水利部、×××水利委员会、×××省水利厅等；批文名称及编号指项目初步设计批复文件的名称及文号，如水利部水规计〔2007〕×××号、×××省水利厅规计（或基建）〔2006〕×××号等。

（2）项目概况

投标人需要从公告中了解项目概况，主要包括：工程地理位置、标段划分、资金来源、出资比例等。多标段同批次招标竞争相对较小，政府投资比例大的，中标后资金支付风险小。

（3）资质要求

受篇幅限制，招标公告列举的资格要求有些是具体的（如资质、业绩），有些是原则的（如人员、设备、资金）。投标人应进一步了解未在招标公告中明示但在招标文件中明示的资格要求。

（4）获取招标文件的时间和地点

根据《工程建设项目施工招标投标办法》相关规定，招标文件的出售时间不少于五个工作日。投标人应根据招标文件出售地点安排，结合投标预备会或现场踏勘的安排，合理安排购买招标文件的时间。招标文件的购买时间一般位于前两天，有利于投标人能在投标预备会或现场踏勘前对投标文件有一个基本了解，进而预测投标风险。

根据七部委《标准施工招标文件》相关规定，购买招标文件除派人持本人身份证和单位介绍信外，并无其他要求。地方水行政主管部门不得以投标备案、投标许可能方式限制投标人的投标权益。

2. 研读招标文件

准确理解招标文件是投标人做好投标文件的关键。招标文件的组成包括：招标公告（或投标邀请书）、投标人须知、评标办法、合同条款及格式、工程量清单、图纸、技术标准和要求、投标文件格式、投标人须知前附表规定的其他材料（主要指招标文件所作的澄清、修改）。其中投标人须知、评标办法决定能否中标，合同条款及格式、工程量清单决定中标后合同执行期间风险。

投标人应仔细阅读和检查招标文件的全部内容。如发现缺页或附件不全，应及时向招标人提出，以便补齐。如有疑问，应在投标截止时间 17d 前以书面形式提出澄清申请，要求招标人对招标文件予以澄清。

根据有关规定，招标文件的澄清将在投标截止时间 15d 前，以书面形式通知所有购买招标文件的投标人，但不指明澄清问题的来源。如果澄清通知发出的时间距投标截止时间不足 15d，投标人可以要求延长投标截止时间。投标人在收到澄清通知后，应在 1d 内以书面形式告知招标人，确认已收到该澄清通知。

除澄清外，在投标截止时间 15d 前，招标人可以书面形式修改招标文件，并通知所有已购买招标文件的投标人。如果修改招标文件的时间距投标截止时间不足 15d，投标人可以要求延长投标截止时间。投标人收到修改通知后，应在 1d 内以书面形式告知招标人，确认已收到该修改通知。

3. 编制投标文件

投标文件可按商务部分、资格审查部分、技术部分进行分工编写。商务部分和资格审查部分是对投标人已有资料的收集整理，不是关键。技术部分需要针对招标项目特点组织编写。需要注意的是，商务部分投标报价的计算基础是技术部分载明的施工方法，二者应有一定的对应关系。投标文件的编制要求详见"2.1.3 投标文件编制"。

4. 投标

在投标截止时间前，投标人应将密封好的投标文件送达招标人处，从招标人处取得投标文件接收凭证。一般情况下，投标文件在开标当日递交于开标现场。投标人应派法定代表人或委托代理人出席开标会，并按开标程序配合主持人开启投标文件，并对开标结果予以确认。开标一般按下列程序进行：

（1）宣布开标纪律；

（2）公布在投标截止时间前递交投标文件的投标人名称，并点名确认投标人的法定代表人或其委托代理人是否到场；

（3）宣布开标人、唱标人、记录人、监标人等有关人员姓名；

（4）由投标人推荐的代表或公证机构检查投标文件的密封情况；

（5）按照递交投标文件的先后顺序的逆序开标；

（6）设有标底的，公布标底；

（7）按照宣布的开标顺序当众开标，公布投标人名称、标段名称、投标保证金的递交情况、投标报价、质量目标、工期及其他内容，并记录在案；

（8）投标人的法定代表人或其委托代理人、招标人代表、监标人、记录人等有关人员在开标记录上签字确认；

（9）开标结束。

开标现场，投标人需要注意以下事项：

（1）开标时间是否符合要求；

（2）开标程序是否符合要求；

（3）唱标要素是否准确、完整；

（4）特殊事项记录是否准确（如正副本数量、有无修正函或修正函是否符合要求）

根据招标文件的要求，开标现场有时涉及查验原件，原件应列明清单逐一核实确认，留存复印件后，原件退回。原件要求应以不能准确查明复印件是否真实为原则，且尽量通过网上核实而不是开标现场核实。

开标结束后，投标人应保持开标登记表上的联系人通信工具畅通，以备评标期间评标委员会审查投标文件时提出澄清和答疑。在评标过程中，评标委员会可以书面形式要求投标人对所提交的投标文件中不明的内容进行书面澄清或说明，或者对细微偏差进行补正。评标委员会不接受投标人主动提出的澄清、说明或补正。澄清、说明和补正不得改变投标文件的实质性内容（算术性错误修正的除外）。投标人的书面澄清、说明和补正属于投标文件的组成部分。评标委员会对投标人提交的澄清、说明或补正有疑问的，可以要求投标人进一步澄清、说明或补正，直至满足评标委员会的要求。对于评标委员会提出的澄清要求，投标人应积极响应。拒绝澄清或澄清事项不清楚的可能导致废标。

在招标文件规定的投标有效期内，投标人不得要求撤销或修改其投标文件。出现特殊情况需要延长投标有效期的，招标人以书面形式通知所有投标人延长投标有效期。投标人同意延长的，应相应延长其投标保证金的有效期，但不得要求或被允许修改或撤销其投标文件；投标人拒绝延长的，其投标失效，但投标人有权收回其投标保证金。

投标时，投标人不得以他人名义投标或允许他人以本单位名义承揽工程或串通投标报价。

下列行为均属以他人名义投标：

（1）投标人挂靠其他施工单位；

（2）投标人从其他施工单位通过转让或租借的方式获取资格或资质证书；

（3）由其他单位及法定代表人在自己编制的投标文件上加盖印章或签字的行为。

下列行为，视为允许他人以本单位名义承揽工程：

（1）投标人的法定代表人的委托代理人不是投标人本单位人员；

（2）投标人拟在施工现场所设项目管理机构的项目负责人、技术负责人、财务负责人、质量管理人员、安全管理人员不是本单位人员。

投标人本单位人员，必须同时满足以下条件：

（1）聘任合同必须由投标人单位与之签订；

（2）与投标人单位有合法的工资关系；

（3）投标人单位为其办理社会保险关系，或具有其他有效证明其为本单位人员身份的文件。

下列行为均属投标人串通投标报价：

（1）投标人之间相互约定抬高或压低投标报价；

（2）投标人之间相互约定，在招标项目中分别以高、中、低价位报价；

（3）投标人之间先进行内部总价，内定中标人，然后再参加投标；

（4）投标人之间其他串通投标报价的行为。

5. 中标

根据既定的评标标准和评标因素，评标委员会推荐 3 名中标候选人，并标明推荐顺序。招标人依据评标委员会推荐的中标候选人确定中标人。在投标有效期内，招标人以书面形式向中标人发出中标通知书，同时将中标结果通知未中标的投标人。中标人收到中标通知书后，应在规定时间和地点与招标人签订合同。在签订合同前，中标人应按规定的金额、担保形式向招标人提交履约担保。中标人不能提交履约担保的，视为放弃中标，其投标保证金不予退还；给招标人造成的损失超过投标保证金数额的，中标人还应当对超过部分予以赔偿。

招标人和中标人应当自中标通知书发出之日起 30d 内，根据招标文件和中标人的投标文件订立书面合同。中标人无正当理由拒签合同的，招标人取消其中标资格，其投标保证金不予退还；给招标人造成的损失超过投标保证金数额的，中标人还应当对超过部分予以赔偿。

相应地，发出中标通知书后，招标人无正当理由拒签合同的，招标人向中标人退还投标保证金，并按投标保证金双倍的金额补偿投标人损失。

1.2.1.4 投标文件的编制方法

1. 投标文件的组成

投标文件应包括下列内容：

（1）投标函及投标函附录；

（2）法定代表人身份证明或附有法定代表人身份证明的授权委托书；

（3）联合体协议书；

（4）投标保证金；

（5）已标价工程量清单；

（6）施工组织设计；

（7）项目管理机构；

（8）拟分包项目情况表；

（9）资格审查资料；

（10）投标人须知前附表规定的其他材料。

2. 投标文件主要部分编制要求

（1）投标保证金

投标人在递交投标文件的同时，应按规定的金额、担保形式和投标保证金格式递交投标保证金，并作为其投标文件的组成部分。联合体投标的，其投标保证金由牵头人递交，并应符合投标人须知前附表的规定。投标人不按要求提交投标保证金的，其投标文件作废标处理。

投标人在规定的投标有效期内撤销或修改其投标文件或中标人在收到中标通知书后，无正当理由拒签合同协议书或未按招标文件规定提交履约担保将导致投标保证金不予退还。

（2）投标报价

投标人应按招标文件"工程量清单"的要求填写相应表格。投标人在投标截止时间前修改投标函中的投标总报价，应同时修改"工程量清单"中的相应报价，并附修改后的单价分析表（含修改后的基础单价计算表）或措施项目表或临时工程费用表。此修改须符合招标文件有关投标文件修改的要求。

（3）投标文件格式要求

投标文件应按招标文件中的"投标文件格式"进行编写，如有必要，可以增加附页，作为投标文件的组成部分。其中，投标函附录在满足招标文件实质性要求的基础上，可以提出比招标文件要求更有利于招标人的承诺。

投标文件应当对招标文件有关工期、投标有效期、质量要求、技术标准和要求、招标范围等实质性内容做出响应。

投标文件应采用不褪色的材料书写或打印。投标文件正本除封面、封底、目录、分隔页外，其余每一页均应加盖投标人单位公章，并由投标人的法定代表人或其委托代理人签字。已标价的工程量清单还应加盖注册水利工程造价工程师执业印章。投标文件应尽量避免涂改、行间插字或删除。如果出现上述情况，修改之处应加盖投标人单位公章或由投标人的法定代表人或其委托代理人签字确认。

投标文件正本1份，副本4份。正本和副本的封面上应清楚地标记"正本"或"副本"的字样。当副本和正本不一致时，以正本为准。

投标文件的正本与副本应采用A4纸印刷（图表页可例外），分别装订成册，编制目录和页码，并不得采用活页装订。

（4）资格审查资料

资格审查资料一般包括投标人基本情况表、近三年财务状况表、近5年完成的类似项目情况表近5年完成的类似项目情况表、正在施工和新承接的项目情况表、近3年发生的诉讼及仲裁情况表。具体要求如下：

"投标人基本情况表"应附投标人营业执照副本及其年检合格的证明材料、资质证书副本和安全生产许可证等材料的复印件。

"近3年财务状况"应附流动资金来源证明及经会计师事务所或审计机构审计的财务会计报表，包括资产负债表、现金流量表、利润表和财务情况说明书的复印件。

"近5年完成的类似项目情况表"应附中标通知书、合同协议书以及合同工程完工证书（工程竣工证书副本）的复印件。每张表格只填写一个项目，并标明序号。

"正在施工和新承接的项目情况表"应附中标通知书和（或）合同协议书复印件。每张表格只填写一个项目，并标明序号。

"近3年发生的诉讼及仲裁情况表"应说明相关情况，并附法院或仲裁机构做出的判决、裁决等有关法律文书复印件。

联合体投标的，规定的前述表格和资料应包括联合体各方相关情况。

（5）投标文件的密封和标识

投标文件的正本与副本应分开包装，加贴封条，并在封套的封口处加盖投标人单位章。

投标文件的封套上除应清楚地标记"正本"或"副本"字样外，封套还应写明以下内容：

1）所投标段名称和合同编号；

2）招标人的名称和地址；

3）投标人的名称和地址，并加盖单位公章（投标人为联合体形式时，须注明联合体名称，联合体牵头人的名称、地址，加盖联合体牵头人单位公章）；

4）"在投标截止时间之前不得拆封"的声明。

未按要求密封和加写标记的投标文件，将导致招标人不予受理。

（6）投标文件的修改与撤回

在规定的投标截止时间前，投标人可以修改或撤回已递交的投标文件，但应以书面形式通知招标人。投标人修改或撤回已递交投标文件的书面通知应按照要求签字或盖章。招标人收到书面通知后，向投标人出具签收凭证。修改的内容为投标文件的组成部分。修改的投标文件应按照规定进行编制、密封、标记和递交，并标明"修改"字样。

1.2.1.5 案例分析

×××县2011年孙庄灌区高效节水和水源基础设施项目位于XXX县兰桥乡孙庄、红光村万福镇镇东村等3个行政村。项目区总治理面积1.139万亩，在项目区内实施高效节水和水源基础设施项目以改善灌区内农业生产和农民生活条件，促进灌区农业增产、农民增收。本工程总投资为1166.12万元，招标工程投资约1100万元。本次招标共2个标段，施工Ⅰ标：干渠防渗1.958万 m^2、七支渠防渗0.816万 m^2，节制闸、进水闸3座，砂石路长4km，概算投资180万元。施工Ⅱ标：支渠防渗4.964万 m^2，斗渠防渗1.428万 m^2，农渠防渗1.612万 m^2，节制闸、进水闸2座，斗、农、毛门308座，桥梁55座，概算投资400万元。

×××省安通水利工程公司于2011年9月30日派员持委托代理人身份证及授权委托书、资质证书副本、营业执照副本、安全生产许可证购买了招标文件。2011年10月9日参加了招标人组织的现场踏勘和投标预备会。2011年10月10日市场部成立了投标文件编制组，分成投标报价、施工组织设计和已有资料整理三个分组。在编制步骤上，编制组熟悉了招标文件，结合现场踏勘和投标预备会收集的资料，确定了先施工组织设计后投标报价的编制顺序。

施工组织设计由技术部门按照施工组织设计编制规范并结合招标项目具体情况编制

（特别是评标办法），其中项目管理机构设置由公司根据目前人员情况统一安排，施工组织设计编制完成后，由市场部按照招标文件要求进行响应性检查，重点是进度安排和主要施工方案、重点难点分析等。最后由公司总工程师审核。

施工组织设计完成后，由市场部造价人员按×××省水利预算定额，依照招标文件提供的工程量清单格式和确定的施工组织设计编制投标报价。造价人员先复核图纸工程量（由技术部门配合），寻找潜在的不平衡报价对象，再根据收集到的材料价格、施工方案、公司内部定额，编制初步投标报价。公司分管副总根据预估的市场竞争对手，制订投标策略，确定最终投标报价，最后交由水利工程造价师审核签字，封装前由市场部进行响应性检查（主要是签署、份数、附件完整性、工程量清单格式响应性、与施工组织设计的协调等）。

资格审查资料由市场部编制不仅满足资格审查的要求，还应结合招标项目评标办法进行有针对性的挑选，尤其是公司类似项目业绩项目经理、类似项目业绩、财务状况、信誉等。

按照上述步骤，整个投标文件于 2011 年 10 月 25 日编制完成，按照招标文件要求封装。

编制完成的投标文件包括：

（1）投标函；

（2）附有法定代表人身份证明的授权委托书；

（3）投标保证金；（原件开标时提交）

（4）已标价工程量清单；

（5）施工组织设计；

（6）项目管理机构；

（7）拟分包项目情况表（不分包承诺）；

（8）资格审查资料；

（9）其他材料。

其中施工组织设计列为技术部分，其他列为商务部分，两大部分合并按要求印刷装订，分正本 1 份，副本 4 份，正副本分开密封。外包封上注明：

（1）×××县 2011 年孙庄灌区高效节水和水源基础设施项目施工 1 标（合同编号：×××－SG－01）；

（2）招标人的名称和地址：×××省×××县×××路×××号；

（3）投标人的名称和地址：×××省安通水利工程公司×××省×××县×××路×××号；

（4）"在 2011 年 10 月 26 日上午 9：00 之前不得拆封"的声明。

2011 年 10 月 26 日公司派委托代理人和拟派项目经理持法定代表人授权书、投标保证金证明，递交投标文件并在登记表上登记，随后参加开标会。开标会后，公司再次分析竞争态势，认为中标概率较大，委托代理人留守开标地，等待评标委员会对投标文件的澄清。2011 年 10 月 26 日评标委员会要求公司对人员投入时间再次确认，公司积极响应及时给予答复。2011 年 10 月 27 日评标公示，×××省安通水利工程公司中标，2011 年 11 月 1 日，×××省安通水利工程公司递交了履约保函，与发包人签订了中标合同。

1.2.2 水利水电工程合同管理

1.2.2.1 水利水电工程施工合同文件的构成

2000 年，水利部、国家电力公司和国家工商行政管理局联合颁发了《水利水电工程施工合同和招标文件示范文本》GF-2000-0208。该文本颁布实施十年以来，对指导水利水电工程招标投标活动，维护水利水电工程招标投标活动健康有序发展，发挥了十分重要的作用。随着社会主义市场经济的进一步完善和发展，《水利水电工程施工合同和招标文件示范文本》GF-2000-0208 的相关内容已不适应新形势需要，需修订和调整。

2007 年，国家发展和改革委员等九部委局组织编制了中华人民共和国《标准施工招标文件》（2007 年版）。根据《关于做好标准施工招标资格预审文件和标准施工招标文件贯彻实施工作的通知》（发改法规［2007］3419 号）的要求，结合《水利水电工程施工合同和招标文件示范文本》GF-2000-0208 修编，水利部组织编制了《水利水电工程标准施工招标文件》（2009 年版）。

《水利水电工程标准施工招标文件》（2009 年版）共包含封面格式和四卷八章的内容，第一卷包括第 1 章～第 5 章，涉及招标公告（投标邀请书）、投标人须知、评标办法、合同条款及格式和工程量清单等内容；第二卷由第 6 章图纸（招标图纸）组成；第三卷由第 7 章技术标准和要求组成；第四卷由第 8 章组成。其中，第 1 章并列 3 个，第 3 章并列 2 个，第 5 章并列 2 个。各章内容简要介绍如下：

第 1 章　分"未进行资格预审"、"邀请招标"、"已进行资格预审"三种模式编列，包括招标条件、项目概况与招标范围、投标人资格要求、招标文件的获取、投标文件的递交等公告内容。

第 2 章　投标人须知，包括投标人须知前附表、正文和附件格式。

第 3 章　评标办法，分为经评审的最低投标价法和综合评估法两种，每种办法都包括评标办法前附表、正文和附件格式。

第 4 章　合同条款及格式，包括通用合同条款、专用合同条款和合同附件格式等内容。

第 5 章　工程量清单，主要内容包括：工程量清单说明、投标报价说明和工程量清单相关表格。

第 6 章　图纸（招标图纸），包括招标文件的组成、编绘、目录。

第 7 章　技术标准和要求（合同技术条款）共 24 章。

第 8 章　投标文件格式，包括投标函及投标函附录、已标价工程量清单、施工组织设计、资格审查资料、原件的复印件和其他材料等。

1.2.2.2 施工合同管理

施工合同管理主要包括变更、价格调整、不可抗力、违约、索赔及争议的解决等内容。

1. 变更

（1）变更的范围和内容

除专用合同条款另有约定外，在履行合同中发生以下情形之一，应按照本条规定进行变更。

1）取消合同中任何一项工作，但被取消的工作不能转由发包人或其他人实施；

2）改变合同中任何一项工作的质量或其他特性；

3）改变合同工程的基线、标高、位置或尺寸；

4）改变合同中任何一项工作的施工时间或改变已批准的施工工艺或顺序；

5）为完成工程需要追加的额外工作。

（2）变更权

在履行合同过程中，经发包人同意，监理人可按约定的变更程序向承包人做出变更指示，承包人应遵照执行。没有监理人的变更指示，承包人不得擅自变更。

（3）变更的估价原则

除专用合同条款另有约定外，因变更引起的价格调整按照本款约定处理。

1）已标价工程量清单中有适用于变更工作的子目的，采用该子目的单价。

2）已标价工程量清单中无适用于变更工作的子目，但有类似子目的，可在合理范围内参照类似子目的单价，由监理人按约定或确定变更工作的单价。

3）已标价工程量清单中无适用或类似子目的单价，可按照成本加利润的原则，由监理人按约定或确定变更工作的单价。

2. 价格调整

（1）物价波动引起的价格调整

因物价波动引起的价格调整按照专用合同条款约定处理。

（2）法律变化引起的价格调整

因法律变化导致承包人在合同履行中所需要的工程费用发生除约定以外的增减时，监理人应根据法律，国家或省、自治区、直辖市有关部门的规定，按约定或确定需调整的合同价款。

3. 不可抗力

（1）不可抗力的确认

不可抗力是指承包人和发包人在订立合同时不可预见，在工程施工过程中不可避免发生并不能克服的自然灾害和社会性突发事件，如地震、海啸、瘟疫、水灾、骚乱、暴动、战争和专用合同条款约定的其他情形。

（2）不可抗力造成损害的责任处理

除专用合同条款另有约定外，不可抗力导致的人员伤亡、财产损失、费用增加和（或）工期延误等后果，由合同双方按以下原则承担：

1）永久工程，包括已运至施工场地的材料和工程设备的损害，以及因工程损害造成的第三者人员伤亡和财产损失由发包人承担；

2）承包人设备的损坏由承包人承担；

3）发包人和承包人各自承担其人员伤亡和其他财产损失及其相关费用；

4）承包人的停工损失由承包人承担，但停工期间应监理人要求照管工程和清理、修复工程的金额由发包人承担；

5）不能按期竣工的，应合理延长工期，承包人不需支付逾期竣工违约金。发包人要求赶工的，承包人应采取赶工措施，赶工费用由发包人承担。

4. 违约

（1）承包人违约

1）承包人私自将合同的全部或部分权利转让给其他人，或私自将合同的全部或部分义务转移给其他人；

2）承包人未经监理人批准，私自将已按合同约定进入施工场地的施工设备、临时设施或材料撤离施工场地；

3）承包人使用了不合格材料或工程设备，工程质量达不到标准要求，又拒绝清除不合格工程；

4）承包人未能按合同进度计划及时完成合同约定的工作，已造成或预期造成工期延误；

5）承包人在缺陷责任期内，未能对工程接收证书所列的缺陷清单的内容或缺陷责任期内发生的缺陷进行修复，而又拒绝按监理人指示再进行修补；

6）承包人无法继续履行或明确表示不履行或实质上已停止履行合同；

7）承包人不按合同约定履行义务的其他情况。

（2）发包人违约

1）发包人未能按合同约定支付预付款或合同价款，或拖延、拒绝批准付款申请和支付凭证，导致付款延误的；

2）发包人原因造成停工的；

3）监理人无正当理由没有在约定期限内发出复工指示，导致承包人无法复工的；

4）发包人无法继续履行或明确表示不履行或实质上已停止履行合同的；

5）发包人不履行合同约定其他义务的。

（3）第三人造成的违约

在履行合同过程中，一方当事人因第三人的原因造成违约的，应当向对方当事人承担违约责任。一方当事人和第三人之间的纠纷，依照法律规定或者按照约定解决。

5. 索赔

（1）承包人索赔的提出

根据合同约定，承包人认为有权得到追加付款和（或）延长工期的，应按以下程序向发包人提出索赔：

1）承包人应在知道或应当知道索赔事件发生后 28d 内，向监理人递交索赔意向通知书，并说明发生索赔事件的事由。承包人未在前述 28d 内发出索赔意向通知书的，丧失要求追加付款和（或）延长工期的权利；

2）承包人应在发出索赔意向通知书后 28d 内，向监理人正式递交索赔通知书。索赔通知书应详细说明索赔理由以及要求追加的付款金额和（或）延长的工期，并附必要的记录和证明材料；

3）索赔事件具有连续影响的，承包人应按合理时间间隔继续递交延续索赔通知，说明连续影响的实际情况和记录，列出累计的追加付款金额和（或）工期延长天数；

4）在索赔事件影响结束后的 28d 内，承包人应向监理人递交最终索赔通知书，说明最终要求索赔的追加付款金额和延长的工期，并附必要的记录和证明材料。

（2）承包人索赔处理程序

1）监理人收到承包人提交的索赔通知书后，应及时审查索赔通知书的内容、查验承包人的记录和证明材料，必要时监理人可要求承包人提交全部原始记录副本。

2）监理人应按第 3.5 款商定或确定追加的付款和（或）延长的工期，并在收到上述索赔通知书或有关索赔的进一步证明材料后的 42d 内，将索赔处理结果答复承包人。

3）承包人接受索赔处理结果的，发包人应在做出索赔处理结果答复后 28d 内完成赔付。承包人不接受索赔处理结果的，按第 24 条的约定办理。

（3）发包人的索赔

1）发生索赔事件后，监理人应及时书面通知承包人，详细说明发包人有权得到的索赔金额和（或）延长缺陷责任期的细节和依据。发包人提出索赔的期限和要求与第 23.3 款的约定相同，延长缺陷责任期的通知应在缺陷责任期届满前发出。

2）监理人按第 3.5 款商定或确定发包人从承包人处得到赔付的金额和（或）缺陷责任期的延长期。承包人应付给发包人的金额可从拟支付给承包人的合同价款中扣除，或由承包人以其他方式支付给发包人。

6. 争议的解决

（1）争议的解决方式

发包人和承包人在履行合同中发生争议的，可以友好协商解决或者提请争议评审组评审。合同当事人友好协商解决不成、不愿提请争议评审或者不接受争议评审组意见的，可在专用合同条款中约定下列一种方式解决。

1）向约定的仲裁委员会申请仲裁；

2）向有管辖权的人民法院提起诉讼。

（2）友好解决

在提请争议评审、仲裁或者诉讼前，以及在争议评审、仲裁或诉讼过程中，发包人和承包人均可共同努力友好协商解决争议。

（3）争议评审

1）采用争议评审的，发包人和承包人应在开工日后的 28d 内或在争议发生后，协商成立争议评审组。争议评审组由有合同管理和工程实践经验的专家组成。

2）在争议评审期间，争议双方暂按总监理工程师的确定执行。

3）发包人和承包人接受评审意见的，由监理人根据评审意见拟定执行协议，经争议双方签字后作为合同的补充文件，并遵照执行。

4）发包人或承包人不接受评审意见，并要求提交仲裁或提起诉讼的，应在收到评审意见后的 14d 内将仲裁或起诉意向书面通知另一方，并抄送监理人，但在仲裁或诉讼结束前应暂按总监理工程师的确定执行。

1.2.2.3 发包人的义务和责任

根据《水利水电工程标准施工招标文件》（2009 版），发包人的一般义务和责任如下：

1. 遵守法律

发包人在履行合同过程中应遵守法律，并保证承包人免于承担因发包人违反法律而引起的任何责任。

2. 发出开工通知

发包人应委托监理人按第 11.1 款的约定向承包人发出开工通知。

3. 提供施工场地

发包人应按专用合同条款约定向承包人提供施工场地，以及施工场地内地下管线和地下设施等有关资料，并保证资料的真实、准确、完整。

发包人应在合同双方签订合同协议书后的 14 天内，将本合同工程的施工用地范围图提交给承包人。发包人提供的施工用地范围图应标明用地范围内永久占地与临时占地的范围和界限，以及指明提供给承包人用于施工场地布置的范围和界限及其有关资料。

合同双方认为有必要时，发包人应按技术条款的规定，向承包人提供施工场地内的工程地质图纸和报告，以及地下障碍物图纸等施工场地有关资料。

4. 协助承包人办理证件和批件

发包人应协助承包人办理法律规定的有关施工证件和批件。

5. 组织设计交底

发包人应根据合同进度计划，组织设计单位向承包人进行设计交底。

6. 提供测量基准

发包人应在专用合同条款约定的期限内，通过监理人向承包人提供测量基准点、基准线和水准点及其书面资料。发包人应对其提供的测量基准点、基准线和水准点及其书面资料的真实性、准确性和完整性负责。

7. 施工安全和治安保卫

发包人应承担本合同建设工程安全的监督管理责任，应对其现场机构雇佣的全部人员的工伤事故承担责任。

发包人负责组织参建单位指定本工程的质量与安全事故应急预案，建立质量与安全事故应急处置指挥部。

除合同另有约定外，发包人应与当地公安部门协商，在现场建立治安管理机构或联防组织，统一管理施工场地的治安保卫事项，履行合同工程的治安保卫职责。

8. 支付合同价款

发包人应按合同约定向承包人及时支付合同价款。

9. 组织法人验收

发包人应按合同约定及时组织法人验收。

10. 其他义务

发包人应履行合同约定的其他义务。

1.2.2.4 承包人的义务和责任

根据《水利水电工程标准施工招标文件》（2009 版），承包人的一般义务和责任如下：

1. 遵守法律

承包人在履行合同过程中应遵守法律，并保证发包人免于承担因承包人违反法律而引起的任何责任。

2. 依法纳税

承包人应按有关法律规定纳税，应缴纳的税金包括在合同价格内。

3. 完成各项承包工作

承包人应按合同约定以及监理人根据第 3.4 款做出的指示，实施、完成全部工程，并修补工程中的任何缺陷。除专用合同条款另有约定外，承包人应提供为完成合同工作所需的劳务、材料、施工设备、工程设备和其他物品，并按合同约定负责临时设施的设计、建造、运行、维护、管理和拆除。

4. 对施工作业和施工方法的完备性负责

承包人应按合同约定的工作内容和施工进度要求，编制施工组织设计和施工措施计划，并对所有施工作业和施工方法的完备性和安全可靠性负责。

5. 保证工程施工和人员的安全

承包人应按第 9.2 款约定采取施工安全措施，确保工程及其人员、材料、设备和设施的安全，防止因工程施工造成的人身伤害和财产损失。

6. 负责施工场地及其周边环境与生态的保护工作

承包人应按照第 9.4 款约定负责施工场地及其周边环境与生态的保护工作。

7. 避免施工对公众与他人的利益造成损害

承包人在进行合同约定的各项工作时，不得侵害发包人与他人使用公用道路、水源、市政管网等公共设施的权利，避免对邻近的公共设施产生干扰。承包人占用或使用他人的施工场地，影响他人作业或生活的，应承担相应责任。

8. 为他人提供方便

承包人应按监理人的指示为他人在施工场地或附近实施与工程有关的其他各项工作提供可能的条件。除合同另有约定外，提供有关条件的内容和可能发生的费用，由监理人按第 3.5 款商定或确定。

9. 工程的维护和照管

工程接收证书颁发前，承包人应负责照管和维护工程。工程接收证书颁发时尚有部分未竣工工程的，承包人还应负责该未竣工工程的照管和维护工作，直至竣工后移交给发包人为止。

10. 其他义务

承包人应履行合同约定的其他义务。

1.2.2.5 水利水电工程施工分包管理

根据《中华人民共和国招标投标法》、《建设工程质量管理条例》等有关法律法规，结合水利工程特点，水利部 2005 年 7 月 22 日颁布了《水利建设工程施工分包管理规定》（水建管〔2005〕304 号）（以下简称《分包管理规定》）。

1. 承包单位分包管理职责

（1）法律、法规对转包、分包的限制

转包是指承包单位承包建设工程，不履行合同约定的责任和义务，将其承包的全部建设工程转给他人或者将其承包的全部建设工程肢解以后以分包的名义分别转给其他单位承包的行为。禁止转包，是因为转包容易造成承包人压价转包，层层扒皮，使最终用于工程的费用大大减少以至于影响工程质量或给工程留下质量隐患。转包也破坏了合同关系应有的稳定性和严肃性，违背了发包人的意志，损害了发包人的利益。合法的分包在有关的法律法规和规章中是许可的。法律、法规对转包、分包的限制规定如《中华人民共和国招标投标法》第三十条；《中华人民共和国招标投标法》第四十八条；《建设工程质量管理条例》第七十八条；《建设工程质量管理条例》第二十七条；《工程建设项目施工招标投标办法》（国家计委、建设部、铁道部、交通部、信息产业部、水利部、中国民用航空总局令第 30 号）第六十七条等。

根据上述规定，施工单位可以在投标时提出分包，也可以在施工过程中提出分包。如果招标人在招标文件中载明部分工程可以分包时，投标人可以在投标文件中载明准备分包或不准备分包该工程。如果招标人在招标文件中没有禁止分包时，投标人也可以在投标文件中提出分包的方案。

（2）承包单位分包的管理职责

根据《分包管理规定》，承包人是指已由发包人授标，并与发包人正式签署协议书的企业或组织以及取得该企业或组织资格的合法继承人。承包单位在履行分包管理职责时应注意以下几点：

1）施工分包，是指施工企业将其所承包的水利工程中的部分工程发包给其他施工企业，或者将劳务作业发包给其他企业或组织完成的活动，但仍需履行并承担与项目法人所签合同确定的责任和义务。

2）水利工程施工分包按分包性质分为工程分包和劳务作业分包。其中，工程分包，是指承包人将其所承包工程中的部分工程发包给具有与分包工程相应资质的其他施工企业完成的活动；劳务作业分包，是指承包人将其承包工程中的劳务作业发包给其他企业或组织完成的活动。

3）工程分包应在施工承包合同中约定，或经项目法人书面认可。劳务作业分包由承包人与分包人通过劳务合同约定。

4）承包人和分包人应当依法签订分包合同，并履行合同约定的义务。分包合同必须遵循承包合同的各项原则，满足承包合同中技术、经济条款。承包人应在分包合同签订后7个工作日内，送发包人备案。

5）除项目法人依法指定分包外，承包人对其分包项目的实施以及分包人的行为向发包人负全部责任。承包人应对分包项目的工程进度、质量、安全、计量和验收等实施监督和管理。

6）承包人和分包人应当设立项目管理机构，组织管理所承包或分包工程的施工活动。

项目管理机构应当具有与所承担工程的规模、技术复杂程度相适应的技术、经济管理人员。其中项目负责人、技术负责人、财务负责人、质量管理人员、安全管理人员必须是本单位人员。

7）禁止将承包的工程进行转包。承包人有下列行为之一者，属转包：

①承包人未在施工现场设立项目管理机构和派驻相应管理人员，并未对该工程的施工活动（包括工程质量、进度、安全、财务等）进行组织管理的；

②承包人将其承包的全部工程发包给他人的，或者将其承包的全部工程肢解后以分包的名义分别发包给他人的。

8）禁止将承包的工程进行违法分包。承包人有下列行为之一者，属违法分包：

①承包人将工程分包给不具备相应资质条件的分包人的；

②将主要建筑物主体结构工程分包的；

③施工承包合同中未有约定，又未经项目法人书面认可，承包人将工程分包给他人的；

④分包人将工程再次分包的；

⑤法律、法规、规章规定的其他违法分包工程的行为。

9）禁止通过出租、出借资质证书承揽工程或允许他人以本单位名义承揽工程。下列行为，视为允许他人以本单位名义承揽工程：

①投标人法定代表人的授权代表人不是投标人本单位人员；

②承包人在施工现场所设项目管理机构的项目负责人、技术负责人、财务负责人、质量管理人员、安全管理人员不是工程承包人本单位人员。

10）本单位人员必须同时满足以下条件：

①聘用合同必须由承包人单位与之签订；

②与承包人单位有合法的工资关系；

③承包人单位为其办理社会保险关系，或具有其他有效证明其为承包人单位人员身份的文件。

11）设备租赁和材料委托采购不属于分包、转包管理范围。承包人可以自行进行设备租赁或材料委托采购，但应对设备或材料的质量负责。

2. 分包单位管理职责

（1）再次分包的法律法规规定

对于工程分包单位的将工程再次分包行为，有关法律法规和规章是明令禁止的，如《中华人民共和国建筑法》第二十八条；《中华人民共和国建筑法》第六十七条；《建设工程质量管理条例》第六十二条；《工程建设项目施工招标投标办法》（国家计委、建设部、铁道部、交通部、信息产业部、水利部、中国民用航空总局令第 30 号）第八十二条等规定。

（2）分包单位管理职责

根据《分包管理规定》，水利工程施工分包按分包性质分为工程分包和劳务作业分包。工程分包，是指承包人将其所承包工程中的部分工程发包给具有与分包工程相应资质的其他施工企业完成的活动；劳务作业分包，是指承包人将其承包工程中的劳务作业发包给其他企业或组织完成的活动。分包单位（分包人）是指从承包人处分包某一部分工程或劳务作业的企业或组织。分包单位在履行分包管理职责时应当注意以下几点：

1）承揽工程分包的分包人必须具有与所分包承建的工程相应的资质，并在其资质等级许可范围内承揽业务。

2）在合同实施过程中，有下列情况之一的，项目法人可向承包人推荐分包人：

①由于重大设计变更导致施工方案重大变化，致使承包人不具备相应的施工能力；

②由于承包人原因，导致施工工期拖延，承包人无力在合同规定的期限内完成合同任务；

③项目有特殊技术要求、特殊工艺或涉及专利权保护的。

如承包人同意，则应由承包人与分包人签订分包合同，并对该推荐分包人的行为负全部责任；如承包人拒绝，则可由承包人自行选择分包人，但需经项目法人书面认可。

3）项目法人一般不得直接指定分包人。但在合同实施过程中，如承包人无力在合同规定的期限内完成合同中的应急防汛、抢险等危及公共安全和工程安全的项目，项目法人经项目的上级主管部门同意，可根据工程技术、进度的要求，对该应急防汛、抢险等项目的部分工程指定分包人。因非承包人原因形成指定分包条件的，项目法人的指定分包不得增加承包人的额外费用；因承包人原因形成指定分包条件的，承包人应负责因指定分包增加的相应费用。

由指定分包人造成的与其分包工作有关的一切索赔、诉讼和损失赔偿由指定分包人直接对项目法人负责，承包人不对此承担责任。职责划分可由承包人与项目法人签订协议明确。

4）分包人应当按照分包合同的约定对其分包的工程向承包人负责，分包人应接受承包人对分包项目所进行的工程进度、质量、安全、计量和验收的监督和管理。承包人和分包人就分包项目对发包人承担连带责任。

5）分包人应当设立项目管理机构，组织管理所分包工程的施工活动。项目管理机构应当具有与所承担工程的规模、技术复杂程度相适应的技术、经济管理人员。其中项目负责人、技术负责人、财务负责人、质量管理人员、安全管理人员必须是本单位人员。

6）禁止通过出租、出借资质证书承揽工程或允许他人以本单位名义承揽工程。下列行为，视为允许他人以本单位名义承揽工程：

①投标人法定代表人的授权代表人不是投标人本单位人员；

②承包人在施工现场所设项目管理机构的项目负责人、技术负责人、财务负责人、质量管理人员、安全管理人员不是工程承包人本单位人员。

7）本单位人员必须同时满足以下条件：

①聘用合同必须由承包人单位与之签订；

②与承包人单位有合法的工资关系；

③承包人单位为其办理社会保险关系，或具有其他有效证明其为承包人单位人员身份的文件。

8）分包人必须自行完成所承包的任务。禁止分包人将工程再次分包。

1.2.2.6　案例分析

【案例一】

某小型水库加固工程包括东、西放水闸加固，坝前、后护坡拆除重建，坝体灌浆，坝顶道路拆除重建等主要内容。该工程分为一个施工标段，某施工单位投标后中标，并与项目法人签订了施工承包合同，合同执行《水利水电工程标准施工招标文件》（2009 年版）。其中，变更、不可抗力、违约、索赔及争议的解决等均按通用条款执行。

施工安排东、西放水闸加固时互为导流，2010 年 9 月先行动工加固东放水闸，施工围堰按照设计的 5 年一遇，10 月下旬施工中，秋汛达到 20 年一遇，导致围堰冲垮，造成的损失如下：运至工地现场的水泥、砂子 2.5 万元，运至工地现场的钢筋除锈费用 0.5 万元，钢筋加工设备 0.7 万元，承包人停工损失 5 万元，按照监理人要求的停工期间照管费用 2 万元，工期延长 20d。

案例分析：

按设计的 5 年一遇施工的围堰被 20 年一遇的洪水冲垮，属于不可抗力。

运至工地现场的水泥、砂子 2.5 万元及运至工地现场的钢筋除锈费用 0.5 万元共 3 万元损失由项目法人承担。因为合同规定"永久工程，包括已运至施工场地的材料和工程设备的损害，以及因工程损害造成的第三者人员伤亡和财产损失由发包人承担"。

钢筋加工设备 0.7 万元由承包人承担。因为合同规定"承包人设备的损坏由承包人承担"。

承包人停工损失 5 万元由承包人承担。因为合同规定"承包人的停工损失由承包人承担"。

按照监理人要求的停工期间照管费用2万元由项目法人承担。因为合同规定"停工期间应监理人要求照管工程和清理、修复工程的金额由发包人承担"。

工期延长20d应批准同意。因为合同规定"不能按期竣工的,应合理延长工期"。

【案例二】

某中型水库加固工程包括溢洪道加固,坝身混凝土防渗墙加固,坝后护坡及排水棱体拆除重建,管理房新建,新增计算机监控系统,坝顶道路拆除重建等主要内容。本加固工程分为一个施工标段,某水利工程施工单位中标后与发包人签订了施工承包合同,合同执行《水利水电工程标准施工招标文件》(2009年版)。施工合同约定因承包人资质和技术方面的原因,新建管理房、新增计算机监控系统可以分包。施工中发生了如下事件:

(1)承包人因自身混凝土防渗墙施工设备力量不足,为避免本工程工期延误,向监理单位和发包人申请将本工程坝身混凝土防渗墙加固工程分包给另一个有相应资质的施工单位。监理单位和发包人综合考虑了各方面因素,同意了该项分包申请。

(2)坝后护坡及排水棱体拆除重建时,承包人将此项作业分包给了一家有资质的劳务公司,工程材料仍由承包人提供。

(3)承包人根据合同约定,将新增计算机监控系统分包给另一个有资质的电气设备集成公司,该公司考虑对水利工程技术不太熟悉,将软件集成部分分包给了另外一家公司。

(4)坝顶道路重建时,路面结构由原设计的水泥混凝土变更为沥青混凝土,承包人无沥青混凝土施工设备,也不熟悉沥青混凝土施工技术,故向监理单位和发包人申请将本工程沥青混凝土坝顶道路重建工程分包给当地的交通部门施工单位。监理单位和发包人综合考虑了各方面因素,同意了该项分包申请。

案例分析:

事件(1)中的混凝土防渗墙不能分包。因为"主要建筑物主体结构工程不得分包",混凝土防渗墙属于坝身主要建筑物的主体结构。

事件(2)中的劳务分包是允许的。

事件(3)中新增计算机监控系统分包符合合同约定,但该分包单位一某电气设备集成公司将软件分包给另外一家公司是不可以的。因为"分包人不得将工程再次分包"。

事件(4)中的坝顶道路分包是可以的。因为合同虽然未约定,但坝顶道路不属于主要建筑物,且又进行了设计变更,承包人据实进行了申请,监理单位和发包人综合考虑同意此项分包是合适的。

1.2.3 水利工程项目施工质量管理

1.2.3.1 水利工程质量事故分类与事故报告内容

为了加强水利工程质量管理,规范水利工程质量事故处理行为,根据《中华人民共和国建筑法》和《中华人民共和国行政处罚法》,水利部于1999年3月4日发布实施《水利工程质量事故处理暂行规定》(水利部令第9号),该规定分为总则、事故分类、事故报告、事故调查、工程处理、事故处罚、附则等六章41条。

根据《水利工程质量事故处理暂行规定》(水利部令第9号),水利工程工程质量事故是指在水利工程建设过程中，由于建设管理、监理、勘测、设计、咨询、施工、材料、设备等原因造成工程质量不符合规程规范和合同规定的质量标准，影响工程使用寿命和对工程安全运行造成隐患和危害的事件。需要注意的问题是，水利工程质量事故可以造成经济损失，也可以同时造成人身伤亡。这里主要是指没有造成人身伤亡的质量事故。

1. 水利工程质量事故分类

根据《水利工程质量事故处理暂行规定》，工程质量事故按直接经济损失的大小，检查、处理事故对工期的影响时间长短和对工程正常使用的影响，分类为一般质量事故、较大质量事故、重大质量事故、特大质量事故。其中：

（1）一般质量事故指对工程造成一定经济损失，经处理后不影响正常使用并不影响使用寿命的事故。

（2）较大质量事故指对工程造成较大经济损失或延误较短工期，经处理后不影响正常使用但对工程使用寿命有一定影响的事故。

（3）重大质量事故指对工程造成重大经济损失或较长时间延误工期，经处理后不影响正常使用但对工程使用寿命有较大影响的事故。

（4）特大质量事故指对工程造成特大经济损失或长时间延误工期，经处理仍对正常使用和工程使用寿命有较大影响的事故。

（5）小于一般质量事故的质量问题称为质量缺陷。

水利工程质量事故具体分类标准见表1-25。

水利工程质量事故分类标准 表1-25

损失情况	事故类别	特大质量事故	重大质量事故	较大质量事故	一般质量事故
事故处理所需的物资、器材和设备、人工等直接损失费（人民币万元）	大体积混凝土，金属制作和机电安装工程	＞3000	＞500 ≤3000	＞100 ≤500	＞20 ≤100
	土石方工程、混凝土薄壁工程	＞1000	＞100 ≤1000	＞30 ≤100	＞10 ≤30
事故处理所需合理工期（月）		＞6	＞3 ≤6	＞1 ≤3	≤1
事故处理后对工程功能和寿命影响		影响工程正常使用，需限制条件使用	不影响工程正常使用，但对工程寿命有较大影响	不影响工程正常使用，但对工程寿命有一定影响	不影响工程正常使用和工程寿命

注：直接经济损失费为必要条件，事故处理所需时间以及事故处理后对工程功能和寿命影响主要适用于大中型工程。

2. 水利工程质量事故报告内容

根据《水利工程质量事故处理暂行规定》（水利部令第9号），事故发生后，事故单位要严格保护现场，采取有效措施抢救人员和财产，防止事故扩大。因抢救人员、疏导交通等原因需移动现场物件时，应做出标志、绘制现场简图并做出书面记录，妥善保管现场重要痕迹、物证，并进行拍照或录像。

发生质量事故后，项目法人必须将事故的简要情况向项目主管部门报告。项目主管部门接事故报告后，按照管理权限向上级水行政主管部门报告。发生（发现）较大质量事故、重大质量事故、特大质量事故，事故单位要在 48h 内向有关单位提出书面报告。突发性事故，事故单位要在 4 小时内电话向上述单位报告。有关事故报告应包括以下主要内容：

(1) 工程名称、建设地点、工期，项目法人、主管部门及负责人电话；

(2) 事故发生的时间、地点、工程部位以及相应的参建单位名称；

(3) 事故发生的简要经过、伤亡人数和直接经济损失的初步估计；

(4) 事故发生原因初步分析；

(5) 事故发生后采取的措施及事故控制情况；

(6) 事故报告单位、负责人以及联络方式。

1.2.3.2　水利工程质量事故调查的程序与处理的要求

1. 水利工程质量事故调查的程序

根据《水利工程质量事故处理暂行规定》（水利部令第 9 号），有关单位接到事故报告后，必须采取有效措施，防止事故扩大，并立即按照管理权限向上级部门报告或组织事故调查和处理。事故调查的基本程序有关内容如下：

(1) 事故调查的基本程序

发生质量事故，要按照规定的管理权限组织调查组进行调查，查明事故原因，提出处理意见，提交事故调查报告。事故调查组成员实行回避制度。

(2) 事故调查管理权限的相关确定原则

1) 一般事故由项目法人组织设计、施工、监理等单位进行调查，调查结果报项目主管部门核备。

2) 较大质量事故由项目主管部门组织调查组进行调查，调查结果报上级主管部门批准并报省级水行政主管部门核备。

3) 重大质量事故由省级以上水行政主管部门组织调查组进行调查，调查结果报水利部核备。

4) 特大质量事故由水利部组织调查。需要注意的是，根据国务院《特别重大事故调查程序暂行规定》（国务院令第 34 号）的规定，发生特别重大事故（是指造成特别重大人身伤亡或者巨大经济损失以及性质特别严重、产生重大影响的事故）时，按照事故发生单位的隶属关系，由省、自治区、直辖市人民政府或者国务院归口管理部门负责调查，国务院认为应当由国务院调查的特大事故，由国务院或者国务院授权的部门组成调查组进行调查。

(3) 事故调查的主要任务

1) 查明事故发生的原因、过程、经济损失情况和对后续工程的影响；

2) 组织专家进行技术鉴定；

3) 查明事故的责任单位和主要责任人应负的责任；

4) 提出工程处理和采取措施的建议；

5）提出对责任单位和责任人的处理建议；

6）提出事故调查报告。

2. 水利工程质量事故处理的要求

根据《水利工程质量事故处理暂行规定》（水利部令第9号），因质量事故造成人员伤亡的，还应遵从国家和水利部伤亡事故处理的有关规定。其中质量事故处理的基本要求包括以下内容。

（1）质量事故处理原则

发生质量事故，必须坚持"事故原因不查清楚不放过、主要事故责任者和职工未受教育不放过、补救和防范措施不落实不放过"的原则（简称"三不放过原则"），认真调查事故原因，研究处理措施，查明事故责任，做好事故处理工作。

（2）质量事故处理职责划分

发生质量事故后，必须针对事故原因提出工程处理方案，经有关单位审定后实施。其中：

1）一般质量事故，由项目法人负责组织有关单位制定处理方案并实施，报上级主管部门备案。

2）较大质量事故，由项目法人负责组织有关单位制定处理方案，经上级主管部门审定后实施，报省级水行政主管部门或流域备案。

3）重大质量事故，由项目法人负责组织有关单位提出处理方案，征得事故调查组意见后，报省级水行政主管部门或流域机构审定后实施。

4）特大质量事故，由项目法人负责组织有关单位提出处理方案，征得事故调查组意见后，报省级水行政主管部门或流域机构审定后实施，并报水利部备案。

（3）事故处理中设计变更管理

事故处理需要进行设计变更的，需原设计单位或有资质的单位提出设计变更方案。需要进行重大设计变更的，必须经原设计审批部门审定后实施。

事故部位处理完毕后，必须按照管理权限经过质量评定与验收后，方可投入使用或进入下一阶段施工。

（4）质量缺陷的处理

《水利工程质量事故处理暂行规定》（水利部令第9号）规定，小于一般质量事故的质量问题称为质量缺陷。所谓"质量缺陷"，是指小于一般质量事故的质量问题，即因特殊原因，使得工程个别部位或局部达不到规范和设计要求（不影响使用），且未能及时进行处理的工程质量问题（质量评定仍为合格）。根据水利部《关于贯彻落实"国务院批转国家计委、财政部、水利部、建设部关于加强公益性水利工程建设管理若干意见的通知"的实施意见》，水利工程实行水利工程施工质量缺陷备案及检查处理制度：

1）对因特殊原因，使得工程个别部位或局部达不到规范和设计要求（不影响使用），且未能及时进行处理的工程质量缺陷问题（质量评定仍为合格），必须以工程质量缺陷备案形式进行记录备案。

2）质量缺陷备案的内容包括：质量缺陷产生的部位、原因，对质量缺陷是否处理和如何处理以及对建筑物使用的影响等。内容必须真实、全面、完整，参建单位（人员）必须在质量缺陷备案表上签字，有不同意见应明确记载。

3）质量缺陷备案资料必须按竣工验收的标准制备，作为工程竣工验收备查资料存档。质量缺陷备案表由监理单位组织填写。

4）工程项目竣工验收时，项目法人必须向验收委员会汇报并提交历次质量缺陷的备案资料。

1.2.3.3 水利工程施工单位质量管理内容

为了加强水利工程的质量管理，保证工程质量，水利部于1997年12月21日颁发了《水利工程质量管理规定》（水利部令第7号，下同）。《水利工程质量管理规定》共分为总则、工程质量监督管理、项目法人（建设单位）的质量管理、监理单位质量管理、设计单位质量管理、施工单位质量管理、建筑材料、设备采购的质量管理和工程保修、罚则、附则等九章计48条。对于各级主管部门的质量管理以及质量监督机构、项目法人（建设单位）、监理单位、设计单位、施工单位和建筑材料设备供应单位的质量管理均做出了明确规定。

根据《水利工程质量管理规定》，水利工程质量是指在国家和水利行业现行的有关法律、法规、技术标准和批准的设计文件及工程合同中，对建设的水利工程的安全、适用、经济、美观等特性的综合要求。

1. 水利工程施工单位质量管理内容

（1）资质管理

根据有关规定，建筑业企业（施工单位）应当按照其拥有的注册资本、净资产、专业技术人员、技术装备和已经完成的建筑工程业绩等资质条件申请资质，经审查合格后，取得相应等级的资质证书后，方可从事其资质等级范围内的建筑活动。

（2）资质等级

建筑业企业资质等级分为总承包、专业承包和劳务分包三个序列。

1）总承包资质：获得施工总承包资质的企业，可以对工程实行施工总承包或者对主体工程实行施工承包。承包企业可以对所承接的工程全部自行施工，也可以将非主体工程或者劳务作业分包给具有相应专业承包资质或者劳务分包资质的其他企业。

2）专业承包资质：获得专业承包资质的企业，可以承接施工总承包企业分包的专业工程或者招标人发包的专业工程。专业承包企业可以对所承接的工程全部自行施工，也可以将劳务作业分包给具有相应劳务分包资质的企业。

3）劳务分包资质：获得劳务分包资质的企业，可以承接施工总承包企业或者专业承包企业分包的劳务作业。劳务分包企业分为：木工作业、砌筑作业、抹灰作业、石制作业、油漆作业、钢筋作业、混凝土作业、脚手架作业、模板作业、焊接作业、水暖电安装作业、钣金作业以及架线作业等。

（3）施工单位质量管理的主要内容

根据《水利工程质量管理规定》，施工单位必须按其资质等级及业务范围承担相应水利工程施工任务。施工单位必须接受水利工程质量监督单位对其施工资质等级以及质量保证体系的监督检查。施工单位质量管理的主要内容是：

1）施工单位必须依据国家、水利行业有关工程建设法规、技术规程、技术标准的规定以及设计文件和施工合同的要求进行施工，并对其施工的工程质量负责。

2）施工单位不得将其承接的水利建设项目的主体工程进行转包。对工程的分包，分包单位必须具备相应资质等级，并对其分包工程的施工质量向总包单位负责，总包单位对全部工程质量向项目法人（建设单位）负责。

3）施工单位要推行全面质量管理，建立健全质量保证体系，制定和完善岗位质量规范、质量责任及考核办法，落实质量责任制。在施工过程中要加强质量检验工作，认真执行"三检制"，切实做好工程质量的全过程控制。

4）竣工工程质量必须符合国家和水利行业现行的工程标准及设计文件要求，并应向项目法人（建设单位）提交完整的技术档案、试验成果及有关资料。

2. 建筑材料或工程设备采购的质量管理的主要内容

在工程建设中，材料和设备无论是项目法人（建设单位）还是施工单位采购，根据《水利工程质量管理规定》，建筑材料和工程设备的质量由采购单位承担相应责任。凡进入施工现场的建筑材料和工程设备均应按有关规定进行检验。经检验不合格的产品不得用于工程。建筑材料或工程设备采购质量管理的主要内容是：

（1）建筑材料或工程设备有产品质量检验合格证明；

（2）建筑材料或工程设备有中文标明的产品名称、生产厂名和厂址；

（3）建筑材料或工程设备包装和商标式样符合国家有关规定和标准要求；

（4）工程设备应有产品详细的使用说明书，电气设备还应附有线路图；

（5）实施生产许可证或实行质量认证的产品，应当具有相应的许可证或认证证书。

3. 水利工程质量保修

根据《水利工程质量管理规定》，水利工程质量保修的主要内容是：

（1）水利工程保修期从工程移交证书写明的工程完工日起一般不少于一年。有特殊要求的工程，其保修期限在合同中规定。

（2）工程质量出现永久性缺陷的，承担责任的期限不受以上保修期限制。

（3）水利工程在规定的保修期内，出现工程质量问题，一般由原施工单位承担保修，所需费用由责任方承担。

（4）工程保修期内维修的经济责任由责任方负责承担，其中，施工单位未按国家有关标准和设计要求施工，造成的质量缺陷由施工单位承担；由于设计方面的原因造成的质量缺陷，有设计单位负责承担经济责任；因材料设备不合格原因，属于施工单位采购的或由其验收同意的，由施工单位承担经济责任。属于项目法人采购的，由项目法人承担经济责任；因使用不当造成的，由使用单位自行负责。

1.2.3.4 水利工程质量监督的内容

为了加强水行政主管部门对水利工程质量的监督管理，保证工程质量，确保工程安全，发挥投资效益，水利部于1997年8月25日发布《水利工程质量监督规定》（水建〔1997〕339号），该规定共分为总则、机构与人员、机构职责、质量监督、质量检测、工程质量监督费、奖惩、附则等八章计38条。在我国境内新建、扩建、改建、加固各类水利水电工程和城镇供水、滩涂围垦等工程（以下简称水利工程）及其技术改造，包括配套与附属工程，均必须由水利工程质量监督机构负责质量监督。工程建设、监理、设计和施工单位在工程建设阶段，必须接受质量监督机构的监督。

1. 工程质量监督依据

根据《水利工程质量监督规定》，水行政主管部门主管质量监督工作。水利工程质量监督机构是水行政主管部门对工程质量进行监督管理的专职机构，对水利工程质量进行强制性的监督管理。工程质量监督的依据是：

(1) 国家有关的法律、法规；

(2) 水利水电行业有关技术规程、规范，质量标准；

(3) 经批准的设计文件等。

2. 工程质量监督的分级管理

水利工程按照分级管理的原则有相应水行政主管部门授权的质量监督机构实施质量监督。水利部主管全国水利工程质量监督工作，水利工程质量监督机构按总站（含流域分站）、中心站、站三级设置。

(1) 全国水利工程质量监督总站

水利部设置全国水利工程质量监督总站，其主要职责是：

1) 贯彻执行国家和水利部有关工程建设质量管理的方针和政策；

2) 制订水利工程质量监督、检测有关规定和办法，并监督实施；

3) 归口管理全国水利工程质量监督工作，指导各分站、中心站的质量监督工作；

4) 对部直属重点工程组织实施质量监督。参加工程阶段验收和竣工验收；

5) 监督有争议的重大工程质量事故的处理；

6) 掌握全国水利工程质量动态。

(2) 水利工程质量监督分站

各流域机构设置水利工程质量监督分站作为总站的派出机构。其主要职责是：

1) 对本流域内总站委托监督的部属水利工程、中央与地方合资项目（监督方式由分站和中心站协商确定）、省（自治区、直辖市）界及国际边界河流上的水利工程实施监督；

2) 监督受监督水利工程质量事故的处理；

3) 参加受监督水利工程的阶段验收和竣工验收；

4) 掌握本流域水利工程质量动态。

(3) 水利工程质量监督中心站

各省、自治区、直辖市水利（水电）厅（局），新疆生产建设兵团水利局设置水利工程质量监督中心站，其主要职责是：

1) 贯彻执行国家、水利部和省、自治区、直辖市有关工程建设质量管理的方针和政策；

2) 管理辖区内水利工程质量监督工作，指导本省、自治区、直辖市的市（地）质量监督站的质量监督工作；

3) 对辖区内除总站以及分站已经监督的水利工程外的其他水利工程实施质量监督。参加受监督工程阶段验收和竣工验收；

4) 协助配合由总站和流域分站组织监督的水利工程的质量监督工作；掌握辖区内水利工程质量动态。

(4) 水利工程质量监督站

各市（地）水利水电局设置水利工程质量监督站，其具体职责由各中心站根据《水利工程质量监督规定》制定。

3. 工程质量监督的主要内容

根据《水利工程质量监督规定》，水利工程建设项目质量监督方式以抽查为主。大型水利工程应设置项目站，中小型水利工程可根据需要建立质量监督项目站（组），或进行巡回监督。从工程开工前办理质量监督手续始，到工程竣工验收委员会同意工程交付使用为止，为水利工程建设项目的质量监督期（含合同质量保修期）。各级质量监督机构的质量监督人员有专职质量监督员和兼职质量监督员组成。其中，兼职质量监督员为工程技术人员，凡从事该工程监理、设计、施工、设备制造的人员不得担任该工程的兼职质量监督员。工程质量监督的主要内容为：

（1）对监理、设计、施工和有关产品制作单位的资质及其派驻现场的项目负责人的资质进行复核。

（2）对由项目法人（建设单位）、监理单位的质量检查体系和施工单位的质量保证体系以及设计单位现场服务等实施监督检查。

（3）对工程项目的单位工程、分部工程、单元工程的划分进行监督检查和认定。

（4）监督检查技术规程、规范和质量标准的执行情况。

（5）检查施工单位和建设、监理单位对工程质量检验和质量评定情况，并检查工程实物质量。

（6）在工程竣工验收前，对工程质量进行等级核定，编制工程质量评定报告，并向工程竣工验收委员会提出工程质量等级的建议。

4. 工程质量监督机构的权限

根据《水利工程质量监督规定》，工程质量监督机构的质量监督权限如下：

（1）对监理、设计、施工等单位的资质等级、经营范围进行核查，发现越级承包工程等不符合规定要求的，责成项目法人（建设单位）限期改正，并向水行政主管部门报告。

（2）质量监督人员需持“水利工程质量监督员证”进入施工现场执行质量监督。对工程有关部位进行检查，调阅建设、监理单位和施工单位的检测试验成果、检查记录和施工记录。

（3）对违反技术规程、规范、质量标准或设计文件的施工单位，通知项目法人（建设单位）、监理单位采取纠正措施。问题严重时，可向水行政主管部门提出整顿的建议。

（4）对使用未经检验或检验不合格的建筑材料、构配件及设备等，责成项目法人（建设单位）采取措施纠正。

（5）提请有关部门奖励先进质量管理单位及个人。

（6）提请有关部门或司法机关追究造成重大工程质量事故的单位和个人的行政、经济、刑事责任。

1.2.3.5　水利水电工程施工质量评定

按照《水利技术标准编写规定》SL 1—2002，水利部组织有关单位对《水利水电工程施工质量评定规程（试行）》SL 176—1996进行修订，修订后更名为《水利水电工程施工质量检验与评定规程》SL 176—2007（以下简称新规程），自2007年10月14日实施。新规程共5章，11节，81条，7个附录。

1. 项目划分原则与程序

（1）项目划分原则

1）水利水电工程质量检验与评定应当进行项目划分。项目按级划分为单位工程、分部工程、单元（工序）工程等三级。

2）水利水电工程项目划分应结合工程结构特点、施工部署及施工合同要求进行，划分结果应有利于保证施工质量以及施工质量管理。

3）单位工程项目划分原则

①枢纽工程，一般以每座独立的建筑物为一个单位工程。当工程规模大时，可将一个建筑物中具有独立施工条件的一部分划分为一个单位工程。

②堤防工程，按招标标段或工程结构划分单位工程。可将规模较大的交叉联结建筑物及管理设施以每座独立的建筑物划分为一个单位工程。

③引水（渠道）工程，按招标标段或工程结构划分单位工程。可将大、中型（渠道）建筑物以每座独立的建筑物划分为一个单位工程。

④除险加固工程，按招标标段或加固内容，并结合工程量划分单位工程。

4）分部工程项目划分原则

①枢纽工程，土建部分按设计的主要组成部分划分；金属结构及启闭机安装工程和机电设备安装工程按组合功能划分。

②堤防工程，按长度或功能划分。

③引水（渠道）工程中的河（渠）道按施工部署或长度划分。大、中型建筑物按工程结构主要组成部分划分。

④除险加固工程，按加固内容或部位划分。

⑤同一单位工程中，各个分部工程的工程量（或投资）不宜相差太大，每个单位工程中的分部工程数目，不宜少于 5 个。

5）单元工程项目划分原则

①按《水利建设工程单元工程施工质量验收评定标准》（以下简称《单元工程评定标准》）规定进行划分。

②河（渠）道开挖、填筑及衬砌单元工程划分界限宜设在变形缝或结构缝处，长度一般不大于 100m。同一分部工程中各单元工程的工程量（或投资）不宜相差太大。

③《单元工程评定标准》中未涉及的单元工程可依据工程结构、施工部署或质量考核要求，按层、块、段进行划分。

（2）项目划分程序

1）由项目法人组织监理、设计及施工等单位进行工程项目划分，并确定主要单位工程、主要分部工程、重要隐蔽单元工程和关键部位单元工程。项目法人在主体工程开工前将项目划分表及说明书面报相应工程质量监督机构确认。

2）工程质量监督机构收到项目划分书面报告后，应当在 14 个工作日内对项目划分进行确认并将确认结果书面通知项目法人。

3）工程实施过程中，需对单位工程、主要分部工程、重要隐蔽单元工程和关键部位单元工程的项目划分进行调整时，项目法人应重新报送工程质量监督机构确认。

2. 施工质量检验

（1）施工质量检验的基本要求

1）承担工程检测业务的检测机构应具有水行政主管部门颁发的资质证书。

2）工程施工质量检验中使用的计量器具、试验仪器仪表及设备应定期进行检定，并具备有效的检定证书。国家规定需强制检定的计量器具应经县级以上计量行政部门认定的计量检定机构或其授权设置的计量检定机构进行检定。

3）检测人员应熟悉检测业务，了解被检测对象性质和所用仪器设备性能，经考核合格后，持证上岗。参与中间产品及混凝土（砂浆）试件质量资料复核的人员应具有工程师以上工程系列技术职称，并从事过相关试验工作。

4）工程质量检验项目和数量应符合《单元工程评定标准》规定。工程质量检验方法，应符合《单元工程评定标准》和国家及行业现行技术标准的有关规定。

5）工程项目中如遇《单元工程评定标准》中尚未涉及的项目质量评定标准时，其质量标准及评定表格，由项目法人组织监理、设计及施工单位按水利部有关规定进行编制和报批。

6）工程中永久性房屋、专用公路、专用铁路等项目的施工质量检验与评定可按相应行业标准执行。

7）项目法人、监理、设计、施工和工程质量监督等单位根据工程建设需要，可委托具有相应资质等级的水利工程质量检测机构进行工程质量检测。施工单位自检性质的委托检测项目及数量，按《单元工程评定标准》及施工合同约定执行。对已建工程质量有重大分歧时，由项目法人委托第三方具有相应资质等级的质量检测机构进行检测，检测数量视需要确定，检测费用由责任方承担。

8）对涉及工程结构安全的试块、试件及有关材料，应实行见证取样。见证取样资料由施工单位制备，记录应真实齐全，参与见证取样人员应在相关文件上签字。

9）工程中出现检验不合格的项目时，按以下规定进行处理。

①原材料、中间产品一次抽样检验不合格时，应及时对同一取样批次另取两倍数量进行检验，如仍不合格，则该批次原材料或中间产品应当定为不合格，不得使用。

②单元（工序）工程质量不合格时，应按合同要求进行处理或返工重作，并经重新检验且合格后方可进行后续工程施工。

③混凝土（砂浆）试件抽样检验不合格时，应委托具有相应资质等级的质量检测机构对相应工程部位进行检验。如仍不合格，由项目法人组织有关单位进行研究，并提出处理意见。

④工程完工后的质量抽检不合格，或其他检验不合格的工程，应按有关规定进行处理，合格后才能进行验收或后续工程施工。

（2）施工过程中施工单位的质量检验职责

施工单位应当依据工程设计要求、施工技术标准和合同约定，结合《单元工程评定标准》的规定确定检验项目及数量并进行自检，自检过程应当有书面记录，同时结合自检情况如实填写《水利水电工程施工质量评定表》。

（3）施工过程中质量检验内容

1）质量检验包括施工准备检查，原材料与中间产品质量检验，水工金属结构、启闭机及机电产品质量检查，单元（工序）工程质量检验，质量事故检查和质量缺陷备案，工程外观质量检验等。

2）主体工程开工前，施工单位应组织人员对施工准备检查，并经项目法人或监理单位确认合格且履行相关手续后，才能进行主体工程施工。

3）施工单位应按《单元工程评定标准》及有关技术标准对水泥、钢材等原材料与中间产品质量进行检验，并报监理单位复合。不合格产品，不得使用。

4）水工金属结构、启闭机及机电产品进场后，有关单位应按有关合同进行交货检查和验收。安装前，施工单位应检查产品是否有出厂合格证、设备安装说明书及有关技术文件，对在运输和存放过程中发生的变形、受潮、损坏等问题应做好记录，并进行妥善处理。无出厂合格证或不符合质量标准的产品不得用于工程中。

5）施工单位应按《单元工程评定标准》检验工序及单元工程质量，作好书面记录，在自检合格后，填写《水利水电工程施工质量评定表》报监理单位复核。监理单位根据抽检资料核定单元（工序）工程质量等级。发现不合格单元（工序）工程，应要求施工单位及时进行处理，合格后才能进行后续单元工程施工。对施工中的质量缺陷应书面记录备案，进行必要的统计分析，并在相应单元（工序）工程质量评定表"评定意见"栏内注明。

6）施工单位应及时将原材料、中间产品及单元（工序）工程质量检验结果报监理单位复核。并应按月将施工质量情况报送监理单位，由监理单位汇总分析后报项目法人和工程质量监督机构。

3. 施工质量评定的主要依据

《水利水电工程施工质量检验与评定规程》SL 176（以下简称新规程）规定水利水电工程施工质量等级分为"合格"、"优良"两级。合格标准是工程验收标准。优良等级是为工程项目质量创优而设置。水利水电工程施工质量等级评定的主要依据有：

（1）国家及相关行业技术标准。

（2）《单元工程评定标准》。

（3）经批准的设计文件、施工图纸、金属结构设计图样与技术条件、设计修改通知书、厂家提供的设备安装说明书及有关技术文件。

（4）工程承发包合同中约定的技术标准。

（5）工程施工期及试运行期的试验和观测分析成果。

4. 施工质量合格标准

（1）单元（工序）工程施工质量合格标准：

1）单元（工序）工程施工质量评定标准按照《单元工程评定标准》或合同约定的合格标准执行。

2）单元（工序）工程质量达不到合格标准时，应及时处理。处理后的质量等级按下列规定重新确定：

①全部返工重做的，可重新评定质量等级。

②经加固补强并经设计和监理单位鉴定能达到设计要求时，其质量评为合格。

③处理后的工程部分质量指标仍达不到设计要求时，经设计复核，项目法人及监理单位确认能满足安全和使用功能要求，可不再进行处理；或经加固补强后，改变了外形尺寸或造成工程永久性缺陷的，经项目法人、监理及设计单位确认能基本满足设计要求，其质量可定为合格，但应按规定进行质量缺陷备案。

（2）分部工程施工质量合格标准：

1）所含单元工程的质量全部合格。质量事故及质量缺陷已按要求处理，并经检验合格。

2）原材料、中间产品及混凝土（砂浆）试件质量全部合格，金属结构及启闭机制造质量合格，机电产品质量合格。

（3）单位工程施工质量合格标准：

1）所含分部工程质量全部合格。

2）质量事故已按要求进行处理。

3）工程外观质量得分率达到70%以上。

4）单位工程施工质量检验与评定资料基本齐全。

5）工程施工期及试运行期，单位工程观测资料分析结果符合国家和行业技术标准以及合同约定的标准要求。

（4）工程项目施工质量合格标准：

1）单位工程质量全部合格；

2）工程施工期及试运行期，各单位工程观测资料分析结果均符合国家和行业技术标准以及合同约定的标准要求。

5. 施工质量优良标准

（1）单元工程施工质量优良标准按照《单元工程评定标准》以及合同约定的优良标准执行。全部返工重做的单元工程，经检验达到优良标准时，可评为优良等级。

（2）分部工程施工质量优良标准：

1）所含单元工程质量全部合格，其中70%以上达到优良等级，重要隐蔽单元工程和关键部位单元工程质量优良率达90%以上，且未发生过质量事故。

2）中间产品质量全部合格，混凝土（砂浆）试件质量达到优良等级（当试件组数小于30时，试件质量合格）。原材料质量、金属结构及启闭机制造质量合格，机电产品质量合格。

（3）单位工程施工质量优良标准：

1）所含分部工程质量全部合格，其中70%以上达到优良等级，主要分部工程质量全部优良，且施工中未发生过较大质量事故。

2）质量事故已按要求进行处理。

3）外观质量得分率达到85%以上。

4）单位工程施工质量检验与评定资料齐全。

5）工程施工期及试运行期，单位工程观测资料分析结果符合国家和行业技术标准以及合同约定的标准要求。

（4）工程项目施工质量优良标准：

1）单位工程质量全部合格，其中70%以上单位工程质量达到优良等级，且主要单位工程质量全部优良。

2）工程施工期及试运行期，各单位工程观测资料分析结果均符合国家和行业技术标准以及合同约定的标准要求。

6. 施工质量评定工作的组织要求

（1）单元（工序）工程质量在施工单位自评合格后，报监理单位复核，由监理工程师核定质量等级并签证认可。

（2）重要隐蔽单元工程及关键部位单元工程质量经施工单位自评合格、监理单位抽检后，由项目法人（或委托监理）、监理、设计、施工、工程运行管理（施工阶段已经有时）等单位组成联合小组，共同检查核定其质量等级并填写签证表，报工程质量监督机构核备。

（3）分部工程质量，在施工单位自评合格后，报监理单位复核，项目法人认定。分部工程验收的质量结论由项目法人报质量监督机构核备。大型枢纽工程主要建筑物的分部工程验收的质量结论由项目法人报工程质量监督机构核定。

（4）工程外观质量评定。单位工程完工后，项目法人组织监理、设计、施工及工程运行管理等单位组成工程外观质量评定组，进行工程外观质量检验评定，并将评定结论报工程质量监督机构核定。参加工程外观质量评定的人员应具有工程师以上技术职称或相应执业资格。评定组人数应不少于 5 人，大型工程宜不少于 7 人。

（5）单位工程质量，在施工单位自评合格后，由监理单位复核，项目法人认定。单位工程验收的质量结论由项目法人报质量监督机构核定。

（6）工程项目质量，在单位工程质量评定合格后，由监理单位进行统计并评定工程项目质量等级，经项目法人认定后，报质量监督机构核定。

（7）阶段验收前，质量监督机构应提交工程质量评价意见。

（8）工程质量监督机构应按有关规定在工程竣工验收前提交工程质量监督报告，工程质量监督报告应当有工程质量是否合格的明确结论。

7. 单元工程质量评定标准

根据《水利水电工程施工质量检验与评定规程》（SL 176—2007），《水利水电基本建设工程单元工程质量等级评定标准》是单元工程质量等级标准。

（1）根据水利部 2012 年第 57 号公告，自 2012 年 12 月 19 日起，下列《水利水电基本建设工程单元工程质量评定标准》停止使用：

1)《水工建筑物》SDJ 249.1—88；

2)《金属结构及启闭机械安装工程》SDJ 249.2—88；

3)《水轮发电机组安装工程》SDJ 249.3—88；

4)《水力机械辅助设备安装工程》SDJ 249.4—88；

5)《发电电气设备安装工程》SDJ 249.5—88；

6)《升压变电电气设备安装工程》SDJ 249.6—88；

7)《碾压式土石坝和浆砌石坝工程》SL 38—92；

8)《堤防工程单元工程质量等级评定标准》（含在《堤防施工质量评定与验收规程（试行）》SL 239—1999 中）。

自 2012 年 12 月 19 日起，上述标准（老标准）被下列标准（新标准）替代：

1)《水利水电工程单元工程施工质量验收评定标准—土石方工程》SL 631—2012；

2)《水利水电工程单元工程施工质量验收评定标准—混凝土工程》SL 632—2012；

3)《水利水电工程单元工程施工质量验收评定标准—地基处理与基础工程》SL 633—2012；

4)《水利水电工程单元工程施工质量验收评定标准—堤防工程》SL 634—2012；

5)《水利水电工程单元工程施工质量验收评定标准—水工金属结构安装工程》SL

635—2012；

6)《水利水电工程单元工程施工质量验收评定标准—水轮发电机组安装工程》SL 636—2012；

7)《水利水电工程单元工程施工质量验收评定标准—水力机械辅助设备系统安装工程》SL 637—2002；

老评定标准中，其中有将质量检验项目分为一般原则和要求、质量检查项目和允许偏差项目等三项，也有将质量标准项目分为保证项目、基本项目和允许偏差项目等三类，以上各有优点。另外一个不同点是部分标准将中间产品质量标准纳入了正文。主要理由是，中间产品应作为一个工序考虑，其质量标准也应经过检验评定，只有在检验合格后才能在单元工程中加以应用，并且在重要工程的产品中，当单元工程评定为优良时，其中间产品必须优良。

新标准将质量检验项目统一为主控项目、一般项目（主控项目，对单元工程功能起决定作用或对安全、卫生、环境保护有重大影响的检验项目。一般项目，除主控项目外的检验项目）。

需要强调的是，单元工程是日常工程质量考核的基本单位，它是以有关设计、施工规范为依据的，其质量评定一般不超出这些规范的范围。

由于以上评定标准是以有关技术规范为基础的，而一些目前使用的检测手段（如超声波、电子或激光探测等），相应的有关技术规范没有列，所以，评定标准中基本没有使用这些手段的相应检测标准。

（2）新标准中，单元质量评定的主要要求有以下：

1）单元工程按工序划分情况，分为划分工序单元工程和不划分工序单元工程。

划分工序单元工程应先进行工序施工质量验收评定。在工序验收评定合格和施工项目实体质量检验合格的基础上，进行单元工程施工质量验收评定。

不划分工序单元工程的施工质量验收评定，在单元工程中所包含的检验项目检验合格和施工项目实体质量检验合格的基础上进行。

2）工序和单元工程施工质量等各类项目的检验，应采用随机布点和监理工程师现场指定区位相结合的方式进行。检验方法及数量应符合本标准和相关标准的规定。

3）工序和单元工程施工质量验收评定表及其备查资料的制备由工程施工单位负责，其规格宜采用国际标准 A4（210mm×297mm），验收评定表一式 4 份，备查资料一式 2 份，其中验收评定表及其备查资料一份应由监理单位保存，其余应由施工单位保存。

（3）新标准中，工序施工质量验收评定的主要要求有以下：

1）单元工程中的工序分为主要工序和一般工序。

2）工序施工质量验收评定应具备以下条件：

① 工序中所有施工项目（或施工内容）已完成，现场具备验收条件；

② 工序中所包含的施工质量检验项目经施工单位自检全部合格。

3）工序施工质量验收评定应按以下程序进行：

① 施工单位应首先对已经完成的工序施工质量按本标准进行自检，并做好检验记录；

② 施工单位自检合格后，应填写工序施工质量验收评定表，质量责任人履行相应签

认手续后，向监理单位申请复核；

③ 监理单位收到申请后，应在 4 小时内进行复核。复核内容包括：

A. 核查施工单位报验资料是否真实、齐全；

B. 结合平行检测和跟踪检测结果等，复核工序施工质量检验项目是否符合本标准的要求；

C. 在施工单位提交的工序施工质量验收评定表中填写复核记录，并签署工序施工质量评定意见，核定工序施工质量等级，相关责任人履行相应签认手续。

4）工序施工质量验收评定应包括下列资料：

① 施工单位报验时，应提交下列资料：

A. 各班、组的初检记录、施工队复检记录、施工单位专职质检员终验记录；

B. 工序中各施工质量检验项目的检验资料；

C. 施工单位自检完成后，填写的工序施工质量验收评定表。

② 监理单位应提交下列资料：

A. 监理单位对工序中施工质量检验项目的平行检测资料（包括跟踪监测）；

B. 监理工程师签署质量复核意见的工序施工质量验收评定表。

5）工序施工质量评定分为合格和优良两个等级，其标准如下：

① 合格等级标准

A. 主控项目，检验结果应全部符合本标准的要求；

B. 一般项目，逐项应有 70％及以上的检验点合格，且不合格点不应集中；

C. 各项报验资料应符合本标准要求。

② 优良等级标准

A. 主控项目，检验结果应全部符合本标准的要求；

B. 一般项目，逐项应有 90％及以上的检验点合格，且不合格点不应集中；

C. 各项报验资料应符合本标准要求。

（4）新标准中，单元工程施工质量验收评定主要要求有以下：

1）单元工程施工质量验收评定应具备以下条件：

① 单元工程所含工序（或所有施工项目）已完成，施工现场具备验收的条件；

② 已完工序施工质量经验收评定全部合格，有关质量缺陷已处理完毕或有监理单位批准的处理意见。

2）单元工程施工质量验收评定应按以下程序进行：

① 施工单位应首先对已经完成的单元工程施工质量进行自检，并填写检验记录；

② 施工单位自检合格后，应填写单元工程施工质量验收评定表，向监理单位申请复核。

③ 监理单位收到申报后，应在 8 小时内进行复核。复核内容包括：

A. 核查施工单位报验资料是否真实、齐全；

B. 对照施工图纸及施工技术要求，结合平行检测和跟踪检测结果等，复核单元工程质量是否达到本标准要求；

C. 检查已完单元遗留问题的处理情况，在施工单位提交的单元工程施工质量验收评定表中填写复核记录，并签署单元工程施工质量评定意见，评定单元工程施工质量等级，相关责任人履行相应签认手续；

D. 对验收中发现的问题提出处理意见。

3）单元工程施工质量验收评定应包括下列资料：

① 施工单位申请验收评定时，应提交下列资料：

A. 单元工程中所含工序（或检验项目）验收评定的检验资料；

B. 各项实体检验项目的检验记录资料；

C. 施工单位自检完成后，填写的单元工程施工质量验收评定表。

② 监理单位应提交的下列资料：

A. 监理单位对单元工程施工质量的平行检测资料；

B. 监理工程师签署质量复核意见的单元工程施工质量验收评定表。

4）划分工序单元工程施工质量评定分为合格和优良两个等级，其标准如下：

① 合格等级标准

A. 各工序施工质量验收评定应全部合格；

B. 各项报验资料应符合本标准要求。

② 优良等级标准

A. 各工序施工质量验收评定应全部合格，其中优良工序应达到 50％及以上，且主要工序应达到优良等级。

B. 各项报验资料应符合本标准要求。

5）不划分工序单元工程施工质量评定分为合格和优良两个等级，其标准如下：

① 合格等级标准

A. 主控项目，检验结果应全部符合本标准的要求；

B. 一般项目，逐项应有 70％及以上的检验点合格，且不合格点不应集中；

C. 各项报验资料应符合本标准要求。

② 优良等级标准

A. 主控项目，检验结果应全部符合本标准的要求；

B. 一般项目，逐项应有 90％及以上的检验点合格，且不合格点不应集中；

C. 各项报验资料应符合本标准要求。

1.2.3.6 案例分析

【案例一】

1. 背景

某小型泵站施工中，穿堤涵洞混凝土强度因配合比、外加剂等多种原因，未达到设计要求，造成的直接经济损失为 36 万元，事故处理所需时间为 2 个月。事故发生后，项目法人组织调查组进行调查，调查结果报项目主管部门批准，由项目法人负责组织有关单位制定处理方案，经项目主管部门审定后实施。

2. 问题

（1）根据《水利工程质量事故处理暂行规定》（水利部令第 9 号），确定该质量事故的等级。

（2）指出并改正该质量事故调查程序的不妥之处。

（3）指出并改正该质量事故处理的不妥之处。

（4）简述质量事故处理的原则。

3. 参考答案

（1）根据《水利工程质量事故处理暂行规定》（水利部令第9号），因30万元＜直接损失36万元＜100万元，1个月＜事故处理所需时间2个月＜3个月，故该质量事故的等级为"较大质量事故"。

（2）事故发生后，项目法人组织调查组进行调查，调查结果报项目主管部门批准均不妥。根据《水利工程质量事故处理暂行规定》（水利部令第9号），较大质量事故由项目主管部门组织调查组进行调查，调查结果报上级主管部门批准并报省级水行政主管部门核备。

（3）由项目法人负责组织有关单位制定处理方案，经项目主管部门审定后实施不妥。根据《水利工程质量事故处理暂行规定》（水利部令第9号），较大质量事故，由项目法人负责组织有关单位制定处理方案，经上级主管部门审定后实施，报省级水行政主管部门或流域备案。

（4）质量事故处理的原则是"三不放过原则"，即"事故原因不查清楚不放过、主要事故责任者和职工未受教育不放过、补救和防范措施不落实不放过"。

【案例二】

1. 背景

某小型水闸工程项目划分为1个单位工程，7个分部工程。其中，主要分部工程为闸室段分部工程，该分部工程划分为22个单元工程，重要隐蔽单元工程和关键部位单元工程共11个。

闸室段分部工程的第3个单元工程施工中，其"基础面清理"工序开始未达到合格标准，监理单位检查发现后，施工单位对该工序全部进行了返工重做。施工完成后，监理单位复核该单元工程的质量等级为优良。

闸室段分部工程的其他21个单元工程质量全部合格，其中17个单元工程质量等级为优良，10个重要隐蔽单元工程和关键部位单元工程质量等级为优良，且未发生过质量事故；混凝土试件组数为26组，试件质量合格；原材料质量、中间产品质量全部合格。

该单位工程其他6个分部工程质量全部合格，其中5个分部工程质量等级优良，施工中未发生质量事故；外观质量得分率为90.6％；单位工程施工质量检验与评定资料齐全；工程施工期及试运行期，单位工程观测资料分析结果符合国家和行业技术标准以及合同约定的标准要求。

2. 问题

（1）闸室段分部工程第3个单元工程的质量等级为评定优良是否合适？请说明理由。

（2）评定闸室段分部工程的质量等级并说明理由。

（3）评定该单位工程的质量等级并说明理由。

3. 参考答案

（1）合适。因为返工重做的可以重新评定其质量等级。

（2）优良。因为闸室段分部工程的22个单元工程质量全部合格，其中18个单元工程质量等级为优良，单元工程优良率为18/22＝81.8％＞75％，10个重要隐蔽单元工程和关键部位单元工程质量等级为优良，优良率为10/11＝90.9＞90％，且未发生过质量事故；

混凝土试件组数为 26 组＜30 组，试件质量合格；原材料质量、中间产品质量全部合格。

（3）优良。因为该单位工程的 7 个分部工程质量全部合格，其中 6/7＝85.7％＞70％以上达到优良等级，主要分部工程质量优良，施工中未发生过质量事故，外观质量得分率为 90.6％＞85％，单位工程施工质量检验与评定资料齐全，工程施工期及试运行期，单位工程观测资料分析结果符合国家和行业技术标准以及合同约定的标准要求。

1.2.4　水利工程建设安全生产管理

1.2.4.1　水利工程施工单位管理人员安全生产考核的要求

1. 施工企业管理人员安全生产考核的相关要求

为进一步规范水利水电工程施工企业主要负责人、项目负责人和专职安全生产管理人员安全生产考核管理工作，提高水利水电工程施工安全生产管理水平，结合近年来对水利水电工程施工企业主要负责人、项目负责人和专职安全生产管理人员考核工作实际情况，根据《中华人民共和国安全生产法》、《安全生产许可证条例》、《水利工程建设安全生产管理规定》，水利部组织对《水利水电工程施工企业主要负责人、项目负责人和专职安全生产管理人员安全生产考核管理暂行规定》（水建管〔2004〕168 号）进行了修订，提出了《水利水电工程施工企业主要负责人、项目负责人和专职安全生产管理人员安全生产考核管理办法》（水安监〔2011〕374 号）。本办法自 2011 年 7 月 15 日起施行。水利部《关于印发〈水利水电工程施工企业主要负责人、项目负责人和专职安全生产管理人员安全生产考核管理暂行规定〉的通知》（水建管〔2004〕168 号）及水利部办公厅《关于做好水利水电工程施工企业主要负责人、项目负责人和专职安全生产管理人员安全生产考核合格证书有效期满延期工作的通知》（办建管〔2007〕77 号）同时废止。

该办法所称企业主要负责人，是指对本企业日常生产经营活动和安全生产工作全面负责、有生产经营决策权的人员，包括企业法定代表人、经理、企业分管安全生产工作副经理等。

项目负责人，是指由企业法定代表人授权，负责水利水电工程项目施工管理的负责人。

专职安全生产管理人员，是指在企业专职从事安全生产管理工作的人员，包括企业安全生产管理机构的负责人及其工作人员和施工现场专职安全员。

企业主要负责人、项目负责人和专职安全生产管理人员以下统称为"安全生产管理三类人员"。

关于施工企业安全生产管理三类人员安全生产考核的基本要求主要有以下几点：

（1）安全生产管理三类人员必须经过水行政主管部门组织的能力考核和知识考试，考核合格后，取得《安全生产考核合格证书》（以下简称"考核合格证书"），方可参与水利水电工程投标，从事施工活动。

考核合格证书在全国水利水电工程建设领域适用。

（2）安全生产管理三类人员考核按照统一规划、分级管理的原则实施。

水利部负责全国水利水电工程施工企业管理人员的安全生产考核工作的统一管理，并负责全国水利水电工程施工总承包一级（含一级）以上资质、专业承包一级资质施工企业以及水利部直属施工企业的安全生产管理三类人员的考核。

省级水行政主管部门负责本行政区域内水利水电工程施工总承包二级（含二级）以下资质以及专业承包二级（含二级）以下资质施工企业的安全生产管理三类人员的考核。

（3）安全生产管理三类人员安全生产考核实行分类考核。

企业主要负责人、项目负责人不得同时参加专职安全生产管理人员安全生产考核。

考核分为安全管理能力考核（以下简称"能力考核"）和安全生产知识考试（以下简称"知识考试"）两部分。

能力考核是对申请人与所从事水利水电工程活动相应的文化程度、工作经历、业绩等资格的审核。

知识考试是对申请人具备法律法规、安全生产管理、安全生产技术知识情况的测试。

（4）能力考核应包括以下内容：

1）具有完全民事行为能力，身体健康。

2）与申报企业有正式劳动关系。

3）项目负责人，年龄不超过65周岁；专职安全生产管理人员，年龄不超过60周岁。

4）申请人的学历、职称和工作经历应分别满足以下要求：

① 企业主要负责人：法定代表人应满足水利水电工程承包企业资质等级标准的要求。除法定代表人之外的其他企业主要负责人，应具有大专及以上学历或中级及以上技术职称，且具有3年及以上的水利水电工程建设经历；

② 项目负责人，应具有大专及以上学历或中级及以上技术职称，且具有3年及以上的水利水电工程建设经历；

③ 专职安全生产管理人员，应具有中专或同等学历且具有3年及以上的水利水电工程建设经历，或大专及以上学历且具有2年及以上的水利水电工程建设经历。

5）在申请考核之日前1年内，申请人没有在一般及以上等级安全责任事故中负有责任的记录。

6）符合国家有关法律法规规定的要求。

能力考核通过后，方可参加知识考试。

知识考试由有考核管辖权的水行政主管部门或其委托的有关机构具体组织。知识考试采取闭卷形式，考试时间180分钟。

申请人知识考试合格，经公示后无异议的，由相应水行政主管部门（以下简称"发证机关"）按照考核管理权限在20日内核发考核合格证书。考核合格证书有效期为3年。

考核合格证书有效期满后，可申请2次延期，每次延期期限为3年。施工企业应于有效期截至日前5个月内，向原发证机关提出延期申请。有效期满而未申请延期的考核合格证书自动失效。

考核合格证书失效或已经过2次延期的，需重新参加原发证机关组织的考核。

（5）安全生产管理三类人员因所在施工企业名称、施工企业资质、个人信息改变等原因需要更换证书或补办证书的，应由所在企业向发证机关提出考核合格证书变更申请。

（6）安全生产管理三类人员在考核合格证书的每一个有效期内，应当至少参加一次由原发证机关组织的、不低于8个学时的安全生产继续教育。发证机关应及时对安全生产继续教育情况进行建档、备案。

（7）水利部和省级水行政主管部门应当加强对建设项目安全生产管理三类人员岗位登

记情况以及履行安全管理职责情况的监督检查，做好安全生产管理三类人员的违法违规行为或者受到其他处罚的信息管理和公开工作。

任何单位或个人均有权举报安全生产管理三类人员违法违规行为。

有下列情形之一的，发证机关应及时收回证书并重新考核：

1）企业主要负责人所在企业发生 1 起及以上重大、特大等级生产安全事故或 2 起及以上较大生产安全事故，且本人负有责任的；

2）项目负责人所在工程项目发生过 1 起及以上一般及以上等级生产安全事故，且本人负有责任的；

3）专职安全管理人员所在工程项目发生过 1 起及以上一般及以上等级生产安全事故，且本人负有责任的。

（8）各省级水行政主管部门应在每年 12 月 31 日前向水利部报告本行政区域内安全生产管理三类人员考核、培训情况，安全生产管理三类人员的违法违规行为或者受到其他处罚的情况等。

2. 水利工程安全生产条件市场准入制度

为了进一步加强水利建设工程安全生产监督管理，保障施工安全和人民群众生命财产安全，水利部决定在水利工程招标投标活动中，建立水利建设工程安全生产条件市场准入制度，并颁发《关于建立水利建设工程安全生产条件市场准入制度的通知》（水建管〔2005〕80 号），自 2005 年 3 月 9 日起实施。制度的主要内容如下：

（1）未取得安全生产许可证的施工企业不得参加水利工程投标；

（2）未取得安全生产考核合格证的施工企业主要负责人、项目负责人和专职安全生产管理人员不得参与水利工程投标并不得担任相关施工管理职务；

（3）水利工程质量监督、勘测设计、监理单位应当积极组织本单位相关人员参加有关水利建设工程安全生产知识培训。

1.2.4.2　水利工程施工单位的安全生产责任

《水利工程建设安全生产管理规定》（水利部第 26 号令）按施工单位、施工单位的相关人员以及施工作业人员等三个方面，从保证安全生产的应当具有的基本条件出发，对施工单位的资质等级、机构设置、投标报价、安全责任，施工单位有关负责人的安全责任以及施工作业人员的安全责任等做出了具体规定。

（1）施工单位从事水利工程的新建、扩建、改建、加固和拆除等活动，应当具备国家规定的注册资本、专业技术人员、技术装备和安全生产等条件，依法取得相应等级的资质证书，并在其资质等级许可的范围内承揽工程。

（2）施工单位应当依法取得安全生产许可证后，方可从事水利工程施工活动。

（3）施工单位主要负责人依法对本单位的安全生产工作全面负责。施工单位应当建立健全安全生产责任制度和安全生产教育培训制度，制定安全生产规章制度和操作规程，保证本单位建立和完善安全生产条件所需资金的投入，对所承担的水利工程进行定期和专项安全检查，并做好安全检查记录。

（4）施工单位的项目负责人应当由取得相应执业资格的人员担任，对水利工程建设项目的安全施工负责，落实安全生产责任制度、安全生产规章制度和操作规程，确保安全生产费用的有效使用，并根据工程的特点组织制定安全施工措施，消除安全事故隐患，及时、如实报告生产安全事故。

（5）施工单位在工程报价中应当包含工程施工的安全作业环境及安全施工措施所需费用。对列入建设工程概算的上述费用，应当用于施工安全防护用具及设施的采购和更新、安全施工措施的落实、安全生产条件的改善，不得挪作他用。

（6）施工单位应当设立安全生产管理机构，按照国家有关规定配备专职安全生产管理人员。施工现场必须有专职安全生产管理人员。

专职安全生产管理人员负责对安全生产进行现场监督检查。发现生产安全事故隐患，应当及时向项目负责人和安全生产管理机构报告；对违章指挥、违章操作的，应当立即制止。

（7）施工单位在建设有度汛要求的水利工程时，应当根据项目法人编制的工程度汛方案、措施制定相应的度汛方案，报项目法人批准；涉及防汛调度或者影响其他工程、设施度汛安全的，由项目法人报有管辖权的防汛指挥机构批准。

（8）垂直运输机械作业人员、安装拆卸工、爆破作业人员、起重信号工、登高架设作业人员等特种作业人员，必须按照国家有关规定经过专门的安全作业培训，并取得特种作业操作资格证书后，方可上岗作业。

（9）施工单位应当在施工组织设计中编制安全技术措施和施工现场临时用电方案，对下列达到一定规模的危险性较大的工程应当编制专项施工方案，并附具安全验算结果，经施工单位技术负责人签字以及总监理工程师核签后实施，由专职安全生产管理人员进行现场监督：

1）基坑支护与降水工程；

2）土方和石方开挖工程；

3）模板工程；

4）起重吊装工程；

5）脚手架工程；

6）拆除、爆破工程；

7）围堰工程；

8）其他危险性较大的工程。

对前款所列工程中涉及高边坡、深基坑、地下暗挖工程、高大模板工程的专项施工方案，施工单位还应当组织专家进行论证、审查。

（10）施工单位在使用施工起重机械和整体提升脚手架、模板等自升式架设设施前，应当组织有关单位进行验收，也可以委托具有相应资质的检验检测机构进行验收；使用承租的机械设备和施工机具及配件的，由施工总承包单位、分包单位、出租单位和安装单位共同进行验收。验收合格的方可使用。

（11）施工单位的主要负责人、项目负责人、专职安全生产管理人员应当经水行政主管部门安全生产考核合格后方可任职。

施工单位应当对管理人员和作业人员每年至少进行一次安全生产教育培训，其教育培训情况记入个人工作档案。安全生产教育培训考核不合格的人员，不得上岗。

施工单位在采用新技术、新工艺、新设备、新材料时，应当对作业人员进行相应的安全生产教育培训。

136

1.2.4.3 水利工程生产安全事故的应急救援和调查处理

1. 水利工程建设安全生产应急救援的要求

根据《水利工程建设安全生产管理规定》（水利部第 26 号令），有关水利工程建设安全生产应急救援的要求主要有以下几点。

（1）各级地方人民政府水行政主管部门应当根据本级人民政府的要求，制定本行政区域内水利工程建设特大生产安全事故应急救援预案，并报上一级人民政府水行政主管部门备案。流域管理机构应当编制所管辖的水利工程建设特大生产安全事故应急救援预案，并报水利部备案。

（2）项目法人应当组织制定本建设项目的生产安全事故应急救援预案，并定期组织演练。应急救援预案应当包括紧急救援的组织机构、人员配备、物资准备、人员财产救援措施、事故分析与报告等方面的方案。

（3）施工单位应当根据水利工程施工的特点和范围，对施工现场易发生重大事故的部位、环节进行监控，制定施工现场生产安全事故应急救援预案。实行施工总承包的，由总承包单位统一组织编制水利工程建设生产安全事故应急救援预案，工程总承包单位和分包单位按照应急救援预案，各自建立应急救援组织或者配备应急救援人员，配备救援器材、设备，并定期组织演练。

2. 生产安全事故的调查处理

关于生产安全事故的调查处理，《水利工程建设安全生产管理规定》根据《中华人民共和国安全生产法》以及《建设工程安全生产管理条例》的有关规定，并结合水利工程建设的特点，提出以下要求。

（1）施工单位发生生产安全事故，应当按照国家有关伤亡事故报告和调查处理的规定，及时、如实地向负责安全生产监督管理的部门以及水行政主管部门或者流域管理机构报告；特种设备发生事故的，还应当同时向特种设备安全监督管理部门报告。接到报告的部门应当按照国家有关规定，如实上报。

实行施工总承包的建设工程，由总承包单位负责上报事故。

发生生产安全事故，项目法人及其他有关单位应当及时、如实地向负责安全生产监督管理的部门以及水行政主管部门或者流域管理机构报告。

（2）发生生产安全事故后，有关单位应当采取措施防止事故扩大，保护事故现场。需要移动现场物品时，应当做出标记和书面记录，妥善保管有关证物。

（3）水利工程建设生产安全事故的调查、对事故责任单位和责任人的处罚与处理，按照有关法律、法规的规定执行。

1.2.4.4 水利工程建设突发安全事故应急预案

为提高应对水利工程建设突发安全事故能力，做好水利工程建设重大质量与安全事故应急处置工作，有效预防、及时控制和消除水利工程建设重大质量与安全事故的危害，最大限度减少人员伤亡和财产损失，保证工程建设质量与施工安全以及水利工程建设顺利进行，根据《中华人民共和国安全生产法》、《国家突发公共事件总体应急预案》和《水利工程建设安全生产管理规定》等法律、法规和有关规定，结合水利工程建设实际，水利部制定了《水利工程建设重大质量与安全事故应急预案》（水建管〔2006〕202 号），其主要内容如下。

1. 适用范围

《水利工程建设重大质量与安全事故应急预案》适用于水利工程建设过程中突然发生且已经造成或者可能造成重大人员伤亡、重大财产损失，有重大社会影响或涉及公共安全的重大质量与安全事故的应急处置工作。按照水利工程建设质量与安全事故发生的过程、性质和机理，水利工程建设重大质量与安全事故主要包括：

(1) 施工中土石方塌方和结构坍塌安全事故；

(2) 特种设备或施工机械安全事故；

(3) 施工围堰坍塌安全事故；

(4) 施工爆破安全事故；

(5) 施工场地内道路交通安全事故；

(6) 施工中发生的各种重大质量事故；

(7) 其他原因造成的水利工程建设重大质量与安全事故。

水利工程建设中发生的自然灾害（如洪水、地震等）、公共卫生事件、社会安全等事件，依照国家和地方相应应急预案执行。

2. 工作原则

(1) 以人为本，安全第一

应急处置以保障人民群众的利益和生命财产安全作为出发点和落脚点，最大限度地减少或减轻重大质量与安全事故造成的人员伤亡和财产损失以及社会危害。

(2) 分级管理、分级负责

在国务院统一领导下，根据水利工程建设重大质量与安全事故等级、类型和职责分工，水利部及其所属流域机构、地方各级人民政府及各级水行政主管部门以及水利工程建设项目法人（建设单位，包括项目代建机构，下同）和施工等工程参建单位负责相应的质量与安全事故应急处置工作。

(3) 集中领导，统一指挥，属地为主，条块结合

地方各级人民政府是水利工程建设重大质量与安全事故应急处置的主体，承担处置事故的首要责任。水利部予以协调和指导，水利部所属流域机构、各级水行政主管部门各司其职，积极协调配合，动员力量，有组织地参与事故处置活动。事故现场应当设立由当地政府组建、各应急指挥机构参加的事故现场应急处置指挥机构，实行集中领导、统一指挥。水利工程建设项目法人和施工等工程参建单位在事故现场应急处置指挥机构的统一指挥下，进行事故处置活动。

(4) 信息准确，运转高效

水利工程建设项目法人和施工等工程参建单位要及时报告事故信息。在地方人民政府的领导下，各级水行政主管部门要与地方人民政府和有关部门密切协作，快速处置信息。相关部门应当在接到事故信息后第一时间内启动应急预案。

(5) 预防为主，平战结合

贯彻落实"安全第一，预防为主"的方针，坚持事故应急与预防工作相结合，做好预防、预测、预警和预报、正常情况下的水利建设工程项目风险评估、应急物资储备、应急队伍建设以及完善应急装备和应急预案演练等工作。

3. 应急指挥机构与体系

水利工程建设重大质量与安全事故应急组织指挥体系由水利部及流域机构、各级水行政主管部门的水利工程建设重大质量与安全事故应急指挥部、地方各级人民政府、水利工程建设项目法人以及施工等工程参建单位的质量与安全事故应急指挥部组成。

（1）流域机构应急处置指挥机构及职责

水利部流域机构应当制定流域机构水利工程建设重大质量与安全事故应急预案。有关重大质量与安全事故应急指挥部的组成以及职责，可参照水利部工程建设事故应急指挥部的组成与职责，结合流域机构的职责与水利工程项目管理的实际制定。应急预案需经水利部核准并抄送流域内省级水行政主管部门（含新疆生产建设兵团水利局，下同）。

（2）各级水行政主管部门应急处置机构及职责

各级水行政主管部门应当根据本级人民政府的统一部署和水利部的有关规定，制定本行政区域内水利工程建设重大质量与安全事故应急预案。有关重大质量与安全事故应急指挥部的组成以及职责，可参照水利部工程建设事故应急指挥部的组成与职责，结合本地实际制定。水利工程建设重大质量与安全事故应急预案应逐级上报备案，省级水行政主管部门应将其应急预案报水利部及所在流域机构备案。

（3）项目法人应急处置指挥机构及职责

在本级水行政主管部门的指导下，水利工程建设项目法人应当组织制定本工程项目建设质量与安全事故应急预案，建立工程项目建设质量与安全事故应急处置指挥部。工程项目建设质量与安全事故应急处置指挥部的组成如下：

指挥：项目法人主要负责人；

副指挥：工程各参建单位主要负责人；

成员：工程各参建单位有关人员。

工程项目建设质量与安全事故应急处置指挥部的主要职责有：

1）制定工程项目质量与安全事故应急预案（包括专项应急预案），明确工程各参建单位的责任，落实应急救援的具体措施；

2）事故发生后，执行现场应急处置指挥机构的指令，及时报告并组织事故应急救援和处置，防止事故的扩大和后果的蔓延，尽力减少损失；

3）及时向地方人民政府、地方安全生产监督管理部门和有关水行政主管部门应急指挥机构报告事故情况；

4）配合工程所在地人民政府有关部门划定并控制事故现场的范围、实施必要的交通管制及其他强制性措施、组织人员和设备撤离危险区等；

5）按照应急预案，做好与工程项目所在地有关应急救援机构和人员的联系沟通；

6）配合有关水行政主管部门应急处置指挥机构及其他有关主管部门发布和通报有关信息；

7）组织事故善后工作，配合事故调查、分析和处理；

8）落实并定期检查应急救援器材、设备情况；

9）组织应急预案的宣传、培训和演练；

10）完成事故救援和处理的其他相关工作。

水利工程项目建设质量与安全事故应急预案应当报工程所在地县级以上水行政主管部门以及项目法人的主管部门备案。

（4）施工单位应急救援组织及职责

1）承担水利工程施工的施工单位应当制定本单位施工质量与安全事故应急预案，建立应急救援组织或者配备应急救援人员，配备必要的应急救援器材、设备，并定期组织演练。水利工程施工企业应明确专人维护救援器材、设备等。

2）在工程项目开工前，施工单位应当根据所承担的工程项目施工特点和范围，制定施工现场施工质量与安全事故应急预案，建立应急救援组织或配备应急救援人员并明确职责。

3）在承包单位的统一组织下，工程施工分包单位（包括工程分包和劳务作业分包）应当按照施工现场施工质量与安全事故应急预案，建立应急救援组织或配备应急救援人员并明确职责。

4）施工单位的施工质量与安全事故应急预案、应急救援组织或配备的应急救援人员和职责应当与项目法人制定的水利工程项目建设质量与安全事故应急预案协调一致，并将应急预案报项目法人备案。

（5）现场应急处置指挥机构及职责

重大质量与安全事故发生后，在当地政府的统一领导下，应当迅速组建重大质量与安全事故现场应急处置指挥机构，负责事故现场应急救援和处置的统一领导与指挥。

4. 预警和预防机制

（1）工作准备

各级水行政主管部门应当定期研究水利工程建设重大质量与安全事故应急工作，指导建立和完善本行政区域内以及所主管工程项目应急组织体系和应急队伍建设，加强质量与安全事故应急有关知识的宣传教育，开展工程项目应急预案以及应急救援器材、设备的监督检查工作，防患于未然。

（2）预警预防行动

1）施工单位应当根据建设工程的施工特点和范围，加强对施工现场易发生重大事故的部位、环节进行监控，配备救援器材、设备，并定期组织演练。

2）对可能导致重大质量与安全事故后果的险情，项目法人和施工等知情单位应当按项目管理权限立即报告流域机构或水行政主管部门和工程所在地人民政府，必要时可越级上报至水利部工程建设事故应急指挥部办公室；对可能造成重大洪水灾害的险情，项目法人和施工单位等知情单位应当立即报告所在地防汛指挥部，必要时可越级上报至国家防汛抗旱总指挥部办公室。

3）项目法人、各级水行政主管部门接到可能导致水利工程建设重大质量与安全事故的信息后，及时确定应对方案，通知有关部门、单位采取相应行动预防事故发生，并按照预案做好应急准备。

4）水利部工程建设事故应急指挥部办公室接到可能导致水利工程建设重大质量与安全事故信息后，密切关注事态进展，及时给予指导协调，并按照预案做好应急准备工作。

5. 事故等级

按事故的严重程度和影响范围，将水利工程建设质量与安全事故分为Ⅰ、Ⅱ、Ⅲ、Ⅳ四级。对应相应事故等级，采取Ⅰ级、Ⅱ级、Ⅲ级、Ⅳ级应急响应行动。其中：

（1）Ⅰ级（特别重大质量与安全事故）

已经或者可能导致死亡（含失踪）30 人以上（含本数，下同），或重伤（中毒）100 人以上，或需要紧急转移安置 10 万人以上，或直接经济损失 1 亿元以上的事故。

（2）Ⅱ级（特大质量与安全事故）

已经或者可能导致死亡（含失踪）10 人以上、30 人以下（不含本数，下同），或重伤（中毒）50 人以上、100 以下，或需要紧急转移安置 1 万人以上、10 万人以下，或直接经济损失 5000 万元以上、1 亿元以下的事故。

（3）Ⅲ级（重大质量与安全事故）

已经或者可能导致死亡（含失踪）3 人以上、10 人以下，或重伤（中毒）30 以上、50 人以下，或直接经济损失 1000 万元以上、5000 万元以下的事故。

（4）Ⅳ级（较大质量与安全事故）

已经或者可能导致死亡（含失踪）3 人以下，或重伤（中毒）30 以下，或直接经济损失 1000 万元以下的事故。

6. 事故报告程序

（1）根据水利部办公厅《关于完善水利行业生产安全事故统计快报和月报制度的通知》（办安监【2009】112 号），建立水利生产安全事故统计快报和月报制度。其中，事故快报范围为各级水行政主管部门、水利企事业单位在生产经营活动中以及其负责安全生产监管的水利水电在建、已建工程等生产经营活动中发生的特别重大、重大、较大和造成人员死亡的一般事故以及非超标准洪水溃坝等严重危及公共安全、社会影响重大的涉险事故；事故月报范围为各级水行政主管部门、水利企事业单位在生产经营活动中以及其负责安全生产监管的水利水电在建、已建工程等生产经营活动中发生的造成人员死亡、重伤（包括急性工业中毒）或者直接经济损失在 100 万元以上的生产安全事故。

发生快报范围内的事故后，事故现场有关人员应立即报告本单位负责人。事故单位负责人接到事故报告后，应在 1h 之内向上级主管单位以及事故发生地县级以上水行政主管部门报告。有关水行政主管部门接到报告后，立即报告上级水行政主管部门，每级上报的时间不得超过 2h。情况紧急时，事故现场有关人员可以直接向事故发生地县级以上水行政主管部门报告。有关单位和水行政主管部门也可以越级上报。部直属单位和各省（自治区、直辖市）水行政主管部门接到事故报告后，要在 2h 内报送至水利部安全监督司（非工作时间报水利部总值班室）。对事故情况暂时不清的，可先报送事故概况，及时跟踪并将新情况续报。自事故发生之日起 30d 内（道路交通事故、火灾事故自发生之日起 7d 内），事故造成的伤亡人数发生变化或直接经济损失发生变动，应当重新确定事故等级并及时补报。

（2）水利工程建设过程中发生生产安全事故的，应当同时向事故所在地安全生产监督局报告；特种设备发生事故，应当同时向特种设备安全监督管理部门报告。接到报告的部门应当按照国家有关规定，如实上报。报告的方式可先采用电话口头报告，随后递交正式书面报告。

（3）各级水行政主管部门接到水利工程建设重大质量与安全事故报告后，应当遵循"迅速、准确"的原则，立即逐级报告同级人民政府和上级水行政主管部门。

（4）对于水利部直管的水利工程建设项目以及跨省（自治区、直辖市）的水利工程项目，在报告水利部的同时应当报告有关流域机构。

（5）特别紧急的情况下，项目法人和施工单位以及各级水行政主管部门可直接向水利部报告。

7. 事故报告内容

事故报告内容分为事故发生时报告内容以及事故处置情况报告内容。

（1）事故发生时报告内容

1）发生事故的工程名称、地点、建设规模和工期，事故发生的时间、地点、简要经过、事故类别和等级、人员伤亡及直接经济损失初步估算；

2）有关项目法人、施工单位、主管部门名称及负责人联系电话，施工等单位的名称、资质等级；

3）事故报告的单位、报告签发人及报告时间和联系电话等。

（2）事故处置情况报告内容

1）有关项目法人、勘察、设计、施工、监理等工程参建单位名称、资质等级情况，单位以及项目负责人的姓名以及相关执业资格；

2）事故原因分析；

3）事故发生后采取的应急处置措施及事故控制情况；

4）抢险交通道路可使用情况；

5）其他需要报告的有关事项等。

8. 事故现场指挥协调和紧急处置

（1）水利工程建设发生质量与安全事故后，在工程所在地人民政府的统一领导下，迅速成立事故现场应急处置指挥机构负责统一领导、统一指挥、统一协调事故应急救援工作。事故现场应急处置指挥机构由到达现场的各级应急指挥部和项目法人、施工等工程参建单位组成。

（2）水利工程建设发生重大质量与安全事故后，项目法人和施工等工程参建单位必须迅速、有效地实施先期处置，防止事故进一步扩大，并全力协助开展事故应急处置工作。

（3）在事故应急处置过程中，各级应急指挥部应高度重视应急救援人员的安全防护，并根据工程特点、环境条件、事故类型及特征，为应急救援人员提供必要的安全防护装备。

（4）在事故应急处置过程中，根据事故状态，事故现场应急指挥机构应划定事故现场危险区域范围、设置明显警示标志，并及时发布通告，防止人畜进入危险区域。

（5）在事故应急处置过程中，要注意做好事故现场保护工作，因抢救人员防止事故扩大以及为缩小事故等原因需移动现场物件时，应当做出明显的标记和书面记录，尽可能拍照或者录像，妥善保管现场的重要物证和痕迹。

9. 应急保障措施

（1）通信与信息保障

1）各级应急指挥机构部门及人员通信方式应当报上一级应急指挥部备案，其中省级水行政主管部门以及国家重点建设项目的项目法人应急指挥部的通信方式报水利部和流域机构备案。通信方式发生变化的，应当及时通知水利部工程建设事故应急指挥部办公室以便及时更新。

2）正常情况下，各级应急指挥机构和主要人员应当保持通信设备 24h 正常畅通。

3）重大质量与安全事故发生后，正常通信设备不能工作时，应立即启动通信应急预案，迅速调集力量抢修损坏的通信设施，启用备用应急通信设备，保证事故应急处置的信息畅通，为事故应急处置和现场指挥提供通信保障。

4）通信与信息联络的保密工作、保密范围及相应通信设备应当符合应急指挥要求及国家有关规定。

（2）应急支援与装备保障

1）工程现场抢险及物资装备保障

①根据可能突发的重大质量与安全事故性质、特征、后果及其应急预案要求，项目法人应当组织工程有关施工单位配备适量应急机械、设备、器材等物资装备，以保障应急救援调用。

②重大质量与安全事故发生时，应当首先充分利用工程现场既有的应急机械、设备、器材。同时在地方应急指挥部的调度下，动用工程所在地公安、消防、卫生等专业应急队伍和其他社会资源。

2）应急队伍保障

各级应急指挥部应当组织好三支应急救援基本队伍：

①工程设施抢险队伍，由工程施工等参建单位的人员组成，负责事故现场的工程设施抢险和安全保障工作。

②专家咨询队伍，由从事科研、勘察、设计、施工、监理、质量监督、安全监督、质量检测等工作的技术人员组成，负责事故现场的工程设施安全性能评价与鉴定，研究应急方案、提出相应应急对策和意见；并负责从工程技术角度对已发事故还可能引起或产生的危险因素进行及时分析预测。

③应急管理队伍，由各级水行政主管部门的有关人员组成，负责接收同级人民政府和上级水行政主管部门的应急指令、组织各有关单位对水利工程建设重大质量与安全事故进行应急处置，并与有关部门进行协调和信息交换。

3）经费与物资保障

应当做到地方各级应急指挥部确保应急处置过程中的资金和物资供给。

（3）技术储备与保障

1）各级应急指挥部应当整合水利工程建设各级应急救援专家并建立专家库，常设专家技术组，根据工程重大质量与安全事故的具体情况，及时派遣或调整现场应急救援专家成员。

2）各级应急指挥部将组织有关单位对水利工程质量与安全事故的预防、预测、预警、预报和应急处置技术研究，提高应急监测、预防、处置及信息处理的技术水平，增强技术储备。

3）水利工程重大质量与安全事故预防、预测、预警、预报和处置技术研究和咨询依托有关专业机构。

10. 宣传、培训和演练。

（1）公众信息交流

1）水利部应急预案及相关信息公布范围至流域机构、省级水行政主管部门。

2）项目法人制定的应急预案应当公布至工程各参建单位及相关责任人，并向工程所在地人民政府及有关部门备案。

（2）培训

1）水利部负责对各级水行政主管部门以及国家重点建设项目的项目法人应急指挥机构有关工作人员进行培训。

2）项目法人应当组织水利工程建设各参建单位人员进行各类质量与安全事故及应急预案教育，对应急救援人员进行上岗前培训和常规性培训。培训工作应结合实际，采取多种形式，定期与不定期相结合，原则上每年至少组织一次。

3）培训对象包括有关领导和有关应急人员等，培训工作应做到合理规范，保证培训工作质量和实际效果。培训情况要留有记录并建立培训档案。

（3）演练

1）各级水行政主管部门应急指挥部应当根据水利工程建设情况和总体工作安排，适时选定某一工程，组织相关单位进行重大质量与安全事故应急处置演练。

2）项目法人应急处置指挥部应根据工程具体情况及事故特点，组织工程参建单位进行突发事故应急救援演习，必要时邀请工程所在地人民政府及有关部门或社会公众参与。

3）演练结束后，组织单位要总结经验，完善和改进事故防范措施和应急预案。

11. 监督检查

（1）水利部工程建设事故应急指挥部对流域机构、省级水行政主管部门应急指挥部实施应急预案进行指导和协调。

（2）按照水利工程建设管理事权划分，由水行政主管部门应急指挥部对项目法人以及工程项目施工单位应急预案进行监督检查。

（3）项目法人应急指挥部对工程各参建单位实施应急预案进行督促检查。

（4）各级应急指挥机构应当有具体的监督、检查办法和程序，对检查发现的问题及时责令整改，拒不执行的，报请有关主管部门予以处理。

1.2.4.5 水利工程文明建设工地的要求

1. 文明建设工地评审

为深入贯彻落实科学发展观，大力加强水利建设工程管理水平，进一步规范水利工程建设文明工地创建工作，大力倡导文明施工，安全施工，营造和谐建设环境，更好地发挥水利工程在国民经济和社会发展中的重要支撑作用，水利部制定发布了《水利建设工程文明工地创建管理暂行办法》（水精【2012】1号）。原《水利系统文明建设工地评审管理办法》（建地【1998】4号）同时废止。

（1）文明工地创建标准

文明工地应当符合以下标准：

1）质量管理：质量保证体系健全；工程质量得到有效控制，工程内在、外观质量优良；质量事故、质量缺陷处理及时；质量档案管理规范、真实，归档及时等。

2）综合管理：文明工地创建工作计划周密，组织到位，制度完善，措施落实；参建各方信守合同，严格执行基本建设程序。全体参建人员遵纪守法，爱岗敬业；学习气氛浓厚，职工文体活动丰富；信息管理规范；参建单位之间关系融洽，能正确协调处理与周边群众的关系，营造良好施工环境。

3）安全管理：安全生产责任制及规章制度完善；制定针对性及操作性强的事故应急

预案；实行定期安全生产检查制度，无生产安全事故发生。

4）施工区环境：现场材料堆放、施工机械停放有序、整齐；施工道路布置合理，路面平整、通畅；施工现场做到工完场清；施工现场安全设施及警示标识规范；办公室、宿舍、食堂等场所整洁、卫生；生态环境保护及职业健康条件符合国家标准要求，防止或减少施工引起的粉尘、废水、废气、固体废弃物、噪声、振动、照明对人和环境的危害，防范污染措施得当。

有下列情形之一的，不得申报"文明工地"：

① 干部职工中发生刑事案件或经济案件被判处刑法主刑的；干部职工中发生违纪、违法行为，受到党纪、政纪处分或被刑事处罚的；

② 发生较大及以上质量事故或一般以上生产安全事故；环保事件；

③ 被水行政主管部门或有关部门通报批评或进行处罚的；

④ 拖欠工程款、民工工资或与当地群众发生重大冲突等事件，并造成严重社会影响的；

⑤ 项目建设单位未严格执行项目法人负责制、招标投标制和建设监理制的；

⑥ 项目建设单位未按照国家现行基本建设程序要求办理相关事宜的；

⑦ 项目建设过程中，发生重大合同纠纷，造成不良影响的。

（2）文明工地创建与管理

文明工地创建在项目法人（或建设单位，下同）党组织的统一领导下进行，主要领导为第一责任人，形成主要领导亲自抓，分管领导具体抓，各部门和相关单位齐抓共管，各参建单位积极配合，广大干部职工广泛参与的工作格局。

项目法人应将文明工地创建工作纳入工程建设管理的总体规划，根据文明工地的创建标准，结合工程建设实际，制定创建工作实施计划，采取切实可行的措施，确保各项创建工作落到实处。

开展文明工地创建的单位，应做到：组织机构健全，规章制度完善，岗位职责明确，档案资料齐全。

文明工地创建应有扎实的群众基础，加强舆论宣传，及时总结宣传先进典型，广泛开展技能比武，文明班组、青年文明号、岗位能手等多种形式的创建活动。

文明工地创建要加强自身管理，根据新形势新任务的要求，创新内容、创新手段、创新载体。要搞好日常的检查考核，建立健全激励机制，不断巩固提高创建水平。

（3）文明工地申报

文明工地实行届期制，每两年命名一次。按照自愿申报、逐级推荐、考核评审、公示评议、审定命名的程序进行。在上一届期已被命名为文明工地的，如符合条件，可继续申报下一届。

1）自愿申报。凡具备第六条条件且符合下列申报条件的水利建设工地，即：开展文明工地创建活动半年以上；工程项目已完成的工程量，应达全部建筑安装工程量的20%及以上，或在主体工程完工一年以内；工程进度满足总体进度计划要求的均可由项目法人按自愿原则申报。

申报文明工地的项目，原则上是以项目建设管理单位所管辖的一个工程项目或其中的一个或几个标段为单位的工程项目（或标段）为一个文明建设工地。

2）逐级推荐。县级及以上水行政主管部门负责对申报单位进行现场考核，并逐级向上推荐。省、自治区、直辖市水利（水务）厅（局）文明办会同建管部门进行考核，本着优中选优的原则，向本单位文明委提出推荐（申报）名单。

流域机构所属的工程项目，由流域机构文明办会同建管部门进行考核，向本单位文明委提出推荐（申报）名单。

中央和水利部直属工程项目，由项目法人直接向水利部文明办申报。

3）考核评审。水利部文明办会同建设与管理司负责组织文明工地的审核、评定，按照考核标准赋分；提出文明工地建议名单，报水利部精神文明建设指导委员会（以下简称"水利部文明委"）审定。

4）公示评议。水利部文明委审议通过后，在水利部相关媒体上进行为期一周的公示，接受公众监督。公示期间有异议的，由水利部文明办会同建设与管理司组织复核。

5）审定命名。对符合条件的"文明工地"工程项目，由水利部文明办授予"文明工地"称号。

2. 安全生产标准化评审

为进一步落实水利生产经营单位安全生产主体责任，规范水利安全生产标准化评审工作，根据《国务院关于进一步加强企业安全生产工作的通知》（国发〔2010〕23 号）、《国务院安委会关于深入开展企业安全生产标准化建设的指导意见》（安委〔2011〕4 号）和《水利行业深入开展安全生产标准化建设实施方案》（水安监〔2011〕346 号），水利部组织制定《水利安全生产标准化评审管理暂行办法》。本办法包括三个附件，《水利工程项目法人安全生产标准化评审标准（试行）》；《水利水电施工企业安全生产标准化评审标准（试行）》；《水利工程管理单位安全生产标准化评审标准（试行）》。以下统称《评审标准》。

（1）水利安全生产标准化评审的基本要求

《评审标准》适用于水利部部属水利生产经营单位，以及申请一级的非部属水利生产经营单位安全生产标准化评审。

水利生产经营单位是指水利工程项目法人、从事水利水电工程施工的企业和水利工程管理单位。其中水利工程项目法人为施工工期 2 年以上的大中型水利工程项目法人。小型水利工程项目法人和施工工期 2 年以下的大中型水利工程项目法人不参加安全生产标准化评审，但应按照安全生产标准化评审标准开展安全生产标准化建设工作。

水利安全生产标准化等级分为一级、二级和三级，依据评审得分确定，评审满分为100 分。具体标准为：

1）一级：评审得分 90 分以上（含），且各一级评审项目得分不低于应得分的 70%；

2）二级：评审得分 80 分以上（含），且各一级评审项目得分不低于应得分的 70%；

3）三级：评审得分 70 分以上（含），且各一级评审项目得分不低于应得分的 60%；

4）不达标：评审得分低于 70 分，或任何一项一级评审项目得分低于应得分的 60%。

水利部安全生产标准化评审委员会负责部属水利生产经营单位一、二、三级和非部属水利生产经营单位一级安全生产标准化评审的指导、管理和监督，其办公室设在水利部安全监督司。评审具体组织工作由中国水利企业协会承担。

各省、自治区、直辖市水行政主管部门可参照本办法，结合本地区水利实际制定相关规定，开展本地区二级和三级水利安全生产标准化评审工作。

（2）水利生产经营单位单位自评和申请

1）单位自评报告

水利生产经营单位应按照《评审标准》组织开展安全生产标准化建设，自主开展等级评定，形成自评报告。自评报告内容应包括：单位概况及安全管理状况、基本条件的符合情况、自主评定工作开展情况、自主评定结果、发现的主要问题、整改计划及措施、整改完成情况等。

水利生产经营单位在策划、实施安全生产标准化工作和自主开展安全生产标准化等级评定时，可以聘请专业技术咨询机构提供支持。

2）书面申请

水利生产经营单位根据自主评定结果，按照下列规定提出评审书面申请，申请材料包括申请表和自评报告：

① 部属水利生产经营单位经上级主管单位审核同意后，向水利部提出评审申请；

② 地方水利生产经营单位申请水利安全生产标准化一级的，经所在地省级水行政主管部门审核同意后，向水利部提出评审申请；

③ 上述两款规定以外的水利生产经营单位申请水利安全生产标准化一级的，经上级主管单位审核同意后，向水利部提出评审申请。

申请水利安全生产标准化评审的单位应具备以下条件：

① 设立有安全生产行政许可的，应依法取得国家规定的相应安全生产行政许可；

② 水利工程项目法人所管辖的建设项目、水利水电施工企业在评审期（申请等级评审之日前1年）内，未发生较大及以上生产安全事故，不存在非法违法生产经营建设行为，重大事故隐患已治理达到安全生产要求；

③ 水利工程管理单位在评审期内，未发生造成人员死亡、重伤3人以上或直接经济损失超过100万元以上的生产安全事故，不存在非法违法生产经营建设行为，重大事故隐患已治理达到安全生产要求。

（3）监督管理

1）行业监督与单位自查

水利部对取得水利安全生产标准化等级证书的单位，实施分类指导和督促检查，一级单位抓巩固，二级单位抓提升，三级单位抓改进。并视情况组织检查、抽查，对检查、抽查中发现的重大问题进行通报。

水利生产经营单位取得水利安全生产标准化等级证书后，每年应对本单位安全生产标准化的情况至少进行一次自我评审，并形成报告，及时发现和解决生产经营中的安全问题，持续改进，不断提高安全生产水平。

2）安全生产标准化等级证书的管理

① 安全生产标准化等级证书有效期为3年。有效期满需要延期的，须于期满前3个月，向水利部提出延期申请。

水利生产经营单位在安全生产标准化等级证书有效期内，完成年度自我评审，保持绩效，持续改进安全生产标准化工作，经评审机构复评，水利部审定，符合延期条件的，可延期3年。

② 取得水利安全生产标准化等级证书的单位，在证书有效期内发生下列行为之一的，

由水利部撤销其安全生产标准化等级，并予以公告：

  A. 在评审过程中弄虚作假、申请材料不真实的；

  B. 不接受检查的；

  C. 迟报、漏报、谎报、瞒报生产安全事故的；

  D. 水利工程项目法人所管辖建设项目、水利水电施工企业发生较大及以上生产安全事故后，水利工程管理单位发生造成人员死亡、重伤 3 人以上或经济损失超过 100 万元以上的生产安全事故后，在半年内申请复评不合格的；

  E. 水利工程项目法人所管辖建设项目、水利水电施工企业复评合格后再次发生较大及以上生产安全事故的；水利工程管理单位复评合格后再次发生造成人员死亡、重伤 3 人以上或经济损失超过 100 万元以上的生产安全事故的。

  ③ 被撤销水利安全生产标准化等级的单位，自撤销之日起，须按降低至少一个等级重新申请评审；且自撤销之日起满 1 年后，方可申请被降低前的等级评审。

  ④ 水利安全生产标准化三级单位构成撤销等级条件的，责令限期整改。整改期满，经评审符合三级单位要求的，予以公告。整改期限不得超过 1 年。

  3）评审机构的管理

  评审机构应客观、公正、独立地开展评审工作，对评审结果负责。在评审过程中出现下列行为之一的，取消其水利安全生产标准化评审机构资格：

  ①出具虚假或严重失实的评审报告的；

  ②泄露被评审单位的经济技术和商业秘密的；

  ③发生其他违法、违规行为，情节严重的。

1.2.4.6　水利工程安全生产监督管理的内容

  1. 监督管理体系和职责

  根据《中华人民共和国安全生产法》第 9 条、第 54 条，《建设工程安全生产管理条例》第 39 条、第 40 条等有关规定，《水利工程建设安全生产管理规定》结合水利工程建设的特点以及建设管理体系的具体情况，对水利工程建设安全生产监督管理体系和职责要求有以下：

  （1）水行政主管部门和流域管理机构按照分级管理权限，负责水利工程建设安全生产的监督管理。水行政主管部门或者流域管理机构委托的安全生产监督机构，负责水利工程施工现场的具体监督检查工作。

  （2）水利部负责全国水利工程建设安全生产的监督管理工作，其主要职责是：

  1）贯彻、执行国家有关安全生产的法律、法规和政策，制定有关水利工程建设安全生产的规章、规范性文件和技术标准；

  2）监督、指导全国水利工程建设安全生产工作，组织开展对全国水利工程建设安全生产情况的监督检查；

  3）组织、指导全国水利工程建设安全生产监督机构的建设、考核和安全生产监督人员的考核工作以及水利水电工程施工单位的主要负责人、项目负责人和专职安全生产管理人员的安全生产考核工作。

  （3）流域管理机构负责所管辖的水利工程建设项目的安全生产监督工作。

  （4）省、自治区、直辖市人民政府水行政主管部门负责本行政区域内所管辖的水利工程建设安全生产的监督管理工作，其主要职责是：

1）贯彻、执行有关安全生产的法律、法规、规章、政策和技术标准，制定地方有关水利工程建设安全生产的规范性文件；

2）监督、指导本行政区域内所管辖的水利工程建设安全生产工作，组织开展对本行政区域内所管辖的水利工程建设安全生产情况的监督检查；

3）组织、指导本行政区域内水利工程建设安全生产监督机构的建设工作以及有关的水利水电工程施工单位的主要负责人、项目负责人和专职安全生产管理人员的安全生产考核工作。

市、县级人民政府水行政主管部门水利工程建设安全生产的监督管理职责，由省、自治区、直辖市人民政府水行政主管部门规定。

（5）水行政主管部门或者流域管理机构委托的安全生产监督机构，应当严格按照有关安全生产的法律、法规、规章和技术标准，对水利工程施工现场实施监督检查。安全生产监督机构应当配备一定数量的专职安全生产监督人员。安全生产监督机构以及安全生产监督人员应当经水利部考核合格。

（6）水行政主管部门或者其委托的安全生产监督机构应当自收到本规定第 9 条和第 11 条规定的有关备案资料后 20 日内，将有关备案资料抄送同级安全生产监督管理部门。流域管理机构抄送项目所在地省级安全生产监督管理部门，并报水利部备案。

（7）水行政主管部门、流域管理机构或者其委托的安全生产监督机构依法履行安全生产监督检查职责时，有权采取下列措施：

1）要求被检查单位提供有关安全生产的文件和资料；

2）进入被检查单位施工现场进行检查；

3）纠正施工中违反安全生产要求的行为；

4）对检查中发现的安全事故隐患，责令立即排除；重大安全事故隐患排除前或者排除过程中无法保证安全的，责令从危险区域内撤出作业人员或者暂时停止施工。

（8）各级水行政主管部门和流域管理机构应当建立举报制度，及时受理对水利工程建设生产安全事故及安全事故隐患的检举、控告和投诉；对超出管理权限的，应当及时转送有管理权限的部门。举报制度应当包括以下内容：

1）公布举报电话、信箱或者电子邮件地址，受理对水利工程建设安全生产的举报；

2）对举报事项进行调查核实，并形成书面材料；

3）督促落实整顿措施，依法做出处理。

2. 监督检查的主要内容

根据水利部《关于印发水利工程建设安全生产监督检查导则的通知》（水安监【2011】475 号）各级水行政主管部门安全生产监督检查的主要内容是：

（1）对项目法人安全生产监督检查内容主要包括：

1）安全生产管理制度建立健全情况；

2）安全生产管理机构设立情况；

3）安全生产责任制建立及落实情况；

4）安全生产例会制度执行情况；

5）保证安全生产措施方案的制定、备案与执行情况；

6）安全生产教育培训情况；

7）施工单位安全生产许可证、"三类人员"（施工企业主要负责人、项目负责人及专职安全生产管理人员，下同）安全生产考核合格证及特种作业人员持证上岗等核查情况；

8）安全施工措施费用管理；

9）生产安全事故应急预案管理；

10）安全生产隐患排查和治理；

11）生产安全事故报告、调查和处理等。

（2）对勘察（测）设计单位安全生产监督检查内容主要包括：

1）工程建设强制性标准执行情况；

2）对工程重点部位和环节防范生产安全事故的指导意见或建议；

3）新结构、新材料、新工艺及特殊结构防范生产安全事故措施建议；

4）勘察（测）设计单位资质、人员资格管理和设计文件管理等。

（3）建设监理单位安全生产监督检查内容主要包括：

1）工程建设强制性标准执行情况；

2）施工组织设计中的安全技术措施及专项施工方案审查和监督落实情况；

3）安全生产责任制建立及落实情况；

4）监理例会制度、生产安全事故报告制度等执行情况；

5）监理大纲、监理规划、监理细则中有关安全生产措施执行情况等。

（4）施工单位安全生产监督检查内容主要包括：

1）安全生产管理制度建立健全情况；

2）资质等级、安全生产许可证的有效性；

3）安全生产管理机构设立及人员配置；

4）安全生产责任制建立及落实情况；

5）安全生产例会制度、隐患排查制度、事故报告制度和培训制度等执行情况；

6）安全生产操作规程制定及执行情况；

7）"三类人员"安全生产考核合格证及特种作业人员持证上岗情况；

8）劳动防护用品管理制度及执行情况；

9）安全费用的提取及使用情况；

10）生产安全事故应急预案制定及演练情况；

11）生产安全事故处理情况；

12）危险源分类、识别管理及应对措施等。

（5）对施工现场安全生产监督检查内容主要包括：

1）施工支护、脚手架、爆破、吊装、临时用电、安全防护设施和文明施工等情况；

2）安全生产操作规程执行与特种作业人员持证上岗情况；

3）个体防护与劳动防护用品使用情况；

4）应急预案中有关救援设备、物资落实情况；

5）特种设备检验与维护状况；

6）消防设施等落实情况。

3. 监督检查的组织形式

根据水利部《关于印发水利工程建设安全生产监督检查导则的通知》（水安监【2011】475号）各级水行政主管部门安全生产监督检查的组织与实施形式是：

1）安全生产监督检查由监督检查组织单位成立的安全生产监督检查组实施。监督检查组成员一般由监管部门的领导和人员、相关部门的代表和专家组成。

2）监督检查组应根据工程项目具体情况，制定检查方案，明确检查项目、内容和要求等。

3）监督检查组应在被监督检查单位或施工工地主持召开工作会议，介绍监督检查的内容、方法和要求，听取有关单位安全生产工作情况的介绍。

4）监督检查人员应查阅有关资料，针对检查对象的具体情况，对重点场所、关键部位实施现场检查，并记录检查结果。

5）监督检查组应现场反馈检查情况，并针对现场检查发现的安全生产问题、薄弱环节和安全生产事故隐患，提出整改要求。

6）监督检查组应编制监督检查报告，经监督检查组负责人签字后报监督检查组织单位。

7）监督检查组织单位根据检查情况，向被检查单位下发整改意见；有关部门和工程各参建单位应认真研究制定整改方案，落实整改措施，尽快完成整改并及时向监督检查组织单位反馈整改意见落实情况。

8）安全生产监督检查活动组织单位应注意保存影像资料、重要检查记录、监督检查报告、整改意见以及整改情况反馈意见等有关文件。

1.2.4.7 案例分析

某水库溢洪道加固工程，控制段共3孔，每孔净宽10.0m，现状底板顶高程20.0m，闸墩顶面高程32.0m，墩顶以上为现浇混凝土排架、启闭机房及公路桥。加固方案为：底板顶面再现浇20cm厚混凝土，闸墩外包15cm厚混凝土，拆除重建排架、启闭机房及公路桥。

为加快施工进度，施工单位在现浇桥面板混凝土强度达到设计强度的70％时即拆除脚手架及承重模板，一施工载重车辆从桥上通行时，桥面发生坍塌，造成3人死亡。事故发生后，施工单位按项目管理权限及时向当地县水行政主管部门进行了报告。

案例分析：

（1）质量与安全事故的主要原因：①该桥桥面板跨度大于8m，现浇桥面板混凝土强度未达到设计强度的100％，就拆除脚手架及承重模板，不符合《水工混凝土施工规范》SDJ 207规定；②桥面板混凝土强度仅达到设计强度的70％即拆除脚手架及承重模板，并允许载重车辆通行，也不符合《公路桥涵施工技术规范》JTG/T F50的规定。

（2）根据《水利工程建设重大质量与安全事故应急预案》，按事故的严重程度和影响范围，水利工程建设质量与安全事故分为Ⅰ级（特别重大质量与安全事故）、Ⅱ级（特大质量与安全事故）、Ⅲ级（重大质量与安全事故）、Ⅳ级（较大质量与安全事故）四个等级。本工程的事故等级为Ⅲ级（重大质量与安全事故）。

（3）事故发生后，施工单位的上报程序有不妥之处，施工单位除应及时向当地县级以上水行政主管部门报告外，还应同时向事故所在地安全生产监督局报告。

1.2.5 水利工程验收管理

1.2.5.1 水利水电建设工程验收的规定

为加强水利水电建设工程验收管理，使水利水电建设工程验收制度化、规范化，保证工程验收质量，依据水利部《水利工程建设项目验收管理规定》（水利部令第 30 号）等有关文件，按照《水利技术标准编写规定》SL 1 的要求，对《水利水电建设工程验收规程》SL 223 进行修订。水利部 2008 年 3 月 3 日发布《水利水电建设工程验收规程》SL 223，自 2008 年 6 月 3 日实施。该规程适用于由中央、地方财政全部投资或部分投资建设的大中型水利水电建设工程（含 1、2、3 级堤防工程）的验收，其他水利水电建设工程的验收可参照执行。《水利水电建设工程验收规程》共 9 章 15 节 146 条和 25 个附录。

1.2.5.2 小型水电站建设工程验收的要求

为加强小型水电站建设工程的建设管理，保证工程验收质量，使小型水电站建设工程的验收制度化、规范化，水利部以 2012 年第 69 号批准发布《小型水电站建设工程验收规程》（SL 168—2012），自 2012 年 11 月 23 日起施行。原《小型水电站建设工程验收规程》（SL 168—96）同步废止。

该规程适用于新建的总装机容量 50MW 及以下、1.0MW 及以上的小型水电站建设工程（以下简称小水电工程）的验收。改扩建的小水电工程和新建的总装机容量 1.0MW 以下的小水电站工程验收参照执行。

（1）小水电工程验收的总体要求

1）验收分类

小水电工程验收工作按工程项目划分及验收流程可分为分部工程验收、单位工程验收、合同工程完工验收、阶段验收（含机组启动验收）、专项验收和竣工验收，各项验收工作应互相衔接，避免重复。

小水电工程验收工作按验收主持单位可分为法人验收和政府验收，法人验收应包括分部工程验收、单位工程验收、合同工程完工验收及中间机组启动验收等；政府验收应包括阶段验收（含首末台机组启动验收）、专项验收、竣工验收等，验收主持单位可根据工程建设需要增设验收的类别和具体要求。

2）验收依据

小水电工程验收的主要依据如下：

① 国家现行有关法律、法规、规章和技术标准；

② 有关主管部门的规定；

③ 经批准（核准）的工程立项文件、设计文件及相应的设计变更文件；

④ 施工图纸、主要设备合同文件及技术说明书；

⑤ 法人验收还应以施工合同为依据。

3）验收内容

小水电工程验收应包括以下主要内容：

① 检查待验项目已完成的工程是否符合批准的设计文件要求；

② 检查已完工程在设计、施工、设备制造安装等方面的质量及相关资料的收集、整理和归档情况；

③ 检查工程是否具备运行或进行下一阶段建设的条件；

④ 检查工程投资控制和资金使用情况；

⑤ 对验收遗留问题提出处理意见；

⑥ 对工程建设做出评价和结论。

4）验收组织及验收意见

当工程具备验收条件时，应及时组织验收。未经验收或验收不合格的工程不应交付使用或进行后续工程施工。

政府验收应由验收主持单位组织成立的验收委员会负责；法人验收应由项目法人组织成立的验收工作组负责。验收委员会（工作组）由有关单位代表和有关专家组成。

验收的成果性文件是验收鉴定书，验收委员会（工作组）成员应在验收鉴定书上签字。对验收结论持有异议的，应将保留意见在验收鉴定书上明确记载并签字。

工程验收结论应经 2/3 以上验收委员会（工作组）成员同意。

验收过程中发现的问题，其处理原则应由验收委员会（工作组）协商确定。主任委员（组长）对争议问题有裁决权。若 1/2 以上的委员（组员）不同意裁决意见时，法人验收应报请验收监督管理机关决定；政府验收应报请竣工验收主持单位决定。

工程验收应在施工质量检验与评定的基础上，对工程质量提出明确结论意见。

5）验收资料

验收资料制备由项目法人统一组织，有关单位应按要求及时完成并提交。项目法人应对提交的验收资料进行完整性、规范性检查。

验收资料分为应提供的资料和需备查的资料。有关单位应保证其提交资料的真实性并承担相应责任。

工程验收的图纸、资料和成果性文件应按竣工验收资料要求制备。除图纸外，验收资料的规格宜为国际标准 A4（210mm×297mm）。文件正本应加盖单位印章且不应采用复印件。

6）验收费用

工程验收所需费用应进入工程造价，由项目法人列支或按合同约定列支。

（2）工程验收监督管理

1）分级管理

水利部负责指导全国小水电工程验收监督管理工作。县级以上地方人民政府水行政主管部门按照规定权限负责本行政区域内小水电工程验收监督管理工作。

地方各级人民政府水行政主管部门按照地方小水电工程分级管理规定，主持或参与本行政区域内小水电工程政府验收工作，并作为法人验收监督管理机关对本行政区域内小水电工程的法人验收工作实施监督管理。

2）管理方式

工程验收监督管理的方式应包括现场检查、主持或参加验收活动、对验收工作计划与验收成果性文件进行备案等。

水行政主管部门及法人验收监督管理机关可根据工作需要到工程现场检查工程建设情况、验收工作开展情况以及对接到的举报进行调查处理等。

3）监督管理内容

工程验收监督管理应包括以下主要内容：

①验收工作是否及时；

②验收条件是否具备；

③验收人员组成是否符合规定；

④验收程序是否规范；

⑤验收资料是否齐全；

⑥验收结论是否明确。

项目法人应在第一个单位工程验收60个工作日以前，制定法人验收工作计划，报法人验收监督管理机关备案。当工程建设计划调整时，法人验收工作计划也应相应调整并重新备案。法人验收工作计划内容包括工程概况、工程项目划分、工程建设总进度计划和法人验收工作计划等。

4）发现问题的处理

①当发现工程验收不符合有关规定时，验收监督管理机关应及时要求验收主持单位予以纠正，必要时可要求暂停验收或重新验收并同时报告验收主持单位。

②法人验收监督管理机关应对收到的验收备案文件进行检查，不符合有关规定的备案文件应要求有关单位进行修改、补充和完善。

③法人验收过程中发现的技术问题原则上应按合同约定进行处理。合同约定不明确的，应按国家或行业技术标准规定处理。当国家或行业技术标准暂无规定时，应由法人验收监督管理机关负责协调解决。

（3）分部工程验收的基本要求

1）验收组织

分部工程验收应由项目法人（或委托监理单位）主持。验收工作组应由项目法人、勘测、设计、监理、施工、主要设备制造（供应）商等单位的代表组成。

验收工作组成员应具备相应的专业知识或相应执业资格，且每个单位代表人数不宜超过2名。

分部工程具备验收条件时，施工单位应向项目法人提交法人验收申请报告，其内容包括验收范围、工程验收条件的检查结果和建议的验收时间。项目法人应在收到法人验收申请报告之日起5个工作日内决定是否同意进行验收。

2）验收条件

分部工程验收应具备以下条件：

①所有单元工程已完成；

②已完单元工程施工质量经评定全部合格，有关质量缺陷已处理完毕或有监理机构批准的处理意见；

③合同约定的其他条件。

3）验收内容

分部工程验收应包括以下主要内容：

①检查工程是否达到设计标准或合同约定标准的要求；

②评定工程施工质量等级；

③对验收中发现的问题提出处理意见；

4）验收程序

分部工程验收应按以下程序进行：

① 听取施工单位关于工程建设和单元工程施工质量评定情况的汇报；

② 现场检查工程完成情况和工程质量；

③ 检查单元工程质量评定及相关档案资料；

④ 讨论并通过分部工程验收鉴定书。

分部工程验收遗留问题处理情况应有书面记录并有相关责任单位代表签字，书面记录应随分部工程验收鉴定书一并归档。

分部工程验收鉴定书自通过之日起 20 个工作日内，由项目法人发送有关单位。

（4）单位工程验收的基本要求

1）验收组织

单位工程验收应由项目法人（或委托监理单位）主持。验收工作组应由项目法人、勘测、设计、监理、施工、主要设备制造（供应）商、运行管理等单位的代表组成。必要时，可邀请上述单位以外的专家参加。

验收工作组成员应具备相应的专业知识或相应执业资格，其中具有中级及以上技术职称的成员应占一半以上，且每个单位代表人数不宜超过 2 名。

单位工程完工并具备验收条件时，施工单位应向项目法人提交验收申请报告。项目法人应在收到验收申请报告之日起 10 个工作日内决定是否同意进行验收。

项目法人组织单位工程验收时，应提前通知质量和安全监督机构。主要建筑物单位工程验收应通知法人验收监督管理机关。法人验收监督管理机关可视情况决定是否列席验收会议，质量和安全监督机构应派员列席主要单位工程验收会议。

2）验收条件

单位工程验收应具备以下条件：

① 所有分部工程已完建并验收合格；

② 分部工程验收遗留问题已处理完毕并通过验收，未处理的遗留问题不影响单位工程施工质量评定并有监理机构批准的处理意见；

③ 合同约定的其他条件。

3）验收内容

单位工程验收应包括以下主要内容：

① 检查工程是否按批准的设计内容完成；

② 评定工程施工质量等级；

③ 检查分部工程验收遗留问题处理情况及相关记录；

④ 对验收中发现的问题提出处理意见。

4）验收程序

单位工程验收应按以下程序进行：

① 听取工程参建单位关于工程建设有关情况的汇报；

② 现场检查工程完成情况和工程质量；

③ 检查分部工程验收有关文件及相关档案资料；

④ 讨论并通过单位工程验收鉴定书。

单位工程验收鉴定书自通过之日起 20 个工作日内，由项目法人发送有关单位并报法人验收监督管理机关、质量和安全监督机构备案。

（5）合同工程完工验收的基本要求

1）验收组织

施工合同约定的建设内容完成后，应进行合同工程完工验收。当合同工程仅包含一个单位工程（分部工程）时，宜将单位工程（分部工程）验收与合同工程完工验收一并进行，但应同时满足相应的验收条件。

合同工程完工验收应由项目法人主持。验收工作组应由项目法人以及与合同工程有关的勘测、设计、监理、施工、主要设备制造（供应）商、运行管理等单位的代表组成。必要时，可邀请上述单位以外的专家参加。

验收工作组成员应具备相应的专业知识或相应执业资格，其中具有中级及以上技术职称的成员应占一半以上，且每个单位代表人数不宜超过 2 名。

合同工程完工并具备验收条件时，施工单位应向项目法人提交验收申请报告。项目法人应在收到验收申请报告之日起 15 个工作日内决定是否同意进行验收。

2）验收条件

合同工程完工验收应具备以下条件：

① 合同范围内的项目和工作已按合同约定完成；

② 工程已按规定进行了验收并合格；

③ 观测仪器和设备已测得初始值及施工期各项观测值；

④ 工程质量缺陷已按要求处理并通过验收；

⑤ 工程完工结算已完成；

⑥ 施工现场已清理；

⑦ 需移交项目法人的档案资料已按要求整理完毕；

⑧ 满足合同约定的其他条件。

3）验收内容

合同工程完工验收应包括以下主要内容：

① 检查合同范围内工程项目和工作完成情况；

② 检查施工现场清理情况；

③ 检查已投入使用工程运行情况；

④ 检查验收资料整理情况；

⑤ 评定工程施工质量等级；

⑥ 检查工程完工结算情况；

⑦ 检查历次验收遗留问题处理情况；

⑧ 对验收中发现的问题提出处理意见。

⑨ 确定合同工程完工日期；

⑩ 讨论并通过合同工程完工验收鉴定书。

合同工程完工验收鉴定书自通过之日起 20 个工作日内，由项目法人发送有关单位并报法人验收监督管理机关、质量和安全监督机构备案。

（6）阶段验收的基本要求

1）总体要求

① 分类

阶段验收应包括工程导（截）流前的验收、水库（拦河闸）蓄水前的验收、机组启动验收以及竣工验收主持单位根据工程建设需要增加的其他验收。

② 验收组织

阶段验收应由竣工验收主持单位或其委托的单位主持。阶段验收委员会应由验收主持单位、质量和安全监督机构、运行管理单位的代表以及有关专家组成；必要时，可邀请地方人民政府以及有关部门参加。

工程参建单位应派代表参加阶段验收，并作为被验收单位在验收鉴定书上签字。

工程建设具备阶段验收条件时，项目法人应提出阶段验收申请报告，其内容要求见附录 F。阶段验收申请报告应由法人验收监督管理机关审查后报竣工验收主持单位，竣工验收主持单位应在收到验收申请报告之日起 15 个工作日内决定是否同意进行阶段验收。

③ 阶段验收内容

阶段验收应包括以下主要内容：

A. 检查已完工程的形象面貌和工程质量；

B. 检查在建工程的建设情况；

C. 检查未完工程的计划安排和主要技术措施落实情况，以及是否具备施工条件；

D. 检查拟投入使用工程是否具备运行条件；

E. 检查历次验收遗留问题的处理情况；

F. 鉴定已完工程施工质量；

G. 对验收中发现的问题提出处理意见；

H. 讨论并通过阶段验收鉴定书。

④ 阶段验收程序

阶段验收应包括以下主要工作程序：

A. 现场检查相关工程建设情况及查阅有关资料；

B. 召开大会：

a. 宣布阶段验收委员会组成人员名单；

b. 听取工程参建单位的工作报告；

c. 讨论并通过阶段验收鉴定书；

d. 验收委员会委员和被验收单位代表在阶段验收鉴定书上签字。

阶段验收鉴定书自通过之日起 20 个工作日内，由验收主持单位发送有关单位。

2）工程导（截）流前验收

① 验收组织

工程导（截）流前，应进行导（截）流验收。可根据工程的规模及重要性，由竣工验收主持单位或委托项目法人主持导（截）流验收。

工程分期导（截）流时，宜分期进行导（截）流验收。

② 验收条件

工程导（截）流验收应具备以下条件：

A. 导流工程已基本完成并具备过流条件，投入使用（包括采取措施）后不影响其他后续工程施工；

B. 满足截流要求的水下隐蔽工程已完成并验收合格；

C. 截流方案已编制完成，各项准备工作已就绪；

D. 工程度汛方案已经有管辖权的防汛指挥部门批准，相关措施已落实；

E. 截流后壅高水位以下的移民搬迁安置和库底清理已完成并通过验收；

F. 有航运功能的河道，碍航问题已得到解决。

③ 验收内容

导（截）流验收应包括以下主要内容：

A. 检查已完水下工程、隐蔽工程、导（截）流工程是否满足导（截）流要求；

B. 检查建设征地、移民搬迁安置和库底清理完成情况；

C. 审查截流方案，检查导（截）流措施和准备工作落实情况；

D. 检查为解决碍航等问题而采取的工程措施落实情况；

E. 鉴定与截流有关已完工程施工质量；

F. 对验收中发现的问题提出处理意见；

G. 讨论并通过阶段验收鉴定书。

3）水库（拦河闸）下闸蓄水验收

① 验收组织

水库（拦河闸）下闸蓄水前，应进行下闸蓄水验收。可根据工程的规模及重要性，由竣工验收主持单位或委托项目法人主持下闸蓄水验收。

工程分期蓄水时，宜分期进行下闸蓄水验收。

② 验收条件

下闸蓄水验收应具备以下条件：

A. 挡水建筑物的形象外貌满足蓄水位的要求；

B. 蓄水淹没范围内的移民搬迁安置和库底清理已完成并通过验收；

C. 蓄水后需要投入使用的泄水建筑物已基本完成，并具备过流条件；

D. 有关观测仪器、设备已按设计要求安装和调试，并已测得初始值和施工期观测值；

E. 蓄水后未完工程的建设计划和施工措施已落实；

F. 按规定需要的蓄水安全鉴定报告已提交，并有可以下闸蓄水的明确结论；

G. 蓄水后可能影响工程安全运行的问题已处理，有关重大技术问题已有结论；

H. 蓄水计划、导流孔（洞）封堵方案等已编制完成并通过批准，各项准备工作就绪；

I. 年度度汛方案（包括调度运用方案）已经有管辖权的防汛指挥部门批准，相关措施已落实。

③ 验收内容

下闸蓄水验收应包括以下主要内容：

A. 检查已完工程是否满足蓄水要求；

B. 检查建设征地、移民搬迁安置和库区清理完成情况；

C. 检查近坝库岸处理情况；

D. 检查蓄水准备工作落实情况；

E. 鉴定与蓄水有关的已完工程施工质量；

F. 对验收中发现的问题提出处理意见；

G. 讨论并通过阶段验收鉴定书。

4）机组启动验收

① 验收条件

小水电工程每台机组投入运行前，应进行机组启动验收。

机组启动验收应具备以下条件：

A. 与机组启动运行有关的建筑物基本完成，过水建筑物具备过水条件，满足机组启动运行要求；

B. 水库（渠首）水位已超过最低发电水位，引水量可满足机组启动运行最低要求；

C. 与机组启动运行有关的金属结构及启闭设备安装完成，并经过调试合格，可满足机组启动运行要求；

D. 水轮发电机组、附属设备以及油、气、水等辅助设备安装完成，经调试合格并经分部试运转，满足机组启动运行要求；

E. 有关的电气设备（或装置）安装完成，并按有关规程规定进行试验合格，可满足机组启动运行要求；

F. 输、变电设备和设施的建设、安装、调试完毕，并通过相关部门的安全性评价或验收，送电准备工作已就绪，满足机组启动运行要求；

G. 机组启动运行的测量、监测、控制和保护等电气设备已安装完成并调试合格；

H. 运行管理单位已组建，运行管理人员的配备可满足机组启动运行要求；

I. 有关机组启动运行的安全、消防等防护措施已落实；

J. 现场安全工作规程、运行操作规程等规章制度已经制定。

② 验收组织

首（末）台机组启动验收应由竣工验收主持单位或其委托单位组织的机组启动验收委员会负责；中间机组启动验收可由项目法人组织的机组启动验收小组负责。验收委员会（小组）应有所在地电网企业的代表参加。

机组启动验收委员会下设试运行指挥组和验收交接组，负责进行具体工作。

试运行指挥组由安装机组的施工单位的项目技术负责人担任组长，运行管理单位的技术负责人担任副组长，负责编制机组设备启动试运行试验文件，组织进行机组设备的启动试运行和检修等工作。机组试运行操作值班人员由机组安装单位、运行管理单位、主要设备制造（供应）商的人员共同组成。

验收交接组由项目法人担任组长，运行管理单位、施工单位和监理单位担任副组长，运行管理单位、施工单位、机组安装单位、主要设备制造（供应）商和监理单位的人员共同组成，负责土建、金属结构、机电设备安装等工程项目完成情况和质量检查，以及技术文件和图纸资料的整理及随机机电设备备品、备件、专用工具的清点等交接工作。

中间机组启动验收可参照首（末）台机组启动验收的要求，由项目法人组织试运行指挥组和验收交接组进行。对验收过程中的问题和情况，随时向竣工验收主持单位报告。

③ 验收委员会的主要工作

机组启动验收委员会的主要工作：

A. 听取有关建设、设计、监理、施工和运行管理单位的报告，以及试运行指挥组和验收交接组的汇报；审查提供的文件资料；检查机组、附属设备、电气设备和水工建筑物的工程形象和质量是否符合设计要求和合同文件规定的标准，是否满足机组启动要求；

B. 检查机组启动前的各项准备工作，确认 6.4.2 条要求具备的条件以及验收委员会认为必须具备的其他条件是否具备，对尚未达到要求的项目和存在的问题提出处理意见；

C. 审查、批准机组启动试验程序、运行操作规程和试运行计划，决定机组第一次启动时间；

D. 提出启动验收鉴定书，确定进行交接的工程项目清单。

④ 机组启动试运行

机组启动试运行应进行机组启动试验、机组带额定负荷连续运行 72h 试验。

A. 进行机组启动试验。启动试验程序应由试运行指挥组编制，经启动验收委员会批准后执行，机组启动试验程序包括：

a. 对引水系统，水轮机和调速系统，发电机和励磁系统，油、水、气系统及发电机通风冷却系统，机电设备，控制保护装置，测量、监测表计等进行检查、试验；

b. 对引水设施、设备进行充水时和充水后的检查、试验；

c. 机组第一次启动和空载运行时的检查、试验；

d. 机组投入系统和带负荷检查、试验；

e. 机组甩负荷试验。

B. 进行机组带额定负荷连续运行 72h 试验。机组启动验收委员会应在试验前，听取试运行指挥组和监理单位对机组启动试验工作的简要汇报，做出机组能否进入 72h 带额定负荷连续运行的决定。如因负荷不足，或因特殊原因使机组不能达到额定出力时，启动验收委员会可根据具体条件确定机组应带的最大试验负荷。

C. 经 72h 带负荷连续运行一切正常，机组启动试运行即告完成。试运行指挥组应向启动验收委员会报告试运行完成情况，并提出机组启动试运行工作报告。

机组启动试运行过程中，应做好机组的检查、试验记录和试运行记录，所有这些记录资料均应作为移交运行管理单位技术资料的一部分。

试运行过程中发现的设备缺陷和故障等问题，应由责任单位及时处理。处理不合格的不能移交试生产。

机组启动试运行后确认可以安全试运行，由启动验收委员会提出机组启动验收鉴定书。提出机组启动验收鉴定书后，应办理机组交接手续进行试生产运行，试生产期限为 6 个月（经过一个汛期）至 12 个月。

（7）专项验收的基本要求

一般情况下，小水电工程在水库蓄水前需要进行水电站蓄水安全鉴定和水电站征地移民安置验收，水电站竣工验收前要进行水电站环境保护工程验收、水电站水土保持工程验收；对于国有资金投资和容量相对较大的电站，机组启动前要进行水电站消防工程验收，水电站竣工验收前要进行水电站工程竣工安全鉴定、水电站工程档案验收、水电站劳动安全与工业卫生验收和工程决算专项验收。

关于专项验收的要求包括：

1）工程竣工验收前，应按国家和工程所在地有关规定进行专项验收。专项验收主持单位应按国家和相关行业的有关规定确定。

2）项目法人应按国家和相关行业主管部门的规定，向有关部门提出专项验收申请报告，并做好有关准备和配合工作。

3）专项验收应具备的条件、验收主要内容、验收程序以及验收成果性文件的具体要求等应执行国家及相关行业主管部门有关规定。

（8）竣工验收的基本要求

1）总体要求

① 工程建设具备竣工验收条件时，项目法人应向法人验收监督管理机关和竣工验收主持单位提出竣工验收申请报告。

② 工程未能按期进行竣工验收的，项目法人应向竣工验收主持单位提出延期竣工验收专题申请报告。申请报告应包括延期竣工验收的主要原因及计划延长的时间等内容。

③ 工程有少量尾工，但不影响工程正常运行，且能符合财务有关规定，项目法人已对尾工做出安排的，经竣工验收主持单位同意，可进行竣工验收。

④ 竣工验收分为竣工技术预验收和竣工验收两个阶段。

⑤ 竣工验收应具备以下条件：

A. 工程已按批准的设计全部完成；

B. 工程重大设计变更已经有审批权的单位批准；

C. 各单位工程能正常运行，机组已全部投运（不属于本期建设机组除外）；

D. 机组试生产期已届满，水工建筑物已经过一个洪水期和冰冻期的考验；

E. 历次验收所发现的问题已基本处理完毕；

F. 各专项验收已通过；

G. 质量和安全监督工作报告已提交，工程质量达到合格标准；

H. 国有资金投资项目的竣工财务决算已通过竣工审计，审计意见中提出的问题已整改并提交了整改报告；

I. 竣工验收资料已准备就绪。

⑥ 竣工验收应按以下程序进行：

A. 项目法人组织进行竣工验收自查；

B. 项目法人提交竣工验收申请报告；

C. 竣工验收主持单位批复竣工验收申请报告；

D. 进行竣工技术预验收；

E. 召开竣工验收会议；

F. 印发竣工验收鉴定书。

2）竣工验收自查

① 自查工作的组织

申请竣工验收前，项目法人应组织竣工验收自查。自查工作应由项目法人主持，勘测、设计、监理、施工（安装）、主要设备制造（供应）商以及运行管理等单位的代表参加。

项目法人组织工程竣工验收自查前，应提前10个工作日通知质量和安全监督机构，同时向法人验收监督管理机关报告。质量和安全监督机构应派员列席自查工作会议。

项目法人应在完成竣工验收自查工作之日起 10 个工作日内，将自查的工程项目质量结论和相关资料报质量监督机构。

参加竣工验收自查的人员应在自查工作报告上签字。项目法人应自竣工验收自查工作报告通过之日起 20 个工作日内，将自查工作报告报法人验收监督管理机关。

② 自查的主要内容

竣工验收自查应包括以下主要内容：

A. 检查有关单位的工作报告；

B. 检查工程建设情况，评定工程项目施工质量等级；

C. 检查历次验收、专项验收的遗留问题和工程初期运行所发现问题的处理情况；

D. 确定工程尾工内容及其完成期限和责任单位；

E. 对竣工验收前应完成的工作做出安排；

F. 讨论并通过竣工验收自查工作报告。

3）工程质量抽样检测

① 根据竣工验收的需要，竣工验收主持单位可以委托具有相应资质的工程质量检测单位对工程质量进行抽样检测。项目法人应与工程质量检测单位签订工程质量检测合同。检测所需费用由项目法人列支，质量不合格工程所发生的检测费用由责任单位承担。

② 工程质量检测单位不应与参与工程建设的项目法人、设计、监理、施工、设备制造（供应）商等单位隶属同一经营实体。

③ 根据竣工验收主持单位的要求和项目的具体情况，项目法人应负责提出工程质量抽样检测的项目、内容和数量，经质量监督机构审核后报竣工验收主持单位核定。

④ 工程质量检测单位应按照有关技术标准对工程进行质量检测，按合同要求及时提出质量检测报告并对检测结论负责。项目法人应自收到检测报告 10 个工作日内将检测报告报竣工验收主持单位。

⑤ 对抽样检测中发现的质量问题，项目法人应及时组织有关单位研究处理。在影响工程安全运行以及使用功能的质量问题未处理完毕并合格前，不应进行竣工验收。

4）竣工技术预验收

① 预验收组织

竣工技术预验收应由竣工验收主持单位组织的专家组负责。竣工技术预验收专家组成员的 2/3 以上应具有中级及以上技术职称或相应执业资格，1/3 以上应具有高级技术职称或相应执业资格，成员的 2/3 以上应来自非参建单位。工程参建单位的代表应参加技术预验收，负责回答专家组提出的问题。

竣工技术预验收专家组可下设专业工作组，并在各专业工作组检查意见的基础上形成竣工技术预验收工作报告。

② 预验收的主要内容

竣工技术预验收应包括以下主要内容：

A. 检查工程是否按批准的设计完成；

B. 检查工程是否存在质量隐患和影响工程安全运行的问题；

C. 检查历次验收、专项验收的遗留问题和工程初期运行中所发现问题的处理情况；

D. 对工程重大技术问题做出评价；

E. 检查工程尾工安排情况；

F. 鉴定工程施工质量；

G. 检查工程投资、财务情况；

H. 对验收中发现的问题提出处理意见。

③ 预验收程序

竣工技术预验收应按以下程序进行：

A. 现场检查工程建设情况并查阅有关工程建设资料；

B. 听取项目法人、设计、监理、施工、质量和安全监督机构、运行管理等单位工作报告；

C. 听取工程质量抽样检测报告；

D. 专业工作组讨论并形成各专业工作组意见；

E. 讨论并通过竣工技术预验收工作报告；

F. 讨论并形成竣工验收鉴定书初稿。

竣工技术预验收工作报告应是竣工验收鉴定书的附件。

5）竣工验收

① 竣工验收的组织

竣工验收委员会应由竣工验收主持单位、地方人民政府有关部门、有关水行政主管部门、质量和安全监督机构、工程投资方、运行管理单位的代表以及有关专家组成。竣工验收委员会可设主任委员 1 名，副主任委员以及委员若干名，主任委员应由验收主持单位代表担任。

项目法人、勘测、设计、监理、施工、主要设备制造（供应）商等单位应派代表参加竣工验收，负责解答验收委员会提出的问题，并应作为被验收单位代表在验收鉴定书上签字。

② 竣工验收会议

竣工验收会议应包括以下工作程序：

A. 现场检查工程建设情况及查阅有关资料；

B. 召开大会：

a. 宣布验收委员会组成人员名单；

b. 听取工程建设管理工作报告；

c. 听取竣工技术预验收工作报告；

d. 听取验收委员会确定的其他报告；

e. 讨论并通过竣工验收鉴定书；

f. 验收委员会委员和被验收单位代表在竣工验收鉴定书上签字。

③ 验收成果

工程项目质量达到合格以上等级的，竣工验收的质量结论意见应为合格。

竣工验收成果为竣工验收鉴定书，竣工验收鉴定书自通过之日起 20 个工作日内，应由竣工验收主持单位发送有关单位。

（9）工程移交及遗留问题处理

1）工程交接与移交

① 施工单位与项目法人的交接

通过合同工程完工验收后，项目法人与施工单位应在 20 个工作日内组织专人负责工程的交接工作，交接过程应有完整的文字记录且有双方交接负责人签字。

项目法人与施工单位应在施工合同或验收鉴定书约定的时间内完成工程及其档案资料的交接工作。

办理具体工程交接手续的同时，施工单位应向项目法人递交工程质量保修书。保修书的内容应符合合同约定的条件。

工程质量保修期应从工程通过合同工程完工验收后开始计算，但合同另有约定的除外。在施工单位递交了工程质量保修书、提交有关竣工资料，完成施工场地清理后，项目法人应在 20 个工作日内向施工单位颁发合同工程完工证书。

② 移交运行管理单位

完成工程交接后，项目法人应及时将工程移交运行管理单位。工程移交应包括工程实体、其他固定资产和工程档案资料等，应按照初步设计等有关批准文件进行逐项清点，并办理移交手续，工程移交过程应有完整的文字记录和双方法定代表人签字。

2）验收遗留问题及尾工处理

① 有关验收成果性文件应明确记载验收遗留等问题。影响工程正常运行的，不应作为验收遗留问题处理。

② 验收遗留问题和尾工处理应由项目法人负责。项目法人应按照竣工验收鉴定书、合同约定等要求，督促有关责任单位完成处理工作。

③ 验收遗留问题和尾工处理完成后，项目法人应组织验收，形成验收成果性文件并报送竣工验收主持单位。

④ 工程竣工验收后，应由项目法人负责处理的验收遗留问题，项目法人已撤销的，应由投资方或组建项目法人的单位或其指定的单位处理完成。

3）工程竣工证书颁发

① 工程质量保修责任终止证书

在工程质量保修期内，施工单位已完成了保修责任范围内的质量缺陷的处理，在工程质量保修期满后 20 个工作日内，项目法人应向施工单位颁发工程质量保修责任终止证书。

② 竣工证书

工程质量保修期满以及验收遗留问题和尾工处理完成后，项目法人应向工程竣工验收主持单位申请领取竣工证书。申请报告应包括以下内容：

A. 工程移交情况；

B. 工程运行管理情况；

C. 验收遗留问题和尾工处理情况；

D. 工程质量保修期有关情况。

竣工验收主持单位应自收到项目法人申请报告后 20 个工作日内决定是否颁发工程竣工证书。颁发竣工证书应符合以下条件：

A. 竣工验收鉴定书已印发；

B. 工程遗留问题和尾工处理已完成并通过验收；

C. 工程已全面移交运行管理单位管理。

工程竣工证书数量应按正本 3 份和副本若干份颁发，正本由项目法人、运行管理单位和档案部门保存，副本应由工程主要参建单位保存。

1.2.5.3 小型病险水库加固项目验收要求

为加强小型病险水库除险加固项目（以下简称小型除险加固项目）验收管理，明确验收责任，规范验收行为，保证验收工作质量，根据小型除险加固项目管理有关规定，参照《水利工程建设项目验收管理规定》（水利部令第 30 号）和《水利水电建设工程验收规程》（SL 223—2008），结合小型除险加固项目特点，水利部颁发了《关于加强小型病险水库除险加固项目验收管理的指导意见》（水建管【2013】178 号），有关规定如下：

1. 验收分类及验收依据

（1）小型除险加固项目验收分为法人验收和政府验收，法人验收包括分部工程验收和单位工程验收，政府验收包括蓄水验收（或主体工程完工验收，下同）和竣工验收。

（2）小型除险加固项目具备验收条件时，应当及时组织验收。未经验收或者验收不合格的，不得投入使用或者进行后续工程施工。

（3）小型除险加固项目验收的依据是国家有关法律、法规、规章和技术标准，有关主管部门的规定，大坝安全鉴定（安全评价）成果及核查意见（报告），经批准的初步设计文件、调整概算文件、设计变更文件，施工图纸及技术说明，设备技术说明书，施工合同等。

（4）省级人民政府水行政主管部门负责本行政区域内小型除险加固项目验收的组织和监督管理工作。市（地）级、县级人民政府水行政主管部门负责本行政区域内小型除险加固项目的法人验收监督管理工作。

2. 法人验收的基本要求

（1）法人验收由项目法人主持，项目法人可以委托监理单位主持分部工程验收，涉及坝体与坝基防渗、设置在软基上的溢洪道、坝下埋涵等关键部位（以下简称"关键部位"）的分部工程验收应由项目法人主持。

（2）法人验收程序主要包括施工单位提出验收申请、项目法人（或监理单位）主持召开验收会议、项目法人将验收质量结论报质量监督机构核备或核定、项目法人印发验收鉴定书。

（3）法人验收应成立验收工作组。工作组由项目法人、勘测设计、监理、施工、设备制造（供应）等单位的代表组成。对于分部工程验收，质量监督机构宜派员列席涉及关键部位的验收会议。对于单位工程验收，运行管理单位应参加验收会议，质量监督机构应派员列席验收会议。

（4）分部工程验收应具备的条件为该分部工程已完建，施工质量经评定全部合格，有关质量缺陷已处理完毕或有监理机构批准的处理意见以及满足合同约定的其他条件。

（5）分部工程验收主要内容包括：现场检查工程完成情况和工程质量；检查工程是否满足设计要求或合同约定；检查单元工程质量评定及相关档案资料；评定工程施工质量；对验收中发现的问题提出处理意见；讨论并通过分部工程验收鉴定书。

（6）对于分部工程验收中涉及的关键部位，验收工作组应对其设计、施工、监理及质量检验评定等相关资料进行重点检查，对于存在关键资料缺失、造假等影响到工程质量和安全准确评价的不予通过验收。

（7）单位工程验收应具备的条件为该单位工程中所有分部工程已完建并验收合格；分部工程验收遗留问题已基本处理完毕，未处理的遗留问题不影响单位工程质量评定并有处理意见；合同约定的其他条件。

（8）单位工程验收主要内容包括：现场检查工程完成情况和工程质量；检查工程是否按批准的设计内容完成；检查分部工程验收有关文件及相关档案资料；评定工程施工质量；检查分部工程验收遗留问题处理情况及相关记录；对验收中发现的问题提出处理意见；讨论并通过单位工程验收鉴定书。

（9）项目法人应在法人验收通过之日起 10 个工作日内，将验收质量结论报质量监督机构核备（定）。质量监督机构应在收到核备（定）材料之日起 20 个工作日内完成核备（定）并反馈项目法人。

（10）项目法人应当自法人验收通过之日起 30 个工作日内，制作法人验收鉴定书，发送参加验收单位并报送法人验收监督管理机关备案。

（11）法人验收监督管理机关应加强对法人验收的监督管理，对法人验收工作情况组织检查，当发现验收工作中存在问题时，应及时要求项目法人予以纠正，必要时可要求暂停验收或重新验收。

3. 政府验收的基本要求

（1）小型除险加固项目竣工验收由省级人民政府水行政主管部门会同财政部门或由其委托市（地）级水行政主管部门会同财政部门主持，蓄水验收由省级人民政府水行政主管部门或由其委托市（地）级水行政主管部门主持，具体验收方案由省级人民政府水行政主管部门确定。

（2）政府验收程序主要包括项目法人提出验收申请、验收主持单位召开验收会议、印发验收鉴定书等。验收会议程序主要包括现场检查工程建设情况、查阅有关资料、听取有关工作报告、讨论并通过验收鉴定书等。

（3）政府验收主持单位应成立验收委员会进行验收。验收委员会由验收主持单位、有关地方人民政府和相关部门、水库主管部门、质量和安全监督机构、运行管理等单位的代表以及相关专业的专家组成。项目法人、勘测设计、监理、施工和设备制造（供应）等单位应派代表参加验收会议，解答验收委员会提出的有关问题，并作为被验收单位代表在验收鉴定书上签字。

（4）政府验收鉴定书通过之日起 30 个工作日内，应由验收主持单位发送有关单位。市（地）级人民政府水行政主管部门主持的政府验收，验收鉴定书应报省级人民政府水行政主管部门核备。

4. 蓄水验收的基本要求

主体工程完工后，水库蓄水运用前，应进行蓄水验收，通过验收后方可投入蓄水运用。

（1）蓄水验收应具备以下条件：

1）挡水、泄水、引水建筑物和基础处理等影响工程安全的建设内容已按批准的设计建设完成；

2）主体工程所有单位工程验收合格，满足蓄水要求，具备投入正常运行条件；

3）有关监测、观测设施已按设计要求基本完成安装和调试；

4）可能影响蓄水后工程安全运行的问题和历次验收发现的问题，已基本处理完毕；

5）未完工程和遗留问题已明确处理方案；

6）工程初期蓄水方案、运行调度规程（方案）、度汛方案已编制完成，并经有管辖权的水行政主管部门批准；

7）水库安全管理规章制度已建立，运行管护主体、人员已落实，大坝安全管理应急预案已报批；

8）验收资料已准备就绪；

9）验收主持单位认定的其他条件。

（2）蓄水验收应包括以下主要内容：

1）检查工程设计内容是否涵盖大坝安全鉴定（安全评价）成果及核查意见（报告）提出的病险问题，如有调整是否经过分析论证；

2）检查挡水、泄水、引水建筑物和基础处理等影响工程安全的建设内容是否已按批准设计完成；

3）检查工程是否存在质量隐患和影响工程安全运行的问题；

4）检查工程是否满足蓄水要求，是否具备正常运行条件；

5）鉴定工程施工质量；

6）检查工程的初期蓄水方案、运行调度规程（方案）、度汛方案、大坝安全管理应急预案落实情况；

7）检查运行管护主体、人员落实情况；

8）对验收中发现的问题提出处理意见；

9）确定未完工程清单及完工期限和责任单位等；

10）讨论并通过蓄水验收鉴定书。

（3）小Ⅰ型病险水库蓄水验收前，验收主持单位应组织专家组进行技术预验收，专家组构成应基本涵盖除险加固涉及的主要专业。

专家组应现场检查工程建设情况，查阅有关建设资料，听取项目法人、设计、施工、监理等有关单位汇报，对照蓄水验收条件和验收内容对工程逐项进行检查和评价，对工程关键部位进行重点检查，提交技术预验收工作报告，提出能否进行蓄水验收的建议。

专家组成员应在技术预验收工作报告上签字，对技术预验收结论持有异议的，应将保留意见在技术预验收工作报告上明确记载并签字。

（4）小Ⅱ型病险水库蓄水验收应邀请相关专业专家参加验收委员会，验收委员会应安排验收专家查阅设计、施工、监理及质量安全评价资料，检查工程现场，验收专家应重点就工程建设内容、质量和安全等问题进行评价，提出验收意见并在验收鉴定书上签字。

5. 竣工验收的基本要求

小型除险加固项目通过蓄水验收后，项目法人应抓紧未完工程建设，做好竣工验收的各项准备工作。

（1）竣工验收应在小型除险加固项目全部完成并经过一个汛期运用考验后的 6 个月内进行。

（2）项目法人编制完成竣工财务决算后，应报送竣工验收主持单位的财务部门进行审查和审计部门进行竣工审计。对竣工审计意见中提出的问题，项目法人应进行整改并提交整改报告。

（3）根据项目实际情况，需要进行专项验收的，应按照有关规定进行。

（4）竣工验收主持单位可以根据竣工验收工作需要，委托具有相应资质的工程质量检测单位对工程质量进行抽样检测。

（5）竣工验收应具备以下条件：

1）工程已按批准设计的内容建设完成，并已投入运行；

2）工程重大设计变更已经有审批权的单位批准，一般设计变更已履行有关程序，并出具了相应文件；

3）工程投资已基本到位，竣工财务决算已完成并通过竣工审计，审计提出的问题已整改并提交了整改报告；

4）蓄水验收已完成，历次验收和工程运行期间发现的问题已基本处理完毕，遗留问题已明确处理方案；

5）归档资料符合工程档案管理的有关规定；

6）工程质量和安全监督报告已提交，工程质量达到合格标准；

7）工程运行管理措施已落实；

8）验收资料已准备就绪。

（6）竣工验收应包括以下主要内容：

1）检查工程是否按批准的设计完成，设计变更是否履行有关程序；

2）检查工程是否存在质量隐患和影响工程安全运行的问题；

3）检查历次验收遗留问题和在工程运行中所发现问题的处理情况，检查工程尾工安排情况；

4）鉴定工程质量是否合格；

5）检查工程投资、财务管理情况及竣工审计整改落实情况；

6）检查工程档案管理情况；

7）检查工程初期蓄水方案、运行调度规程（方案）、度汛方案、大坝安全管理应急预案以及工程管理机构、人员、经费、管理制度等运行管理条件的落实情况；

8）研究验收中发现的问题，提出处理意见；

9）讨论并通过竣工验收鉴定书。

6. 尾工处理及验收费用

（1）项目法人和其他有关单位应当按照竣工验收鉴定书的要求妥善处理竣工验收遗留问题，完成工程尾工。验收遗留问题处理完毕和尾工完成并通过验收后，项目法人应当将处理情况和验收成果及时报送竣工验收主持单位。

（2）项目法人与工程运行管理单位不是同一单位的，工程竣工验收鉴定书印发后60个工作日内应完成工程移交手续。

（3）项目法人、设计、施工、监理等有关单位对提交的验收资料负责，验收委员会（工作组）、技术预验收专家组对所提出的验收结论负责。

（4）小型除险加固项目验收、质量检测所需费用列入工程投资，由项目法人列支。

（5）其他事项可参照《水利工程建设项目验收管理规定》（水利部令第30号）和《水

利水电建设工程验收规程》(SL 223—2008) 的有关规定执行。

1.2.5.4 案例分析

某小型泵站工程项目划分为泵室等 9 个分部工程，施工期为 6 个月。为简化程序，项目法人将完成时间相近的泵室等 4 个土建工程的分部工程放在一起召开了一次验收会。此次分部工程验收由项目法人主持，验收工作组由项目法人、勘测、设计、监理、施工、主要设备制造（供应）商等单位的代表组成。按照《水利水电建设工程验收规程》SL 223 的规定，此次验收会议通过了上述 4 个分部工程的验收，并形成了 4 个《分部工程验收鉴定书》。

（1）指出并改正分部工程验收工作组组成的不妥之处。

主要设备制造（供应）商参加此次分部工程验收会议不妥。此次是 4 个土建工程的分部验收。

（2）简述分部工程验收应具备的条件

1）所有单元工程已完成；

2）已完单元工程施工质量经评定全部合格，有关质量缺陷已处理完毕或有监理机构批准的处理意见；

3）合同约定的其他条件。

（3）简述分部工程验收的主要内容

1）检查工程是否达到设计标准或合同约定标准的要求；

2）评定工程施工质量等级；

3）对验收中发现的问题提出处理意见。

1.2.6 水利水电工程造价管理

1.2.6.1 水利水电工程量计算的规则与工程量清单计价的应用

1. 主要工程项目计量和支付规则

（1）土方开挖工程

1）场地平整按施工图纸所示场地平整区域计算的有效面积以平方米为单位计量，由发包人按《工程量清单》相应项目有效工程量的每平方米工程单价支付。

2）一般土方开挖、淤泥流砂开挖、沟槽开挖和柱坑开挖按施工图纸所示开挖轮廓尺寸计算的有效自然方体积以立方米为单位计量，由发包人按《工程量清单》相应项目有效工程量的每立方米工程单价支付。

3）坍方清理按施工图纸所示开挖轮廓尺寸计算的有效坍方堆方体积以立方米为单位计量，由发包人按《工程量清单》相应项目有效工程量的每立方米工程单价支付。

4）承包人完成"植被清理"工作所需的费用，包含在《工程量清单》相应土方明挖项目有效工程量的每立方米工程单价中，发包人不另行支付。

5）土方明挖工程单价包括承包人按合同要求完成场地清理，测量放样，临时性排水措施（包括排水设备的安拆、运行和维修），土方开挖、装卸和运输，边坡整治和稳定观测，基础、边坡面的检查和验收，以及将开挖可利用或废弃的土方运至监理人指定的堆放区并加以保护、处理等工作所需的费用。

6）土方明挖开始前，承包人应根据监理人指示，测量开挖区的地形和计量剖面，经监理人检查确认后，作为计量支付的原始资料。土方明挖按施工图纸所示的轮廓尺寸计算有效自然方体积以立方米为单位计量，由发包人按《工程量清单》相应项目有效工程量的每立方米工程单价支付。施工过程中增加的超挖量和施工附加量所需的费用，应包含在《工程量清单》相应项目有效工程量的每立方米工程单价中，发包人不另行支付。

7）除合同另有约定外，开采土料或砂砾料（包括取土、含水量调整、弃土处理、土料运输和堆放等工作）所需的费用，包含在《工程量清单》相应项目有效工程量的工程单价或总价中，发包人不另行支付。

8）除合同另有约定外，承包人在料场开采结束后完成开采区清理、恢复和绿化等工作所需的费用，包含在《工程量清单》"环境保护和水土保持"相应项目的工程单价或总价中，发包人不另行支付。

（2）土方填筑工程

1）坝（堤）体填筑按施工图纸所示尺寸计算的有效压实方体积以立方米为单位计量，由发包人按《工程量清单》相应项目有效工程量的每立方米工程单价支付。

2）坝（堤）体全部完成后，最终结算的工程量应是经过施工期间压实并经自然沉陷后按施工图纸所示尺寸计算的有效压实方体积。若分次支付的累计工程量超出最终结算的工程量，发包人应扣除超出部分工程量。

3）黏土心墙、接触黏土、混凝土防渗墙顶部附近的高塑性黏土、上游铺盖区的土料、反滤料、过渡料和垫层料均按施工图纸所示尺寸计算的有效压实方体积以立方米为单位计量，由发包人按《工程量清单》相应项目有效工程量的每立方米工程单价支付。

4）坝体上、下游面块石护坡按施工图纸所示尺寸计算的有效体积以立方米为单位计量，由发包人按《工程量清单》相应项目有效工程量的每立方米工程单价支付。

5）除合同另有约定外，承包人对料场（土料场、石料场和存料场）进行复核、复勘、取样试验、地质测绘以及工程完建后的料场整治和清理等工作所需的费用，包含在每立方米（t）材料单价或《工程量清单》相应项目工程单价或总价中，发包人不另行支付。

6）坝体填筑的现场碾压试验费用，由发包人按《工程量清单》相应项目的总价支付。

（3）混凝土工程

1）模板

①除合同另有约定外，现浇混凝土的模板费用，包含在《工程量清单》相应混凝土或钢筋混凝土项目有效工程量的每立方米工程单价中，发包人不另行计量和支付。

②混凝土预制构件模板所需费用，包含在《工程量清单》相应预制混凝土构件项目有效工程量的工程单价中，发包人不另行支付。

2）钢筋

按施工图纸所示钢筋强度等级、直径和长度计算的有效重量以吨为单位计量，由发包人按《工程量清单》相应项目有效工程量的每吨工程单价支付。施工架立筋、搭接、套筒连接、加工及安装过程中操作损耗等所需费用，均包含在《工程量清单》相应项目有效工程量的每吨工程单价中，发包人不另行支付。

3）普通混凝土

①普通混凝土按施工图纸所示尺寸计算的有效体积以立方米为单位计量，由发包人按《工程量清单》相应项目有效工程量的每立方米工程单价支付。

②混凝土有效工程量不扣除设计单体体积小于 $0.1m^3$ 的圆角或斜角，单体占用的空

间体积小于 0.1m³ 的钢筋和金属件，单体横截面积小于 0.1m² 的孔洞、排水管、预埋管和凹槽等所占的体积，按设计要求对上述孔洞回填的混凝土也不予计量。

③ 不可预见地质原因超挖引起的超填工程量所发生的费用，由发包人按《工程量清单》相应项目或变更项目的每立方米工程单价支付。除此之外，同一承包人由于其他原因超挖引起的超填工程量和由此增加的其他工作所需的费用，均应包含在《工程量清单》相应项目有效工程量的每立方米工程单价中，发包人不另行支付。

④ 混凝土在冲（凿）毛、拌合、运输和浇筑过程中的操作损耗，以及为临时性施工措施增加的附加混凝土量所需的费用，应包含在《工程量清单》相应项目有效工程量的每立方米工程单价中，发包人不另行支付。

⑤ 施工过程中，承包人按本合同技术条款规定进行的各项混凝土试验所需的费用（不包括以总价形式支付的混凝土配合比试验费），均包含在《工程量清单》相应项目有效工程量的每立方米工程单价中，发包人不另行支付。

⑥ 止水、止浆、伸缩缝等按施工图纸所示各种材料数量以米（或平方米）为单位计量，由发包人按《工程量清单》相应项目有效工程量的每米（或每平方米）工程单价支付。

⑦ 混凝土温度控制措施费（包括冷却水管埋设及通水冷却费用、混凝土收缩缝和冷却水管的灌浆费用，以及混凝土坝体的保温费用）包含在《工程量清单》相应混凝土项目有效工程量的每立方米工程单价中，发包人不另行支付。

⑧ 混凝土坝体的接缝灌浆（接触灌浆），按设计图纸所示要求灌浆的混凝土施工缝（混凝土与基础、岸坡岩体的接触缝）的接缝面积以平方米为单位计量，由发包人按《工程量清单》相应项目有效工程量的每平方米工程单价支付。

⑨ 混凝土坝体内预埋排水管所需的费用，应包含在《工程量清单》相应混凝土项目有效工程量的每立方米工程单价中，发包人不另行支付。

（4）砌体工程

1）浆砌石、干砌石、混凝土预制块和砖砌体按施工图纸所示尺寸计算的有效砌筑体积以立方米为单位计量，由发包人按《工程量清单》相应项目有效工程量的每立方米工程单价支付。

2）砌筑工程的砂浆、拉结筋、垫层、排水管、止水设施、伸缩缝、沉降缝及埋设件等费用，包含在《工程量清单》相应砌筑项目有效工程量的每立方米工程单价中，发包人不另行支付。

3）承包人按合同要求完成砌体建筑物的基础清理和施工排水等工作所需的费用，包含在《工程量清单》相应砌筑项目有效工程量的每立方米工程单价中，发包人不另行支付。

（5）疏浚工程

1）疏浚工程按施工图纸所示轮廓尺寸计算的水下有效自然方体积以立方米为单位计量，由发包人按《工程量清单》相应项目有效工程量的每立方米工程单价支付。

2）疏浚工程施工过程中疏浚设计断面以外增加的超挖量、施工期自然回淤量、开工展布与收工集合、避险与防干扰措施、排泥管安拆移动以及使用辅助船只等所需的费用，包含在《工程量清单》相应项目有效工程量的每立方米工程单价中，发包人不另行支付。疏浚工程的辅助措施（如疏浚前扫床和障碍物的清除、排泥区围堰、隔埂、退水口及排水渠等项目）另行计量支付。

3）吹填工程按施工图纸所示尺寸计算的有效吹填体积（扣除吹填区围堰、隔埂等的体积）以立方米为单位计量，由发包人按《工程量清单》相应项目有效工程量的每立方米工程单价支付。

4）吹填工程施工过程中吹填土体的沉陷量、原地基因上部吹填荷载而产生的沉降量和泥沙流失量、对吹填区平整度要求较高的工程配备的陆上土方机械等所需费用，包含在《工程量清单》相应项目有效工程量的每立方米工程单价中，发包人不另行支付。吹填工程的辅助措施（如疏浚前扫床和障碍物的清除、排泥区围堰、隔埂、退水口及排水渠等项目）另行计量支付。

5）利用疏浚排泥进行吹填的工程，疏浚和吹填的计量和支付分界根据合同相关条款的具体约定执行。

（6）闸门及启闭机安装

1）闸门

①钢闸门安装工程按施工图纸所示尺寸计算的闸门本体有效重量以吨为单位计量，由发包人按《工程量清单》相应项目的每吨工程单价支付。钢闸门附件安装、附属装置安装、钢闸门本体及附件涂装、试验检测和调试校正等工作所需费用，包含在《工程量清单》相应钢闸门安装项目有效工程量的每吨工程单价中，发包人不另行支付。

②门槽（楣）安装工程按施工图纸所示尺寸计算的有效重量以吨为单位计量，由发包人按《工程量清单》相应项目的每吨工程单价支付。二次埋件、附件安装、涂装、调试校正等工作所需费用，均包含在《工程量清单》相应门槽（楣）安装项目有效工程量的每吨工程单价中，发包人不另行支付。

2）启闭机

①启闭机安装工程按施工图纸所示启闭机数量以台为单位计量，由发包人按《工程量清单》相应启闭机安装项目每台工程单价支付。

②除合同另有约定外，基础埋件安装、附属设备（起吊梁或平衡梁、供电系统、控制操作系统、液压启闭机的液压系统等）安装、与闸门连接和调试校正等工作所需费用，均包含在《工程量清单》相应启闭机安装项目每台工程单价中，发包人不另行支付。

2. 水利工程工程量清单计价格式

水利工程工程量清单计价格式中，工程量清单由分类分项工程量清单、措施项目清单、其他项目清单和零星工作项目清单组成。

（1）分类分项工程量清单

分类分项工程量清单应包括序号、项目编码、项目名称、计量单位、工程数量、主要技术条款编码和备注。分类分项工程量清单应根据《水利工程工程量清单计价规范》GB 50501规定的项目编码、项目名称、主要项目特征、计量单位、工程量计算规则、主要工作内容和一般适用范围进行编制。具体要求如下：

1）项目编码

项目编码采用十二位阿拉伯数字表示（由左至右计位）。一至九位为统一编码，其中，一、二位为水利工程顺序码，三、四位为专业工程顺序码，五、六位为分类工程顺序码，七、八、九位为分项工程顺序码，十至十二位为清单项目名称顺序码。建筑工程工程量清单项目自 001 起顺序编制，安装工程工程量清单项目自 000 起顺序编制。

2）分项目名称

项目名称应根据主要项目特征并结合招标工程的实际确定。

3）计量单位

应按规定的计量单位确定。

4）工程数量

工程数量应根据合同技术条款计量和支付规定计算。工程数量的有效位数应遵守下列规定：

以"立方米"、"平方米"、"米"、"公斤"、"个"、"项"、"根"、"块"、"组"、"面"、"只"、"相"、"站"、"孔"、"束"为单位的，应取整数；以"吨"、"公里"为单位的，应保留小数点后 2 位数字，第 3 位数字 4 舍 5 入。

（2）措施项目清单

措施项目指为完成工程项目施工，发生于该工程施工前和施工过程中招标人不要求列示工程量的施工措施项目。措施项目清单，主要包括环境保护、文明施工、安全防护措施、小型临时工程、施工企业进退场费、大型施工设备安拆费等，应根据招标工程的具体情况编制。

（3）其他项目清单

其他项目指为完成工程项目施工，发生于该工程施工过程中招标人要求计列的费用项目。其他项目清单列暂列金额一项，指招标人为暂定项目和可能发生的合同变更而预留的金额，一般可取分类分项工程项目和措施项目合价的 5%。

（4）零星工作项目清单

零星工作项目指完成招标人提出的零星工作项目所需的人工、材料、机械单价，也称"计日工"。

零星工作项目清单，编制人应根据招标工程具体情况，对工程实施过程中可能发生的变更或新增加的零星项目，列出人工（按工种）、材料（按名称和规格型号）、机械（按名称和规格型号）的计量单位，并随工程量清单发至投标人。

（5）工程量清单报价表组成

工程量清单报价表由以下表格组成：

1）投标总价。

2）工程项目总价表。

3）分类分项工程量清单计价表。

4）措施项目清单计价表。

5）其他项目清单计价表。

6）计日工项目计价表。

7）工程单价汇总表。

8）工程单价费（税）率汇总表。

9）投标人生产电、风、水、砂石基础单价汇总表。

10）投标人生产混凝土配合比材料费表。

11）投标人自行采购主要材料预算价格汇总表。

12）投标人自备施工机械台时（班）费汇总表。

13）总价项目分类分项工程分解表。

14）工程单价计算表。

15）人工费单价汇总表。

（6）工程量清单报价表填写规定

1）除招标文件另有规定外，投标人不得随意增加、删除或涂改招标文件工程量清单中的任何内容。工程量清单中列明的所有需要填写的单价和合价，投标人均应填写；未填写的单价和合价，视为已包括在工程量清单的其他单价和合价中。

2）工程量清单中的工程单价是完成工程量清单中一个质量合格的规定计量单位项目所需的直接费（包括人工费、材料费、机械使用费和季节、夜间、高原、风沙等原因增加的直接费）、施工管理费、企业利润和税金，并考虑到风险因素。投标人应根据规定的工程单价组成内容，按招标文件和《水利工程工程量清单计价规范》GB 50501 的"主要工作内容"确定工程单价。除另有规定外，对有效工程量以外的超挖、超填工程量，施工附加量，加工、运输损耗量等，所消耗的人工、材料和机械费用，均应摊入相应有效工程量的工程单价内。

3）投标金额（价格）均应以人民币表示。

4）投标总价应按工程项目总价表合计金额填写。

5）工程项目总价表中一级项目名称按招标文件工程项目总价表中的相应名称填写，并按分类分项工程量清单计价表中相应项目合计金额填写。

6）分类分项工程量清单计价表中的序号、项目编码、项目名称、计量单位、工程数量和合同技术条款章节号，按招标文件分类分项工程量清单计价表中的相应内容填写，并填写相应项目的单价和合价。

7）措施项目清单计价表中的序号、项目名称按招标文件措施项目清单计价表中的相应内容填写，并填写相应措施项目的金额和合计金额。

8）其他项目清单计价表中的序号、项目名称、金额，按招标文件其他项目清单计价表中的相应内容填写。

9）计日工项目计价表的序号、人工、材料、机械的名称、型号规格以及计量单位，按招标文件计日工项目计价表中的相应内容填写，并填写相应项目单价。

10）工程单价汇总表，按工程单价计算表中的相应内容、价格（费率）填写。

11）工程单价费（税）率汇总表，按工程单价计算表中的相应内容、费（税）率填写。

12）投标人生产电、风、水基础单价汇总表，按基础单价分析计算成果的相应内容、价格填写，并附相应基础单价的分析计算书。

13）投标人生产混凝土配合比材料费表，按表中工程部位、混凝土强度等级（附抗渗、抗冻等级）、水泥强度等级、级配、水灰比、相应材料用量和单价填写，填写的单价必须与工程单价计算表中采用的相应混凝土材料单价一致。

14）投标人自行采购主要材料预算价格汇总表，按表中的序号、材料名称、型号规格、计量单位和预算价填写，填写的预算价必须与工程单价计算表中采用的相应材料预算价格一致。

174

15）投标人自备施工机械台时（班）费汇总表，按表中的序号、机械名称、型号规格、一类费用和二类费用填写，填写的台时（班）费合计金额必须与工程单价计算表中相应的施工机械台时（班）费单价一致。

16）投标人应参照分类分项工程量清单计价表格式编制总价项目分类分项工程分解表，每个总价项目分类分项工程一份。

17）投标金额大于或等于投标总标价万分之五的工程项目，必须编报工程单价计算表。工程单价计算表，按表中的施工方法、序号、名称、型号规格、计量单位、数量、单价、合价填写，填写的人工、材料和机械等基础价格，必须与人工费价汇总表、基础材料单价汇总表、主要材料预算价格汇总表及施工机械台时（班）费汇总表中的单价相一致，填写的施工管理费、企业利润和税金等费（税）率必须与工程单价费（税）率汇总表中的费（税）率相一致。

18）人工费单价汇总表应按人工费单价计算表的内容、价格填写，并附相应的人工费单价计算表。

1.2.6.2 水利工程概（估）算费用构成

1. 水利工程分类

水利工程概（估）算方面的规范性文件是《水利工程设计概（估）算编制规定》（水总〔2002〕116号文）。它适用于中央项目和中央参与投资的地方大型水利工程项目初步设计概算和可行性研究报告投资估算，也是招标人编制项目管理预算、标底，及投标人编制投标报价的参考依据。

《水利工程设计概（估）算编制规定》（水总〔2002〕116号文）将水利工程按工程性质划分为枢纽工程、引水工程及河道工程二大类。枢纽工程包括水库、水电站及其他大型独立建筑物。引水工程及河道工程包括供水工程、灌溉工程、河湖整治工程及堤防工程。不同性质的水利工程其费用标准及计算的基础不同，概（估）算的编制内容、标准和方法也不同。

2. 水利工程建筑及安装工程费用构成

《水利工程设计概（估）算编制规定》（水总〔2002〕116号文）规定水利工程建筑及安装工程费用由直接工程费、间接费、企业利润、税金组成。

（1）直接工程费

直接工程费指建筑安装工程施工过程中直接消耗在工程项目上的活劳动和物化劳动。由直接费、其他直接费、现场经费组成。

1）直接费

直接费包括人工费、材料费、施工机械使用费。

2）其他直接费

其他直接费包括冬雨期施工增加费、夜间施工增加费、特殊地区施工增加费和其他。其他直接费根据区域不同，建筑工程一般取直接费的2%～5.5%。

①冬雨期施工增加费

指在冬雨期施工期间为保证工程质量和安全生产所需增加的费用。

②夜间施工增加费

指施工场地和公用施工道路的照明费用。照明线路工程费用包括在"临时设施费"

中；施工附属企业系统，加工厂、车间的照明，列入相应的产品中，均不包括在本项费用之内。

③特殊地区施工增加费

指在高海拔和原始森林等特殊地区施工而增加的费用。

④其他

包括施工工具用具使用费、检验试验费、工程定位复测、工程点交、竣工场地清理、工程项目及设备仪表移交生产前的维护观察费。其中，施工工具用具使用费，指施工生产所需，但不属于固定资产的生产工具，检验、试验用具等的购置、摊销和维护费。检验试验费，指对建筑材料、构件和建筑安装物进行一般鉴定、检查所发生的费用，包括自设实验室所耗用的材料和化学药品费用，以及技术革新和研究试验费，不包括新结构、新材料的试验费和建设单位要求对具有出厂合格证明的材料进行试验、对构件进行破坏性试验，以及其他特殊要求检验的费用。

3）现场经费

现场经费包括临时设施费和现场管理费。枢纽现场经费费率：土方工程取直接费的9‰，混凝土工程取直接费的8‰；引水工程及河道工程现场经费费率：土方工程取直接费的4‰，混凝土工程取直接费的6‰，疏浚工程取取直接费的5‰。

①临时设施费

指施工企业为进行建筑安装工程施工所必需的但又未被划入施工临时工程的临时建筑物、构筑物和各种临时设施的建设、维修、拆除、摊销等费用。如：供风、供水（支线）、场内供电、夜间照明、供热系统及通信支线，土石料场，简易砂石料加工系统，小型混凝土拌合浇筑系统，木工、钢筋、机修等辅助加工厂，混凝土预制构件厂，场内施工排水，场地平整、道路养护及其化小型临时设施。

②现场管理费。主要内容包括：

现场管理人员的基本工资、辅助工资、工资附加费和劳动保护费。

（2）间接费

间接费指施工企业为建筑安装工程施工而进行组织与经营管理所发生的各项费用。它构成产品成本。由企业管理费、财务费用和其他费用组成。枢纽工程间接费费率：土方工程取直接工程费的9%，混凝土工程取直接工程费的5%；引水工程和河道工程间接费费率：土方工程取直接工程费的4%，混凝土工程取直接工程费的4%。

1）企业管理费。指施工企业为组织施工生产经营活动所发生的费用。

2）财务费用

财务费用指施工企业为筹集资金而发生的各项费用，包括企业经营期间发生的短期融资利息净支出、汇兑净损失、金融机构手续费，企业筹集资金发生的其他财务费用，以及投标和承包工程发生的保函手续费等。

3）其他费用

其他费用指企业定额测定费及施工企业进退场补贴费。

（3）企业利润

企业利润指按规定应计入建筑、安装工程费用中的利润。企业利润按直接工程费和间接费之和的7%计算。

（4）税金

税金指国家对施工企业承担建筑、安装工程作业收入所征收的营业税、城市维护建设税和教育费附加。税金＝（直接工程费＋间接费＋企业利润）×税率。市区建设项目税率一般取 3.41%，县城镇取 3.35%，其他取 3.22%。

1.2.6.3 水利工程概（估）算基础单价的编制

基础单价是计算建筑、安装工程单价的基础，包括人工预算单价、材料预算价格、电、风、水预算价格、施工机械使用费、砂石料单价、混凝土材料单价。

1. 人工预算单价

人工预算单价是指生产工人在单位时间（工时）的费用。根据工程性质的不同，人工预算单价有枢纽工程、引水及河道工程两种计算方法和标准。每种计算方法将人工均划分为工长、高级工、中级工、初级工四个档次。人工预算单价的计算通常针对有效工作时间而定，关于有效工作时间的规定是：年应工作天数 251 工日；日工作时间 8 工时/工日。人工预算单价通常以元/工时为单位。

人工工日预算单价(元／工日)＝基本工资＋辅助工资＋工资附加费

2. 材料预算价格

材料预算价格是指购买地运到工地分仓库（或堆放场地）的出库价格。材料预算价格一般包括材料原价、运杂费、运输保险费、采购及保管费四项，个别材料若规定另计包装费的另行计算。

（1）材料原价

除电及火工产品外，材料原价按工程所在地区就近的大物资供应公司、材料交易中心的市场成交价或设计选定的生产厂家的出厂价计算格。有时也可以工程所在地建设工程造价管理部门公布的信息价计算。电及火工产品执行国家定价。

（2）包装费

包装费一般包含在材料原价中。若材料原价中未包括包装费用，而在运输和保管过程中必须包装的材料，则应另计包装费，按照包装材料的品种、规格、包装费用和正常的折旧摊销费，包装费按工程所在地实际资料和有关规定计算。

（3）运杂费

指材料由交货地点运至工地分仓库（或相当于工地分仓库的堆放场地）所发生的各种运载车辆的运费、调车费、装卸费和其他杂费等费用。一般分铁路、公路、水路几种运输方式计算其运杂费。

（4）运输保险费

指材料在运输过程中发生的保险费，按工程所在省、自治区、直辖市或中国人民保险公司的有关规定计算。运输保险费＝材料原价×材料运输保险费率。

（5）采购及保管费

指材料采购和保管过程中所发生的各项费用，按材料运到工地仓库价格不包括运输保险费的 3% 计算。

3. 施工机械台时费

施工机械台时费是指一台施工机械正常工作 1h 所支出和分摊的各项费用之和。施工机械台时费是计算建筑安装工程单价中机械使用费的基础价格。机械使用费中的机械台时量可由定额查到，机械台时费应根据《水利工程施工机械台时费定额》及有关规定计算。现行部颁的施工机械台时费由第一、第二类费用组成。

（1）第一类费用

第一类费用由折旧费、修理及替换设备费、安装拆卸费组成。施工机械台时费定额中，一类费用是按定额编制年的物价水平以金额形式表示，编制台时费单价时，应按概（估）算编制年价格水平进行调整。

（2）第二类费用

第二类费用指施工机械正常运转时机上人工及动力、燃料消耗费。在施工机械台时费定额中，以台时实物消耗量指标表示。编制台时费时，其数量指标一般不允许调整。

本项费用取决于每台时机械的使用情况，只有在机械运转时才发生。

1）人工：指机械正常运转应配备的机上操作人员。

2）动力、燃料：指保持机械正常运转时所需的风、水、电、油、煤及木柴等。

4. 混凝土材料单价

混凝土配合比的各项材料用量，已考虑了材料的场内运输及操作损耗（至拌合楼进料仓止），混凝土拌制后的熟料运输、操作损耗，已反映在不同浇筑部位定额的"混凝土"材料量中。混凝土配合比的各项材料用量应根据工程试验提供的资料计算，若无试验资料时也可按有关定额规定计算。

1.2.6.4 水利工程概（估）算工程单价的编制

1. 单价分析表格式

工程单价是指以价格形式表示的完成单位工程量（如 1m³、1t、1 套等）所耗用的全部费用。包括直接工程费、间接费、企业利润和税金等四部分内容，水利工程概（估）算单价分为建筑和安装工程单价两类，它是编制水利工程投资的基础。建筑安装工程单价由"量、价、费"三要素组成。

量：指完成单位工程量所需的人工、材料和施工机械台时数量。须根据设计图纸及施工组织设计等资料，正确选用定额相应子目的规定量。

价：指人工预算单阶、材料预算价格和机械台时费等基础单价。

费：指按规定计入工程单价的其他直接费、现场经费、间接费、企业利润和税金。须按《水利工程设计概（估）算编制规定》（水总〔2002〕116 号）的取费标准计算。

建筑、安装工程单价计算一般采用表 1-26～表 1-28 格式计算：

建筑工程单价计算格式表 表 1-26

1	直接工程费	（1）＋（2）＋（3）
（1）	直接费	1）＋2）＋3）
1）	人工费	Σ定额人工工时数×人工预算单价
2）	材料费	Σ定额材料用量×材料预算价格
3）	机械使用费	Σ定额机械台时用量×机械台时费
（2）	其他直接费	（1）×其他直接费率
（3）	现场经费	（1）×现场经费费率
2	间接费	1×间接费率
3	企业利润	（1＋2）×企业利润率
4	税金	（1＋2＋3）×税率
5	工程单价	1＋2＋3＋4

安装工程单价的计算一般也采取表格形式，分为实物量和费率两种情况。

安装工程单价计算格式（实物量形式）表　　　　　表 1-27

1	直接工程费	（1）＋（2）＋（3）
（1）	直接费	1）＋2）＋3）
1）	人工费	Σ定额人工工时数×人工预算单价
2）	材料费	Σ定额材料用量×材料预算价格
3）	机械使用费	Σ定额机械台时用量×机械台时费
（2）	其他直接费	（1）×其他直接费率
（3）	现场经费	1）×现场经费率
2	间接费	1）×间接费率
3	企业利润	（1+2）×企业利润率
4	未计价装置性材料费	Σ定额未计价装置性材料用量×材料预算价格
5	税金	（1+2+3+4）×税率
6	工程单价	1+2+3+4+5

安装工程单价计算格式（费率形式）表　　　　　表 1-28

1	直接工程费	（1）＋（2）＋（3）
（1）	直接费	1）＋2）＋3）
1）	人工费	定额人工费（％）×设备原价
2）	材料费	定额材料费（％）×设备原价
3）	机械使用费	定额机械使用费（％）×设备原价
4）	装置性材料费	定额装置性材料费（％）×设备原价
（2）	其他直接费	（1）×其他直接费率
（3）	现场经费	1）×现场经费率
2	间接费	1）×间接费率
3	企业利润	（1+2）×企业利润率
4	税金	（1+2+3）×税率
5	工程单价	1+2+3+4

编制水利工程概（估）算、预算、标底及投标报价时，也经常用到综合系数法，即按直接费乘综合系数计算工程单价。

综合系数 ＝(1＋其他直接费率＋现场经费率)×(1＋间接费率)×
(1＋企业利润率)×(1＋税金率)

2. 主要工程单价编制

（1）土方开挖工程

1）定额调整

根据《水利建筑工程预算定额》，编制土方开挖工程单价应注意：

①挖掘机、装载机挖土定额系按挖装自然方拟定的，如挖装松土时，人工及挖装机械乘以 0.85 调整系数。砂砾（卵）石开挖和运输，按Ⅳ类土定额计算。

②推土机推土定额是按自然方拟定的，如推松土时，定额乘以 0.80 调整系数。

③挖掘机、轮斗挖掘机或装载机挖装土（含渠道土方）自卸汽车运输各节，适用于Ⅲ类土。Ⅰ、Ⅱ类土人工、机械调整系数均取 0.91，Ⅳ类土人工、机械调整系数均取 1.09。

2）适用范围

①一般土方开挖定额，适用于一般明挖土方工程和上口宽超过 16m 的渠道及上口面积大于 80m² 柱坑土方工程。

②渠道土方开挖定额，适用于上口宽小于或等于 16m 的梯形断面、长条形、底边需要修整的渠道土方工程。

③沟槽土方开挖定额，适用于上口宽小于或等于 4m 的矩形断面或边坡陡于 1：0.5 的梯形断面，长度大于宽度 3 倍长条形，只修底不修边坡的土方工程，如截水槽、齿墙等各类墙基和电缆沟等。

（2）土方填筑工程

土方填筑工程一般分为土坝（堤）填筑和一般土方回填两种。

1）土方填筑单价构成

①料场覆盖层清除摊销费。覆盖层清除摊销单价一般只计算到直接费，作为材料部分体现。若覆盖层清除工程项目独立，也可根据覆盖层的土类级别、施工方法，选用相应定额，编制料场覆盖层清除摊销费用全单价。

②土料开采运输费用。土料的开采运输单价的编制与土方开挖工程相同。

③土料处理费用。指当土料的含水量不符合规定标准时，应采取的挖排水沟、扩大取土面积、分层取土、翻晒、分区集中堆存、加水处理措施等措施费用。

④土料损耗和体积变化费。土料损耗包括开采、运输、雨后清理、削坡、沉陷等损耗。

体积变化指土料的设计干密度和天然干密度之间的关系。由于设计要求的干密度通常大于天然干密度，亦即该设计要求的 1m³ 坝体实方，需更多的自然方才能满足。从定额（或单价）的意义来讲，土方开挖、运输的人工、材料、机械台时的数量（或单价）应扩大。

为了计算的方便，土料损耗以综合系数代替，在计算压实工程的备料量和运输量时，按下式计算：

每 100 压实成品方需要的自然方量＝（100＋A）设计干密度/天然干密度

其中 A 为土石料损耗综合系数，根据不同的施工方法和坝料按规定取值，使用时不再调整。

⑤压实费。压实定额均按压实成品方计。

2）编制土方填筑工程单价应注意的问题

①若利用开挖料直接运至填筑工作面，在开挖处计算开挖和运输费，在填筑处只计算碾压费。但要注意，不得在开挖和填筑单价中重计或漏计。

②若开挖料卸至某堆料场，填筑时再从堆料场取土，需经过二次倒运，在进行单价分析时，开挖处计算至堆料场的挖、运费，填筑处计算二次倒运的挖、运、压费。

③对不要求压实的一般土方回填，可只计算土方开挖运输单价。

（3）混凝土工程单价的编制

混凝土按施工工艺可分为现浇和预制两大类,现浇混凝土由混凝土拌制、运输、浇筑等工序单价组成。对于预制混凝土,还要增加预制混凝土构件的运输、安装工序单价。根据水利工程预算定额的相关规定,使用"混凝土工程"部分定额应当注意:

1) 关于模板的规定

①现浇混凝土定额不含模板制作、安装、拆除、修整;

②预制混凝土定额中的模板材料均按预算消耗量计算,包括制作(钢模为组装)、安装、拆除、维修的消耗,并考虑了周转和回收。

2) 关于混凝土材料的规定

①材料定额中的"混凝土"一项,系指完成单位产品所需的混凝土半成品量,其中包括:冲(凿)毛、干缩、施工损耗、运输损耗和接缝砂浆等的消耗量在内。

②混凝土半成品的单价,只计算配制混凝土所需水泥、砂石骨料、水、掺和料及其外加剂等的用量及价格各项材料的用量,应按试验资料计算;没有试验资料时,可采用定额附录中的混凝土材料配合表列示量。

③混凝土的配料和拌制损耗已含在配合比材料用量中,定额中的混凝土用量,包括了运输、浇筑、凿毛、模板变形、干缩等损耗,定额中的人工、机械也是按此配置的。

3) 关于混凝土拌制的规定

①浇筑定额中单独列出"混凝土及砂浆拌制"项目,编制混凝土浇筑单价时,应先根据施工组织设计选定的搅拌机的容量,选用拌制定额编制拌制单价(只计直接费)。

②混凝土拌制定额按拌制常态混凝土拟定,若拌制加冰、加掺和料等其他混凝土,则按定额调整系数对拌制定额进行调整。

③混凝土拌制定额均以半成品方为单位计算,不含施工损耗和运输损耗所消耗的人工、材料、机械的数量和费用。混凝土拌制及浇筑定额中,不包括加冰、骨料预冷、通水等温控所需的费用。

4) 关于混凝土运输的规定

混凝土运输是指混凝土自搅拌机出料口至浇筑现场工作面的全部水平运输和垂直运输。运输方式与运输机械由施工组织设计确定。

①混凝土水平运输,指混凝土从搅拌机出料口至浇筑仓面(或至垂直吊运起吊点)水平距离的运输;混凝土垂直运输,指混凝土从垂直吊运起点至浇筑仓面垂直距离的运输。

②混凝土运输定额均以半成品方为单位计算,不含施工损耗和运输损耗所消耗的人工、材料、机械的数量和费用。

③编制混凝土综合单价时,一般应将运输定额中的工、料、机用量分类合并到浇筑混凝土定额中统一计算综合单价,也可按混凝土运输数量乘以每 m^3 混凝土运输单价(只计直接费)计入混凝土浇筑综合单价。

④预算定额各节现浇混凝土定额中的"混凝土运输"数量,已包括完成每一定额单位(通常为 $100m^3$)有效实体混凝土所需增加的超填量及施工附加量等的数量。

1.2.6.5 水利工程竣工决算与竣工审计的要求

根据《水利水电建设工程验收规程》(SL 223),水利水电建设工程竣工验收应当具备的条件之一是:竣工财务决算已通过竣工审计,审计意见中提出的问题已整改并提交了整改报告。

1. 竣工决算的基本要求

水利工程基本建设项目竣工财务决算是考核水利投资效益、核定新增资产价值、反映竣工项目设计概（预）算执行成果的文件。竣工财务决算是水利基本建设项目资产形成、资产移交和投资核销的依据。

水利工程基本建设项目应按照《水利基本建设项目竣工财务决算编制规程》（SL 19）规定的内容、格式编制竣工财务决算。利用外资项目的竣工财务决算的编制处执行上述标准外，还应执行国家外资项目管理的有关规定。

水利基本建设项目竣工财务决算由项目法人组织编制。设计、监理、施工等单位配合，负责向项目法人提供有关资料。在竣工财务决算批复之前，项目法人已经撤销的，由撤销该项目法人的单位指定有关单位承接相关的责任。

项目法人的法定代表人对竣工财务决算的真实性、完整性负责。

竣工财务决算的编制依据主要包括以下几个方面：

（1）国家有关法律、法规和规章制度；

（2）经批准的设计文件〔含项目概（预）算，及其变更、调整文件〕；

（3）主管部门下达的年度投资计划，基本建设支出预算；

（4）经批复的年度财务决算；

（5）项目合同（协议）；

（6）会计核算及财务管理资料等。

建设项目编制竣工财务决算应具备以下条件：

（1）经批准的初步设计所确定的内容已完成；

（2）建设资金全部到位；

（3）完工结算已完成；

（4）未完工程投资和预留费用不超过规定的比例；

（5）涉及法律诉讼、工程质量、移民安置的事项已处理完毕；

（6）其他影响竣工财务决算编制的重大问题已解决等。

建设项目完成并满足竣工财务决算编制条件后，大中型项目应在 3 个月内，小型项目应在 1 个月内完成竣工财务决算的编制工作。如有特殊情况不能在规定期限内完成编制工作的，报经竣工验收主持单位同意后可适当延期。

竣工财务决算应按大中型、小型项目分别编制。项目规模以批复的设计文件为准。设计文件未明确的，非经营性项目投资额在 3000 万元（含 3000 万元）以上、经营性项目投资额在 5000 万元（含 5000 万元）以上的为大中型项目；其他项目为小型项目。

建设项目包括两个或两个以上独立概算的单项工程的，单项工程竣工时，可编制单项工程竣工财务决算。建设项目全部竣工后，应编制该项目的竣工财务总决算。建设项目是大中型项目而单项工程是小型项目的，应按大中型项目的编制要求编制单项工程竣工财务决算。

建设项目未完工程投资及预留费用可预计纳入竣工财务决算。大中型项目应控制在总概算的 3％以内，小型项目应控制在 5％以内。

竣工财务决算应反映项目从筹建到竣工验收的全部费用。竣工财务决算由以下 4 部分组成：

（1）竣工决算封面及目录；

（2）竣工项目的平面示意图及主体工程照片；

（3）竣工财务决算说明书；

（4）竣工财务决算报表等。

竣工财务决算说明书应反映以下主要内容：

（1）项目基本情况；

（2）基本建设支出预算、投资计划和资金到位情况；

（3）概（预）算执行情况；

（4）招（投）标及政府采购情况；

（5）合同（协议）履行情况；

（6）征地补偿和移民安置情况；

（7）预备费动用情况；

（8）未完工程投资及预留费用情况；

（9）财务管理情况；

（10）其他需说明的事项；

（11）报表说明。

竣工财务决算报表包括以下八张表格：

（1）水利基本建设竣工项目概况表：反映竣工项目主要特征、建设过程和建设成果等基本情况。

（2）水利基本建设项目竣工财务决算表：反映竣工项目的财务收支情况。

（3）水利基本建设竣工项目投资分析表：反映竣工项目概（预）算执行情况。

（4）水利基本建设竣工项目未完工程投资及预留费用表：反映预计纳入竣工财务决算的未完工程投资及预留费用的明细情况。

（5）水利基本建设竣工项目成本表：反映竣工项目建设成本结构以及形成过程的情况。

（6）水利基本建设竣工项目交付使用资产表：反映竣工项目向不同资产接收单位交付使用资产情况。

（7）水利基本建设竣工项目待核销基建支出表：反映竣工项目发生的待核销基建支出的明细情况。

（8）水利基本建设竣工项目转出投资表：反映竣工项目发生的传出投资明细情况。

大中型项目应编制以上竣工财务决算报表全部八张表格。小型项目至少应编制第1、第2、第4、第6表。

决算编制过程中，应注意以下几点：

（1）概（预）算与核算的口径差异，应依据项目概（预）算口径，通过辅助核算调整会计核算指标，并应按概（预）算口径形成对应关系；

（2）与项目建设成本、资产价值相关联的会计业务应在竣工财务决算基准日之前入账；

（3）未完工程投资和预留费用应满足项目实施和管理的需要，以项目概（预）算、合同等为依据合理计列。已签订合同（协议）的，应按相关条款的约定进行测算；尚未签订合同（协议）的，未完工程投资不应突破相应的概（预）算标准；

（4）待摊投资应由受益的各项交付使用资产共同负担。其中，能够确定由某项资产负担的待摊投资，应直接计入该资产成本；不能确定负担对象的待摊投资，应分摊计入受益的各项资产成本。可以按实际发生数的比例分摊，或按概算数的比例分摊。待摊投资的分摊对象主要为房屋、建筑物，水、电专用设备，需要安装的通用设备以及其他分摊对象；

（5）交付使用资产应以具有独立使用价值的固定资产、流动资产、无形资产和递延资产作为计算和交付对象。独立使用价值的确定依据应是具有较完整的使用功能，能够按照设计要求，独立地发挥作用；

（6）具有防洪、发电、灌溉、供水等多种效益的项目，应根据项目实际情况，合理选择分摊建设成本的方法：

1）按各功能占用水量的比例分摊；

2）按各功能占用库容的比例分摊；

3）按各功能可获得效益现值的比例分摊等。

竣工财务决算编制完成后应当按照国家《会计档案管理办法》等规定的要求，整理归档，永久保存。

2．竣工审计的基本要求

水利工程基本建设项目审计按建设管理过程分为开工审计、建设期间审计和竣工决算审计。其中开工审计、建设期间审计，水利审计部门可根据项目性质、规模和建设管理的需要进行；竣工决算审计在项目正式竣工验收之前必须进行。

水利工程基本建设项目竣工决算审计是指在项目正式竣工验收前，水利审计部门对其竣工决算的真实性、合法性和效益性进行的内部审计监督。

水利工程基本建设项目竣工决算审计包括以下主要内容：

（1）水利建设项目竣工财务决算报表审计，主要审计按照《水利基本建设项目竣工财务决算编制规程》SL 19 的有关报表编制的真实性、完整性和合法性以及竣工财务决算说明书的真实性、准确性及完整性。

（2）水利基本建设项目投资及概算执行情况审计，主要内容有：

1）各种资金渠道投入的实际金额，资金不到位的数额及原因；

2）实际投资完成额；

3）概算审批、执行的真实性和合法性；

4）概算调整的真实性和合法性。包括概算调整的原则、各种调整系数、设计变更和估算增加的费用等；

5）核实建设项目超概算的金额，分析原因，并审查扩大规模、提高标准和计划外投资的情况；

6）审查弥补资金缺口的来源，有无挤占、挪用其他基建资金和专项资金的情况。

（3）水利基本建设项目建设支出审计，主要内容有建筑安装工程支出、设备投资支出、待摊投资支出、其他投资支出、待核销基建支出和转出投资列支的内容和费用摊提的真实性、合法性和效益性。

（4）水利基本建设项目交付使用资产情况审计，主要内容有：

1）交付使用的固定资产、流动资产是否真实，手续是否完备；

2）交付使用的无形资产的计价依据；

3）交付使用的递延资产的情况。

（5）水利基本建设项目未完工程及所需资金审计，主要内容有审查水利基本建设项目未完工程量及所需要的投资情况，所需资金和额度的留存及有无新增工程内容等情况。

（6）水利基本建设项目建设收入审计，主要内容有水利基本建设项目建设收入的来源、分配、上缴和留成使用情况的真实性和合法性。

（7）水利基本建设项目结余资金审计，主要内容有：

1）银行存款、现金和其他货币资金的情况；

2）尚未使用的财政直接支付和授权支付额度情况；

3）库存物资实存量的真实性、有无积压、隐瞒、转移、挪用等问题；

4）各项债权债务的真实性，有无转移、挪用建设资金和债权债务清理不及时等问题，呆账、坏账的处理情况等；

5）按照有关规定，计提的投资包干节余数额是否准确，是否合理合法。

（8）水利基本建设项目工程和物资招投标执行情况审计，主要内容有：

1）工程勘测、设计、施工及物资采购是否按照规定进行了招标；

2）所订合同或协议的相关条款是否完备，是否全面履行；

3）合同变更、解除是否按规定履行了必要的手续；

4）对违约者是否依照有关条款追究责任等。

水利工程基本建设项目的竣工决算审计，除有专门要求外，一般由主持竣工验收的水行政主管部门的水利审计部门组织实施。可以组织水利基本建设的专业审计力量组成审计组进行审计，也可以由水利审计部门委托具有专业审计资质的社会审计机构承担。

对水利建设项目进行竣工决算审计时，应当事先拟定审计实施方案，组织审计组，并向被审计单位下达审计通知书。竣工决算审计终结后，应当及时提出审计报告，并征求被审计项目法人的意见。水利审计部门应当根据竣工决算审计报告、被审计项目法人的书面反馈意见，及时提出和下达竣工决算审计意见书和审计决定。项目法人必须执行审计意见书和审计决定，按照审计的要求进行整改，并在 60 日内以书面形式将整改情况报告水利审计部门。

项目法人应按照审计需要提供相关资料，勘察、设计、施工、监理、采购、供货等单位与竣工决算审计有关的财务收支，应当接受水利审计部门的审计调查，并提供有关证明材料。

竣工决算审计意见书和审计决定是组织水利基本建设项目竣工验收的主要依据之一，也可以作为对项目法人代表进行任期经济责任审计的重要依据和参考。水利基本建设项目竣工决算未经审计，有关单位和部门不得组织项目的竣工验收。

1.2.6.6 案例分析

×××河影响处理工程位于×××省×××市，分河道左岸和右岸两个部分，河道左岸，自交叉断面始至上游 1.8km 堤防迎水面采用浆砌石防护，上至堤顶，下至堤脚；河道右岸新村防护，自交叉断面始至上游 1523m 河岸采用浆砌石防护，保证新村村基安全，其中浆砌石护坡、护岸厚 0.3m，坡脚水平防护采用高强钢丝（格宾）石笼（厚 0.5m，宽 5.0～6.0m）。

×××水利建筑安装公司编制的投标报价如下：

1. 编制依据

（1）水利部水总〔2002〕116号文《水利工程设计概（估）算编制规定》。

（2）国家及地方有关标准、规定。

2. 采用定额

（1）水利部水总〔2002〕116号文《水利建筑工程预算定额》。

（2）水利部水总〔2002〕116号文《水利工程施工机械台时费定额》。

3. 基础单价

（1）人工工资

按水总〔2002〕116号文计算，人工预算单价见表1-29。

人工预算单价表　　　　　　　　表 1-29

序　号	项　目	工资标准（元/工时）
1	工长	5.05
2	高级工	4.70
3	中级工	4.01
4	初级工	2.17

（2）材料预算价格

1）主要材料预算价格：根据2011年三季度物价水平，汽油、柴油、钢筋、木材、水泥价格见表1-30；

2）砂、碎石、块石按距离工程较近的料场采购价为原价计算，预算价格低于70元/m³的直接进入工程单价，预算价格超过70元/m³的，按70元/m³进入工程单价，超过70元/m³的部分仅计取税金后放入相应工程单价。

主要材料预算价格表　　　　　　　　表 1-30

序　号	名　称	单　位	预　算　价
1	水泥	t	427.97
2	钢筋	t	5186.57
3	圆木	m³	1066.57
4	板枋材	m³	1890.57
5	柴油	t	8385.49
6	汽油	t	9312.49

（3）施工用电、风、水预算价格

1）施工用电：按系统电供电比例95%、自发电供电比例5%计算，系统电电价按现行规定，综合电价采用0.96元/kW·h。

2）施工用风：风价采用0.16元/m³计算。

3）施工用水：水价采用0.66元/m³计算。

4）施工机械使用费

按水利部水总〔2002〕116 号文《水利工程施工机械台时费定额》及有关规定计算。

4. 工程量

按招标文件工程量。

5. 工程单价：

（1）直接费：按施工组织设计确定的施工方法计算。

（2）其他直接费：按直接费的 2.5% 计算。

（3）现场经费：按现场经费费率表 1-31 计算。

（4）间接费：按间接费费率表 1-32 计算。

（5）企业利润费率为 7%，税金费率为 3.22%。

现场经费费率表　　　　　　　　　　　　　　表 1-31

序　号	工程项目	计算基础	现场经费费率
1	土方工程	直接费	4.0%
2	石方工程	直接费	6.0%
3	模板工程	直接费	6.0%
4	混凝土工程	直接费	6.0%
5	钻孔灌浆及锚固工程	直接费	7.0%
6	其他工程	直接费	5.0%

间接费费率表　　　　　　　　　　　　　　表 1-32

序　号	工程项目	计算基础	间接费费率
1	土方工程	直接工程费	4.0%
2	石方工程	直接工程费	6.0%
3	模板工程	直接工程费	6.0%
4	混凝土工程	直接工程费	4.0%
5	钻孔灌浆及锚固工程	直接工程费	7.0%
6	其他工程	直接工程费	5.0%

6. 措施项目

根据施工组织设计估列。

已标价工程量清单如下：

投标总价

工程名称：×××河影响处理工程施工标

合同编号：×××-SG-01

投标总价人民币（大写）：伍佰伍拾肆万玖仟伍佰叁拾元

（￥）：5549530 元

工程项目总价表（表 1-33）

合同编号：×××-SG-01

工程名称：×××河影响处理工程施工标 **表 1-33**

序号	工程项目名称	金额（元）	备 注
一	分类分项工程项目	5059530	
1	建筑工程	5059530	单价承包
二	措施项目	390000	总价承包
三	其他项目	100000	
3.1	暂列金额	100000	
	合计	5549530	

分类分项工程量清单计价表（表 1-34）

合同编号：×××-SG-01

工程名称：×××河影响处理工程施工标 **表 1-34**

序号	项目编码	项目名称	计量单位	工程数量	单价（元）	合价（元）	合同技术条款章节号	备注
1		×××河工程						
1.1	500101002002	土方开挖工程	m^3	52990	8.91	472140.9	6	
1.2	500103001007	土方回填工程	m^3	6330	2.93	18546.9	7	利用弃土回填
1.3	500105003001	浆砌石（M10，F100，MU30）	m^3	7949	203.9	1620801	9.2	
1.4	500105003002	高强钢丝（格宾）石笼	m^3	4500	183.84	827280	9.3	宽度 5.0m
1.5	500105003003	高强钢丝（格宾）石笼	m^3	4581	183.84	842171	9.3	宽度 6.0m
1.6	500109001001	混凝土工程（C25F100）	m^3	1059	360	381240	8	
1.7	500110001001	土工布（300g/m²）	m^2	38005	8.65	328743.3	10	无纺土工布
1.8	500103007001	碎石垫层	m^3	3800	105.94	402572	9.2	
1.9	500110001002	D50PVC 排水管	m	1698	30	50940		
1.10	500110001003	填缝材料	m^2	1229	70	86030		两毡三油
1.11		水土保持				29065		
1.11.1		弃土场				29065		
1.11.1.1		撒播狗牙根草籽（0.8kg/100m²）	hm^2	0.75	30000	22500		
1.11.1.2		杨树（胸径 3cm）	株	1313	5	6565		
		合计				5059530		

措施项目清单计价表（表1-35）

合同编号：×××-SG-01

工程名称：×××河影响处理工程施工标

表 1-35

序号	项目名称	金额（元）	备注
1	×××河工程	390000	总价承包
1.1	临时工程	200000	
1.2	施工期环境保护专项措施费	50000	总价承包
1.3	水土保持临时措施费	50000	总价承包
1.4	质量、进度、安全、文明措施费	60000	总价承包（由发包人控制使用）
1.5	工程保险	30000	总价承包

其他项目清单计价表（表1-36）

合同编号：×××-SG-01

工程名称：×××河影响处理工程施工标

表 1-36

序　号	项目名称	金额（元）	备　注
1	暂列金	100000	
	合计		

计日工项目计价表（表1-37）

合同编号：×××-SG-01

工程名称：×××河影响处理工程施工标

表 1-37

序号	名　称	型号规格	计量单位	单价（元）	备　注
1	人工				
1.1	工长			5.05	
1.2	高级工			4.7	
1.3	中级工			4.01	
1.4	初级工			2.17	
2	材料				
2.1	水泥			427.97	
2.2	钢筋			5186.57	
2.6	碎石			76.97	
2.7	砂			59.24	
2.8	块石			78.36	
3	机械				
3.1	1m^3 液压单斗挖掘机			126.24	
3.2	74kW 推土机			89.39	
3.3	8t 自卸汽车			77.05	

1.3 水利水电工程项目施工相关法律、法规和政策、标准

1.3.1 水利水电工程法律、法规和政策

1.3.1.1 国家关于水利水电改革与发展的有关政策

1. 中共中央 国务院关于加快水利改革发展的决定

2011年1月29日，《中共中央 国务院关于加快水利改革发展的决定》（以下简称《决定》）正式公布。这是新世纪以来的第8个中央一号文件，也是新中国成立62年来中共中央首次系统部署水利改革发展全面工作的决定。文件出台了一系列针对性强、覆盖面广、含金量高的新政策、新举措。

《决定》采取条块结合、以条为主的构架，分为三个板块，共8个部分、30条。第一板块由序言、第1部分和第2部分组成，主要回顾总结成就，分析研判形势，明确水利的定位和作用，提出水利改革与发展的指导思想、目标任务和基本原则；第二板块包括第3部分到第7部分，这是文件的主体部分，从突出加强农田水利等薄弱环节建设、全面加快水利基础设施建设、建立水利投入稳定增长机制、实行最严格水资源管理制度、不断创新水利发展体制机制等5各方面提出具体政策措施；第三板块包括第8部分和结束语，主要强调各级党委和政府要切实加强对水利工作的领导。《决定》主要内容包括：

（1）新形势下水利的战略地位

【水利面临的新形势】 人多水少、水资源时空分布不均是我国的基本国情水情。洪涝灾害频繁仍然是中华民族的心腹大患，水资源供需矛盾突出仍然是可持续发展的主要瓶颈，农田水利建设滞后仍然是影响农业稳定发展和国家粮食安全的最大硬伤，水利设施薄弱仍然是国家基础设施的明显短板。

随着工业化、城镇化深入发展，全球气候变化影响加大，我国水利面临的形势更趋严峻，增强防灾减灾能力要求越来越迫切，强化水资源节约保护工作越来越繁重，加快扭转农业主要"靠天吃饭"局面任务越来越艰巨。2010年西南地区发生特大干旱、多数省区市遭受洪涝灾害、部分地方突发严重山洪泥石流，再次警示我们加快水利建设刻不容缓。

【新形势下水利的地位和作用】 水是生命之源、生产之要、生态之基。水利是现代农业建设不可或缺的首要条件，是经济社会发展不可替代的基础支撑，是生态环境改善不可分割的保障系统，具有很强的公益性、基础性、战略性。加快水利改革发展，不仅事关农业农村发展，而且事关经济社会发展全局；不仅关系到防洪安全、供水安全、粮食安全，而且关系到经济安全、生态安全、国家安全。

要把水利工作摆上党和国家事业发展更加突出的位置，着力加快农田水利建设，推动水利实现跨越式发展。

（2）水利改革发展的指导思想、目标任务和基本原则

【指导思想】 "三个把"：把水利作为国家基础设施建设的优先领域，把农田水利作为农村基础设施建设的重点任务，把严格水资源管理作为加快转变经济发展方式的战略举措。

"一个方向"：注重科学治水、依法治水，突出加强薄弱环节建设，大力发展民生水利，不断深化水利改革，加快建设节水型社会，促进水利可持续发展，努力走出一条中国

特色水利现代化道路。

【**目标任务**】 "一个总目标"：力争通过 5 年到 10 年努力，从根本上扭转水利建设明显滞后的局面。

"四大体系"：到 2020 年，基本建成防洪抗旱减灾体系；基本建成水资源合理配置和高效利用体系；基本建成水资源保护和河湖健康保障体系；基本建成有利于水利科学发展的制度体系。

到 2020 年，基本建成防洪抗旱减灾体系，重点城市和防洪保护区防洪能力明显提高，抗旱能力显著增强，"十二五"期间基本完成重点中小河流（包括大江大河支流、独流入海河流和内陆河流）重要河段治理、全面完成小型水库除险加固和山洪灾害易发区预警预报系统建设；基本建成水资源合理配置和高效利用体系，全国年用水总量力争控制在 6700 亿立方米以内，城乡供水保证率显著提高，城乡居民饮水安全得到全面保障，万元国内生产总值和万元工业增加值用水量明显降低，农田灌溉水有效利用系数提高到 0.55 以上，"十二五"期间新增农田有效灌溉面积 4000 万亩；基本建成水资源保护和河湖健康保障体系，主要江河湖泊水功能区水质明显改善，城镇供水水源地水质全面达标，重点区域水土流失得到有效治理，地下水超采基本遏制；基本建成有利于水利科学发展的制度体系，最严格的水资源管理制度基本建立，水利投入稳定增长机制进一步完善，有利于水资源节约和合理配置的水价形成机制基本建立，水利工程良性运行机制基本形成。

【**基本原则**】 "五个坚持"：一要坚持民生优先。着力解决群众最关心最直接最现实的水利问题，推动民生水利新发展。二要坚持统筹兼顾。注重兴利除害结合、防灾减灾并重、治标治本兼顾，促进流域与区域、城市与农村、东中西部地区水利协调发展。三要坚持人水和谐。顺应自然规律和社会发展规律，合理开发、优化配置、全面节约、有效保护水资源。四要坚持政府主导。发挥公共财政对水利发展的保障作用，形成政府社会协同治水兴水合力。五要坚持改革创新。加快水利重点领域和关键环节改革攻坚，破解制约水利发展的体制机制障碍。

（3）突出加强农田水利等薄弱环节建设

"五个薄弱环节建设"：大兴农田水利建设；加快中小河流治理和小型水库除险加固；抓紧解决工程性缺水问题；提高防汛抗旱应急能力；继续推进农村饮水安全建设。

1）大兴农田水利建设。到 2020 年，基本完成大型灌区、重点中型灌区续建配套和节水改造任务。结合全国新增千亿斤粮食生产能力规划实施，在水土资源条件具备的地区，新建一批灌区，增加农田有效灌溉面积。实施大中型灌溉排水泵站更新改造，加强重点涝区治理，完善灌排体系。健全农田水利建设新机制，中央和省级财政要大幅增加专项补助资金，市、县两级政府也要切实增加农田水利建设投入，引导农民自愿投工投劳。加快推进小型农田水利重点县建设，优先安排产粮大县，加强灌区末级渠系建设和田间工程配套，促进旱涝保收高标准农田建设。因地制宜兴建中小型水利设施，支持山丘区小水窖、小水池、小塘坝、小泵站、小水渠等"五小水利"工程建设，重点向革命老区、民族地区、边疆地区、贫困地区倾斜。大力发展节水灌溉，推广渠道防渗、管道输水、喷灌滴灌等技术，扩大节水、抗旱设备补贴范围。积极发展旱作农业，采用地膜覆盖、深松深耕、保护性耕作等技术。稳步发展牧区水利，建设节水高效灌溉饲草料地。

2）加快中小河流治理和小型水库除险加固。中小河流治理要优先安排洪涝灾害易发、保护区人口密集、保护对象重要的河流及河段，加固堤岸，清淤疏浚，使治理河段基本达到国家防洪标准。巩固大中型病险水库除险加固成果，加快小型病险水库除险加固步伐，尽快消除水库安全隐患，恢复防洪库容，增强水资源调控能力。推进大中型病险水闸除险加固。山洪地质灾害防治要坚持工程措施和非工程措施相结合，抓紧完善专群结合的监测预警体系，加快实施防灾避让和重点治理。

3）抓紧解决工程性缺水问题。加快推进西南等工程性缺水地区重点水源工程建设，坚持蓄引提与合理开采地下水相结合，以县域为单元，尽快建设一批中小型水库、引提水和连通工程，支持农民兴建小微型水利设施，显著提高雨洪资源利用和供水保障能力，基本解决缺水城镇、人口较集中乡村的供水问题。

4）提高防汛抗旱应急能力。尽快健全防汛抗旱统一指挥、分级负责、部门协作、反应迅速、协调有序、运转高效的应急管理机制。加强监测预警能力建设，加大投入，整合资源，提高雨情汛情旱情预报水平。建立专业化与社会化相结合的应急抢险救援队伍，着力推进县乡两级防汛抗旱服务组织建设，健全应急抢险物资储备体系，完善应急预案。建设一批规模合理、标准适度的抗旱应急水源工程，建立应对特大干旱和突发水安全事件的水源储备制度。加强人工增雨（雪）作业示范区建设，科学开发利用空中云水资源。

5）继续推进农村饮水安全建设。到2013年解决规划内农村饮水安全问题，"十二五"期间基本解决新增农村饮水不安全人口的饮水问题。积极推进集中供水工程建设，提高农村自来水普及率。有条件的地方延伸集中供水管网，发展城乡一体化供水。加强农村饮水安全工程运行管理，落实管护主体，加强水源保护和水质监测，确保工程长期发挥效益。制定支持农村饮水安全工程建设的用地政策，确保土地供应，对建设、运行给予税收优惠，供水用电执行居民生活或农业排灌用电价格。

（4）全面加快水利基础设施建设

"五大建设任务"：继续实施大江大河治理；加强水资源配置工程建设；搞好水土保持和水生态保护；合理开发水能资源；强化水文气象和水利科技支撑。

1）继续实施大江大河治理。进一步治理淮河，搞好黄河下游治理和长江中下游河势控制，继续推进主要江河河道整治和堤防建设，加强太湖、洞庭湖、鄱阳湖综合治理，全面加快蓄滞洪区建设，合理安排居民迁建。搞好黄河下游滩区安全建设。"十二五"期间抓紧建设一批流域防洪控制性水利枢纽工程，不断提高调蓄洪水能力。加强城市防洪排涝工程建设，提高城市排涝标准。推进海堤建设和跨界河流整治。

2）加强水资源配置工程建设。完善优化水资源战略配置格局，在保护生态前提下，尽快建设一批骨干水源工程和河湖水系连通工程，提高水资源调控水平和供水保障能力。加快推进南水北调东中线一期工程及配套工程建设，确保工程质量，适时开展南水北调西线工程前期研究。积极推进一批跨流域、区域调水工程建设。着力解决西北等地区资源性缺水问题。大力推进污水处理回用，积极开展海水淡化和综合利用，高度重视雨水、微咸水利用。

3）搞好水土保持和水生态保护。实施国家水土保持重点工程，采取小流域综合治理、淤地坝建设、坡耕地整治、造林绿化、生态修复等措施，有效防治水土流失。进一步加强长江上中游、黄河上中游、西南石漠化地区、东北黑土区等重点区域及山洪地质灾害易发区的水土流失防治。继续推进生态脆弱河流和地区水生态修复，加快污染严重江河湖泊水环境治理。加强重要生态保护区、水源涵养区、江河源头区、湿地的保护。实施农村河道综合整治，大力开展生态清洁型小流域建设。强化生产建设项目水土保持监督管理。建立健全水土保持、建设项目占用水利设施和水域等补偿制度。

4）合理开发水能资源。在保护生态和农民利益前提下，加快水能资源开发利用。统筹兼顾防洪、灌溉、供水、发电、航运等功能，科学制定规划，积极发展水电，加强水能资源管理，规范开发许可，强化水电安全监管。大力发展农村水电，积极开展水电新农村电气化县建设和小水电代燃料生态保护工程建设，搞好农村水电配套电网改造工程建设。

5）强化水文气象和水利科技支撑。加强水文气象基础设施建设，扩大覆盖范围，优化站网布局，着力增强重点地区、重要城市、地下水超采区水文测报能力，加快应急机动监测能力建设，实现资料共享，全面提高服务水平。健全水利科技创新体系，强化基础条件平台建设，加强基础研究和技术研发，力争在水利重点领域、关键环节和核心技术上实现新突破，获得一批具有重大实用价值的研究成果，加大技术引进和推广应用力度。提高水利技术装备水平。建立健全水利行业技术标准。推进水利信息化建设，全面实施"金水工程"，加快建设国家防汛抗旱指挥系统和水资源管理信息系统，提高水资源调控、水利管理和工程运行的信息化水平，以水利信息化带动水利现代化。加强水利国际交流与合作。

（5）建立水利投入稳定增长机制

"三项具体措施"：加大公共财政对水利的投入；加强对水利建设的金融支持；广泛吸引社会资金投资水利。

1）加大公共财政对水利的投入。多渠道筹集资金，力争今后10年全社会水利年平均投入比2010年高出一倍。发挥政府在水利建设中的主导作用，将水利作为公共财政投入的重点领域。各级财政对水利投入的总量和增幅要有明显提高。进一步提高水利建设资金在国家固定资产投资中的比重。大幅度增加中央和地方财政专项水利资金。从土地出让收益中提取10％用于农田水利建设，充分发挥新增建设用地土地有偿使用费等土地整治资金的综合效益。进一步完善水利建设基金政策，延长征收年限，拓宽来源渠道，增加收入规模。完善水资源有偿使用制度，合理调整水资源费征收标准，扩大征收范围，严格征收、使用和管理。有重点防洪任务和水资源严重短缺的城市要从城市建设维护税中划出一定比例用于城市防洪排涝和水源工程建设。切实加强水利投资项目和资金监督管理。

2）加强对水利建设的金融支持。综合运用财政和货币政策，引导金融机构增加水利信贷资金。有条件的地方根据不同水利工程的建设特点和项目性质，确定财政贴息的规模、期限和贴息率。在风险可控的前提下，支持农业发展银行积极开展水利建设中长期政策性贷款业务。鼓励国家开发银行、农业银行、农村信用社、邮政储蓄银行等银行业金融机构进一步增加农田水利建设的信贷资金。支持符合条件的水利企业上市和发行债券，探索发展大型水利设备设施的融资租赁业务，积极开展水利项目收益权质押贷款等多种形式融资。鼓励和支持发展洪水保险。提高水利利用外资的规模和质量。

3）广泛吸引社会资金投资水利。鼓励符合条件的地方政府融资平台公司通过直接、间接融资方式，拓宽水利投融资渠道，吸引社会资金参与水利建设。鼓励农民自力更生、艰苦奋斗，在统一规划基础上，按照多筹多补、多干多补原则，加大一事一议财政奖补力度，充分调动农民兴修农田水利的积极性。结合增值税改革和立法进程，完善农村水电增值税政策。完善水利工程耕地占用税政策。积极稳妥推进经营性水利项目进行市场融资。

（6）实行最严格的水资源管理制度

"建立四项制度"：建立用水总量控制制度；建立用水效率控制制度；建立水功能区限制纳污制度；建立水资源管理责任和考核制度。

"确立三条红线"：确立水资源开发利用控制红线；确立用水效率控制红线；确立水功能区限制纳污红线。

1）建立用水总量控制制度。确立水资源开发利用控制红线，抓紧制定主要江河水量分配方案，建立取用水总量控制指标体系。加强相关规划和项目建设布局水资源论证工作，国民经济和社会发展规划以及城市总体规划的编制、重大建设项目的布局，要与当地水资源条件和防洪要求相适应。严格执行建设项目水资源论证制度，对擅自开工建设或投产的一律责令停止。严格取水许可审批管理，对取用水总量已达到或超过控制指标的地区，暂停审批建设项目新增取水；对取用水总量接近控制指标的地区，限制审批新增取水。严格地下水管理和保护，尽快核定并公布禁采和限采范围，逐步削减地下水超采量，实现采补平衡。强化水资源统一调度，协调好生活、生产、生态环境用水，完善水资源调度方案、应急调度预案和调度计划。建立和完善国家水权制度，充分运用市场机制优化配置水资源。

2）建立用水效率控制制度。确立用水效率控制红线，坚决遏制用水浪费，把节水工作贯穿于经济社会发展和群众生产生活全过程。加快制定区域、行业和用水产品的用水效率指标体系，加强用水定额和计划管理。对取用水达到一定规模的用水户实行重点监控。严格限制水资源不足地区建设高耗水型工业项目。落实建设项目节水设施与主体工程同时设计、同时施工、同时投产制度。加快实施节水技术改造，全面加强企业节水管理，建设节水示范工程，普及农业高效节水技术。抓紧制定节水强制性标准，尽快淘汰不符合节水标准的用水工艺、设备和产品。

3）建立水功能区限制纳污制度。确立水功能区限制纳污红线，从严核定水域纳污容量，严格控制入河湖排污总量。各级政府要把限制排污总量作为水污染防治和污染减排工作的重要依据，明确责任，落实措施。对排污量已超出水功能区限制排污总量的地区，限制审批新增取水和入河排污口。建立水功能区水质达标评价体系，完善监测预警监督管理制度。加强水源地保护，依法划定饮用水水源保护区，强化饮用水水源应急管理。建立水生态补偿机制。

4）建立水资源管理责任和考核制度。县级以上地方政府主要负责人对本行政区域水资源管理和保护工作负总责。严格实施水资源管理考核制度，水行政主管部门会同有关部门，对各地区水资源开发利用、节约保护主要指标的落实情况进行考核，考核结果交由干部主管部门，作为地方政府相关领导干部综合考核评价的重要依据。加强水量水质监测能力建设，为强化监督考核提供技术支撑。

（7）不断创新水利发展体制机制

"四个方面体制机制创新"：完善水资源管理体制；加快水利工程建设和管理体制改革；健全基层水利服务体系；积极推进水价改革。

1）完善水资源管理体制。强化城乡水资源统一管理，对城乡供水、水资源综合利用、水环境治理和防洪排涝等实行统筹规划、协调实施，促进水资源优化配置。完善流域管理与区域管理相结合的水资源管理制度，建立事权清晰、分工明确、行为规范、运转协调的水资源管理工作机制。进一步完善水资源保护和水污染防治协调机制。

2）加快水利工程建设和管理体制改革。区分水利工程性质，分类推进改革，健全良性运行机制。深化国有水利工程管理体制改革，落实好公益性、准公益性水管单位基本支出和维修养护经费。中央财政对中西部地区、贫困地区公益性工程维修养护经费给予补助。妥善解决水管单位分流人员社会保障问题。深化小型水利工程产权制度改革，明确所有权和使用权，落实管护主体和责任，对公益性小型水利工程管护经费给予补助，探索社会化和专业化的多种水利工程管理模式。对非经营性政府投资项目，加快推行代建制。充分发挥市场机制在水利工程建设和运行中的作用，引导经营性水利工程积极走向市场，完善法人治理结构，实现自主经营、自负盈亏。

3）健全基层水利服务体系。建立健全职能明确、布局合理、队伍精干、服务到位的基层水利服务体系，全面提高基层水利服务能力。以乡镇或小流域为单元，健全基层水利服务机构，强化水资源管理、防汛抗旱、农田水利建设、水利科技推广等公益性职能，按规定核定人员编制，经费纳入县级财政预算。大力发展农民用水合作组织。

4）积极推进水价改革。充分发挥水价的调节作用，兼顾效率和公平，大力促进节约用水和产业结构调整。工业和服务业用水要逐步实行超额累进加价制度，拉开高耗水行业与其他行业的水价差价。合理调整城市居民生活用水价格，稳步推行阶梯式水价制度。按照促进节约用水、降低农民水费支出、保障灌排工程良性运行的原则，推进农业水价综合改革，农业灌排工程运行管理费用由财政适当补助，探索实行农民定额内用水享受优惠水价、超定额用水累进加价的办法。

（8）切实加强对水利工作的领导

"四个方面明确要求"：落实各级党委和政府责任；推进依法治水；加强水利队伍建设；动员全社会力量关心支持水利工作。

1）落实各级党委和政府责任。各级党委和政府要站在全局和战略高度，切实加强水利工作，及时研究解决水利改革发展中的突出问题。实行防汛抗旱、饮水安全保障、水资源管理、水库安全管理行政首长负责制。各地要结合实际，认真落实水利改革发展各项措施，确保取得实效。各级水行政主管部门要切实增强责任意识，认真履行职责，抓好水利改革发展各项任务的实施工作。各有关部门和单位要按照职能分工，尽快制定完善各项配套措施和办法，形成推动水利改革发展合力。把加强农田水利建设作为农村基层开展创先争优活动的重要内容，充分发挥农村基层党组织的战斗堡垒作用和广大党员的先锋模范作用，带领广大农民群众加快改善农村生产生活条件。

2）推进依法治水。建立健全水法规体系，抓紧完善水资源配置、节约保护、防汛抗旱、农村水利、水土保持、流域管理等领域的法律法规。全面推进水利综合执法，严格执行水资源论证、取水许可、水工程建设规划同意书、洪水影响评价、水土保持方案等制度。加强河湖管理，严禁建设项目非法侵占河湖水域。加强国家防汛抗旱督察工作制度化建设。健全预防为主、预防与调处相结合的水事纠纷调处机制，完善应急预案。深化水行政许可审批制度改革。科学编制水利规划，完善全国、流域、区域水利规划体系，加快重点建设项目前期工作，强化水利规划对涉水活动的管理和约束作用。做好水库移民安置工作，落实后期扶持政策。

3) 加强水利队伍建设。适应水利改革发展新要求，全面提升水利系统干部职工队伍素质，切实增强水利勘测设计、建设管理和依法行政能力。支持大专院校、中等职业学校水利类专业建设。大力引进、培养、选拔各类管理人才、专业技术人才、高技能人才，完善人才评价、流动、激励机制。鼓励广大科技人员服务于水利改革发展第一线，加大基层水利职工在职教育和继续培训力度，解决基层水利职工生产生活中的实际困难。广大水利干部职工要弘扬"献身、负责、求实"的水利行业精神，更加贴近民生，更多服务基层，更好服务经济社会发展全局。

4) 动员全社会力量关心支持水利工作。加大力度宣传国情水情，提高全民水患意识、节水意识、水资源保护意识，广泛动员全社会力量参与水利建设。把水情教育纳入国民素质教育体系和中小学教育课程体系，作为各级领导干部和公务员教育培训的重要内容。把水利纳入公益性宣传范围，为水利又好又快发展营造良好舆论氛围。对在加快水利改革发展中取得显著成绩的单位和个人，各级政府要按照国家有关规定给予表彰奖励。

2. 中央水利工作会议精神

中央水利工作会议于 2011 年 7 月 8 日至 9 日在北京举行。本次中央水利工作会议，是我们党成立以来、新中国建立以来第一次以中央名义召开的水利工作会议，是继今年中央 1 号文件之后党中央、国务院再次对水利工作做出动员部署的重要会议，规格之高、内容之实、影响之大、效果之好前所未有，必将载入中华民族治水兴邦的史册，成为新中国水利事业继往开来的里程碑，开启我国水利跨越式发展的新征程。

【加快水利改革发展的重要性和紧迫性】 胡锦涛在会议上发表重要讲话，强调加快水利改革发展，是事关我国社会主义现代化建设全局和中华民族长远发展重大而紧迫的战略任务，是保障国家粮食安全的迫切需要，是转变经济发展方式和建设资源节约型、环境友好型社会的迫切需要，是保障和改善民生、促进社会和谐稳定的迫切需要，是应对全球气候变化、增强抵御自然灾害综合能力的迫切需要。我们必须充分认识加快水利改革发展的重要性和紧迫性，积极行动起来，更加扎实地做好水利工作，推动水利事业又好又快发展。

【水利改革发展的原则】 胡锦涛指出，加快水利改革发展，要坚持以下原则。一是坚持民生优先，着力解决人民最关心最直接最现实的水利问题，促进水利发展更好地服务于保障和改善民生。二是坚持统筹兼顾，注重兴利除害结合、防灾减灾并重、治标治本兼顾，统筹安排水资源合理开发、优化配置、全面节约、有效保护、科学管理。三是坚持人水和谐，合理开发、优化配置、全面节约、有效保护、高效利用水资源，合理安排生活、生产、生态用水。四是坚持政府主导，充分发挥公共财政对水利发展的保障作用，大幅增加水利建设投资。五是坚持改革创新，加快水利重点领域和关键环节改革攻坚，着力构建充满活力、富有效率、更加开放、有利于科学发展的水利体制机制。

【水利改革发展的重点任务】 胡锦涛强调，要切实完成水利改革发展的重点任务，加强顶层设计、统筹规划，科学确定水利发展长远目标、建设任务、投资规模，有计划、有步骤、分阶段、分层次推进，同时要齐心协力攻坚克难，确保不断取得阶段性突破和进展。当前，要全力以赴完成好以下重点任务。一要着力加强农田水利建设，下大气力在全国大规模开展农田水利建设，健全农田水利建设新机制，全面提高农业用水效率，持续改善农业水利基础条件，显著提高农业综合生产能力。二要着力提高防洪保障能力，在继续加强大江大河大湖治理的同时，加快推进防洪重点薄弱环节建设，继续推进主要江河河道整治和堤防建设，加大中小河流治理力度，巩固大中型病险水库除险加固成果，加快小型病险水库除险加固步伐，全面提高城市防洪排涝能力，从整体上提高抗御洪涝灾害能力和水平。三要着力建设水资源配置工程，实现江河湖库水系连通，全面提高水资源调控水平和供水保障能力，加快实施农村饮水安全工程，确保城乡居民饮水安全。四要着力推进水生态保护和水环境治理，坚持保护优先和自然恢复为主，维护河湖健康生态，改善城乡人居环境。五要着力实行最严格的水资源管理制度，加快确立水资源开发利用控制、用水效率控制、水功能区限制纳污 3 条红线，把节约用水贯穿经济社会发展和群众生活生产全过程。六要着力提高水利科技创新能力，力争在水利重点领域、关键环节、核心技术上实现新突破，加快水利科技成果推广转化。

【保障措施】 胡锦涛指出，加快水利改革发展，是关系中华民族生存和发展的长远大计，一定要真抓实干、持之以恒，把中央各项决策部署落到实处。要加强领导、落实责任，各级党委和政府要加深对水利建设重要性的认识，把水利改革发展工作摆在重要位置，重点抓战略规划，抓工作部署，抓督促检查，确保责任到位、措施到位、投入到位。要科学治水、依法管水，坚持可持续发展治水思路，建立健全适应我国国情和水情的法律法规体系，提高水利工作科学化、法制化水平。要健全队伍、转变作风，建设一支高素质人才队伍，突出加强基层水利人才队伍建设，加大急需紧缺专业技术人才培养力度，加快解决西部地区水利人才不足问题。要密切协作、形成合力，牢固树立全流域一盘棋思想，全面统筹各项任务，形成治水兴水合力。要重视宣传、营造氛围，加大国情和水情宣传普及力度，提高全民水患意识、节水意识、水资源保护意识，在全社会形成节约用水、合理用水的良好风尚。

【新时期治水方略】 温家宝在讲话中指出，要认真总结国内外治水的经验教训，立足我国基本国情，顺应自然规律和社会发展规律，适应经济社会发展要求，制定实施新形势下的治水方略。一是科学规划。立足当前、着眼长远，作好顶层设计、搞好规划布局，促进水资源合理开发、优化配置、全面节约、有效保护、科学管理、永续利用。二是统筹安排。注重兴利除害并举、防灾减灾并重、治标治本结合，统筹处理好重大关系，最大程度发挥水利的综合效益。三是综合治理。多措并举、综合治理，把工程措施与非工程措施结合起来，充分运用现代科技、信息、管理等手段，健全综合防灾减灾体系，不断提高治水的科学化水平。四是节水优先。大力倡导、全面强化节约用水，不断提高水资源利用效率和效益。五是强化保护。坚持在开发中保护、在保护中开发，以水资源的可持续利用保障经济社会的可持续发展。六是量水而行。在确定产业发展、生产力布局、城镇建设规划时，充分考虑水资源、水环境承载能力，因水制宜、以供定需。

【新时期水利重点工作】 温家宝对下一阶段的水利重点工作做出安排。要全面提高防汛抗旱减灾能力，加快中小河流治理，加快小型水库除险加固步伐，加快山洪灾害防治，加快抗旱水源建设。要大力推进节水型社会建设，实行最严格的水资源管理制度，建立健全节约用水的利益调节机制，大力推广节水技术和产品。要加大水生态治理和水环境保护力度，加强水污染防治，实施地下水超采治理和保护，推进生态脆弱河湖修复，继续加强水土保持。要突出加强农田水利建设，充分发挥现有灌溉工程作用，因地制宜扩大有效灌溉面积，健全农田水利建设新机制。要着力保障城乡居民饮水安全，加强水资源配置工程建设，提高城乡供水保障能力，解决好农村饮水安全问题，加强城市供水能力建设。要健全加快水利发展的保障机制，加大水利建设投入，推进水利改革创新，加快水利科技进步。

回良玉在总结讲话中指出，要认真学习贯彻胡锦涛、温家宝同志的重要讲话和2011年中央1号文件精神，把思想切实统一到中央对水利形势的科学判断上来，把行动切实统一到中央对水利发展的战略部署上来，做到领导真重视、资金真投入、工作真落实。要抓紧建设一批重大水利工程，突出强化小型水利建设，明确政府在水利建设中负主要责任，建立健全体制机制，激发加快水利发展活力。要落实领导责任，提高工作水平，加强监督检查，搞好宣传引导，形成全社会治水兴水的强大合力。

2011年7月11日，水利部党组召开全国水利系统贯彻落实中央水利工作会议精神动员大会，传达学习胡锦涛总书记、温家宝总理和回良玉副总理在中央水利工作会议上的重要讲话精神，全面贯彻中央关于水利工作的重大战略部署。

陈雷要求，认真学习、深刻领会中央领导同志的重要讲话的丰富内涵和精神实质，准确把握、全面贯彻中央对水利改革发展做出的一系列重大决策部署。一要深刻审视我国基本国情水情，二要全面认识新形势下水利战略地位，三要深入领会新形势下中央水利工作方针，四要准确把握中央关于水利的战略部署，五要切实掌握治水兴水重大政策。

陈雷强调，要全面贯彻落实中央关于水利的决策部署，加快推进水利改革发展新跨越。中央水利工作会议全面吹响了加快水利改革发展新跨越的进军号角。要紧紧抓住这一重大历史机遇，把贯彻落实中央水利工作会议精神和贯彻落实中央1号文件紧密结合起来，全面掀起治水兴水新高潮，全力开创水利改革发展新局面。第一，明确一个思路，坚定不移地走中国特色水利现代化道路。第二，抓住两个关键，着力推动科学治水和依法管水。第三，实现三个突破，全面推进水利建设管理改革领域新跨越。一要在加强水利薄弱环节建设上实现新突破，二要在落实最严格水资源管理制度上实现新突破，三要在创新水利科学发展体制机制上实现新突破。第四，建成四大体系，加快形成与全面小康社会相适应的水利发展格局。力争通过5年到10年努力，从根本上扭转水利建设明显滞后的局面。到2020年，基本建成四大体系。一是基本建成防洪抗旱减灾体系，二是基本建成水资源合理配置和高效利用体系，三是基本建成水资源保护和河湖健康保障体系，四是基本建成有利于水利科学发展的体制机制和制度体系。第五，强化五个支撑，着力做好打基础利长远的各项水利工作。一要强化水利规划支撑，二要强化水利科技支撑，三要强化水文基础支撑，四要强化服务体系支撑，五要强化人才队伍支撑。第六，落实六项政策，不断为水利又好又快发展注入强大动力。一要落实公共财政投入政策，二要落实从土地出让收益中提取10％用于农田水利建设政策，三要落实水利建设基金筹集与使用政策，四要落实水资源费征收使用和管理政策，五要落实水利建设金融支持政策，六要落实鼓励农民群众参与水利建设政策。

1.3.1.2　国家关于水利水电工程建设领域突出问题专项治理工作的相关规定

为贯彻落实中共中央办公厅、国务院办公厅《关于开展工程建设领域突出问题专项治理工作的意见》（中办发〔2009〕27号）和中央治理工程建设领域突出问题工作领导小组《工程建设领域突出问题专项治理工作实施方案》（中治工发〔2009〕2号），有计划、有步骤地做好水利水电工程建设领域突出问题专项治理工作，水利部先后印发了《水利工程建设领域突出问题专项治理工作方案》、《关于贯彻落实 2011 年中央一号文件深入推进水利工程建设领域突出问题专项治理工作的实施方案》，国家电力监管委员会印发了《电监会工程建设领域突出问题专项治理工作实施方案》。

1. 水利工程建设领域突出问题专项治理工作方案

（1）总体要求、主要任务和阶段性目标

1）总体要求

以科学发展观为统领，全面贯彻落实党的十七大精神，紧紧围绕扩大内需、加快发展、深化改革、改善民生、促进和谐等任务，以政府投资和使用国有资金的水利工程建设项目特别是扩大内需水利项目为重点，以改革创新、科学务实的精神，坚持围绕中心、统筹协调，标本兼治、惩防并举，坚持集中治理与加强日常监管相结合，着力解决水利工程建设领域存在的突出问题，确保工程安全、资金安全和干部安全，切实维护人民群众的根本利益，为水利事业又好又快发展提供坚强保证。

2）主要任务

用 2 年左右的时间，对 2008 年以来政府投资和使用国有资金的规模以上的水利项目特别是扩大内需水利项目进行全面排查，切实解决水利工程建设领域存在的突出问题。进一步推进决策和规划管理工作公开透明，确保水利规划和项目审批依法实施；进一步规范招标投标活动，促进水利工程招标投标市场健康发展；进一步加强监督管理，确保水利工程建设领域的行政行为、市场行为更加规范；进一步深化体制机制制度改革，建立规范的水利工程建设市场体系；进一步落实工程建设质量和安全责任制，确保水利工程建设质量与安全。

3）阶段性目标

水利工程建设法规制度比较完善，互联互通的水利工程建设市场信用体系初步建立，水利工程建设健康有序发展的长效机制基本形成，水利工程建设领域市场交易依法透明运行，领导干部违法违规插手干预水利工程建设的行为受到严肃查处，水利工程建设领域的腐败现象得到进一步遏制。

（2）职责分工

根据分级管理和业务归口管理的原则，明确分工，各负其责。水利部（包括流域机构）负责部直属水利工程建设项目的专项治理工作，对地方负责建设管理的水利工程建设项目专项治理工作进行督查指导；各省（区、市）水利（水务）厅（局）负责省直属水利工程建设项目的专项治理工作，部署、督查指导本地区地方水利工程建设项目的专项治理工作。水利工程建设项目的主管单位直接负责所管项目的专项治理工作。

水利部有关司局和单位按照职责分工，负责对所管理业务领域建设项目的专项治理工作进行督促检查和业务指导。规划计划司牵头负责水利工程规划、项目立项审查审批、投资计划管理等工作；建设与管理司负责水利工程建设的综合管理并牵头负责大江大河治理、骨干水利工程和病险水库（闸）除险加固等工程；水土保持司牵头负责水土保持建设工程；农村水利司牵头负责农村饮水安全、节水灌溉、灌区续建配套与节水改造、泵站建设与改造工程；水电局牵头负责水能资源开发和农村水电工程；驻部监察局牵头负责水利工程建设领域的执法监察、效能监察和案件查办工作。

（3）任务目标和措施

水利工程建设领域突出问题专项治理的任务分解为 5 个方面、29 项主要措施，具体内容如下：

1）规范水利工程建设项目决策行为

目标要求：着重解决或避免擅自改变规划、未批先建、违规审批、设计粗糙、"报大建小"、不按程序变更设计以及决策失误造成重大损失等突出问题，促进水利工程建设项目规划和审批公开透明、依法实施，不断提高水利工程建设项目前期工作质量。

主要措施：

① 加强水利规划管理。出台水利规划管理办法，明确政府在水利规划编制中的主导地位，强化规划编制单位的公正性与公平性，编制规划体系名录，加快规划编制、协调审批进度；完善规划论证制度，提高规划专家咨询与公众参与度，强化规划的科学性、民主性；加强对规划实施的监管，开展规划后评估；依法批准的水利工程规划，未经法定程序不得修改。

② 严格水利项目审批。进一步明确水利工程建设项目行政审批事项的审批主体和审批权限，完善水利项目立项审批集体研究决策机制，逐步推行中央政府投资项目公示制度；根据《中华人民共和国水法》、《中华人民共和国防洪法》、《中华人民共和国水土保持法》、《中华人民共和国水污染防治法》、《中华人民共和国河道管理条例》等法律法规和《国务院关于投资体制改革的决定》（国发〔2004〕20 号）等政策规定，认真执行水利建设项目审查、审批、核准、备案管理程序，加强项目立项审批前置条件监管，严格实施规划同意书审批、水资源论证及取水许可审批、涉河建设项目审批、环境影响报告书（表）预审、水土保持方案审批、移民安置规划大纲审批、移民安置规划审核等水利行政许可事项，开展重大水利工程建设项目安全评价；积极推行网上审批和网上监察；修订《水利基本建设投资计划管理暂行办法》，加强与有关部门在项目分类、审批权限、报批程序等方面的工作衔接。

③ 提高水利项目前期工作质量。加大前期工作投入，积极推行项目前期工作招投标制度，选择具备相应资质的单位承担项目勘测设计任务，加强勘探测量工作，严格各设计阶段工程设计标准和等别，认真执行强制性标准和规程规范，确保勘测设计工作达到规程规范要求深度；加强概算编制管理，科学合理确定项目建设规模，严格控制工程造价；重视前期工作中的土地移民问题，从规划布局、工程方案比选论证、建筑物用地控制标准等方面从严把关，优选工程占地少、经济合理的工程方案；对前期工作不完善、不符合有关规定的中央项目和申请中央补助资金的地方项目，一律不安排投资计划。

④ 加强设计变更和概算调整管理。编制出台《水利建设工程设计变更管理办法》，严格执行设计变更手续，重大设计变更须报原审批单位审批；严格执行国家发展改革委《关于加强中央预算内投资项目概算调整管理的通知》（发改投资〔2009〕1550 号），加强中央预算内投资项目概算调整管理，确需调整概算的中央投资水利项目，报原审批单位审批；对概算调增幅度超过原批复概算 10% 的项目，原则上先安排进行审计，视审计情况再进行概算调整；严格资金拨付和使用程序，对未经审批的超概算、超计划的项目不下达预算，不支付资金。

⑤ 督促地方配套资金落实。督促检查地方落实水利建设项目配套资金，各地应明确地方配套投资责任主体，合理分摊配套投资比例，加大地方各级尤其是省级财政投

入力度；对水利项目配套资金不到位的，采取控制审批新上项目、调减投资计划安排、申请财政部扣减预算、调整转移支付资金等方式进行处罚，促使地方配套资金足额及时到位。

⑥ 强化水能资源开发管理。建立健全水能资源开发制度和规范高效、协调有序的水能资源管理工作机制；坚决遏制水能资源无序开发，清理整顿"四无"水电站。

2) 规范水利工程建设招标投标活动

目标要求：着重解决规避招标、虚假招标、围标串标、评标不公等突出问题，促进水利工程建设招标投标活动的公开、公平、公正。

主要措施：

① 规范施工招标文件编制。继续做好《标准施工招标资格预审文件》、《标准施工招标文件》贯彻实施工作，加快编制完成《水利水电工程标准施工招标文件》和《水利水电工程标准施工招标资格预审文件》（2009 年已发布）。

② 规范招标投标行为。根据《中华人民共和国招标投标法》、《水利工程建设项目招标投标管理规定》（水利部令第 14 号）、《工程建设项目招标范围和规模标准规定》（国家发展计划委令第 3 号）和《关于印发贯彻落实扩大内需促进经济增长决策部署进一步加强工程建设招标投标监管工作意见的通知》（发改法规〔2009〕1361 号）等有关规定，严格履行招标投标程序，严格核准招标范围、招标方式和招标组织形式，严格审批非公开招标项目，确保依法应该公开招标的项目实行公开招标。

③ 规范评标工作。评标标准和方法应科学合理，建立防范低于成本价中标行为的机制，加强围标串标治理，有效控制围标串标、恶意低价中标行为；进一步加强评标专家管理，建立培训、考核、评价制度，规范评标专家行为，健全评标专家退出机制；积极探索招标投标电子化建设，开展电子招标的试点和推广应用；防范和打击水利建设领域围标串标、借用资质等违法违规行为。

④ 健全招标投标监督机制和举报投诉处理机制。认真执行《水利工程建设项目招标投标行政监督暂行规定》（水建管〔2006〕38 号）等文件，建立健全科学、高效的监督机制和监控体系，对招标投标活动进行全过程监督。按照《工程建设项目招标投标活动投诉处理办法》（国家发展改革委令第 11 号）的要求，进一步健全举报投诉处理机构；强化招标投标行政监察和审计工作，严格落实招标投标违法行为记录公告制度。

3) 加强水利工程建设实施和质量安全管理

目标要求：着重解决项目法人组建不规范、管理力量薄弱，转包和违法分包，监理不到位，质量与安全责任制不落实、措施不到位，资金管理使用混乱等突出问题，避免重特大质量与安全事故的发生。

主要措施：

① 加强法规制度建设。全面清理水利工程建设领域的法规制度，分类做出处理，不适应的予以废止，不完善的及时修订，需要新出台的抓紧研究制定。加强对重点部位和关键环节的制度建设，注重制度之间的配套衔接，增强制度的针对性、系统性和实效性。

② 研究解决民生水利工程建设管理不规范的问题。结合病险水库（闸）除险加固、农村饮水、灌区配套与节水改造、水土保持、农村水电等工程实际，加强对民生水利工程

建设管理中项目法人组建、招标投标、工程监理等重点环节的调查研究，出台相关管理规定，规范建设管理；统筹建设管理力量，开展业务培训，培育发展专业化的水利建设管理队伍，积极稳妥地推进项目代建制和委托制。

③ 严把水利建设市场准入关。严格水利工程建设市场主体准入条件，做好水利建设市场设计、监理、施工、质量检测等单位的资质管理和水利工程建设从业人员的资格管理工作，建立完善市场清出机制；参建单位必须在其资质等级许可范围内从事相应的经营活动，不得超越资质权限和任意扩大经营范围。

④ 加强建设监理管理。按照《水利工程建设监理规定》（水利部令第 28 号）等有关制度开展监理工作，修订《水利工程建设项目施工监理规范》，制定《水土保持工程施工监理规范》、《机电及金属结构设备制造监理导则》、《水利工程建设环境保护监理导则》；积极培育水利工程监理市场，着力规范监理市场秩序；强化监理行为监管，督促监理单位严格履行监理职责，保证现场监理力量；加强监理人员知识更新培训，提高监理人员业务素质和实际能力。

⑤ 加强合同管理。严格执行《中华人民共和国合同法》，督促项目主管部门、项目法人等提高依法履约意识，提高合同履行水平，防范水利工程建设转包和违法分包行为，逐步建立水利工程防止拖欠工程款和农民工工资长效机制。

⑥ 严把开工审批关。水利工程建设项目主体工程开工前，项目法人应按照《国务院办公厅关于加强和规范新开工项目管理的通知》（国办发〔2007〕64 号）和《关于加强水利工程建设项目开工管理工作的通知》（水建管〔2006〕144 号）的规定申请开工，经有审批权的水行政主管部门批准后，工程方能开工。严格审核项目开工条件，对未经批准擅自开工、弄虚作假骗取开工审批的建设项目要严肃处理。

⑦ 强化验收管理。验收工作要严格按照《水利工程建设项目验收管理规定》（水利部令第 30 号）、《水利水电建设工程验收规程》（SL 223）等有关规定和技术标准进行；竣工验收前，应当按照国家有关规定，进行环境保护、水土保持、移民安置以及工程档案等专项验收，并完成竣工财务决算及审计工作；未经验收或者验收不合格的，不得交付使用或者进行后续工程施工。

⑧ 加强质量管理。修订《水利工程质量管理规定》（水利部令第 7 号）、《水利工程质量事故处理暂行规定》（水利部令第 9 号），健全项目法人负责、监理单位控制、施工单位保证和政府质量监督相结合的质量管理体系，严格质量标准和操作规程，落实质量终身负责制；修订《水利工程质量监督管理规定》（水建〔1997〕339 号），完善水利工程质量监督管理制度，保证质量监督工作经费，健全质量监督工作机制，提高监督水平；认真贯彻执行《水利工程质量检测管理规定》（水利部令第 36 号），确保质量检测工作有序开展。

⑨ 加强安全生产管理。严格执行《建设工程安全生产管理条例》和《水利工程建设安全生产管理规定》（水利部令第 26 号），制定《水利工程建设安全生产监督管理规定》，建立安全生产综合监管与专业监管相结合的管理体系，落实水利工程建设安全生产责任制，明确安全责任主体，加强现场安全管理，完善安全技术措施，强化安全生产监督检查，加大事故隐患排查治理、安全生产违法违规行为处罚和安全事故查处督导力度；完善水利工程建设项目安全设施"三同时"工作。

⑩ 加强基建财务管理。督促项目法人加强项目账务管理，严格资金拨付和使用程序，

严禁大额现金支付工程款，规范物资采购、合同管理等；完善灌区、农村饮水安全以及扩大内需水利工程等项目资金管理办法。

⑪ 加强征地补偿和移民安置管理工作。组织开展水利工程移民安置实施工作专项检查和督导，督促、指导地方严格执行经批准的补偿标准。

4）推进水利工程建设项目信息公开和诚信体系建设

目标要求：着重解决水利工程建设信息公开不规范不透明、市场准入和退出机制不健全以及水利工程建设领域信用缺失等突出问题，进一步规范水利建设市场秩序，逐步建立互联互通的水利工程建设市场信用体系。

主要措施：

① 公开项目建设信息。认真贯彻政府信息公开条例，及时发布水利工程建设项目招标信息，公开项目招标过程、施工管理、合同履约、质量检查、安全检查和竣工验收等相关建设信息。

② 拓宽信息公开渠道。利用政府门户网站和各种媒体，完善水利工程建设项目信息平台，逐步实现水利行业信息共建共享。

③ 深入宣传报道。发挥新闻媒体的作用，加强对专项治理工作的宣传报道，强化对水利工程建设领域的舆论监督和社会监督。

④ 加快信用体系建设。制定水利建设市场主体不良行为记录公告办法和水利建设市场主体信用信息管理暂行办法，建立全国统一的水利建设市场主体信用信息平台。研究出台建立水利建设市场信用体系的指导性意见，逐步建立失信惩戒和守信激励制度。

5）加强水利工程建设稽察、审计、监察工作，加大案件查办力度

目标要求：着重解决水利工程建设过程中存在的违法、违规、违纪行为和机关工作人员特别是领导干部利用职权违规干预招标投标、规划审批等突出问题，加大稽察、审计、监察、检查和责任追究力度，遏制水利工程建设领域腐败现象。

主要措施：

① 强化水利工程建设稽察工作。加大对重点水利项目和重点民生水利工程的稽察力度；注重稽察工作成效，督促稽察整改意见落实，提高稽察工作效率和权威；开展稽察成果分析和对策研究，促进水利工程建设项目规范管理；加强稽察法制建设，规范稽察行为，修订《水利基本建设项目稽察暂行办法》。

② 强化水利工程建设审计工作。抓住重点，提前介入，主动跟进，客观评价水利工程建设项目绩效，及时揭示项目建设管理中存在的问题，督促整改落实，做到边审计、边整改、边规范、边提高，确保重点水利工程项目建设顺利进行。

③ 强化水利工程建设监察工作。开展水利工程建设专项执法监察和效能监察，加强对水利建设领域重点项目、重点环节和重点岗位的监督检查力度。

④ 加大案件查办力度。拓宽案源渠道，公布专项治理电话和网站，认真受理群众举报和投诉，注重案件线索，集中查处和通报一批水利工程建设领域典型案件；发挥查办案件的治本功能，剖析大案要案，开展警示教育，查找体制机制制度存在的缺陷和漏洞，提出加强管理的措施。

2. 关于贯彻落实2011年中央一号文件深入推进水利工程建设领域突出问题专项治理

工作的实施方案

《中共中央国务院关于加快水利改革发展的决定》（中发〔2011〕1 号，以下简称《决定》）进一步明确了新形势下水利的战略定位，把水利作为国家基础设施建设的优先领域，出台了一系列含金量高、可操作性强的政策措施，水利投入将大幅度增加，水利建设将迎来新的高潮。为贯彻落实《决定》精神，保障大规模水利建设的工程安全、资金安全、干部安全和生产安全，水利部出台《关于贯彻落实 2011 年中央一号文件深入推进水利工程建设领域突出问题专项治理工作的实施方案》，决定在"十二五"期间继续深入推进水利工程建设领域突出问题专项治理工作，深化重点环节治理，推进长效机制建设，确保大规模水利建设顺利实施。

（1）总体要求、主要措施和阶段性目标

1）总体要求

深入贯彻落实科学发展观，以贯彻落实《决定》为出发点和落脚点，以贯彻执行《关于解决当前政府投资工程建设中带有普遍性问题的意见》（国办发〔2010〕41 号）为主线，坚持标本兼治、综合治理，突出重点、整体推进，坚持综合治理与专项治理、集中治理与加强日常监管相结合，着力解决水利工程建设领域存在的突出问题，推进体制机制制度创新，规范水利工程建设市场，严肃查处违法违纪案件，确保大规模水利建设的工程安全、资金安全、干部安全和生产安全，为加快水利改革发展保驾护航。

2）阶段性目标

水利工程建设法规制度体系比较完善，民生水利工程关键环节规章制度逐步健全；水利工程建设项目决策行为科学严格，规划约束力和前期工作质量得到有效保障；水利工程建设领域市场交易活动依法透明运行，围标串标等违法行为得到有效整治；互联互通的水利工程建设市场信用体系全面建成，失信惩戒和守信激励的长效机制基本形成；水利工程建设实施管理规范有序，工程质量安全事故杜绝；水利建设从业人员守法意识得到强化，建设管理水平有效提升；水利工程建设领域违法违规行为受到严肃查处，腐败现象得到进一步遏制；大规模水利工程建设工程安全、资金安全、干部安全和生产安全的目标整体实现。

3）主要措施

一是强化制度建设，建立长效机制。切实加强水利工程建设管理的制度建设，保证水利建设的关键环节有章可循、有规可依。

二是强化规划约束，确保工程项目安排科学合理。完善水利工程建设规划体系，保证水利建设符合规划要求。

三是强化监督检查，保障建设行为依法规范。建立监察部门和水利部门联合监督检查机制，充分发挥稽察、审计、监察作用，保障水利建设有序实施。

四是强化人员培训，全面提高从业人员综合素质。加大水利建设基层管理人员培训力度，提高水利建设从业人员依法管理的意识和能力。

五是强化案件查办，形成强大威慑力量。严肃惩治水利建设中的腐败行为，保持对违法违纪案件查办的高压态势。

（2）工作机制

1）建立监察部水利部联合监督检查机制。从 2011 年起，监察部、水利部联合开展对

《中共中央国务院关于加快水利改革发展的决定》贯彻落实情况的监督检查，既充分发挥水行政主管部门的行业管理和业务指导职能，又发挥监察部门查办案件的威慑作用和治本功能。2011年联合监督检查工作与工程建设领域突出问题专项治理检查相结合，检查重点是贯彻落实《决定》工作部署情况、水利投入稳定增长机制落实情况和招标投标、资金使用和质量安全等重点环节。

2）加强工程治理工作的监督检查。落实监管责任，把监督检查贯穿水利工程专项治理工作全过程，健全有效联动、密切监控的监督机制，综合运用跟踪检查、联合检查、重点抽查等形式，加强工程治理工作监督检查。加大对水利工程建设领域执行力的监督检查力度，维护法规制度的严肃性。对工程治理工作不认真、弄虚作假或边改边犯的，按照"谁主管、谁负责，谁建设、谁负责"的原则严肃追究责任。

3）加大水利建设稽察力度。完善水利稽察管理制度，合理制定稽察工作计划，扎实完成各项水利建设项目稽察任务，充分发挥好水利稽察"检查、反馈、整改、提高"的综合功能。依托水利工程建设领域突出问题专项治理工作，建立完善稽察发现问题整改平台，确保稽察发现问题的整改落实到位，切实提高稽察工作效能。

1.3.1.3 《水利工程建设项目验收管理规定》

1. 验收管理规定实施的意义

水利部部长汪恕诚于2006年12月18日签发水利部令第30号，颁发《水利工程建设项目验收管理规定》，该规定自2007年4月1日起施行。

根据国家和行业有关规定，水利工程建设程序分为项目建议书、可行性研究报告、初步设计、施工准备、建设实施、生产准备、竣工验收、后评价等八个阶段，国务院办公厅《关于加强基础设施工程质量管理的通知》（国发办〔1999〕16号）中指出工程建设项目管理"必须实行竣工验收制度。项目建成后必须按国家有关规定进行严格的竣工验收，由验收人员签字负责。项目竣工验收合格后，方可投入使用。"竣工验收是工程建设中不可缺少的一个重要环节。

有关水利工程建设项目的竣工验收工作，过去一直执行的是行业技术标准《水利水电建设工程验收规程》（SL 223），但缺少行业管理具体的规章。《水利工程建设项目验收管理规定》（以下简称验收管理规定）是水利行业第一部针对验收工作的具体管理规章，该规定的颁布和实施，是完善水利工程建设管理方面制度的一项重要举措，标志着水利工程项目建设过程中的验收工作以及竣工验收管理工作进一步走向规范化、制度化，将有力推动水利工程建设管理各方面管理水平的提高。

《水利工程建设项目验收管理规定》的颁布和实施，为一系列围绕工程项目验收所需要的规章制度（如工程建设的技术鉴定、质量检测、优质工程评定、质量监督管理等）、和技术标准（如验收规程、质量检验与评定规程、单元工程施工质量评定标准等）的修订提供了重要的依据。

2. 验收管理规定的主要特点

对比现行有关水利工程建设项目验收方面的规定和技术标准，《水利工程建设验收管理规定》主要有以下特点：

（1）强调依据职责和责任划分工程验收的类别，将工程验收分为政府验收和法人验收。改变了以验收时工程是否投入使用作为划分工程验收类别的方法。明确法人验收是指在项目建设过程中由项目法人组织进行的验收。法人验收是政府验收的基础。政府验收是指由有关人民政府、水行政主管部门或者其他有关部门组织进行的验收，包括专项验收、阶段验收和竣工验收；

（2）工程项目验收的依据在保持以往规定不变的基础上，增加和进一步明确了施工合同是验收工作的重要依据，强化工程参建单位的合同意识；

（3）在验收工作中进一步落实水利工程建设项目法人责任制，强调项目法人以及其他参建单位应当提交真实、完整的验收资料，并对提交的资料负责；

（4）加强对项目法人等参建单位工程建设过程中验收工作的监督管理，提出对法人验收进行监督管理，明确由水行政主管部门或者流域管理机构组建项目法人的，该水行政主管部门或者流域管理机构是本项目的法人验收监督管理机关；由地方人民政府组建项目法人的，本级地方人民政府水行政主管部门是本项目的法人验收监督管理机关；

（5）针对水利工程建设项目的复杂性以及招标投标和合同管理等需要，除验收管理规定已经给出的验收工作种类外，明确项目法人可以根据工程建设的需要增设法人验收的环节。给项目法人的项目管理创造了更大的管理空间；

（6）将验收工作纳入工程建设计划进度管理的一部分，要求项目法人在开工报告批准后 60 个工作日内，制定法人验收工作计划，报法人验收监督管理机关和竣工验收主持单位备案；

（7）改变了工程质量监督机构对于工程质量评定的监督方式，除单位工程以及大型枢纽主要建筑物的分部工程验收的质量结论应当报该项目的质量监督机构核定外，其余改为核备，进一步强化了工程参建单位的质量责任；

（8）解决了水利工程建设中施工合同双方关于工程保修期计算起止日期不清问题，明确工程保修期从通过单项合同工程完工验收之日算起，保修期限按合同约定执行；

（9）进一步明确竣工验收的时间，将项目竣工验收的时间由全部工程完建后 3 个月内进行，改为竣工验收应当在工程建设项目全部完成并满足一定运行条件后 1 年内进行，进一步保证竣工验收工作的质量，防止竣工验收时验收遗留问题太多；

（10）提出竣工验收原则上按照经批准的初步设计所确定的标准和内容进行，既进一步强调项目法人在工程建设时应当以批准的初步设计为依据，又明确了工程验收的范围，防止工程竣工验收时由于参加验收的人员所代表的单位不同，可能在验收标准和范围上引起歧义，影响竣工验收工作的正常进行；

（11）用竣工技术预验收取代验收责任不明确的竣工初步验收，规范和强化技术专家在竣工验收工作的技术把关作用，进一步提高竣工验收工作的质量，把好竣工验收关；

（12）进一步发挥第三方在工程建设中的作用，提出大型水利工程在竣工技术预验收前，项目法人应当按照有关规定对工程建设情况进行竣工验收技术鉴定。中型水利工程在竣工技术预验收前，竣工验收主持单位可以根据需要决定是否进行竣工验收技术鉴定；

（13）进一步明确对工程建设中专项工程和工作的专项验收，提出专项验收成果文件是阶段验收以及竣工验收成果文件的组成部分，通过专项验收是阶段验收和竣工验收应具备的条件之一；

（14）落实验收遗留问题的处理责任单位，规范和完善验收遗留问题的处理程序，提出项目法人和其他有关单位应当按照竣工验收鉴定书的要求妥善处理竣工验收遗留问题和完成尾工。强调验收遗留问题处理完毕以及尾工完成并通过验收后,项目法人应当将处理情况和验收成果报送竣工验收主持单位;

(15) 闭合管理环节,提出工程通过竣工验收以及验收遗留问题处理完毕和尾工完成并通过验收时,竣工验收主持单位向项目法人颁发工程竣工证书。工程竣工验收后颁发工程竣工证书,也同时进一步规范了政府对水利工程建设项目管理以及工程参建单位业绩证明;

(16) 对于验收工作中存在的不规范以及违法违规行为,明确了相应的处罚。

《水利工程建设项目验收管理规定》是一项全新的管理规章,在工程建设实施过程中,应当注意以下几点:

(1) 根据国家有关投资体制改革的决定和行政管理的有关规定,验收管理规定的适用范围是中央或者地方财政全部投资或者部分投资建设的大中型水利工程建设项目(含1、2、3级堤防工程)的验收活动,不是习惯上笼统的大中型水利工程建设项目;

(2) 工程验收可以通过也可以不通过,强调验收委员会(验收工作组)对工程验收不予通过的,应当明确不予通过的理由并提出整改意见。有关单位应当及时组织处理有关问题,完成整改,并按照程序重新申请验收;

(3) 明确法人验收由项目法人主持。验收工作组由项目法人、设计、施工、监理等单位的代表组成,必要时可以邀请工程运行管理单位等参建单位以外的代表及专家参加。项目法人可以委托监理单位主持分部工程验收,有关委托权限应当在监理合同或者委托书中明确。除分部工程验收外,其余的法人验收应当由项目法人负责主持并承担责任;

(4) 有关部门在批准开工报告时,同时明确竣工验收主持单位,不是以往在申请竣工验收时才明确竣工验收主持单位;

(5) 为提高工作效率,经有关部门同意,专项验收可以与竣工验收一并进行;

(6) 将工程运行管理单位调整进竣工验收委员会组成单位,不再是竣工验收的被验收单位,有利于工程运行管理单位职责的明确和落实;

(7) 明确水利工程建设项目验收应当具备的条件、验收程序、验收主要工作以及有关验收资料和成果性文件等具体要求,按照有关验收规程执行。即验收管理规定主要解决验收时应当做什么工作,至于相关工作怎么做,则需要根据有关验收技术标准,如《水利水电建设工程验收规程》、《水利水电工程施工质量检验与评定规程》等。

3. 验收分类与程序

(1) 水利工程建设项目验收主持单位的分类

水利工程建设项目验收,按验收主持单位性质不同分为法人验收和政府验收两类。

法人验收是指在项目建设过程中由项目法人组织进行的验收。法人验收是政府验收的基础。

政府验收是指由有关人民政府、水行政主管部门或者其他有关部门组织进行的验收,包括专项验收、阶段验收和竣工验收等。

(2) 水利工程建设项目验收的依据

1) 国家有关法律、法规、规章和技术标准;

2）有关主管部门的规定；

3）经批准的工程立项文件、初步设计文件、调整概算文件；

4）经批准的设计文件及相应的工程变更文件；

5）施工图纸及主要设备技术说明书等；

6）法人验收还应当以施工合同为验收依据。

（3）法人验收包括分部工程、单位工程、单项合同工程验收等环节。项目法人可以根据工程建设的需要增设法人验收的环节。

（4）法人验收由项目法人主持。由项目法人、设计、施工、监理等单位的代表组成验收工作组负责；必要时可以邀请工程运行管理单位等参建单位以外的代表及专家参加验收工作组。项目法人可以委托监理单位主持分部工程验收，有关委托权限应当在监理合同或者委托书中明确。

（5）分部工程验收的质量结论应当报该项目的质量监督机构核备；未经核备的，项目法人不得组织下一阶段的验收。单位工程以及大型枢纽主要建筑物的分部工程验收质量结论应当报该项目的质量监督机构核定；未经核定的，项目法人不得通过法人验收；核定不合格的，项目法人应当重新组织验收。质量监督机构应当自收到核定材料之日起 20 个工作日内完成核定。

（6）政府验收中竣工验收主持单位按以下原则确定：

1）国家重点水利工程建设项目，竣工验收主持单位依照国家有关规定确定。

2）除前款规定以外，在国家确定的重要江河、湖泊建设的流域控制性工程、流域重大骨干工程建设项目，竣工验收主持单位为水利部。

3）除前两款规定以外的其他水利工程建设项目，竣工验收主持单位按照以下原则确定：

① 水利部或者流域管理机构负责初步设计审批的中央项目，竣工验收主持单位为水利部或者流域管理机构；

② 水利部负责初步设计审批的地方项目，以中央投资为主的，竣工验收主持单位为水利部或者流域管理机构，以地方投资为主的，竣工验收主持单位为省级人民政府（或者其委托的单位）或者省级人民政府水行政主管部门（或者其委托的单位）；

③ 地方负责初步设计审批的项目，竣工验收主持单位为省级人民政府水行政主管部门（或者其委托的单位）。

竣工验收主持单位为水利部或者流域管理机构的，可以根据工程实际情况，会同省级人民政府或者有关部门共同主持。

4）竣工验收主持单位应当在工程开工报告的批准文件中明确。

（7）竣工验收应当在工程建设项目全部完成并满足一定运行条件后 1 年内进行。不能按期进行竣工验收的，经竣工验收主持单位同意，可以适当延长期限，但最长不得超过 6 个月。逾期仍不能进行竣工验收的，项目法人应当向竣工验收主持单位做出专题报告。

（8）工程具备竣工验收条件的，项目法人应当提出竣工验收申请，经法人验收监督管理机关审查后报竣工验收主持单位。竣工验收主持单位应当自收到竣工验收申请之日起 20 个工作日内决定是否同意进行竣工验收。

（9）竣工验收分为竣工技术预验收和竣工验收两个阶段。大型水利工程在竣工技术预验收前，项目法人应当按照有关规定对工程建设情况进行竣工验收技术鉴定。中型水利工程在竣工技术预验收前，竣工验收主持单位可以根据需要决定是否进行竣工验收技术鉴定。

（10）竣工验收原则上按照经批准的初步设计所确定的标准和内容进行。

项目有总体初步设计又有单项工程初步设计的，原则上按照总体初步设计的标准和内容进行，也可以先进行单项工程竣工验收，最后按照总体初步设计进行总体竣工验收。

项目有总体可行性研究但没有总体初步设计而有单项工程初步设计的，原则上按照单项工程初步设计的标准和内容进行竣工验收。

建设周期长或者因故无法继续实施的项目，对已完成的部分工程可以按单项工程或者分期进行竣工验收。

4. 违反验收规定的处罚

《水利工程建设项目验收管理规定》中关于违反该规定的主要处罚有：

（1）违反本规定，项目法人不按时限要求组织法人验收或者不具备验收条件而组织法人验收的，由法人验收监督管理机关责令改正。

（2）项目法人以及其他参建单位提交验收资料不真实导致验收结论有误的，由提交不真实验收资料的单位承担责任。竣工验收主持单位收回验收鉴定书，对责任单位予以通报批评；造成严重后果的，依照有关法律法规处罚。

（3）参加验收的专家在验收工作中玩忽职守、徇私舞弊的，由验收监督管理机关予以通报批评；情节严重的，取消其参加验收的资格；构成犯罪的，依法追究刑事责任。

（4）国家机关工作人员在验收工作中玩忽职守、滥用职权、徇私舞弊，尚不构成犯罪的，依法给予行政处分；构成犯罪的，依法追究刑事责任。

1.3.2 水利水电工程建设强制性标准

1.3.2.1 《工程建设标准强制性条文》（水利工程部分）施工方面的主要内容

《建设工程质量管理条例》（国务院令第 279 号）指出"建设单位不得明示或暗示设计单位或者施工单位违反工程建设强制性标准，降低建设工程质量"。"勘察、设计单位必须按照工程建设强制性标准进行勘察、设计"。"施工单位必须按照工程设计图纸和施工技术标准施工"。"工程监理单位应当依照法律、法规以及有关技术标准、设计文件和建设工程承包合同，代表建设单位对施工质量实施监理，并对施工质量承担监理责任"。"国务院建设行政主管部门和国务院铁路、交通、水利等有关部门应当加强对有关建设工程质量的法律、法规和强制性标准执行情况的监督检查"。条例中所指的技术标准中包含工程建设强制性标准，而强制性标准则是指工程建设标准强制性条文。

《工程建设标准强制性条文》（以下简称《强制性条文》）是根据建设部 ［2000］ 31 号文的要求，由建设部会同各有关主管部门组织各方面专家共同编制，经各有关主管部门分别审查，由建设部审定发布。《强制性条文》中包括城乡规划、城市建设、工业建筑、水利工程、电力工程、信息工程、水运工程、公路工程、铁道工程、石油和化工建设工程、矿山工程、人防工程、广播电影电视工程和民航机场工程等部分，覆盖了工程建设的主要领域。

《强制性条文》的内容，是摘录工程建设标准中直接涉及人民生命财产安全、人身健康、工程安全、环境保护、能源和资源节约及其他公众利益的、必须严格执行的强制性规定，并考虑了保护资源、节约投资、提高经济效益和社会效益等政策要求。

《强制性条文》是国务院《建设工程质量管理条例》和《实施工程建设强制性标准监督规定》（建设部令第81号）的一个配套文件，是工程建设强制性标准实施监督的依据。

《强制性条文》发布后，被摘录的现行工程建设标准继续有效，两者配套使用。所摘条文的条、款、项等序号，均与原标准相同。

建设部会同水利部对2004年版《强制性条文》（水利工程部分）进行了修订，自2011年7月1日起施行2010年版《强制性条文》（水利工程部分），原2004年版《强制性条文》（水利工程部分）同时废止。2010年版《强制性条文》（水利工程部分）由原来的七篇调整为水利工程设计、水利工程施工、劳动安全与卫生、水利工程验收四篇。2004年版《强制性条文》修订后名称定为"2010年版《工程建设标准强制性条文》（水利工程部分）"，涉及85项水利工程建设技术标准，共有557条强制性条文，其中涉及水利工程施工、安全与卫生及水利工程验收等部分的条款178条。

1. 掌握水利工程施工安全与卫生方面的内容

《强制性条文》（水利工程部分）的"劳动安全与工业卫生"引入14本标准的条文，其中与水利工程施工有关的共涉及9本标准，共105条。其中，《水利水电工程劳动安全与工业卫生设计规范》（DL 5061），劳动安全3条，工业卫生1条；《水利水电工程施工组织设计规范》（SL 303），劳动安全3条；《水利水电工程施工通用安全技术规程》（SL 398）劳动安全35条，工业卫生5条；《水利水电工程土建施工安全技术规程》（SL 399），劳动安全24条；《水利水电工程金属结构与机电设备安装安全技术规程》（SL 400），劳动安全19条；《水利水电工程施工作业人员安全操作规程》（SL 401），劳动安全8条；《水工建筑物地下开挖工程施工规范》（SL 378），劳动安全7条。

（1）劳动安全

1）《水利水电工程劳动安全与工业卫生设计规范》（DL 5061）的规定

4.1.3 对所有工作场所，设计中应严禁采用明火取暖方式。

4.1.8 厂外独立的油处理室、油罐室（露天油罐）及易燃材料仓库应在直击雷保护范围内，其建筑物或设备上严禁装设避雷针，应用独立避雷针保护，并应采取防止感应雷和防静电的措施。

5.4.11 易发生火灾的部位应设置事故排烟设施。

2）《水利水电工程施工组织设计规范》（SL 303）的规定

4.7.14 防尘、防有害气体的综合处理措施应符合下列规定：

对含有瓦斯等有害气体的地下工程，应编制专门的防治措施。

6.5.6 各施工阶段用电最高负荷宜按需要系数法计算；当资料缺乏时，用电高峰负荷可按全工程用电设备总容量的25%～40%估算。

对工地因停电可能造成人身伤亡或设备事故、引起国家财产严重损失的一类负荷应保证连续供电，设两个以上电源。

7.2.6 下列地点不应设置施工临时设施：

严重不良地质区或滑坡体危害区。

泥石流、山洪、沙暴或雪崩可能危害区。

受爆破或其他因素影响严重的区域。

3)《水利水电工程施工通用安全技术规程》（SL 398）的规定

3.1.4 爆破、高边坡、隧洞、水上（下）、高处、多层交叉施工、大件运输、大型施工设备安装及拆除等危险作业应有专项安全技术措施，并设专人进行安全监护。

3.1.8 施工现场的井、洞、坑、沟、口等危险处应设置明显的警示标志，并应采取加盖板或设置围栏等防护措施。

3.1.11 交通频繁的施工道路、交叉路口应按规定设置警示标志或信号指示灯；开挖、弃渣场地应设专人指挥。

3.1.12 爆破作业应统一指挥，统一信号，专人警戒并划定安全警戒区。爆破后须经爆破人员检查，确认安全后，其他人员方能进入现场。洞挖、通风不良的狭窄场所，还应通风排烟、恢复照明及安全处理后，方可进行其他作业。

3.1.18 施工照明及线路，应遵守下列规定：

在存放易燃、易爆物品场所或有瓦斯的巷道内，照明设备应符合防爆要求。

3.5.5 宿舍、办公室、休息室内严禁存放易燃易爆物品，未经许可不得使用电炉。利用电热的车间、办公室及住室，电热设施应有专人负责管理。

3.5.9 油料、炸药、木材等常用的易燃易爆危险品存放使用场所、仓库，应有严格的防火措施和相应的消防措施，严禁使用明火和吸烟。

3.5.11 施工生产作业区与建筑物之间的防火安全距离，应遵守下列规定：

用火作业区距所建的建筑物和其他区域不得小于25m；

仓库区、易燃、可燃材料堆集场距所建的建筑物和其他区域不小于20m；

易燃品集中站距所建的建筑物和其他区域不小于30m。

3.9.4 施工现场作业人员，应遵守以下基本要求：

进入施工现场，应按规定穿戴安全帽、工作服、工作鞋等防护用品，正确使用安全绳、安全带等安全防护用具及工具，严禁穿拖鞋、高跟鞋或赤脚进入施工现场；

严禁酒后作业；

严禁在铁路、公路、洞口、陡坡、高处及水上边缘、滚石坍塌地段、设备运行通道等危险地带停留和休息；

起重、挖掘机等施工作业时，非作业人员严禁进入其工作范围内；

高处作业时，不得向外、下抛掷物件；

不得随意移动、拆除、损坏安全卫生及环境保护设施和警示标志。

4.1.5 在建工程（含脚手架）的外侧边缘与外电架空线路的边线之间应保持安全操作距离。最小安全操作距离应不小于表4.1.5的规定。

在建工程（含脚手架）的外侧边缘与外电架空线路边线之间的最小安全操作距离　表4.1.5

外电线路电压（kV）	<1	1～10	35～110	154～220	330～500
最小安全操作距离（m）	4	6	8	10	15

注：上、下脚手架的斜道严禁搭设在有外电线路的一侧。

4.1.6 施工现场的机动车道与外电架空线路交叉时，架空线路的最低点与路面的垂直距离不应小于表 4.1.6 的规定。

施工现场的机动车道与外电架空线路交叉时的最小垂直距离　　　表 4.1.6

外电线路电压（kV）	<1	1~10	35
最小垂直距离（m）	6	7	7

5.1.3 高处临边、临空作业应设置安全网，安全网距工作面的最大高度不应超过 3.0m，水平投影宽度应不小于 2.0m。安全网应挂设牢固，随工作面升高而升高。

5.1.12 危险作业场所、机动车道交叉路口、易燃易爆有毒危险物品存放场所、库房、变配电场所以及禁止烟火场所等应设置相应的禁止、指示、警示标志。

5.2.2 高处作业下方或附近有煤气、烟尘及其他有害气体，应采取排除或隔离等措施，否则不得施工。

5.2.3 高处作业前，应检查排架、脚手板、通道、马道、梯子和防护设施，符合安全要求方可作业。高处作业使用的脚手架平台，应铺设固定脚手板，临空边缘应设高度不低于 1.2m 的防护栏杆。

5.2.6 在带电体附近进行高处作业时，距带电体的最小安全距离，应满足表 5.2.6 的规定，如遇特殊情况，应采取可靠的安全措施。

高处作业时与带电体的安全距离　　　表 5.2.6

电压等级（kV）	10 及以下	20~35	44	60~110	154	220	330
工器具、安装构件、接地线等与带电体的距离（m）	2.0	3.5	3.5	4.0	5.0	5.0	6.0
工作人员的活动范围与带电体的距离（m）	1.7	2.0	2.2	2.5	3.0	4.0	5.0
整体组立杆塔与带电体的距离	应大于倒杆距离（自杆塔边缘到带电体的最近侧为塔高）						

5.2.10 高处作业时，应对下方易燃、易爆物品进行清理和采取相应措施后，放可进行电焊、气焊等动火作业，并应配备消防器材和专人监护。

5.2.21 进行三级、特级、悬空高处作业时，应事先制定专项安全技术措施。施工前，应向所有施工人员进行技术交底。

6.1.4 设备转动、传动的裸露部分，应安设防护装置。

7.5.19 皮带机械运行中，遇到下列情况应紧急停机：
发生人员伤亡事故。

8.2.1 安全距离。
设置爆破器材库或露天堆放爆破材料时，仓库或药堆至外部各种保护对象的安全距离，应按下列条件确定：
① 外部距离的起算点是：库房的外墙墙根、药堆的边缘线、隧道式峒库的峒口地面中心；

② 爆破器材储存区内有一个以上仓库或药堆时，应按每个仓库或药堆分别核算外部安全距离并取最大值。

仓库或药堆与住宅区或村庄边缘的安全距离，应符合下列规定：

① 地面库房或药堆与住宅区或村庄边缘的最小外部距离按表8.2.1-1确定；

② 隧道式峒库至住宅区或村庄边缘的最小外部距离不得小于表8.2.1-2中的规定；

地面库房或药堆与住宅区或村庄边缘的最小外部距离　单位：m　表8.2.1-1

存药量（t）	150～200	100～150	50～100	30～50	20～30	10～20	5～10	≤5
最小外部距离	1000	900	800	700	600	500	400	300

隧道式洞库至住宅区或村庄边缘的最小外部距离　单位：m　表8.2.1-2

与洞口轴线交角（α）	存药量（t）				
	50～100	30～50	20～30	10～20	≤10
0°至两侧70°	1500	1250	1100	1000	850
两侧70°～90°	600	500	450	400	350
两侧90°～180°	300	250	200	150	120

③ 由于保护对象不同，因此在使用当中对表8.2.1-1、表8.2.1-2的数值应加以修正，修正系数见表8.2.1-3；

对不同保护对象的最小外部距离修正系数.　表8.2.1-3

序号	保护对象	修正系数
1	村庄边缘、住宅边缘、乡镇企业围墙、区域变电站围墙	1.0
2	地县级以下乡镇、通航汽轮的河流航道、铁路支线	0.7～0.8
3	总人数不超过50人的零散住户边缘	0.7～0.8
4	国家铁路线、省级及以上公路	0.9～1.0
5	高压送电线路500kV	2.5～3.0
	220kV	1.5～2.0
	110kV	0.9～1.0
	35kV	0.8～0.9
6	人口不超过10万人的城镇规划边缘、工厂企业的围墙、有重要意义的建筑物、铁路车站	2.5～3.0
7	人口大于10万人的城镇规划边缘	5.0～6.0

注：上述各项外部距离，适用于平坦地形，依地形条件有利时可适当减少，反之应增加。

④ 炸药库房间（双方均有土堤）的最小允许距离见表8.2.1-4；

炸药库房间（双方均有土堤）的最小允许距离　单位：m　**表 8.2.1-4**

存药量 （t）	炸药品种			
	硝铵类炸药	梯恩梯	黑索金	胶质炸药
150～200	42	—	—	—
100～150	35	100	—	—
80～100	30	90	100	—
50～80	26	80	90	—
30～50	24	70	80	100
20～30	20	60	70	85
10～20	20	50	60	75
5～10	20	40	50	60
≤5	20	35	40	50

注：1. 相邻库房储存不同品种炸药时，应分别计算，取其最大值。

2. 在特殊条件下，库房不设土堤时，本表数字增大的比值为：一方有土堤为 2.0，双方均无土堤为 3.3。

3. 暴爆索按每万米 140kg 黑索金计算。

⑤ 雷管库与炸药库、雷管库与雷管库之间的允许距离见表 8.2.1-5 中的规定；

⑥ 无论查表或计算的结果如何，表 8.2.1-4、表 8.2.1-5 所列库房间距均不得小于 35m。

雷管库与炸药库、雷管库与雷管库之间的最小允许距离　单位：m　**表 8.2.1-5**

库房名称	雷管数量（万发）									
	200	100	80	60	50	40	30	20	10	5
雷管库与炸药库	42	30	27	23	21	19	17	14	10	8
雷管库与雷管库	71	50	45	39	35	32	27	22	16	11

注：当一方设土堤时表中数字应增大比值为 2，双方均无土堤时增大比值为 3.3。

8.2.2 库区照明。

地下爆破器材库的照明，还应遵守下列规定：

① 应采用防爆型或矿用密闭型电气器材，电源线路应采用铠装电缆；

② 地下库区存在可燃性气体和粉尘爆炸危险时，应使用防爆型移动电灯和防爆手电筒；其他地下库区，应使用蓄电池灯、防爆手电筒或汽油安全灯作为移动式照明。

8.3.2 爆破器材装卸应遵守下列规定：

① 从事爆破器材装卸的人员，应经过有关爆破材料性能的基础教育和熟悉其安全技术知识。装卸爆破器材时，严禁吸烟和携带引火物；

② 搬运装卸作业宜在白天进行，炎热的季节宜在清晨或傍晚进行。如需在夜间装卸爆破器材时，装卸场所应有充足的照明，并只允许使用防爆安全灯照明，禁止使用油灯、电石灯、汽灯、火把等明火照明；

③ 装卸爆破器材时，装卸现场应设置警戒岗哨，有专人在场监督；

④ 搬运时应谨慎小心，轻搬轻放，不得冲击、撞碰、拉拖、翻滚和投掷。严禁在装有爆破材料的容器上踩踏；

⑤ 人力装卸和搬运爆破器材，每人一次以25～30kg为限，搬运者相距不得少于3m；

⑥ 同一车上不得装运两类性质相抵触的爆破器材，且不得与其货物混装。雷管等起爆器材与炸药不允许同时在同一车厢或同一地点装卸；

⑦ 装卸过程中司机不得离开驾驶室。遇雷电天气，禁止装卸和运输爆破器材；

⑧ 装车后应加盖帆布，并用绳子绑牢，检查无误后方可开车。

8.3.3 爆破器材运输应符合下列规定：

运输爆破器材，应遵守下列基本规定：

① 禁止用翻斗车、自卸汽车、拖车、机动三轮车、人力三轮车、摩托车和自行车等运输爆破器材。

② 运输炸药、雷管时，装车高度要低于车厢10cm。车厢、船底应加软垫。雷管箱不应倒放或立放，层间也应垫软垫。

水路运输爆破器材，还应遵守下列规定：

① 严禁使用筏类船只作运输工具。

② 用机动船运输时，应预先切断装爆破器材船舱的电源；地板和垫物应无缝隙，舱口应关闭；与机舱相邻的船舱应设有隔墙。

汽车运输爆破器材，还应遵守下列规定：

车厢底板、侧板和尾板均不应有空隙，所有空隙应予以严密堵塞。严防所运爆破器材的微粒落在摩擦面上。

8.3.4 爆破器材贮存

贮存爆破器材的仓库、储存室，应遵守下列规定：

库房内贮存的爆破器材数量不应超过设计容量，爆破器材宜单一品种专库存放。库房内严禁存放其他物品。

8.4.3 爆破工作开始前，应明确规定安全警戒线，制定统一的爆破时间和信号，并在指定地点设安全哨，执勤人员应有红色袖章、红旗和口笛。

8.4.7 往井下吊运爆破材料时，应遵守下列规定：

在上下班或人员集中的时间内，不得运输爆破器材，严禁人员与爆破器材同罐吊运；

8.4.17 地下相向开挖的两端在相距30m以内时，装炮前应通知另一端暂停工作，退到安全地点。当相向开挖的两端相距15m时，一端应停止掘进，单头贯通。斜井相向开挖，除遵守上述规定外，并应对距贯通尚有5m长地段自上端向下打通。

8.4.24 地下井挖，洞内空气含沼气或二氧化碳浓度超过1％时，禁止进行爆破作业。

8.5.4 电雷管网路爆破区边缘同高压线最近点之间的距离不得小于表8.5.4的规定（亦适用于地下电源）。

爆破区边缘同高压线最近点之间的距离　　　　　　表8.5.4

高压电网（kV）	水平安全距离（m）
3～10	20
10～20	50
20～50	100

8.5.5 飞石

① 爆破时，个别飞石对被保护对象的安全距离，不得小于表 8.5.5-1 及表 8.5.5-2 规定的数值。

② 洞室爆破个别飞石的安全距离，不得小于表 8.5.5-3 的规定数值。

爆破个别飞散物对人员的最小安全距离　　　　　表 8.5.5-1

爆破类型和方法		爆破飞散物的最小安全距离（m）
破碎大块岩矿	裸露药包爆破法	400
	浅孔爆破法	300
露天岩石爆破	浅孔爆破	200（复杂地质条件下或未形成台阶工作面时不小于300）
	浅孔药壶爆破	300
	蛇穴爆破	300
	深孔爆破	按设计，但不小于200
	深孔药壶爆破	按设计，但不小于300
	浅孔孔底扩壶	50
	深孔孔底扩壶	50
	洞室爆破	按设计，但不小于300
爆破树墩		200
爆破拆除沼泽地的路堤		100
水下爆破	水面无冰时的裸露药包或浅孔、深孔爆破 — 水深小于1.5m	与地面爆破相同
	水面无冰时的裸露药包或浅孔、深孔爆破 — 水深大于6m	不考虑飞石对地面或水面以上人员的影响
	水面无冰时的裸露药包或浅孔、深孔爆破 — 水深1.5～6m	由设计确定
	水面覆冰时的裸露药包或浅孔、深孔爆破	200
	水底洞室爆破	由设计确定
拆除爆破、城镇浅孔爆破及复杂环境深孔爆破		由设计确定
地震勘探爆破	浅井或地表爆破	按设计，但不小于100
	在深孔中爆破	按设计，但不小于30

爆破飞石对人员安全距离　　　　　表 8.5.5-2

序号	爆破种类及爆破方法			危险区域的最小半径（m）
1	岩基开挖工程	一般钻孔法爆破		不小于300
		药壶法	扩壶爆破	不小于50
			药壶爆破	不小于300
		深孔药壶法	扩壶爆破	不小于100
			药壶爆破	根据设计定但不小于300
		深孔法	松动爆破	根据设计定但不小于300
			抛掷爆破	根据设计定

216

序号	爆破种类及爆破方法			危险区域的最小半径 （m）
2	地下开挖工程	平洞开挖爆破	独头的洞内	不小于200
			有折线的洞内	不小于100
			相邻的上下洞间	不小于100
			相邻的平行洞间	不小于50
			相邻的横洞或横通道间	不小于50
		井开挖爆破	井深小于3m	不小于200
			井深为3～7m	不小于100
			井深大于7m	不小于50
3	裸露药包法爆破			不小于400
4	用放在坑内的炸药击碎巨石			不小于400
5	用炸药拔树根的爆破			不小于200
6	泥沼地上塌落土堤的爆破			不小于100
7	水下开挖工程	非硬质土壤上爆破		不小于100
		岩石上爆破		不小于300
		有冰层覆盖时土壤和岩石爆破		不小于300

洞室爆破个别飞石安全距离　　　　单位：m　**表 8.5.5-3**

最小抵抗线	对于人员					对于机械及建筑物				
	n 值					n 值				
	1.0	1.5	2.0	2.5	3.0	1.0	1.5	2.0	2.5	3.0
1.5	200	300	350	400	400	100	150	250	300	300
2.0	200	400	500	600	600	100	200	350	400	400
4.0	300	500	700	800	800	150	250	500	550	550
6.0	300	600	800	1000	1000	150	300	550	650	650
8.0	400	600	800	1000	1000	200	300	600	700	700
10.0	500	700	900	1000	1000	250	400	600	700	700
12.0	500	700	900	1200	1200	250	400	700	800	800
15.0	600	800	1000	1200	1200	300	400	800	1000	1000
20.0	700	800	1200	1500	1500	350	400	900	1000	1000
25.0	800	1000	1500	1800	1800	400	500	900	1000	1000
30.0	800	1000	1700	2000	2000	400	500	1000	1200	1200

注：当 n 值小于1时，可将抵抗线值修改为 $W_F=\dfrac{5W}{7}$，再按 $n=1$ 的条件查表。

9.1.6　对储存过易燃易爆及有毒容器、管道进行焊接与切割时，要将易燃物和有毒气体放尽，用水冲洗干净，打开全部管道窗、孔，保持良好通风，方可进行焊接和切割，容器外要有专人监护，定时轮换休息。密封的容器、管道不得焊割。

9.1.8 严禁在储存易燃易爆的液体、气体、车辆、容器等的库区内从事焊割作业。

9.3.7 在坑井或深沟内焊接时，应首先检查有无集聚的可燃气体或一氧化碳气体，如有应排除并保持通风良好。必要时应采取通风除尘措施。

11.4.8 放射性射源的贮藏库房，应遵守下列规定：

放射性同位素不应与易燃、易爆、腐蚀性物品放在一起，其贮存场所应采取有效的防火、防盗、防泄漏的安全防护措施，并指定专人负责保管。贮存、领取、使用、归还放射性同位素时应进行登记、检查，做到账物相符。

4)《水利水电工程土建施工安全技术规程》（SL 399）的规定

1.0.9 作业人员上岗前，应按规定穿戴防护用品。施工负责人和安全检查员应随时检查劳动防护用品的穿戴情况，不按规定穿戴防护用品的人员不得上岗。

3.2.1 有边坡的挖土作业应遵守下列规定：

施工过程当中应密切关注作业部位和周边边坡、山体的稳定情况，一旦发现裂痕、滑动、流土等现象，应停止作业，撤出现场作业人员。

3.3.4 开挖过程中，如出现整体裂缝或滑动迹象时，应立即停止施工，将人员、设备尽快撤离工作面，视开裂或滑动程度采取不同的应急措施。

3.5.1 洞室开挖作业应遵守下列规定：

暗挖作业中，在遇到不良地质构造或易发生塌方地段、有害气体逸出及地下涌水等突发事件，应即令停工，作业人员撤至安全地点。

3.5.3 竖井提升作业应遵守下列规定：

施工期间采用吊桶升降人员与物料时应遵守下列规定：

装有物料的吊桶不应乘人。

3.5.6 不良地质地段开挖作业应遵守下列规定：

当出现围岩不稳定、涌水及发生坍方情况时，所有作业人员应立即撤至安全地带。

3.5.12 施工安全监测应遵守下列规定：

当监测中发现测值总量或增长速率达到或超过设计警戒值时，则认为不安全，应报警。

3.6.1 现场运送运输爆破器材应遵守下列规定：

用人工搬运爆破器材时应遵守下列规定：

严禁一人同时携带雷管和炸药；雷管和炸药应分别放在专用背包（木箱）内，不应放在衣袋里。

3.6.3 洞室爆破应满足下列基本要求：

参加爆破工程施工的临时作业人员，应经过爆破安全教育培训，经口试或笔试合格后，方准许参加装药填塞作业。但装起爆体及敷设爆破网路的作业，应由持证爆破员或爆破工程技术人员操作。

不应在洞室内和施工现场改装起爆体和起爆器材。

3.6.5 洞室爆破现场混制炸药应遵守下列规定：

混制场内严禁吸烟，严禁存在明火；同时，严禁将火柴、打火机等带入加工场。

4.2.7 制浆及输送应遵守下列规定：

当人进入搅拌槽内之前，应切断电源，开关箱应加锁，并挂上"有人操作，严禁合闸！"的警示标志。

5.1.4 当砂石料料堆起拱堵塞时，严禁人员直接站在料堆上进行处理。应根据料物粒径，堆料体积、堵塞原因采取相应措施进行处理。

5.4.7 设备检修时应切断电源，在电源启动柜或设备配电室悬挂"有人检修，不许合闸"的警示标志。

5.4.8 在破碎机腔内检查时，应有人在机外监护，并且保证设备的安全锁机构处于锁定位置。

6.2.1 木模板施工作业时应遵守下列规定：

① 高处拆模时，应有专人指挥，并标出危险区；应实行安全警戒，暂停交通。

② 拆除模板时，严禁操作人员站在正拆除的模板上。

6.3.1 钢筋加工应遵守下列规定：

冷拉时，沿线两侧各 2m 范围为特别危险区，人员和车辆不应进入。

6.5.1 螺旋输送机应符合下列安全技术要求：

处理故障或维修之前，应切断电源，并悬挂警示标志。

6.5.4 片冰机的安全技术要求：

① 片冰机运转过程中，各孔盖、调刀门不应随意打开。因观察片冰机工作情况而应打开孔盖、调刀门时，严禁观察人员将手、头伸进孔及门内。

② 参加片冰机调整、检修工作的人员，不应少于 3 人，一人负责调整、检修。一人负责组织指挥（若调整、检修人员在片冰机内，指挥人员应在片冰机顶部），另一人负责控制片冰机电源开关，应做到指挥准确，操作无误。

③ 工作人员从片冰机进入孔进、出之前和在调整、检修工作的过程中，应关闭片冰机的电源开关，悬挂"严禁合闸"的警示标志，这期间片冰机电源开关控制人员不应擅离工作岗位。

6.5.6 混凝土拌和楼（站）的技术安全要求：

① 检修时，应切断相应的电源、气路，并挂上"有人工作，不准合闸"的警示标志。

② 进入料仓（斗）、拌和筒内工作，外面应设专人监护。检修时应挂"正在修理，严禁开动"的警示标志。非检修人员不应乱动气、电控制元件。

6.7.5 采用核子水分/密度仪进行无损检测时，应遵守下列规定：

① 操作者在操作前应接受有关核子水分/密度仪安全知识的培训和训练，只有合格者方可进行操作。应给操作者配备防护铅衣、裤、鞋、帽、手套等防护用品。操作者应在胸前佩戴胶片计量仪，每 1～2 月更换一次。胶片计量仪一旦显示操作者达到或超过了允许的辐射值，应即停止操作。

② 应派专人负责保管核子水分/密度仪，并应设立专台档案。每隔半年应把仪器送有关单位进行核泄漏情况检测，仪器储存处应牢固地张贴"放射性仪器"的警示标志。

③ 核子水分/密度仪受到破坏，或者发生放射性泄漏，应立即让周围的人离开，并远离出事场所，直到核专家将现场清除干净。

7.1.6 骨（填）料加热、筛分及储存，应遵守下列规定：

加热后的骨料温度高约 200℃，进行二次筛分时，作业人员应采取防高温、防烫伤的安全措施；卸料口处应加装挡板，以免骨料溅出。

7.1.10 搅拌机运行中，不得使用工具伸入滚筒内掏挖或清理。需要清理时应停机。如需人员进入搅拌鼓内工作时，鼓外要有人监护。

7.2.6 沥青混凝土碾压作业应遵守下列规定：

机械由坝顶下放至斜坡时，应有安全措施，并建立安全制度。对牵引机械和钢丝绳刹车等，应经常检查、维修。

7.2.7 心墙钢模宜应采用机械拆模，采用人工拆除时，作业人员应有防高温、防烫伤、防毒气的安全防护装置。钢模拆除出后应将表面粘附物清除干净，用柴油清洗时，不得接近明火。

5)《水利水电工程金属结构与机电设备安装安全技术规程》SL400－2007 的规定

4.1.7 施工设施应符合下列规定：

机械设备、电气盘柜和其他危险部位应悬挂安全警示标志和安全操作规程。

5.6.6 底水封（或防撞装置）安装时，门体应处于全关（或全开）状态，启闭机挂停机牌，并派专人值守，严禁擅自启动。

11.3.5 喷砂枪喷嘴接头应牢固，严禁喷嘴对人，沿喷射方向 30m 范围内不得有人停留和作业，喷嘴堵塞应停机消除压力后，进行修理或更换。

11.5.11 在容器内进行喷涂时，应保持通风，容器内应无易燃、易爆物及有毒气体。容器外应专人监护。

12.3.9 导叶进行动作试验时，应事先通告相关人员，应在水轮机室、蜗壳进入门处悬挂警示标志，严禁进入导叶附近，应有可靠的信号联系，并有专人监护。

12.8.1 蝴蝶阀和球阀安装时，应符合下列规定：

① 蝴蝶阀和球阀动作试验前，应检查钢管内和活门附近有无障碍物，不应有人在内工作。试验时应在进门处挂"禁止入内"警示标志，并应设专人监护。

② 进入蝴蝶阀和球阀、钢管内检查或工作时，应关闭油源，投入机械锁，并应挂上"有人工作，禁止操作"警示标志。

13.2.3 定子下线时，应符合下列规定：

① 铁心磁化试验时，现场应配备足够的消防器材；定子周围应设临时围栏，挂警示标志，并应派专人警戒。定子机座、测温电阻接地应可靠，接地线截面积应符合规范要求。

② 耐电压试验时，应有专人指挥，升压操作应有监护人监护。操作人员应穿绝缘鞋。现场应设临时围栏，挂警示标志，并应派专人警戒。

13.4.2 转子支架组装和焊接时，应符合下列规定：

使用化学溶剂清洗转子中心体时，场地应通风良好，周围不应有火种，并应有专人监护，现场配备灭火器材。

13.7.9 有绝缘要求的导轴瓦或上端轴，安装前后应对绝缘进行检查。试验时应对试验场所进行安全防护，设置安全警戒线和警示标志。

15.1.3 变压器、电抗器器身检查时，应符合下列规定：

进行各项电气试验时，应设立警戒线，悬挂警示标志。

15.1.4 附件安装及电气试验时，需符合下列规定：

现场高压试验区应设遮栏，并悬挂警示标志，设警戒线，派专人看护。

15.3.2 安装、调试时，需符合下列规定：

① 试验区域应有安全警戒线和明显的安全警示标志。被试物的金属外壳应可靠接地。

② 试验接线应经过检查无误后，方可开始试验，未经监护人同意不得任意拆线。雷雨时，应停止高压试验。

15.4.2 硬母线、封闭母线安装时，应符合下列规定：

在高空安装硬母线时，工作人员应系好安全带，并设置安全警戒线及警示标志。

15.7.3 电缆头制作时，需符合下列规定：

现场高压试验区应设围栏，挂警示标志，并设专人监护。

15.8.1 试验区应设围栏、拉警戒线并悬挂警示标志，将有关路口和有可能进入试验区域的通道临时封闭，并安排专人看守。

15.8.6 在进行高压试验和试送电时，应由一人统一指挥，并派专人监护。高压试验装置的金属外壳应可靠接地。

15.9.1 试验区应设围栏或拉警戒线，悬挂警示标志，将有关路口和有可能进入试验区域的通道临时封闭，并安排专人看守。

16.1.1 检查机组内部应三人以上，并应配带手电筒，特别是进入钢管、蜗壳和发电机风洞内部时，应留一人在进入口处守候。

17.4.2 桥机试验区域应设警戒线，并布置明显警示标志，非工作人员严禁上桥机。试验时桥机下面严禁有人逗留。

6)《水利水电工程施工作业人员安全操作规程》（SL 401）的规定

2.0.9 严禁人员在吊物下通过和停留。

2.0.10 易燃、易爆等危险场所严禁吸烟和明火作业。不得在有毒、粉尘生产场所进食、饮水。

2.0.12 洞内作业前，应检查有害气体的浓度，当有害气体的浓度超过规定标准时，应及时排除。

2.0.16 检查、修理机械电气设备时，应停电并挂标志牌，标志牌应谁挂谁取。检查确认无人操作后方可合闸。严禁机械在运转时加油、擦拭或修理作业。

2.0.20 严禁非电气人员安装、检修电气设备。严禁在电线上挂晒衣服及其他物品。

2.0.26 非特种设备操作人员，严禁安装、维修和动用特种设备。

3.7.13 进行停电作业时，应首先拉开刀闸开关，取走熔断器（管），挂上"有人作业，严禁合闸"的警示标志，并留人监护。

4.2.1 塔式起重机司机应经过专业培训，并经考试合格取得特种作业人员操作证书后，方可上岗操作。

7)《水工建筑物地下开挖工程施工规范》（SL 378）的规定

8.4.2 竖井吊罐及斜井运输车牵引绳，应有断绳保险装置。

8.4.11 井口应设阻车器、安全防护栏或安全门。

8.4.12 斜井、竖井自上而下扩大开挖时，应有防止导井堵塞和人员坠落的措施。

11.1.1 地下洞室开挖施工过程中，洞内氧气体积不应少于20%，有害气体和粉尘含量应符合表11.1.1的规定标准。

空气中有害物质的容许含量

表 11.1.1

名　称	容许浓度		附　注
	按体积 %	按重量 %	
二氧化碳（CO$_2$）	0.5	—	一氧化碳的容许含量与作业时间：容许含量为 50mg/m^3 时，作业时间不宜超过 1h； 容许含量为 100mg/m^3 时，作业时间不宜超过 0.5h； 容许含量为 200mg/m^3 时，作业时间不宜超过 20min； 反复作业的间隔时间应在 2h 以上
甲烷（CH$_4$）	1	—	
一氧化碳（CO）	0.00240	30	
氮氧化合物换算成二氧化氮（NO$_2$）	0.00025	5	
二氧化硫（SO$_2$）	0.00050	15	
硫化氢（H$_2$S）	0.00088	10	
醛类（丙烯醛）	—	0.3	
含有 10% 以上游离 SO$_2$ 的粉尘	—	2	含有 80% 以上游离 SO$_2$ 的生产粉尘不宜超过 1mg/m^3
含有 10% 以下游离 SO$_2$ 水泥粉尘	—	8	
含有 10% 以下游离 SO$_2$ 的其他粉尘	—	10	

13.2.4 几个工作面同时爆破时，应有专人统一指挥，确保起爆人员的安全和相邻炮区的安全。

13.2.11 爆破完成后，待有害气体浓度降低至规定标准时，方可进入现场处理哑炮并对爆破面进行检查，清理危石。清理危石应由有施工经验的专职人员负责实施。

13.3.5 竖井和斜井运送施工材料或出渣时应遵守下列规定：

① 严禁人、物混运，当施工人员从爬梯上下竖井时，严禁运输施工材料或出渣；

② 井口应有防止石渣和杂物坠落井中的措施；

（2）工业卫生

1）《水利水电工程劳动安全与工业卫生设计规范》（DL 5061）的规定

5.1.1 水利水电工程各类工作场所的噪声宜符合表 5.1.1 所列噪声 A 声级限制值的要求。

水利水电工程各类工作场所的噪声限制值（A 声级）

表 5.1.1

序号	场　所　类　别			噪声限制值（dB）
1	夜班人员休息室（室内背景噪声级）			66
2	集中控制室和主要办公场所（室内背景噪声级）	（1）中央控制室，开关站集控室，通信值班室，计算机房 （2）船闸、升船机、泄水闸、冲沙闸集控室	在机组段外	60
		（3）生产管理楼内办公室、会议室、试验室	在机组段内	70
3	一般控制室和附属房间（室内背景噪声级）	（1）机组控制室，空调控制室，深孔、底孔控制室 （2）配电柜室，继电保护屏室，直流柜室，通信设备室 （3）电气试验室，电气检修间 （4）修配厂所属办公室，试验室，会议室		70

序号	场 所 类 别		噪声限制值（dB）
4	作业场所和生产设备房间	（1）发电机（泵站机组）层，水轮机层，蜗壳层 （2）空压机室，风机室，水泵房，空调制冷设备室 （3）变压器室，电抗器室，励磁盘室 （4）机修间，油处理室，修配厂车间 （5）启闭机室，充泄水阀门室	85 （每天连续接触噪声8h）

注：1. 未列入的场所可参考相类似的场所取噪声限制值。
2. 对于工作人员每天接触噪声不足8h的场所，可根据实际接触噪声的时间，按接触时间减半，噪声限制值增加3dB的原则，确定其噪声限制值，但最大值不超过115dB。
3. 本表所列的室内背景噪声级，系在室内无声源发声的条件下，从室外经由墙、门、窗（门窗启闭状况为常规状况）传入室内的室内平均噪声级。

2）《水利水电工程施工通用安全技术规程》（SL 398）的规定

3.4.2 生产作业场所常见生产性粉尘、有毒物质在空气中允许浓度及限值应符合表3.4.2的规定。

常见生产性粉尘、有毒物质在空气中允许浓度及限值 　　　　表3.4.2

序号	有害物质名称			阈限值（mg/m³）		
				最高容许浓度 P_0-MAO	时间加权平均容许浓度 P_0-TWA	短时间接触容许浓度 P_0-STBL
1	矽尘			—	—	—
	总尘		含10%～50%游离SiO₂		1	2
			含50%～80%游离SiO₂		0.7	1.5
			含80%以上游离SiO₂		0.5	1.0
	呼吸尘		含10%～50%游离SiO₂		0.7	1.0
			含50%～80%游离SiO₂		0.3	0.5
			含80%以上游离SiO₂		0.2	0.3
2	石灰石粉尘	总尘		—	8	10
		呼吸尘		—	4	8
3	硅酸盐水泥	总尘（游离SiO₂＜10%）		—	4	6
		呼吸尘（游离SiO₂＜10%）		—	1.5	2
4	电焊烟尘			—	4	6
5	其他粉尘			—	8	10
6	锰及无机化合物（按Mn计）			—	0.15	0.45
7	一氧化碳	非高原			20	30
		高原	海拔2000～3000m	20	—	—
			海拔大于3000m	15	—	—
8	氨			—	20	30

223

序号	有害物质名称		阈限值（mg/m³）		
			最高容许浓度 P_0-MAO	时间加权平均容许浓度 P_0-TWA	短时间接触容许浓度 P_0-STBL
9	溶剂汽油		—	300	450
10	丙酮		—	300	450
11	三硝基甲苯（TNT）		0.2	—	0.5
12	铅及无机化合物（按 Pb 计）	铅尘	0.05	—	—
		铅烟	0.03	—	—
13	四乙基铅（皮、按 Pb 计）		—	0.02	0.06

3.4.4 生产车间和作业场所工作地点噪声声级卫生限值应符合表 3.4.4 规定。

生产性噪声声级卫生限值　　　　　　表 3.4.4

日接触噪声时间（h）	卫生限值［dB（A）］
8	85
4	88
2	91
1	94

3.4.6 施工作业噪声传至有关区域的允许标准见表 3.4.6。

非施工区域的噪声允许标准　　　　　　表 3.4.6

类　　别	等效声级限值［dB（A）］	
	昼间	夜间
以居住、文教机关为主的区域	55	45
居住、商业、工业混杂区及商业中心区	60	50
工业区	65	55
交通干线道路两侧	70	55

3.4.11 工程建设各单位应建立职业卫生管理规章制度和施工人员职业健康档案，对从事尘、毒、噪声等职业危害的人员应每年进行一次职业体检，对确认职业病的职工应及时给予治疗，并调离原工作岗位。

4.7.1 生活供水水质应符合表 4.7.1 要求，并经当地卫生部门检验合格方可使用。生活饮用水源附近不得有污染源。

编　号		项　目	标　准
感官性状指标	1	色	色度不超过 15 度，并不应呈现其他异色
	2	浑浊度	不超过 3 度，特殊情况不超过 5 度
	3	臭和味	不应有异臭异味
	4	肉眼可见物	不应含有
化学指标	5	pH 值	6.5～6.8
	6	总硬度（以 CaO 计）	不超过 450mg/L
	7	铁	不超过 0.3mg/L
	8	锰	不超过 0.1mg/L
	9	铜	不超过 1.0mg/L
	10	锌	不超过 1.0mg/L
	11	挥发酚类	不超过 0.002mg/L
	12	阴离子合成洗涤剂	不超过 0.3mg/L
毒理学指标	13	氟化物	不超过 1.0mg/L，适宜浓度 0.5～1.0mg/L
	14	氰化物	不超过 0.05mg/L
	15	砷	不超过 0.04mg/L
	16	硒	不超过 0.01mg/L
	17	汞	不超过 0.001mg/L
	18	镉	不超过 0.01mg/L
	19	铬（六价）	不超过 0.05mg/L
	20	铅	不超过 0.05mg/L
细菌学指标	21	细菌总数	不超过 100 个/mL 水
	22	大肠菌数	不超过 3 个/mL 水
	23	游离性余氯	在接触 30min 后不应低于 0.3mg/L，管网末梢水不低于 0.5mg/L

2. 掌握水利工程土石方施工的内容

《强制性条文》（水利工程部分）的"土石方工程"引入 4 本标准的条文，共 12 条：《水工建筑物岩石基础开挖工程施工技术规范》（SL 47），2 条；《水工建筑物地下开挖工程施工规范》（SJ 378），8 条；《水工预应力锚固施工规范》（SL 46），1 条；《水利水电地下工程锚喷支护施工技术规范》（SL 377），1 条。内容涉及开挖、锚固与支护等要求。

（1）开挖

1）《水工建筑物岩石基础开挖工程施工技术规范》（SL 47）

1.0.8 严禁在设计建基面、设计边坡附近采用洞室爆破法或药壶爆破法施工。

2.1.2 未经安全技术论证和主管部门批准，严禁采用自下而上的开挖方式。

2）《水工建筑物地下开挖工程施工规范》（SL 378）

5.2.2 地下洞室洞口削坡应自上而下分层进行，严禁上下垂直作业。进洞前，应做好开挖及其影响范围内的危石清理和坡顶排水，按设计要求进行边坡加固。

5.5.5 当特大断面洞室设有拱座，采用先拱后墙法开挖时，应注意保护和加固拱座岩体。拱脚下部的岩体开挖，应符合下列条件：

①拱脚下部开挖面至拱脚线最低点的距离不应小于1.5m；

②顶拱混凝土衬砌强度不应低于设计强度的75%。

11.2.8 对存在有害气体、高温等作业区，必须做专项通风设计，并设置监测装置。

12.3.7 洞内供电线路的布设应符合下列规定：

电力起爆主线应与照明及动力线分两侧架设。

12.4.5 洞内电、气焊作业区，应设有防火设施和消防设备。

13.2.6 当相向开挖的两个工作面相距小于30m或5倍洞径距离爆破时，双方人员均应撤离工作面；相距15m时，应停止一方工作，单向开挖贯通。

13.2.7 竖井或斜井单向自下而上开挖，距贯通面5m时，应自上而下贯通。

13.2.10 采用电力起爆方法，装炮时距工作面30m以内应断开电源，可在30m以外用投光灯或矿灯照明。

（2）锚固与支护

1)《水工预应力锚固施工规范》（SL 46）

8.3.2 张拉操作人员未经考核不得上岗；张拉时必须按规定的操作程序进行，严禁违章操作。

2)《水利水电工程锚喷支护技术规范》（SL 377）

9.1.17 竖井或斜井中的锚喷支护作业应遵守下列安全规定：

①井口应设置防止杂物落入井中的措施。

②采用溜筒运送喷射混凝土混合料时，井口溜筒喇叭口周围应封闭严密。

3. 掌握水利工程砌石工程施工的内容

《强制性条文》（水利工程部分）的"砌石工程"引入三本标准的条文，共4条：《浆砌石坝施工技术规定（试行）》（SD 120），1条；《堤防工程施工规范》（SL 260），1条；《小型水电站施工技术规范》（SL 172），2条。包括胶结料、砌筑及坝面倒悬施工等方面的主要内容。

（1）《浆砌石坝施工技术规定（试行）》（SD 120）

4.2.11 在胶结料初凝前，允许一次连续砌筑两层石块，应严格执行上下错缝、铺浆及填浆饱满密实的规定，防止铺浆遗漏或插刀不严。

（2）《堤防工程施工规范》（SL 260）

6.4.5 干砌石砌筑应符合下列要求：

①砌石应垫稳填实，与周边砌石靠紧，严禁架空；

②严禁出现通缝、叠砌和浮塞；不得在外露面用块石砌筑，而中间以小石填心；不得在砌筑层面以小块石、片石找平；堤顶应以大石块或混凝土预制块压顶；

③承受大风浪冲击的堤段，以用粗料石丁扣砌筑。

（3）《小型水电站施工技术规范》（SL 172）

7.6.3 拱石砌筑，必须两端对称进行。各排拱石互相交错，错缝距离不小于10cm。

当拱跨在5m以下，一般可采用块石砌拱，用砌缝宽度调整拱度，要求下缝宽不得超过1cm。水泥砂浆强度不低于M7.5。拱跨在10m以下，可按拱的全宽和全厚，自拱脚同时对称连续地向拱顶砌筑。拱跨在10m以上时，应作施工设计，明确拱圈加荷次序，并按此次序施工。

10.2.8 坝面倒悬施工，应遵守下列规定：

①采用异形石水平砌筑时，应按不同倒悬度逐块加工、编号，对号砌筑。

②采用倒阶梯砌筑时，每层挑出方向的宽度不得超过该石块宽度的1/5。

4. 掌握水利工程混凝土施工的内容

《强制性条文》（水利工程部分）的"混凝土工程"引入两本标准的条文，共13条：《水工混凝土工程施工规范》（SDJ 207），11条；《水工建筑物滑动模板施工技术规范》（SL 32），2条。包括模板、钢筋、浇筑、温度控制等方面的主要内容。

【其中《水工混凝土工程施工规范》（SDJ 207）水电已出台新的标准，相应编号为（DL/T 5144）；《水工建筑物滑动模板施工技术规范》（SL 32）水电已出台新的标准，相应编号为（DL/T 5400）。】

（1）模板

1）《水工混凝土施工规范》（SDJ 207）

2.3.2 重要结构物的模板，承重模板，移动式、滑动式、工具式及永久性的模板，均须进行模板设计，并提出对材料、制作、安装、使用及拆除工艺的具体要求。

【（DL/T 5144）6.0.2原标准第2.3.2条只强调"重要结构物的模板，承重模板，移动式、滑动式、工具式及永久性的模板，均须进行设计"。为确保工程质量和施工安全，所有模板工程均应进行设计。对简单的工程，如能根据经验确定材料规格和构造，可不作结构计算。因此，删除了原标准中的上述内容。】

2.6.1 拆除模板的期限，应遵守下列规定：

①钢筋混凝土结构的承重模板，应在混凝土达到下列强度后（按混凝土设计强度等级的百分率计），才能拆除。

悬臂板、梁

跨度≤2m　70%；

跨度>2m　100%。

其他梁、板、拱

跨度≤2m　50%；

跨度2～8m　70%；

跨度>8m　100%。

②经计算及试验复核，混凝土结构的实际强度已能承受自重及其他实际荷载时，可提前拆模。

【（DL/T 5144）第9.0.1条规定：

9.0.1 现浇结构的模板拆除时的混凝土强度，应符合设计要求；当设计无具体要求时，应符合下列规定：

①侧模：混凝土强度能保证其表面和棱角不因拆除模板而受损坏。

②底模：混凝土强度应符合表1F432013的规定。

<table>
<tr><td colspan="3" style="text-align:center">现浇结构拆模时所需混凝土强度</td><td style="text-align:right">表 1F432013</td></tr>
</table>

结构类型	结构跨度 m	按设计的混凝土强度标准值的百分率计（％）
板	≤2	50
	>2，≤8	75
	>8	100
梁、拱、壳	≤8	75
	>8	100
悬臂构件	≤2	75
	>2	100

注：本标准中"设计的混凝土强度标准值"系指与设计混凝土强度等级相应的混凝土立方体抗压强度标准值。

③经计算及试验复核，混凝土结构的实际强度已能承受自重及其他实际荷载时，可提前拆模。】

2)《水工建筑物滑动模板施工技术规范》（SL 32）

4.5.8 牵引系统的设计应遵守以下规定：

①地锚、岩石锚杆和锁定装置的设计承载能力，应为总牵引力的 3～5 倍；

②牵引钢丝绳的承载能力为总牵引力的 5～8 倍。

【（DL/T 5400）第 6.5.7 条规定：

6.5.7 牵引系统的设计应遵守以下规定：

①地锚、岩石锚固点和锁定装置的设计承载能力，应不小于总牵引力的 3 倍。

②牵引钢丝绳的承载能力应为总牵引力的 5～8 倍。钢绞线的承载能力应为总牵引力的 4～6 倍。

③连续拉伸式液压千斤顶、爬轨器和卷扬机的牵引能力应不小于总牵引力的 2 倍。

④牵引力合力的方向应与滑升阻力的合力方向相重合。】

5.4.6 陡坡上的滑模施工，应有保证安全的措施。牵引机具为卷扬机钢丝绳时，地锚要安全可靠。牵引机具为液压千斤顶时，应对千斤顶的配套拉杆作整根试验检查，并应设保证安全的钢丝绳、卡钳、倒链等保险措施。

【（DL/T 5400）第 9.2.7 条规定内容与之相同。】

（2）钢筋

《水工混凝土施工规范》（SDJ 207）

3.1.6 水工结构的非预应力混凝土中，不应采用冷拉钢筋。

3.4.1 钢筋的安装位置、间距、保护层及各部分钢筋的大小尺寸，均应符合设计图纸的规定。

（3）浇筑

（SDJ 207）第 4.2.2 条规定：

4.2.2 为确保混凝土的质量，工程所用混凝土的配合比必须通过试验确定。

【（DL/T 5144）第 6.0.1 条规定：

6.0.1 为满足混凝土设计强度、耐久性、抗渗性等要求和施工和易性需要，应进行混凝土施工配合优选试验。混凝土施工配合比选择应经综合分析比较，合理地降低水泥用

量。主体工程混凝土配合比应经审查选定。】

（SDJ 207）第4.3.1条规定：

4.3.1 拌制混凝土时，必须严格遵守试验室签发的混凝土配料单进行配料，严禁擅自更改。

【（DL/T 5144）第7.1.2条规定：

7.1.2 拌和设备投入混凝土生产前，应按经批准的混凝土施工配合比进行最佳投料顺序和拌和时间的试验。】

SDJ 207第4.5.9条规定：

4.5.9 浇筑混凝土时，严禁在仓内加水。如发现混凝土和易性较差时，必须采取加强振捣等措施，以保证混凝土质量。

【（DL/T 5144）第7.3.10条规定：

7.3.10 混凝土浇筑过程中，严禁在仓内加水；混凝土和易性较差时，必须采取加强振捣等措施；仓内的泌水必须及时排除；应避免外来水进入仓内，严禁在模板上开孔赶水，带走灰浆；应随时清除粘附在模板、钢筋和预埋件表面的砂浆。】

（SDJ 207）第4.5.10条规定：

4.5.10 不合格的混凝土严禁入仓；已经入仓的不合格的混凝土必须清除。

（SDJ 207）第4.5.13条规定：

4.5.13 混凝土浇筑期间，如表面泌水较多，应及时研究减少泌水的措施。仓内的泌水必须及时排除。严禁在模板上开孔赶水，带走灰浆。

（4）温度控制

（SDJ 207）第5.2.16条规定：

5.2.16 模板拆除时间应根据混凝土已经达到的强度及混凝土的内外温差而定，但应避免在夜间或气温骤降期间拆模。在气温较低季节，当预计拆模后混凝土表面温降可能超过6℃～9℃时，应推迟拆模时间；如必须拆模时，应在拆模后立即采取保护措施。

【（DL/T 5144）第8.2.4条规定：

8.2.4 表面保护

①在低温季节和气温骤降季节，混凝土应进行早期表面保护。

②模板拆除时间应根据混凝土强度及混凝土的内外温差确定，并应避免在夜间或气温骤降时拆模。在气温较低季节，当预计拆模后有气温骤降，应推迟拆模时间；如必须拆模，应在拆模的同时采取保护措施。】

（SDJ 207）第6.0.2条规定：

6.0.2 低温季节施工时，必须有专门的施工组织设计和可靠的措施，以保证混凝土满足设计规定的温度、抗冻、抗裂等各项指标要求。

【（DL/T 5144）第9.1.2条规定：

9.1.2 低温季节施工，必须编制专项施工组织设计和技术措施，以保证浇筑的混凝土满足设计要求。】

5. 掌握水利工程混凝土防渗墙与灌浆施工的内容

《强制性条文》（水利工程部分）的"防渗墙与灌浆工程"引入4本标准的条文，共7条：《水利水电工程混凝土防渗墙施工技术规范》（SL 174），1条；《土石坝碾压式沥青混凝土防渗墙施工技术规范（试行）》（SD 220），2 条；《水工建筑物水泥灌浆施工技术规范》（SL 62），3 条；《土坝坝体灌浆技术规范》（SD 266），1 条。需掌握的主要内容是：

（1）混凝土防渗墙

（SL 174）第 5.1.3 条的规定：

5.1.3 配置墙体材料的水泥、骨料、水、掺合料及外加剂等应符合有关标准的规定，其配合比及配置方法应通过试验决定。

（2）沥青混凝土防渗墙

（SD 220）第 1.0.6 条规定：

1.0.6 沥青混凝土防渗墙正式施工前，应进行现场铺筑试验，以确定沥青混合料的施工配合比，施工工艺参数，并检查施工机械的运行情况等。

（SD 220）第 8.2.4 条规定：

8.2.4 沥青混凝土制备场所，要有除尘、防污、防火、防爆措施，并配备必要的消防器材。

（3）灌浆工程

（SL 62）第 1.0.3 条规定：

1.0.3 下列灌浆工程在施工前或施工初期应进行现场灌浆试验：

①1.2 级水工建筑物基岩帷幕灌浆；

②地质条件复杂地区或有特殊要求的 1、2 级水工建筑物基岩固结灌浆和水工隧洞固结灌浆。

（SL 62）第 1.0.7 条规定：

1.0.7 已完成灌浆或正在灌浆的地区，其附近 30m 以内不得进行爆破作业。如必须进行爆破作业，应采取减震和防震措施，并应征得设计或建设、监理部门同意。

（SL 62）第 5.1.1 条规定：

5.1.1 蓄水前应完成蓄水初期最低库水位以下各灌区的接缝灌浆及其验收工作。蓄水后，各灌区的接缝灌浆应在库水位低于灌区底部高程时进行。

（SD 266）第 4.1.3 条规定：

4.1.3 灌浆施工前应做灌浆试验。选择代表性坝段，按灌浆设计进行布孔、造孔、制浆、灌浆。观测灌浆压力、吃浆量及泥浆容量、坝体位移和裂缝等。

6. 掌握水利工程单项工程施工的内容

（1）碾压混凝土坝

《水工碾压混凝土施工规范》（SL 53）：

1.0.3 施工前应通过现场碾压试验验证碾压混凝土配合比的适应性，并确定其施工工艺参数。

4.5.5 每层碾压作业结束后，应及时按网格布点检测混凝土的压实容重。所测容重低于规定指标时，应立即重复检测，并查找原因，采取处理措施。

4.5.6 连续上升铺筑的碾压混凝土，层间允许间隔时间（系指下层混凝土拌和物拌和加水时起到上层混凝土碾压完毕为止），应控制在混凝土初凝时间以内。

4.7.1 施工缝及冷缝必须进行层面处理，处理合格后方能继续施工。

（2）土石坝

《碾压式土石坝施工技术规范》(SDJ 213):

【《碾压式土石坝施工技术规范》(SDJ 213)已被《碾压式土石坝施工规范》(DL/T 5129)代替。】

8.0.1 坝体填筑必须在坝基处理及隐蔽工程验收合格后才能进行。

【(DL/T 5129)第 10.1.1 条规定:

10.1.1 坝体填筑必须在坝基、岸坡及隐蔽工程验收合格并经监理工程师批准后,方可填筑。】

8.0.5 必须严格控制压实参数。压实机具的类型、规格等应符合施工规定。压实合格后始准铺筑上层新料。

8.1.14 心墙应同上下游反滤料及部分坝壳平起填筑,按顺序铺填各种坝料。

【(DL/T 5129)第 10.2.7 条规定:

10.2.7 心墙应同上下游反滤料及部分坝壳料平起填筑,跨缝碾压。宜采用先填反滤料后填土料的平起填筑法施工。

斜墙宜与下游反滤料及部分坝壳料平起填筑,斜墙也可滞后于坝壳料填筑,但需预留斜墙、反滤料和部分坝壳料的施工场地,且已填筑坝壳料必须削坡至合格面,经监理工程师验收后方可填筑。】

8.3.5 负温下填筑,应作好压实土层的防冻保温工作,避免土层冻结。均质坝体及心墙、斜墙等防渗体不得冻结,否则必须将冻结部分挖除。

【(DL/T 5129)第 10.4.5 条规定:

10.4.5 负温下填筑,应做好压实土层的防冻保温工作,避免土层冻结。均质坝体及心墙、斜墙等防渗体不得冻结,否则必须将冻结部分挖除。砂、砂砾料及堆石的压实层,如冻结后的干密度仍达到设计要求,可继续填筑。

负温下停止填筑时,防渗料表面应加以保护,防止冻结,在恢复填筑时清除。】

10.1.8 对已铺好的反滤层应作必要的保护,禁止车辆行人通行、抛掷石料以及其他物件,防止土料混杂、污水浸入。

在反滤层上堆砌石料时,不得损坏反滤层。与反滤层接触的第一层堆石应仔细铺筑,其块径应符合设计要求,且应防止大块石集中。

(3)混凝土面板堆石坝

《混凝土面板堆石坝施工规范》(SL 49):

2.0.3 当确定未浇筑混凝土面板的坝体挡水时,必须对上游坡面进行碾压砂浆、喷射混凝土或喷洒阳离子乳化沥青等防渗固坡处理。

5.1.2 堆石坝填筑开始前,应进行坝料碾压试验,优化相应的填筑压实参数。

5.1.3 施工中应严格控制填筑压实参数,并应进行抽样检查。对规定的铺料厚度应经仪器检查。

6.1.2 面板混凝土配合比除满足面板设计性能外,尚应满足施工工艺要求:

①水灰比应通过试验确定。

②掺用减水、引气、调凝等外加剂及适量的掺合料时,其掺量应通过试验确定。

③坍落度应根据混凝土的运输、浇筑方法和气温条件决定。

6.2.1 趾板混凝土浇筑应在基岩面开挖、处理完毕,并按隐蔽工程质量要求验收合格后方可进行。趾板混凝土浇筑，应在相邻区堆石填筑前完成。

6.3.9 脱模后的混凝土应及时修整和保护。混凝土初凝后，应及时铺盖草袋等隔热、保温用品，并及时洒水养护，宜连续养护至水库蓄水为止。

7.2.5 金属止水片就位后，与聚氯乙烯垫片接触的缝隙，必须作防止混凝土砂浆浸入其间的封闭处理。浇筑混凝土时，应防止止水片产生形变、变位或遭到破坏。

（4）堤防

《堤防工程施工规范》（SL 260）：

2.2.3 堤防基线的永久标石、标架埋设必须牢固，施工中须严加保护，并及时检查维护，定时核查、校正。

2.3.3 严禁在堤身两侧设计规定的保护范围内取土。

5.2.2 堤基表层不合格土、杂物等必须清除，堤基范围内的坑、槽、沟等，应按堤身填筑要求进行回填处理。

6.1.1 填筑作业应符合下列要求：

①地面起伏不平时，应按水平分层由低处开始逐层填筑，不得顺坡铺填；堤防横断面上的地面坡度陡于1∶5时，应将地面坡度削至缓于1∶5。

②作业面应分层统一铺土、统一碾压，并配备人员或平土机具参与整平作业，严禁出现界沟。

6.1.2 铺料作业应符合下列要求：

应按设计要求将土料铺至规定部位，严禁将砂（砾）料或其他透水料与黏性土料混杂，上堤土料中的杂质应予清除。

6.1.3 压实作业应符合下列要求：

分段填筑，各段应设立标志，以防漏压、欠压和过压。上下层的分段接缝位置应错开。

（5）泵站

《泵站施工规范》（SL 234）：

4.5.13 机、泵座二期混凝土，应保证设计标准强度达到70％以上，才能继续加荷安装。

（6）水闸

《水闸施工规范》（SL 27）：

5.1.2 对已确定的地基处理方法应做现场试验，并编制专项施工措施设计。在处理过程中，如遇地质情况与设计不符时，应及时修改施工措施设计。

9.3.1 钢筋混凝土铺盖应按分块间隔浇筑。在荷载相差过大的邻近部位，应等沉降基本稳定后，再浇筑交接处的分块或预留的二次浇筑带。

在混凝土铺盖上行驶重型机械或堆放重物，必须经过验算。

（7）小型水电站

《小型水电站施工技术规范》（SL 172）：

16.3.1 钢管安装前，应具备以下条件：

①支持钢管的混凝土支墩或墙具有70％以上的强度。

②钢管四周埋设的锚筋直径不小于20mm，埋设孔内的砂浆应具有70％以上的强度。

17.1.2 地下厂房开挖。

①施工期间，应做好施工观测，了解岩体和支护结构的应力，围岩破坏区的范围，量测岩体及支护中心位移及变形。

②在厂房交叉部位施工时，应先对交叉部位进行加固，加固长度应结合围岩条件，控制住软弱面的延伸范围等确定，一般不短于5m。

7. 掌握水利工程验收的内容

（1）质量检查

《水利水电工程施工质量检验与评定规程》（SL 176）：

4.1.11 对涉及工程结构安全的试块、试件及有关材料，应实行见证取样。见证取样资料由施工单位制备，记录应真实齐全，参与见证取样人员应在相关文件上签字。

4.3.3 施工单位应按《单元工程评定标准》及有关技术标准对水泥、钢材等原材料与中间产品质量进行检验，并报监理单位复核。不合格产品，不得使用。

4.3.4 水工金属结构、启闭机及机电产品进场后，有关单位应按有关合同进行交货检查和验收。安装前，施工单位应检查产品是否有出厂合格证、设备安装说明书及有关技术文件，对在运输和存放过程中发生的变形、受潮、损坏等问题应做好记录，并进行妥善处理。无出厂合格证或不符合质量标准的产品不得用于工程中。

4.3.5 施工单位应按《单元工程评定标准》检验工序及单元工程质量，做好书面记录，在自检合格后，填写《水利水电工程施工质量评定表》报监理单位复核。监理单位根据抽检资料核定单元（工序）工程质量等级。发现不合格单元（工序）工程，应要求施工单位及时进行处理，合格后才能进行后续工程施工。对施工中的质量缺陷应书面记录备案，进行必要的统计分析，并在相应单元（工序）工程质量评定表"评定意见"栏内注明。

4.4.5 工程质量事故处理后，由项目法人委托具有相应资质等级的工程质量检测单位检测后，按照处理方案确定的质量标准，重新进行工程质量评定。

（2）验收

《水利水电建设工程验收规程》SL 223

1.0.9 当工程具备验收条件时，应及时组织验收。未经验收或验收不合格的工程不得交付使用或进行后续工程施工。验收工作应相互衔接，不应重复进行。

6.2.1 枢纽工程导（截）流前，应进行导（截）流验收。

6.3.1 水库下闸蓄水前，应进行下闸蓄水验收。

6.4.1 引（调）排水工程通水前，应进行通水验收。

6.5.1 水电站（泵站）每台机组投入运行前，应进行机组启动验收。

1.3.2.2 《工程建设标准强制性条文》（电力工程部分）第二篇水力发电及新能源工程之3施工及验收的内容

《强制性条文》（电力工程部分，下同）由建设部以建标〔2000〕241号文批准发布，自2000年10月25日起施行。

2000年版《强制性条文》（电力工程部分）由三篇组成，即第一篇火力发电工程、第二篇水力发电工程、第三篇电器输电工程。其中第二篇水力发电工程，分为工程设计、工程施工及验收和其他等三章。工程施工及验收有190条组成。

根据《建设工程质量管理条例》（国务院令第 279 号）和《实施工程建设强制性标准监督规定》（建设部令第 81 号），中国电力企业联合会组织有关单位对 2000 年版《强制性条文》（电力工程部分）进行了修订，自 2006 年 9 月 1 日起施行。原 2000 年版《强制性条文》（电力工程部分）同时废止。

2006 年版《强制性条文》（电力工程部分）由三篇组成，即第一篇火力发电工程、第二篇水力发电及新能源工程、第三篇电气输变电工程。其中第二篇水力发电及新能源工程，分为综合规定、规划勘测设计、施工及验收和新能源等四章。工程施工及验收有 319 条组成。

随着新标准的不断推出和原有标准的不断修订，2006 年版《强制性条文》（电力工程部分）中涉及的部分规程规范已作废或被新标准代替。本节内容以 2006 年版《强制性条文》（电力工程部分）内容为基础，增加了取代已作废标准的新标准的对应相关条款。

1. 掌握水力发电工程地质与开挖的内容

《强制性条文》（电力工程部分）中与地质、开挖有关的内容引入三本标准的条文，共 20 条：《水电水利工程施工地质规程》（DL/T 5109），5 条；《水工建筑物地下开挖工程施工技术规范》（DL/T 5099），9 条；《水电水利工程爆破施工技术规范》（DL/T 5135），6 条。

【其中《水工建筑物地下开挖工程施工技术规范》（DL/T 5099）已被（SL 378）代替。】

(1)《水电水利工程施工地质规程》（DL/T 5109）

3.0.2 施工地质工作应包括下列主要内容：

①及时提出对不良工程地质问题的处理意见和建议。

②进行地质观测与预报。

③参加地基、围岩、工程边坡、水库蓄水及其他隐蔽工程的地质评价与验收。

4.3.3 预报应包括下列内容：

①在地质编录过程中，出现地基的实际情况与原设计所依据的资料和结论有较大的变化，需要修改设计；或可能出现新的不利地质因素危及建筑物与施工安全。

②由于天然或人为因素使建筑物区岩土体出现异常变化，将导致失稳引起破坏，需要采取加固与处理措施。

③基坑有可能出现大量涌水。

④出现管涌、流砂。

5.13 应根据编录的实际情况，提出临时支护措施和修改设计的意见。

6.3.6 工程边坡可能失稳的预报，应采用书面预报。若遇紧急情况，可先作口头预报，随即整理书面资料报出。预报资料应统一编号。

7.1.3 水库下闸蓄水前，应对下列问题如实做出评价：

①库底及库周边可能渗漏地段的处理情况。

②岸坡特别是近坝库岸的稳定性及其处理情况。

③可能产生浸没地段的防护措施。

④对影响水库安全的泥石流、泥沙发生区的防治措施。

⑤核实前期勘察阶段预测可能发生水库诱发地震潜在震源区的基本情况以及监测台网设置情况。

（2）《水工建筑物地下开挖工程施工技术规范》（DL/T 5099）

7.3.1 爆破材料的运输、储存、加工、现场装药、起爆及瞎炮处理，应遵守 GB 6722 的有关规定。

爆破材料应符合施工使用条件和国家规定的技术标准。每批爆破材料使用前，必须进行有关的性能检验。

【（SL 378）13.2.2 爆破材料的运输、储存、加工、现场装药、起爆及哑炮处理，应遵守《爆破安全规程》GB 6722 的规定。】

7.3.2 进行爆破时，人员应撤至飞石、有害气体和冲击波的影响范围之外，且无落石威胁的安全地点。单向开挖隧洞，安全地点至爆破工作面的距离，应不少于 200m。

【（SL 378）13.2.3 爆破时，施工人员应撤至飞石、有害气体和冲击波的影响范围之外。单向开挖时，安全地点至爆破作业面的距离应不小于 200m。】

7.3.3 洞室群几个工作面同时放炮时，应有专人统一指挥，确保起爆人员的安全和相邻炮区的安全准爆。

【（SL 378）13.2.4 几个工作面同时爆破时，应有专人统一指挥，确保起爆人员的安全和相邻炮区的安全。】

7.3.4 相向开挖的两个工作面相距 30m 或 5 倍洞径距离放炮时，双方人员均需撤离工作面；相距 15m 时，应停止一方工作，单向开挖贯通。

竖井或斜井单向自下而上开挖，距贯通面 5m 时，应自上而下贯通。

【（SL 378）13.2.6 当相向开挖的两个工作面相距小于 30m 或 5 倍洞径距离爆破时，双方人员均应撤离工作面；相距 15m 时，应停止一方工作，单向开挖贯通。

（SL 378）13.2.7 竖井或斜井单向自下而上开挖，距贯通面 5m 时，应自上而下贯通。】

7.3.6 开挖面与衬砌面平行作业时的距离，应根据围岩特性、混凝土强度的允许质点震动速度及开挖作业需要的工作空间确定。若因地质原因需要混凝土衬砌紧跟开挖面时，按混凝土龄期强度的允许质点震动速度确定最大单段装药量。

【（SL 378）13.2.9 开挖面与衬砌面平行作业时的距离，应根据围岩特性、混凝土龄期强度的允许质点振动速度及开挖作业需要的工作空间确定。由于地质原因，混凝土衬砌紧跟开挖面时，可按附录 D 的规定确定最大单段药量。】

7.3.7 采用电力引爆方法，装炮时距工作面 30m 以内，应断开电源，可在 30m 外用投光灯照明。

【（SL 378）13.2.10 采用电力起爆方法，装炮时距工作面 30m 以内应断开电源，可在 30m 以外用投光灯或矿灯照明。】

12.2.7 对有瓦斯、高温等作业区，应做专项通风设计。

12.3.2 施工中遇到含瓦斯地段时，应按原煤炭部《煤矿安全规程》制订的防瓦斯安全措施施工，并应遵守下列规定：

①机电设备及照明灯具等，均应采用防爆形式。

②应配备专职瓦斯检测人员。

12.3.3 洞内施工不应使用汽油机械，使用柴油机械时，宜加设废气净化装置。柴油机械燃料中宜掺添加剂，以减少有毒气体的排放量。

（3）《水电水利工程爆破施工技术规范》（DL/T 5135）

5.2.2 爆破器材的运输必须遵守下列规定：

①运输车、船必须符合国家有关运输规则的安全要求。

②包装应牢固、严密。不允许共存的爆破器材不得混装在一个车厢、船舱内。

③装卸和运输爆破器材时严禁烟火和携带发火物品。

④装有爆破器材的车、船应按指定路（航）线行驶。

5.3.1 爆破器材必须存放于专用的仓库、储存室，并有专人管理，不得任意存放。

5.3.2 爆破器材仓库、储存室的位置、结构和设施须经主管部门批准，并经当地公安部门认可。

5.5.5 销毁爆破器材工作应有专人负责组织指挥，并由有经验的人员进行销毁，销毁时应遵守下述规定：

销毁现场的警戒线外围必须设有安全警戒人员，严禁无关人员和车辆进入危险区，起爆前做好安全撤离和安全警戒工作。

6.5.5 电力起爆应按下列规定执行：

①只允许在无雷电天气、感应电流和杂散电流小于 30mA 的区域使用。

②爆破器材进入爆破区前，现场所有带电的设备、设施、导电的管与线设备必须切断电源。

③起爆电源的开关必须专用并上锁，其钥匙应由专人保管，危险区内人员未撤离、避炮防护工作未完前禁止打开起爆箱。

11.2.4 从事爆破工作人员必须进行技术培训，做到持证上岗。

2. 掌握水力发电工程施工组织的内容

《强制性条文》（电力工程部分）中与施工组织有关的内容引入《水利水电工程施工组织设计规范》（SL 303）的条文，共 18 条。需掌握的主要内容是：

（1）施工导流

3.2.1 导流建筑物应根据其保护对象、失事后果、使用年限和工程规模划分为 3～5 级，具体按表 1F432022-1 确定。

导流建筑物级别划分　　　　　　　表 1F432022-1

级别	保护对象	失事后果	使用年限（年）	导流建筑物规模	
				围堰高度（m）	库容（108m³）
3	有特殊要求的 1 级永久性水工建筑物	淹没重要城镇、工矿企业、交通干线或推迟工程总工期及第一台（批）机组发电，造成重大灾害和损失	>3	>50	>1.0
4	1 级、2 级永久性水工建筑物	淹没一般城镇、工矿企业或影响工程总工期和第一台（批）机组发电，造成较大经济损失	1.5～3	15～50	0.1～1.0

级别	保护对象	失事后果	使用年限（年）	导流建筑物规模	
				围堰高度（m）	库容（108m³）
5	3级、4级永久性水工建筑物	淹没基坑，但对总工期及第一台（批）机组发电影响不大，经济损失较小	<1.5	<50	<0.1

注：1. 导流建筑物包括挡水和泄水建筑物，两者级别相同。

    2. 表列四项指标均按导流分期划分。

    3. 有、无特殊要求的永久性水工建筑物均系针对施工期而言，有特殊要求的1级永久性水工建筑物系指施工期不应过水的土石坝及其他有特殊要求的永久性水工建筑物。

    4. 使用年限系指导流建筑物每一导流分期的工作年限，两个或两个以上导流分期共用的导流建筑物，如分期导流一期、二期共用的纵向围堰，其使用年限不能叠加计算。

    5. 导流建筑物规模一栏中，围堰高度指挡水围堰最大高度，库容指堰前设计水位所拦蓄的水量，两者应同时满足。

3.2.2 当导流建筑物根据表1F432022-1指标分属不同级别时，应以其中最高级别为准。但列为3级导流建筑物时，至少应有两项指标符合要求。

3.2.4 应根据不同的导流分期按表1F432022-1划分导流建筑物级别；同一导流分期中的各导流建筑物级别，应根据其不同作用划分；各导流建筑物的洪水标准应相同，以主要挡水建筑物的洪水标准为准。

3.2.5 下列情况导流建筑物级别可适当调整：

当4级、5级导流建筑物地基地质条件复杂或工程具有特殊要求采用新型结构的导流建筑物，其结构设计级别可提高一级，但设计洪水标准不提高。

3.2.6 导流建筑物设计洪水标准应根据建筑物的类型和级别在表1F432022-2规定幅度内选择。对导流建筑物级别为3级且失事后果严重的工程，应提出发生超标准洪水时的预案。

导流建筑物洪水标准［重现期（年）］　　　　表1F432022-2

导流建筑物类型	导流建筑物级别		
	3	4	5
土石结构	50～20	20～10	10～5
混凝土、浆砌石结构	20～10	10～5	5～3

3.2.7 当导流建筑物与永久建筑物结合时，导流建筑物设计级别与洪水标准仍应按表1F432022-1及表1F432022-2规定执行；但成为永久建筑物部分的结构设计应采用永久建筑物级别标准。

3.2.12 过水围堰级别应按表1F432022-1确定，该表中的各项指标是以过水围堰挡水期情况作为衡量依据。

3.2.16 当坝顶填筑高程超过围堰堰顶高程时，坝体临时度汛洪水标准应根据坝型及坝前拦洪库容按表1F432022-3规定执行。

坝型	拦洪库容（108m³）		
	≥1.0	1.0～0.1	＜0.1
土石结构	≥100	100～50	50～20
混凝土、浆砌石结构	≥50	50～20	20～10

3.2.17 导流泄水建筑物封堵后，如永久泄洪建筑物尚未具备设计泄洪能力，坝体度汛洪水标准应分析坝体施工和运行要求后按表 1F432022-4 规定执行。汛前坝体上升高度应满足拦洪要求，帷幕灌浆及接缝灌浆高程应能满足蓄水要求。

导流泄水建筑物封堵后坝体度汛洪水标准［重现期（年）］ 表 1F432022-4

坝　型		大坝级别		
		1	2	3
混凝土坝、浆砌石坝	设计	200～100	100～50	50～20
	校核	500～200	200～100	100～50
土石坝	设计	500～200	200～100	100～50
	校核	1000～500	500～200	200～100

3.4.10 不过水围堰堰顶高程和堰顶安全超高值应符合下列规定：

①堰顶高程不低于设计洪水的静水位与波浪高度及堰顶安全加高值之和，其堰顶安全加高不低于表 1F432022-5 值。

②土石围堰防渗体顶部在设计洪水静水位以上的加高值：斜墙式防渗体为 0.6～0.8m；心墙式防渗体为 0.3～0.6m。

③考虑涌浪或折冲水流影响，当下游有支流顶托时，应组合各种流量顶托情况，校核围堰堰顶高程。

④可能形成冰塞、冰坝的河流应考虑其造成的壅水高度。

不过水围堰堰顶安全加高下限值　　单位：m 表 1F432022-5

围堰形式	围堰级别	
	3	4～5
土石围堰	0.7	0.5
混凝土围堰、浆砌石围堰	0.4	0.3

3.4.12 混凝土围堰、浆砌石围堰与土石围堰的稳定安全系数应满足下列要求：

①重力式混凝土围堰、浆砌石围堰采用抗剪断公式计算时，安全系数 K 不小于 3.0，若考虑排水失效情况，K 不小于 2.5；按抗剪强度公式计算时，安全系数 K 不小于 1.05。

②混凝土拱围堰、浆砌石拱围堰的安全系数及应力控制指标分别参照 282—2003 和 25—1991 的有关规定选取。

③土石围堰边坡稳定安全系数：3 级，K 不小于 1.2；4～5 级，K 不小于 1.05。

（2）主体工程施工

4.2.7 水工建筑物岩石基础部位开挖不应采用集中药包法进行爆破，其他部位如需采用时，应按照 SL 47 中 1.0.8 的规定执行。

4.6.13 大体积混凝土施工应进行温度控制设计。

4.7.14 防尘、防有害气体的综合处理措施应符合下列规定：

对含有瓦斯等有害气体的地下工程，应编制专门的防治措施。

（3）施工供电

6.5.6 对工地因停电可能造成人身伤亡事故、引起国家财产严重损失的一类负荷应保证连续供电，设两个以上电源。

（4）施工总布置

7.3.3 火工材料、油料等特种材料仓库应根据 GBJ 16、SDJ 278、SD 267 和 DL 5061 等标准的有关规定布置。

3. 掌握水力发电工程水工混凝土施工的内容

《强制性条文》（电力工程部分）中与水工混凝土施工有关的内容引入三本标准的条文，共 35 条：《水电水利工程模板施工规范》（DL/T 5110），12 条；《水工建筑物滑动模板施工技术规范》（SL 32），6 条；《水工建筑物抗冲磨防空蚀混凝土技术规范》（DL/T 5207），4 条；《水工混凝土施工规范》（DL/T 5144），13 条。

【其中《水工建筑物滑动模板施工技术规范》（SL 32）已出台新的标准，相应编号为 DL/T 5400。】

（1）《水电水利工程模板施工规范》（DL/T 5110）

6.0.3 钢模板的设计应符合 GBJ 17 的规定：当木材含水率小于 25％时，其荷载设计值可乘以系数 0.90 予以折减。

其他材料的模板的设计应符合有关的专门规定。

6.0.4 设计模板时，应考虑下列各项荷载：

①模板的自身重力。

②新浇筑的混凝土的重力。

③钢筋和预埋件的重力。

④施工人员和机具设备的重力。

⑤振捣混凝土时产生的荷载。

⑥新浇筑的混凝土的侧压力。

⑦新浇筑的混凝土的浮托力。

⑧倾倒混凝土时产生的荷载。

⑨风荷载。

⑩除上列九项荷载以外的其他荷载。

6.0.6 当验算模板刚度时，其最大变形值不得超过下列允许值：

①对结构表面外露的模板，为模板构件计算跨度的 1/400。

②对结构表面隐蔽的模板，为模板构件计算跨度的 1/250。

③支架的压缩变形值或弹性挠度，为相应的结构计算跨度的 1/1000。

6.0.7 承重模板的抗倾覆稳定性，应按下列要求核算：

①应计算下列两项倾覆力矩，并采用其中的最大值：

风荷载，按 GBJ 9 确定；

作用于承重模板边缘 150kg/m 的水平力。

②计算稳定力矩时，模板自重的折减系数为 0.8；如同时安装钢筋时，应包括钢筋的重量。活荷载按其对抗倾覆稳定最不利的分布计算。

③抗倾覆稳定系数应大于 1.4。

6.0.8 除悬臂模板外，竖向模板与内倾模板都必须设置内部撑杆或外部拉杆，以保证模板的稳定性。

6.0.9 支架的立柱应在两个互相垂直的方向加以固定。

6.0.10 多层建筑物的上层结构的模板支承在下层结构上时，必须验算下层结构的实际强度和承载能力。

6.0.11 模板附件的安全系数，应按表 1F432023 采用。

模板附件的最小安全系数 表 1F432023

附件名称	结构形式	安全系数
模板拉杆及锚定头	所有使用的模板	2.0
模板锚定件	仅支承模板重量和混凝土压力的模板	2.0
	支承模板和混凝土重量、施工活荷载和冲击荷载的模板	3.0
模板吊钩	所有使用的模板	4.0

8.0.10 钢承重骨架的模板，必须按设计位置可靠地固定在承重骨架上，以防止在运输及浇筑时错位。承重骨架安装前，宜先作试吊及承载试验。

8.0.11 模板上严禁堆放超过设计荷载的材料及设备。混凝土浇筑时，必须按模板设计荷载控制浇筑顺序、浇筑速度及施工荷载。应及时清除模板上的杂物。

8.0.12 混凝土浇筑过程中，必须安排专人负责经常检查、调整模板的形状及位置，使其与设计线的偏差不超过模板安装允许偏差绝对值的 1.5 倍，并每班做好记录。对承重模板，必须加强检查、维护；对重要部位的承重模板，还必须由有经验的人员进行监测。模板如有变形、位移，应立即采取措施，必要时停止混凝土浇筑。

8.0.13 混凝土浇筑过程中，应随时监视混凝土下料情况，不得过于靠近模板下料直接冲击模板；混凝土罐等机具不得撞击模板。

（2）《水工建筑物滑动模板施工技术规范》（SL 32）

3.2.3 对于乘人电梯及罐笼等设施，必须设安全保险机构，并经安全部门检查合格后，方可启用，运行期间尚应定期检查。

【（DL/T 5400）5.2.3 乘人电梯或罐笼等设施，必须经有关部门检查合格后，方可启用。】

3.2.5 滑模施工的动力及现场照明供电，应设双回路供电或备用电源，不具备上述条件时，应有其他应急措施。

【（DL/T 5400）5.2.5 滑动模板施工的动力及现场照明供电，应设置备用电源。】

3.2.8 防火、防雷等设施，应经有关部门检查合格。

【（DL/T 5400）5.2.8 防火、防雷等设施，应经有关部门检查合格。】

4.5.13 混凝土下料系统的设计必须保证混凝土不分离及施工安全。

4.5.14 沿斜洞上下交通运输系统的布置，必须安全可靠、方便施工。

5.4.6 陡坡上的滑模施工，应有保证安全的措施。牵引机具为卷扬机钢丝绳时，地锚要安全可靠，牵引机具为液压千斤顶时，应对千斤顶的配套拉杆作整根试验检查，并应设保证安全的钢丝绳、卡钳、捯链等保险措施。

【(DL/T 5400) 9.2.7 陡坡上的滑动模板施工，应有保证安全的措施。牵引机具为卷扬机钢丝绳时，地锚要安全可靠；牵引机具为液压千斤顶时，应对千斤顶的配套拉杆作整根试验检查，并应设保证安全的钢丝绳、卡钳、捯链等保险措施。】

（3）《水工建筑物抗冲磨防空蚀混凝土技术规范》（DL/T 5207）

5.1.4 1、2级泄水建筑物或流速大于25m/s时的泄水建筑物，其体形、结构尺寸及消能工，应通过水工模型试验确定。

5.2.10 含推移质水流速度大于10m/s或悬移质含量大于20kg/m³（主汛期平均）且水流速度大于20m/s时，应根据工程条件选择附录A中的至少一种方法进行混凝土抗冲磨试验，比选抗冲磨材料。

5.3.3 泄水建筑物下列部位或区域易发生空蚀破坏，应采取防空蚀措施：

①闸门槽、堰顶附近、弯曲段、水流边界突变（不连续或不规则）处。

②反弧段及其附近。

③鼻坎、分流墩、消力墩。

④水流空化数 $\sigma < 0.30$ 的部位。

5.3.6 1、2级泄水建筑物流速大于30m/s的区域应进行混凝土抗空蚀强度试验（试验方法详见附录C）与原型空化空蚀监测设计。

（4）《水工混凝土施工规范》（DL/T 5144）

5.1.7 水泥的运输、保管及使用，应遵守下列规定：

①优先使用散装水泥。

②运到工地的水泥，应按标明的品种、强度等级、生产厂家和出厂批号，分别储存到有明显标志的储罐或仓库中，不得混装。

③袋装水泥储运时间超过3个月，散装水泥超过6个月，使用前应重新检验。

④应避免水泥的散失浪费，注意环境保护。

5.2.2 骨料料源在品质、数量发生变化时，应按现行建筑材料勘察规程进行详细的补充勘察和碱活性成分含量试验。未经专门论证，不得使用碱活性骨料。

5.2.3 应根据粗细骨料需要总量、分期需要量进行技术经济比较，制定合理的开采规划和使用平衡计划，尽量减少弃料。覆盖层剥离应有专门弃渣场地并采取必要的防护和恢复环境措施，避免产生水土流失。

6.0.1 为满足混凝土设计强度、耐久性、抗渗性等要求和施工和易性需要，应进行混凝土施工配合比优选试验。混凝土施工配合比应经综合分析比较，合理地降低水泥用量。主体工程混凝土配合比应经审查选定。

6.0.8 混凝土使用有碱活性反应的骨料时，配合比选择必须控制混凝土中的总含碱量（混凝土含碱量的计算方法见相关附录内容B），以保证混凝土的耐久性。

7.1.4 混凝土拌合时间应通过试验确定。

7.1.9 混凝土拌合物出现下列情况之一者，按不合格料处理：

①错用配料单已无法补救，不能满足质量要求。

②混凝土配料时，任意一种材料计量失控或漏配，不符合质量要求。

③拌合不均匀或夹带生料。

④出机口混凝土坍落度超过量大允许值。

7.3.10 混凝土浇筑过程中，严禁在仓内加水；混凝土和易性较差时，必须采取加强振捣等措施，仓内的泌水必须及时排除；应避免外来水进入仓内，严禁在模板上开孔赶水，带走灰浆；应随时清除黏附在模板、钢筋和预埋件表面的砂浆；应有专人做好模板维护，防止模板位移、变形。

7.3.13 浇筑仓面混凝土料出现下列情况之一时，应予挖除：

①出现 7.1.9 第①、②、③款情况的不合格料。

②下到高等级混凝土浇筑部位的低等级混凝土料。

③不能保证混凝土振捣密实或对建筑物带来不利影响的级配错误的混凝土料。

④长时间不凝固超过规定时间的混凝土料。

11.3.1 混凝土施工配合比必须通过试验，满足设计技术指标和施工要求，并经审批后方可使用，混凝土施工配料单必须经校核后签发，并严格按签发的混凝土施工配料单进行配料，严禁擅自更改。

11.4.4 混凝土拆模后，应检查其外观质量。有混凝土裂缝、蜂窝、麻面、错台和模板走样等质量问题或事故时应及时检查和处理。对混凝土强度或内部质量有怀疑时，可采取无损检测法（如回弹法、超声回弹综合法等）或钻孔取芯、压水试验等进行检查。

11.5.3 同一强度等级混凝土试件取样数量应符合下列规定：

①抗压强度：大体积混凝土 28d 龄期每 $500m^3$ 成型一组，设计龄期每 $1000m^3$ 成型一组；非大体积混凝土 28d 龄期每 $100m^3$ 成型一组，设计龄期每 $200m^3$ 成型一组。

②抗拉强度：28d 龄期每 $2000m^3$ 成型一组，设计龄期每 $3000m^3$ 成型试件一组。

③抗冻、抗渗或其他主要特殊要求应在施工中适当取样检验，其数量可按每季度施工的主要部位取样成型 1～2 组。

4. 掌握水力发电工程碾压式土石坝施工的内容

《强制性条文》（电力工程部分）中与碾压式土石坝施工有关的内容摘自《碾压式土石坝施工规范》（DL/T 5129），共 25 条。需掌握的主要内容是：

（1）导流与度汛的要求

5.4.3 大坝施工期间，必须保证按照施工总进度要求，达到度汛的形象面貌，严禁降低度汛安全标准。

5.4.4 坝体施工期，汛期需按临时断面填筑时，其断面应有正式设计，并满足安全超高、稳定、防渗及顶部宽度能适应抢筑子围堰等要求。临时断面的坝坡必要时应作适当防护。

5.4.5 施工期间，当遭遇非常洪水、大坝或泄洪设计的技术状况恶化、使工程的安全受到威胁时，必须及时向上级防汛机构准确报告险情，并提出紧急处理措施，进行紧急处理。

（2）坝基与岸坡处理的要求

6.0.10 防渗体部位的坝基、岸坡岩面开挖，应采用预裂、光面等控制爆破法，使开挖面基本上平顺。严禁采用洞室、药壶爆破法施工。必要时可预留保护层，在开始填筑前清除。

6.0.11 防渗体和反滤过渡区部位的坝基和岸坡岩面的处理，包括断层、破碎带以及裂隙等处理，尤其是顺河方向的断层、破碎带必须按设计要求作业，不留后患。

6.0.16 防渗体如与基岩直接结合时，岩石上的裂隙水、泉眼渗水均应处理。填土必须在无水岩面进行，严禁水下填土。

（3）坝料开采的要求

9.1.1 坝料必须在符合设计要求的料场或建筑物开挖区及堆料场内采运，不合格的材料不得上坝。

（4）坝体填筑的要求

10.1.5 防渗体填筑时，应在逐层取样检查合格后，方可继续铺填。反滤料、坝壳砂砾料和堆石料的填筑，应逐层检查坝料质量、铺料厚度、洒水量，严格控制碾压参数，经检查合格后，方可继续填筑。

10.3.9 防渗体与两岸接坡及上下游反滤料必须平起施工。防渗体填筑及雨后复工时，应将含水率超标和被泥土混杂和污染的反滤料予以清除。

10.3.10 雨后复工处理要彻底，首先人工排除防渗体表层局部积水，并视未压实表土含水率情况，可分别采用翻松、晾晒或清除处理。严禁在有积水、泥泞和运输车辆走过的坝面上填土。

10.4.2 负温下填筑范围内的坝基在冻结前应处理好，并预先填筑1～2m松土层或采取其他防冻措施，以防坝基冻结。若部分地基被冻结时，须仔细检查。如黏性土地基含水率小于塑限，砂和砂砾地基冻结后无显著冰夹层和冻胀现象，并经监理工程师批准后，方可填筑坝体；非经处理不准填筑。

10.4.6 填土中严禁夹有冰雪，不得含有冻块。土、砂、砂砾料与堆石，不得加水。必要时采用减薄层厚、加大压实功能等措施，保证达到设计要求。如因下雪停工，复工前应清理坝面积雪，检查合格后方可复工。

（5）结合部位处理的要求

11.0.4 防渗体与坝基结合部位填筑：

①对于黏性土、砾质土坝基，应将表面含水率调整至施工含水率上限，用凸块振动碾压实，经监理工程师验收后始可填土。

②对于无黏性土坝基铺土前，坝基应洒水压实，经监理工程师验收后始可根据设计要求回填反滤料和第一层土料。

11.0.5 防渗体与岸坡结合部位填筑：

①防渗体与岸坡结合带的填土宜选用黏性土，其含水率应调整至施工含水率上限，选用轻型碾压机具薄层压实，局部碾压不到的边角部位可使用小型机具压实，严禁漏压或欠压。

②防渗体结合带填筑施工参数应由碾压试验确定。

③防渗体与其岸坡结合带碾压搭接宽度不应小于1.0m。

④如岸坡过缓，接合处碾压后土料因侧向位移，若出现"爬坡、脱空"现象，应将其挖除。

⑤结合带碾压取样合格后方可继续铺填土料。铺料前压实合格面应洒水或刨毛。

11.0.6 防渗体与混凝土面或岩石面结合部位填筑：

①填土前，混凝土表面乳皮、粉尘及其上附着杂物必须清除干净。

②填土与混凝土表面、岸坡岩面脱开时必须予以清除。

③混凝土防渗墙顶部局部范围用高塑性土回填，其回填范围、回填土料的物理力学性质、含水率、压实标准应满足设计要求。

（6）反滤层的施工要求

12.1.9 严禁在反滤层内设置纵缝。反滤层横向接坡必须清至合格面，使接坡反滤料层次清楚，不得发生层间错位、中断和混杂。

（7）安全监测的要求

13.0.2 土石坝安全监测项目应列入施工进度计划，由专职人员实施。施工期间应对已埋设的观测设施采取有效的安全防护措施，严防机械和人为损坏。如有损坏，应及时维修或补设，并登录备查。在观测仪器安装、埋设过程中，应尽量减少对坝体填筑质量的不利影响。

（8）施工质量控制的要求

14.3.1 各种坝料质量应以料场控制为主，必须是合格坝料才能运输上坝，不合格材料应在料场处理合格后才能上坝，否则应废弃。

14.4.3 坝体压实检查项目及取样次数见表 1F432024。取样试坑必须按坝体填筑要求回填后，方可继续填筑。

坝体压实检查次数　　　　　　　　　　　　　　表 1F432024

坝料类别及部位			检查项目	取样（检测）次数
防渗体	黏性土	边角夯实部位	干密度、含水率	2～3 次/每层
		碾压面		1 次，100～200m³
		均质坝		1 次，200～500m³
	砾质土	边角夯实部位	干密度、含水率、大于5mm砾石含量	2～3 次/每层
		碾压面		1 次，200～500m³
反滤料			干密度、颗粒级配、含泥量	1 次，200～500m³，每层至少一次
过渡料			干密度、颗粒级配	1 次，500～1000m³，每层至少一次
坝壳砂砾（卵）料			干密度、颗粒级配	1 次，5000～10000m³，每层至少一次
坝壳砾质土			干密度、含水率小于 5mm 含量	1 次，3000～6000m³，每层至少一次
堆石料 *			干密度、颗粒级配	1 次，10000～100000m³，每层至少一次

* 堆石料颗粒级配试验组数可比干密度试验适当减少。

14.4.5 防渗体填筑时，经取样检查压实合格后，方可继续铺土填筑，否则应进行补压。补压无效时，应分析原因，进行处理。

14.4.6 反滤料和过渡料的填筑，除按规定检查压实质量外，必须严格控制颗粒级配，不符合设计要求应进行返工。

14.4.7 坝壳堆石料的填筑，以控制压实参数为主，并按规定取样测定干密度和级配作为记录。每层按规定参数压实后，即可继续铺料填筑。对测定的干密度和压实参数应进行统计分析，研究改进措施。

14.4.8 进入防渗体填筑面上的路口段处，应检查上层有无剪切破坏，一经发现必须处理。

14.4.12 根据坝址地形、地质及坝体填筑土料性质、施工条件，对防渗体选定若干固定取样断面，沿坝高每5～10m取代表性试样进行室内物理力学性质试验，作为复核设计及工程管理之依据。必要时应留样品蜡封保存，竣工后移交工程管理单位。

对坝壳料也应在坝面取适当组数的代表性试样进行试验室复核试验。

14.4.13 雨期施工，应检查施工措施落实情况。雨前应检查防渗土体表面松土是否已适当平整和压实；雨后复工前应检查填筑面上土料是否合格。

5. 掌握水力发电工程碾压混凝土施工的内容

《强制性条文》（电力工程部分）中与碾压混凝土施工有关的内容摘自《水工碾压混凝土施工规范》（DL/T 5112），共8条。需掌握的主要内容是：

（1）混凝土配合比设计的要求

6.0.2 配合比设计参数选定：

①掺合料掺量：应通过试验确定，掺量超过65%时，应做专门试验论证。

②水胶比：应根据设计提出的混凝土强度、拉伸变形、绝热温升和抗冻性等要求确定水胶比，其值宜小于0.70。

③砂率：应通过试验选取最佳砂率值。使用天然砂石料时，三级配碾压混凝土的砂率为28%～32%，二级配时为32%～37%；使用人工砂石料时，砂率应增加3%～6%。

④单位用水量：可根据碾压混凝土施工工作度（VC值）、骨料的种类及最大粒径、砂率以及外加剂等选定。

（2）碾压施工的要求

7.5.5 坝体迎水面3～5m范围内，碾压方向应垂直于水流方向。碾压作业宜采用搭接法，碾压条带间搭接宽度为10～20cm；端头部位搭接宽度宜为100cm左右。

7.5.6 每个碾压条带作业结束后，应及时按网格布点，检测混凝土的压实容重。所测容重低于规定指标时，应立即重复检测，并查找原因，采取处理措施。碾压后出现弹簧土现象的部位，如果检测的压实容重满足要求，可不进行处理。

7.7.3 施工缝及冷缝必须进行缝面处理，缝面处理可用刷毛、冲毛等方法清除混凝土表面的浮浆及松动骨料。层面处理完成并清洗干净，经验收合格后，先铺垫层拌合物，然后立即铺筑上一层混凝土继续施工。

（3）施工质量控制的要求

8.3.4 相对密实度是评价碾压混凝土压实质量的指标。对于建筑物的外部混凝土，相对密实度不得小于98%；对于内部混凝土，相对密实度不得小于97%。

8.4.2 混凝土抗冻、抗渗检验的合格率不应低于80%。

8.4.3 碾压混凝土生产质量水平控制标准见表1F432025。抗压强度的均方差和变异系数应由一批（至少 30 组）连续机口取样的试验值求得。

碾压混凝土生产质量管理水平衡量标准（龄期 28d）　　　　　表 1F432025

质量管理水平 评定标准 评定项目	优	良	一般	差
变异系数 C_v	＜0.15	0.15～0.18	＞0.18～0.22	＞0.22
均方差 S（MPa）	＜3.5	3.5～4.0	＞4.0～4.8	＞4.8

注：平均抗压强度：$\overline{X}$＞20MPa，采用均方差 S 标准评定；$\overline{X}$≤20MPa，采用变异系数 C_v 标准评定。

8.4.4 碾压混凝土质量评定，应以设计龄期的抗压强度为准。并按抽样次数分大样本和小样本两种方法评定，具体规定见相应规范。

6. 掌握水力发电工程混凝土面板坝、灌浆与锚固施工的内容

《强制性条文》（电力工程部分）中与混凝土面板坝、灌浆、锚固施工有关的内容引入五本标准的条文，共 67 条：《混凝土面板堆石坝施工规范》（DL/T 5128），14 条；《混凝土面板堆石坝接缝止水技术规范》（DL/T 5115），3 条；《水电水利工程混凝土防渗墙施工规范》（DL/T 5199），15 条；《水工建筑物水泥灌浆施工技术规范》（DL/T 5148），14条；《水电水利工程锚喷支护施工规范》（DL/T 5181），6 条；《水利水电工程预应力锚索施工规范》（DL/T 5083），15 条。需掌握的主要内容是：

(1)《混凝土面板堆石坝施工规范》（DL/T 5128）

1）坝基与岸坡处理

5.0.1 坝基与岸坡的处理，均属隐蔽工程，应按设计和有关标准要求认真施工和进行检查验收，并应特别注意趾板地基的处理。应如实、准确地进行地质描绘和编录。如发现新的地质问题，应及时研究处理。

5.0.3 趾板地基开挖应采取控制爆破，必要时可预留保护层或对特殊岩基面及时保护等措施，避免地基情况的恶化。

5.0.4 岩石岸坡开挖清理后的坡度，应符合设计规定。当趾板部位岩石边坡存在局部反坡或凹坑时，应进行削坡、填补混凝土或砌石处理。趾板以上岸坡应开挖成稳定边坡；岩面如裂隙发育，风化速度较快，必须及时采取喷水泥砂浆或混凝土等保护措施。

2）坝体填筑

7.1.4 必须严格控制筑坝材料的质量，其岩性、级配和含泥量应符合要求，不合格坝料严禁上坝。已上坝的不合格材料必须清除出坝外。

7.2.3 垫层料、过渡料、排水料的级配、细粒含量、含泥量等应符合设计要求。垫层料和过渡料卸料、铺料时应避免分离，两者交界处应避免大石集中，超径石应予以剔除。对严重分离的垫层料、过渡料应予以挖除。

7.2.8 坝料碾压应采用振动平碾，其工作重量不小于 10t。高坝应采用重型振动碾。应经常检测振动的工作参数，保持其正常的工作状态。碾压应按坝料分区、分段进行，各碾压段之间的搭接不应小于 1.0m。

7.2.11 坝料填筑、垫层料防护及混凝土面板施工时，严禁损伤已安装好的止水及其防护装置。

7.3.1 垫层料宜每填筑升高 10～15m，进行垫层坡面削坡修整和碾压。如采用反铲削坡时宜每填高 3.0～4.5m 进行一次。削坡修整后坡面在法线方向宜高于设计线 5～8cm。有条件时宜用激光控制削坡坡度。

3）面板与趾板施工

8.1.4 面板与趾板混凝土配合比，必须根据设计要求和施工工艺要求，通过配合比设计和试验确定。

①应掺用引气剂和减水剂，并视需要掺用调凝剂等外加剂。外加剂品种、掺量必须通过试验确定。

②宜掺用适量粉煤灰和其他掺合料，其掺量应通过试验确定。

③水灰比应不超过 0.5，可根据施工条件、当地气候特点选用，宜尽量取小值。

④坍落度应根据混凝土的运输、浇筑方法和气候条件决定。当用溜槽输送入仓时，溜槽入口处坍落度宜控制在 3～7cm，视气候条件选用。

8.1.8 面板与趾板混凝土浇筑必须保持连续性。如特殊原因中止浇筑且超过允许间歇时间，则应按施工缝处理。超过允许间歇时间的混凝土拌合物应按废料处理，严禁加水强行入仓。

浇筑混凝土允许间歇时间（自出料时算起到覆盖上层混凝土时为止）应通过试验确定。

8.2.5 趾板混凝土浇后 28d 内，20m 范围内不得进行爆破；20m 以外进行爆破时，最大一段起爆药量必须严格控制。

8.2.9 混凝土浇筑时，应及时振捣密实，并注意止水片（带）附近混凝土的密实，避免止水片（带）的变形和变位。

8.3.10 混凝土浇筑应遵守以下规定：

①混凝土入仓必须均匀布料，每层布料厚度应为 250～300mm。止水片周围混凝土应辅以人工布料，严禁分离。

②浇筑过程中应及时清除黏在模板、钢筋上的混凝土。每次滑升前必须清除前沿超填混凝土。

③对脱模后的混凝土表面，必须及时修整和压面。对接缝两侧各 50cm 内的混凝土表面应及时整平，用 2m 长直尺检查，不平整度不超过 5mm。

8.4.1 施工单位应在趾板及面板混凝土浇筑完成、表面覆盖或蓄水前，对其裂缝情况进行全面检查，记录裂缝条数、宽度、产状、是否贯通等资料，提出专门报告。

（2）《混凝土面板堆石坝接缝止水技术规范》（DL/T 5115）

6.1.1 所用止水材料，其性能应符合国家标准或行业标准，暂无标准者，由设计提出性能要求。

7.1.9 施工中，止水片（带）如有损坏或破坏，应修补或更换，并查明原因记录备案。止水片（带）有严重变形时，在浇筑前应做整形处理。修补处理后应经监理工程师验收合格方可进行下一道工序。

8.0.7 接缝止水应按隐蔽工程施工要求，上道工序不合格不得转入下道工序。接缝止水设施验收不合格，面板堆石坝不应投入运行。

（3）《水电水利工程混凝土防渗墙施工规范》（DL/T 5199）

1）一般规定

4.0.1 混凝土防渗墙施工前，应具有下列设计文件和资料：

①和防渗墙施工有关的设计图纸和技术要求。

②工程地质和水文地质资料，防渗墙中心线处的勘探孔柱状图和地质剖面图。

③水文、气象资料。

④环境保护要求。

⑤泥浆及墙体材料原材料的产地、质量、储量、开采运输条件等。

⑥施工中应使用的标准以及有关的其他文件。

4.0.4 在构筑物附近建造防渗墙，必须了解原有构筑物的结构和基础情况，如影响构筑物的安全时，应研究制定处理措施。

2）防渗墙施工平台

5.0.1 防渗墙施工平台应该坚固、平整，适合于重型设备和运输车辆行走，宽度应满足施工需要，其高程需综合考虑以下条件：

①应高出地下水位 1.5m 以上。

②施工期水位。

③能顺畅排出废水、废浆、废渣。

3）混凝土浇筑

8.3.1 混凝土浇筑前，必须拟定浇筑方案，其主要内容有：

①绘制槽孔纵剖面图。

②计划浇筑方量、供应强度、浇筑高程。

③导管等浇筑机具及埋设件的布置与组合。

④浇筑方法、开浇顺序、主要技术措施。

⑤混凝土配合比、原材料品种及用量。

8.6.2 墙体材料的质量控制与检查应遵守下列规定：

①墙体材料的性能主要检查 28d 龄期的抗压强度和抗渗性能，在有要求时，也可以对 28d 龄期的弹性模量进行检查。

②抗渗性能的检查：普通混凝土和黏土混凝土检查其抗渗等级；塑性混凝土、固化灰浆和自凝灰浆检查其渗透系数和允许渗透坡降。

③质量检查试件数量：抗压强度试件每 100m³ 成型一组，每个墙段至少成型一组；抗渗性能试件每 3 个墙段成型一组；弹性模量试件每 10 个墙段成型一组。

④混凝土成型试件宜在槽口取样，也可在机口取样。

⑤固化灰浆（原位搅拌法）和自凝灰浆应在其初凝前在槽内取样，用砂浆试模或土工试模成型试件。

4）钢筋笼吊放

10.1.6 吊放钢筋笼时，应选择合适的起吊点。钢筋笼较长时，应采用两点法起吊。吊放时，应对准槽孔中轴线，吊直扶稳缓缓下沉，避免碰撞槽壁。如遇阻碍，不得强行下沉。应采取措施防止混凝土浇筑时钢筋笼上浮。

5）质量检查与验收

12.0.1 防渗墙质量检查程序分工序质量检查和墙体质量检查。

12.0.2 工序质量检查包括终孔、清孔、接头管（板）吊放、钢筋笼制造及吊放、混凝土拌制与浇筑等检查。各工序检查合格后，应签发工序质量检查合格证。上道工序未经检查合格，不得进行下道工序。

12.0.3 槽孔建造的终孔质量检查应包括下列内容：

①孔位、孔深、孔斜、槽宽。

②基岩岩样与槽孔嵌入基岩深度。

③一、二期槽孔间接头的套接厚度。

12.0.4 槽孔的清孔质量检查应包括下列内容：

①孔内泥浆性能。

②孔底淤积厚度。

③接头孔刷洗质量。

12.0.5 钢筋笼制造及吊放质量检查应包括下列内容：

①钢筋的检验。

②钢筋笼的外形尺寸，导向装置及加工质量。

③钢筋笼的吊放位置及节间连接质量。

④预埋件位置及数量检验。

12.0.6 接头管（板）质量检查应包括下列内容：

①接头管（板）吊放深度。

②接头管（板）的吊放垂直度。

③接头管（板）的成孔质量。

12.0.7 混凝土及其浇筑质量检查应包括下列内容：

①原材料的检验。

②导管间距

③浇筑混凝土面的上升速度及导管埋深。

④终浇高程

⑤混凝土槽口样品的物理力学检验及其数理统计分析结果。

12.0.8 固化灰浆防渗墙灰浆固化的物理力学性能检验及数理统计分析。

①原材料的检验。

②槽孔内固化灰浆样品的物理力学性能检验及数理统计分析。

12.0.9 自凝灰浆防渗墙凝结灰浆的质量检查应包括下列内容：

①原材料的检验。

②自凝灰浆原浆的物理力学性能指标。

③槽孔内自凝灰浆样品的物理力学性能检验及数理统计分析。

(4)《水工建筑物水泥灌浆施工技术规范》（DL/T 5148）

1）一般规定

4.0.2 下列灌浆工程在施工前或施工初期应进行现场灌浆试验：

①1、2级水工建筑物基岩帷幕灌浆。

②地质条件复杂地区或有特殊要求的1、2级水工建筑物基岩固结灌浆和隧洞围岩固结灌浆。

灌浆试验的地点应具有代表性。当在工程建设部位进行试验时，不得采取对工程可能产生不良后果的试验方法。

4.0.5 已完成灌浆或正在灌浆的部位，其附近 30m 以内不得进行可能损害灌浆工程的爆破作业。必须爆破时应采取减震和防震措施，并征得有关部门的同意。

2）帷幕灌浆

6.1.2 蓄水前应完成蓄水初期最低库水位以下的帷幕灌浆及其质量检查和验收工作。蓄水后，帷幕灌浆应在库水位低于孔口高程时施工。

6.1.3 同一地段的基岩灌浆必须按先固结灌浆、后帷幕灌浆的顺序进行。

6.1.5 帷幕灌浆必须按分序加密的原则进行。由三排孔组成的帷幕，应先灌注下游排孔，再灌注上游排孔，然后进行中间排孔的灌浆，每排可分为二序。由两排孔组成的帷幕应先灌注下游排，后灌注上游排，每排可分为二序或三序。单排孔帷幕应分为三序灌浆。

6.1.8 帷幕后的排水孔和扬压力观测孔必须在相应部位的帷幕灌浆完成并检查合格后，方可钻进。

6.5.3 灌浆应尽快达到设计压力，但对于注入率较大或易于抬动的部位应分级升压。

6.8.4 灌浆必须连续进行，若因故中断，应按下述原则处理。

①应尽快恢复灌浆。否则应立即冲洗钻孔，再恢复灌浆。若无法冲洗或冲洗无效，则应进行扫孔，再恢复灌浆。

②恢复灌浆时，应使用开灌比级的水泥浆进行灌注，如注入率与中断前相近，即可采用中断前水泥浆的比级继续灌注；如注入率较中断前减少较多，应逐级加浓浆液继续灌注。如注入率较中断前减少很多，且在短时间内停止吸浆，应采取补救措施。

6.9.2 帷幕灌浆工程的质量应以检查孔压水试验成果为主，结合对施工记录、成果资料和检验测试资料的分析，进行综合评定。

3）隧洞灌浆

7.1.2 隧洞混凝土衬砌段的灌浆，应按先回填灌浆后固结灌浆的顺序进行。回填灌浆应在衬砌混凝土达 70％设计强度后进行，固结灌浆宜在该部位的回填灌浆结束 7d 后进行。当在隧洞中进行帷幕灌浆时，应当先进行隧洞回填灌浆、固结灌浆，再进行帷幕灌浆。

7.4.6 灌浆压力必须以控制钢衬变形不超过设计规定值为准。可根据钢衬的壁厚、脱空面积的大小以及脱空的程度等实际情况确定，一般不宜大于 0.1MPa。

7.4.8 灌浆应自低处孔开始，并在灌浆过程中敲击震动钢衬，待各高处孔分别排出浓浆后，依次将其孔口阀门关闭，同时应记录各孔排出的浆量和浓度。

4）混凝土坝接缝灌浆

8.1.1 蓄水前应完成蓄水初期最低库水位以下各灌区的接缝灌浆及其验收工作。未完灌区的接缝灌浆应在库水位低于灌区底部高程时进行。

（5）《水电水利工程锚喷支护施工规范》（DL/T 5181）

1）施工质量控制

8.3.1 在松散、软弱、破碎等稳定性差的围岩中进行锚喷支护施工的有关规定：

①必须及时进行施工期现场监控量测，根据围岩变形情况，及时调整支护方案和支护

参数；

②锚喷支护应紧跟开挖工作面进行，并采取早强措施；

③必要时，采取用喷射混凝土封闭开挖面、超前锚固、底拱锚固或封闭仰拱等措施；

④下一循环的爆破作业宜在喷射混凝土作业完成后 4h、砂浆锚杆安装后 8h、监测仪器埋设后 1h 进行，并控制瞬时起爆药量。

2）施工安全

9.1.7 施工过程中进行机械故障处理时，必须停机、断电、停风。处理结束后在开机、送风、送电之前，必须预先通知有关的作业人员。

9.1.9 作业区内严禁在喷头和注浆管前方站人。喷射作业的堵管处理，宜采用敲击法疏通。若必须采用压风疏通时，风压不得大于 0.4MPa，同时应将输料管放直，将喷头朝向无人的方向予以固定。

9.2.4 喷射混凝土作业人员应佩戴防尘口罩、防尘帽、压风呼吸器等防护用具。

（6）《水利水电工程预应力锚索施工规范》（DL/T 5083）

1）一般规定

5.0.7 结构预应力混凝土浇筑过程中，严禁振捣器触及无粘结锚索、防护套管及埋设的仪器引伸线。

5.0.9 岩锚的内锚段及张拉段胶结体强度应达到设计要求，方能进行锚索张拉。

5.0.14 预应力工程施工前，操作人员应经过技术培训，持证上岗，未经培训、考核不合格者不得上岗操作。

2）套管及锚具

6.2.2 套管内径应大于锚索体直径 4mm 以上，有隔离架的锚索其套管内径应大于隔离架直径 2mm；钢管管壁厚度不应小于 3mm；金属螺旋管壁厚不应小于 0.3mm，其径向变形量不得大于内径的 15%。

6.3.3 锚具除必须满足静载锚固性能外，供货商应提供锚具通过 200 万次疲劳性能试验，50 次的周期荷载试验的最新资料。

3）钢绞线下料及锚索张拉

7.2.3 钢绞线必须采用切割机下料，严禁使用电弧或乙炔焰切割。雷雨时不应进行室外作业。

7.4.2 锚索张拉程序、加载分级、张拉力、超张拉力、锁定力、持荷稳定时间等均应按下列要求执行：

①需补偿张拉的锚索，应在其短期预应力损失的大部分完成后或按设计规定进行补偿张拉。

②应采用以张拉力控制为主，伸长值校核的双控操作方法。当岩体锚索张拉实测伸长值与理论计算伸长值偏差超出 +10% 或小于 -5% 时，混凝土结构锚索张拉实测伸长值超出理论计算伸长值 ±6% 时，应停机检查，待查明原因并采取相应措施后，方可恢复张拉。锚索张拉伸长值计算见附录 E。

③锚索张拉锁定后夹片错牙不应大于 2mm，否则应退锚重新张拉。

④锚索张拉每级加载后应同步量测其伸长值，锁定后应量测预应力钢绞线的滑移量。

4）施工试验

8.1.1 重要岩体锚固或预应力混凝土结构工程，应进行性能试验。试验包括材料试验、锚索受力性能试验及验收试验。

5）施工安全

9.2.8 非作业人员不得进入锚索张拉作业区，张拉时千斤顶出力方向 45°内严禁站人。

7. 掌握水力发电工程金属结构与发电机组安装的内容

金属结构与发电机组等方面的规定有关的内容引入五本标准的条文：《水利水电工程钢闸门制造安装及验收规范》（DL/T 5018）；《压力钢管制造安装及验收规范》（DL 5017）；《水利水电工程启闭机制造、安装及验收规范》（DL/T 5019）；《水轮发电机组安装技术规范》（GB/T 8564）；《水轮发电机组启动试验规程》（DL/T 507）；《可逆式抽水蓄能机组启动试验规程》（GB/T 18482），共 67 条。

【《压力钢管制造安装及验收规范》（DL 5017）已被《水电水利工程压力钢管制造安装及验收规范》（DL 5017）代替；《水利水电工程启闭机制造、安装及验收规范》（DL/T 5019）已出台新标准，相应编号为 SL 381。】

（1）《水电水利工程钢闸门制造安装及验收规范》（DL/T 5018）

4.2.1 从事闸门一、二类焊缝焊接的焊工必须按 SL 35、DL/T 679 或《锅炉压力容器管道焊工考试与管理规则》考试合格，具有经水利、电力主管部门或国家有关部门签发的焊工考试合格证。

4.4.5 焊缝局部无损探伤如发现有不允许缺陷时，应在其延伸方向或可疑部位作补充检查；如补充检查不合格，则应对该条焊缝进行全部检查。

8.5.1 闸门安装好后，应在无水情况下作全行程启闭试验。试验前应检查挂钩脱钩是否灵活可靠；充水阀在行程范围内的升降是否自如，在最低位置时止水是否严密，同时还须清除门叶上和门槽内所有杂物并检查吊杆的连接情况。启闭时，应在橡胶水封处浇水润滑。有条件时，工作闸门应作动水启闭试验，事故闸门应作动水关闭试验。

（2）《压力钢管制造安装及验收规范》（DL 5017）

6.2.1 从事钢管一、二类焊接的焊工必须持有劳动人事部门发给的锅炉、压力容器焊工考试合格证书或者通过能源部、水利部颁发的适用于水利水电工程压力钢管制造、安装的焊工考试规则规定的考试，并持有有效合格证书。

【（DL 5017）6.2.1 从事一、二类焊缝焊接的焊工应按 DL/T 679、SL 35 或《锅炉压力容器压力管道焊工考试与管理规则》考试合格并具有相应主管部门签发的焊工合格证。】

6.3.9 焊缝（包括定位焊）焊接时，应在坡口上引弧、熄弧，严禁在母材上引弧，熄弧时应将弧坑填满，多层焊的层间接头应错开。

【（DL 5017）6.3.11 焊缝（包括定位焊缝）焊接时，应在坡口内引弧、熄弧，熄弧时应将弧坑填满，多层焊的层间接头应错开—焊条电弧焊、半自动气保焊和自保护药芯焊丝焊接等的焊道接头应错开 25mm 以上，埋弧焊、熔化极自动气体保护焊和自保护药芯焊丝自动焊应错开 100mm 以上。被焊件焊缝端头的引弧和熄弧处，应设与被焊件材质、坡口相同或相容的助焊板。】

6.4.2 无损检测人员应经部有关主管部门批准的无损检测人员技师资格鉴定考试委员会考试合格，并持有工业部门技术资格证书。评定焊缝质量应由Ⅱ级或Ⅱ级以上的检测人员担任。

【（DL 5017）6.4.2 无损检测人员应持有电力、水利行业、质量技术监督部门及无损检测学会等国家有关部门签发的，并与其工作相适应的技术资格证书。评定焊缝质量应由Ⅱ级或Ⅱ级以上的无损检测人员担任。】

6.5.4　返修后的焊缝，应用射线探伤或超声波探伤复查，同一部位的返修次数不宜超过 2 次，超过 2 次后焊补时，应制订可靠的技术措施，并经施工单位技术负责人批准，方可焊补，并做出记录。

【（DL 5017）6.5.4 返工后的焊缝，应用射线探伤或超声波探伤复查，同一部位的返工次数不宜大于 2 次，高强钢不宜大于 1 次，否则，应制订可靠的技术措施，并经专门研究后，方可焊补。返工后的焊缝，应用超声波探伤或射线探伤复查。】

6.5.6　在母材上严禁有电弧擦伤，焊接电缆接头不许裸露金属丝，如有擦伤应用砂轮将擦伤处作打磨处理，并认真检查有无微裂纹，对高强钢在施工初期和必要时应用磁粉或渗透检查。

【（DL 5017）6.5.5 不锈钢、高强钢钢板表面不得有电弧擦伤和硬物击痕。若有擦伤或击痕应将其打磨出凹槽，若打磨后的深度大于 2mm 则应焊补。】

7.2.4　高强钢钢管、岔管热处理前应作严格试验，确定热处理规范，热处理后钢材性能应满足设计要求，不得出现回火脆性和再热裂纹。

（3）《水利水电工程启闭机制造、安装及验收规范》（DL/T 5019）

5.1.4.3　铸铁卷筒和焊接卷筒应经过时效处理，铸钢卷筒应退火处理。

【（SL 381）5.1.4.3 铸铁卷筒和焊接卷筒应经过时效处理，铸钢卷筒应退火处理。】

5.1.4.5　卷筒上有裂纹时，不允许焊补，应报废。

【（SL 381）5.1.4.7 卷筒上有裂纹时，应报废。】

5.2.1.1　产品均应在工厂进行整体组装，出厂前应作空载模拟试验，有条件的应作额定荷载试验，经检查合格后，方能出厂。

【（SL 381）5.2.1.4 产品组装后，出厂前应进行试验，试验内容应包括起升机构连续正反转运行的性能、电气控制和传动机构操作的可靠性。空载运行时间不少于 30min。】

7.3.3　静荷载试验

静荷载试验的目的是检验启闭机各部件和金属结构的承载能力。

起升额定荷载（可逐渐增至额定荷载），在门架或桥架全长上往返运行，检查门机和桥机性能应达到的设计要求。卸去荷载，使小车分别停在主梁跨中和悬臂端，定出测量基准点，再分别逐渐起升 1.25 倍额定荷载，离地面 100～200mm，停留不少于 10min。然后卸去荷载，检查门架或桥架是否有永久变形。如此重复三次，门架或桥架不应再产生永久变形。将小车至门机支腿处或桥机跨端，检查实际上拱值和上翘值应不小于：跨中 $\frac{0.7}{1000}L$，悬臂端 $\frac{0.7}{350}L_1$（或 L_2），最后使小车仍停在跨中和悬臂端，起升额定荷载检查主梁挠度值（由实际上拱值和上翘值算起）不大于：跨中 $\frac{1}{700}L$ 和悬臂端 $\frac{1}{350}L_1$（或 L_2）。

在上述静荷载试验结束后，起重机各部分不能有破裂、连接松动或损坏等影响性能和安全的质量问题出现。

【（SL 381）8.3.4 静载试验

8.3.4.1 静载试验的目的是检验启闭机各部件和金属结构的承载能力。

8.3.4.2 测量主梁实际上拱度和悬臂端的实际上翘度。

8.3.4.3 确定主梁和机架承载最危险断面，布置应力测试点。

8.3.4.4 工地安装现场应具备满足静载试验所需的配重试块，宜采用专用试块。

8.3.4.5 试验过程中可由 75％的额定载荷逐步增至 125％的额定载荷，离地面100～200mm，停留时间不少于 10min，测量门架或桥架挠度。然后卸去载荷，测量门架或桥架的变形。

8.3.4.6 静载试验中主梁实测的挠度值应小于 $L/700$，悬臂端实测的挠度值应小于 $L_n/350$。

8.3.4.7 静载试验结束后，各部门和金属结构各部门不能破裂、永久变形、连接松动或损坏等影响性能和安全的质量问题出现。】

7.3.4 动荷载试验

动荷载试验的目的主要是检查启闭机构及其制动器的工作性能。

升起 1.1 倍额定荷载作动荷载试验。试验时按设计要求的机构组合方式应同时开动两个机构，作重复的启动、运转、停车、正转、反转等动作延续至少应达 1h。各机构应动作灵敏，工作平稳可靠，各限位开关、安全保护联锁装置、防爬装置应动作正确可靠，各零部件应无裂纹等损坏现象，各连接处不得松动。

【（SL 381）8.3.5 动载试验

8.3.5.1 动载试验的目的主要是检查机构和制动器的工作性能。

8.3.5.2 在设计的额定载荷起升点，由 75％的额定载荷逐步增至 110％的额定载荷，作重复的起升、下降、停车、起升、下降等动作，应延续达 1h。

8.3.5.3 启闭机作为起重机使用时应按起重机的运行工况和额定起重量，在起升 1.1 倍额定载荷后除起升、下降、停车试验外，还应做大车、小车的行走运行试验。

8.3.5.4 动载试验过程中检查各机构，应动作灵敏、工作平稳可靠，各限位开关、安全保护联锁装置应动作正确、可靠，各连接处不得松动。】

8.3.3.3 耐压试验：当液压缸的额定压力小于或等于 16MPa 时，试验压力为额定压力的 1.5 倍；大于 16PMa 时，试验压力为额定压力的 1.25 倍；在试验压力下保持 10min 以上，不能有外部漏油、永久变形和破坏现象。

【（SL 381）7.3.5 液压缸的额定压力小于或等于 16MPa 时，试验压力为额定压力的 1.5 倍；大于 16MPa 时，试验压力为额定压力的 1.25 倍；在试验压下保持 10min 以上，不能有外部漏油、永久变形和破坏现象。】

（4）《水轮发电机组安装技术规范》（GB/T 8564）

4.11 现场制造的承压设备及连接件进行强度耐水压试验时，试验压力为 1.5 倍额定工作压力，但最低压力不得小于 0.4MPa，保持 10min，无渗漏及裂纹等异常现象。

设备及其连接件进行严密性耐压试验时，试验压力为 1.25 倍实际工作压力，保持 30min，无渗漏现象；进行严密性试验时，试验压力为实际工作压力，保持 8h，无渗漏现象。

单个冷却器应按设计要求的试验压力进行耐水压试验，设计无规定时，试验压力一般为工作压力的 2 倍，但不低于 0.4MPa，保持 30min，无渗漏现象。

4.12 设备容器进行煤油渗漏试验时，至少保持 4h，应无渗漏现象，容器作完渗漏试验后一般不宜再拆卸。

12.2.2 油、气系统及有特殊要求的水系统管道中的钢管对口焊接时，应采用氩弧焊封底，电弧焊盖面的焊接工艺；管子的外径 $D \leqslant 50mm$ 的对口焊接宜采用全氩弧焊。

（5）《水轮发电机组启动试验规程》（DL/T 507）

3.0.1 水轮发电机组及相关机电设备安装完工检验合格后，应进行启动试运行试验，试验合格及交接验收后方可投入系统并网运行。

3.0.5 机组启动试运行过程中应充分考虑上、下游水位变动对边坡稳定及库区河道周围环境和植被生长的影响，保证试运行工作的正常进行。

6.4.5 停机后的检查和调整：

①各部位螺丝、销钉、锁片及键是否松动或脱落；

②检查转动部分的焊缝是否有开裂现象；

③检查发电机上下挡风板、挡风圈、导风叶是否有松动或断裂；

④检查风闸的摩擦情况及动作的灵活性。

6.5.4 过速试验过程中应密切监视并记录各部位摆度和振动值，记录各部轴承的温升情况及发电机空气间隙的变化，监视是否有异常响声。

6.5.5 过速试验停机后应进行如下检查：

①全面检查发电机转动部分，如转子磁轭键、磁极键、阻尼环及磁极引线、磁轭压紧螺杆等有无松动或移位。

②检查发电机定子基础及上机架千斤顶的状态。

③检查项目同 6.4.5 中①、②、③、④。

④必要时调整过速保护装置。

9.0.4 在 72h 连续试运行中，由于机组及相关机电设备的制造、安装质量或其他原因引起运行中断，经检查处理合格后应重新开始 72h 的连续运行，中断前后的运行时间不得累加计算。

（6）《可逆式抽水蓄能机组启动试验规程》（GB/T 18482）

11.1 可逆式抽水蓄能机组在完成本标准 5～9 章、10.1～10.6 及《水轮发电机组启动试验规程》（DL 507）中 2～6 章的试验项目并经检验合格后，应进行 30d 试运行。

11.6 30d 运行期间，由于机组及附属设备的制造或安装质量原因引起中断，应及时检查处理。合格后继续进行 30d 试运行，中断前后的运行时间可以累加计算。但出现以下情况之一者，中断前后的运行时间不得累加计算，机组应重新开始 30d 天试运行。

①一次中断运行时间超过 24h。

②中断累计次数超过 3 次。

③启动成功率：发电工况低于 95％，水泵工况低于 90％。

1.3.3　水利水电工程施工技术标准

水利水电工程施工主要技术标准见表 1-38

序号	标准编号	标 准 名 称
1		水利技术标准体系表
2	SL 1—2002	水利技术标准编写规定
3	SL 15—2011	水利水电专用混凝土泵技术条件
4	SL 17—90	疏浚工程施工技术规范
5	SL 18—2004	渠道防渗工程技术规范
6	SL 19—2008	水利基本建设项目竣工财务决算编制规程
7	SL 23—2006	渠系工程抗冻胀设计规范
8	SL 25—2006	砌石坝设计规范
9	SL 26—92	水利水电工程技术术语标准
10	SL 27—91	水闸施工规范
11	SL 31—2003	水利水电工程钻孔压水试验规程
12	SL 32—92	水工建筑物滑动模板施工技术规范
13	SL 36—2006	水工金属结构焊接通用技术条件
14	SL 37—91	偏心铰弧形闸门技术条件
15	SL 46—94	水工预应力锚固施工规范
16	SL 47—94	水工建筑物岩石基础开挖工程施工技术规范
17	SL 49—94	混凝土面板堆石坝施工规范
18	SL 52—93	水利水电工程施工测量规范
19	SL 53—94	水工碾压混凝土施工规范
20	SL 60—94	土石坝安全监测技术规范
21	SL 62—94	水工建筑物水泥灌浆施工技术规范
22	SL/T 64—94	两栖式清淤机
23	SL/T 65—94	SLWY-60 型水陆两用液压挖掘机技术条件
24	SL/T 66—94	SLQY-30 型两栖式清淤机技术条件
25	SL 74—95	水利水电工程钢闸门设计规范
26	SL 101—94	水工钢闸门和启闭机安全检测技术规程
27	SL /T 102—1995	水文自动测报系统设备基本技术条件
28	SL 103—95	微灌工程技术规范
29	SL 105—2007	水工金属结构防腐蚀规范
30	SL 110—95	切土环刀校验方法
31	SL 111—95	透水板校验方法
32	SL 112—95	击实仪校验方法
33	SL 115—95	变水头（常水头）渗透仪校验方法
34	SL 116—95	应变控制式直剪仪校验方法

序号	标准编号	标 准 名 称
35	SL 117—95	应变控制式无侧限压缩仪校验方法
36	SL 118—95	应变控制式三轴仪校验方法
37	SL 119—95	岩石三轴试验仪校验方法
38	SL 120—95	岩石声波参数测试仪校验方法
39	SL 121—95	岩石直剪（中型剪）仪校验方法
40	SL 122—95	岩石变形测试仪校验方法
41	SL 126—2011	砂料标准筛检验方法
42	SL 127—95	容重筒检验方法
43	SL 128—95	试验室用混凝土搅拌机检验方法
44	SL 129—95	混凝土成型用标准振动台检验方法
45	SL 130—95	混凝土试模检验方法
46	SL 131—95	混凝土坍落度仪校验方法
47	SL 132—95	气压式含气量测定仪校验方法
48	SL 138—2011	混凝土标准养护室检验方法
49	SL/T 153—95	低压管道输水灌溉工程技术规范（井灌区部分）
50	SL/T 154—95	混凝土与钢筋混凝土井管标准
51	SL163—2010	水利水电工程施工导流和截流模型试验规范
52	SL 164—2010	溃坝洪水模拟技术规范
53	SL 168—2012	小型水电站建设工程验收规程
54	SL 169—96	土石坝安全监测资料整编规程
55	SL 172—96	小型水电站施工技术规范
56	SL 174—96	水利水电工程混凝土防渗墙施工技术规范
57	SL 176—2007	水利水电工程施工质量检验与评定规程
58	SL 188—2005	堤防工程地质勘察规程
59	SL 189—96	小型水利水电工程碾压式土石坝设计导则
60	SL 191—2008	水工混凝土结构设计规范
61	SL 197—97	水利水电工程测量规范（规划设计阶段）
62	SL 203—97	水工建筑物抗震设计规范
63	SL 210—98	土石坝养护修理规程
64	SL 211—2006	水工建筑物抗冰冻设计规范
65	SL 212—98	水工预应力锚固设计规范
66	SL 214—98	水闸安全鉴定规定
67	SL 223—2008	水利水电建设工程验收规程
68	SL/T 225—98	水利水电工程土工合成材料应用技术标准
69	SL 227—98	橡胶坝技术规范
70	SL 228—98	混凝土面板堆石坝设计规范

序号	标准编号	标 准 名 称
71	SL 230—98	混凝土坝养护修理规程
72	SL/T 231—98	聚乙烯（PE）土工膜防渗工程技术规范
73	SL 234—1999	泵站施工规范
74	SL 239—1999	堤防工程施工质量评定与验收规程（试行）
75	SL /T 242—1999	周期式混凝土搅拌楼（站）
76	SL 251—2000	水利水电工程天然建筑材料勘察规程
77	SL 252—2000	水利水电工程等级划分及洪水标准
78	SL 253—2000	溢洪道设计规范
79	SL 258—2000	水库大坝安全评价导则
80	SL 260—98	堤防工程施工规范
81	SL 265—2001	水闸设计规范
82	SL 266—2001	水电站厂房设计规范
83	SL 274—2001	碾压式土石坝设计规范
84	SL 275.1—2001	表层型核子水分—密度仪现场测试规程
85	SL 275.2—2001	深层型核子水分—密度仪现场测试规程
86	SL 279—2002	水工隧洞设计规范
87	SL 281—2003	水电站压力钢管设计规范
88	SL 282—2003	混凝土拱坝设计规范
89	SL 285—2003	水利水电工程进水口设计规范
90	SL 288—2003	水利工程建设项目施工监理规范
91	SL 290—2003	水利水电工程建设征地移民设计规范
92	SL 302—2004	水坠坝技术规范
93	SL 303—2004	水利水电工程施工组织设计规范
94	SL 313—2004	水利水电工程施工地质勘察规程
95	SL 314—2004	碾压混凝土坝设计规范
96	SL 316—2004	泵站安全鉴定规程
97	SL 317—2004	泵站安装及验收规范
98	SL 319—2005	混凝土重力坝设计规范
99	SL 320—2005	水利水电工程钻孔抽水试验规程
100	SL 328—2005	水利水电工程设计工程量计算规定
101	SL 352—2006	水工混凝土试验规程
102	SL 381—2007	水利水电工程启闭机制造、安装及验收规范
103		工程建设标准强制性条文（水利工程部分）（2010 版）
104		工程建设标准强制性条文（电力工程部分）（2006 年版）
105	DL/T 822—2002	水电厂计算机监控系统试验验收规程
106	DL/T 827—2002	灯泡贯流式水轮发电机组启动试验规程

序号	标准编号	标 准 名 称
107	DL/T 835—2003	水工钢闸门和启闭机安全检测技术规程
108	DL/T 944—2005	混凝土泵技术条件
109	DL/T 946—2005	水利电力建设用起重机
110	DL/T 949—2005	水工建筑物塑性嵌缝密封材料技术标准
111	DL/T 5108—1999	混凝土重力坝设计规范
112	DL 5006—2007	水利水电工程岩体观测规程
113	DL/T 5010—2005	水电水利工程物探规程
114	DL/T 5016—1999	混凝土面板堆石坝设计规范
115	DL 5017—2007	水电水利工程压力钢管制造安装及验收规范
116	DL/T 5018—2004	水电水利工程钢闸门制造安装及验收规范
117	DL/T 5039—95	水利水电工程钢闸门设计规范
118	DL/T 5055—2007	水工混凝土掺用粉煤灰技术规范
119	DL/T 5057—1996	水工混凝土结构设计规范
120	DL/T 5058—1996	水电站调压室设计规范
121	DL 5061—1996	水利水电工程劳动安全与工业卫生设计规范
122	DL 5073—2000	水工建筑物抗震设计规范
123	DL 5077—1997	水工建筑物荷载设计规程
124	DL/T 5082—1998	水工建筑物抗冰冻设计规范
125	DL/T 5083—2010	水电水利工程预应力锚索施工规范
126	DL/T 5085—1999	钢—混凝土组合结构设计规程
127	DL/T 5086—1999	水电水利工程混凝土生产系统设计导则
128	DL/T 5087—1999	水电水利工程围堰设计导则
129	DL/T 5088—1999	水电水利工程工程量计算规定
130	DL/T 5098—2010	水电工程砂石加工系统设计规范
131	DL/T 5099—2011	水工建筑物地下开挖工程施工技术规范
132	DL/T 5100—1999	水工混凝土外加剂技术规程
133	DL5108—1999	混凝土重力坝设计规范
134	DL/T 5109—1999	水电水利工程施工地质规程
135	DL/T 5110—2000	水电水利工程模板施工规范
136	DL/T 5111—2012	水电水利工程施工监理规范
137	DL/T 5112—2009	水工碾压混凝土施工规范
138	DL/T 5114—2000	水电水利工程施工导流设计导则
139	DL/T 5115—2008	混凝土面板堆石坝接缝止水技术规范
140	DL/T 5116—2000	水电水利工程碾压式土石坝施工组织设计导则
141	DL/T 5123—2000	水电站基本建设工程验收规程
142	DL/T 5127—2001	水力发电工程CAD制图技术规定

序号	标准编号	标 准 名 称
143	DL/T 5128—2009	混凝土面板堆石坝施工规范
144	DL/T 5129—2001	碾压式土石坝施工规范
145	DL/T 5133—2001	水电水利工程施工机械选择设计导则
146	DL/T 5134—2001	水电水利工程施工交通设计导则
147	DL/T 5135—2001	水电水利工程爆破施工技术规范
148	DL/T 5144—2001	水工混凝土施工规范
149	DL/T 5148—2012	水工建筑物水泥灌浆施工技术规范
150	DL/T 5150—2001	水工混凝土试验规程
151	DL/T 5151—2001	水工混凝土砂石骨料试验规程
152	DL/T 5152—2001	水工混凝土水质分析试验规程
153	DL5162—2002	水电水利工程施工安全防护设施技术规范
154	DL/T 5166—2002	溢洪道设计规范
155	DL/T 5167—2002	水电水利工程启闭机设计规范
156	DL/T 5169—2013	水工混凝土钢筋施工规范
157	DL/T 5173—2012	水电水利工程施工测量规范
158	DL/T 5176—2003	水电工程预应力锚固设计规范
159	DL/T 5178—2003	混凝土安全监测技术规范
160	DL/T 5179—2003	水电水利工程混凝土预热系统设计导则
161	DL/T 5180—2003	水电枢纽工程等级划分及设计安全标准
162	DL/T 5181—2003	水电水利工程锚喷支护施工规范
163	DL/T 5186—2004	水力发电厂机电设计技术规范
164	DL/T 5192—2004	水电水利工程施工总布置设计导则
165	DL/T 5195—2004	水工隧洞设计规范
166	DL/T 5198—2013	水电水利工程岩壁梁施工规程
167	DL/T 5199—2004	水电水利工程混凝土防渗墙施工规范
168	DL/T 5200—2004	水电水利工程高压喷射灌浆技术规范
169	DL/T 5201—2004	水电水利工程地下工程施工组织设计导则
170	DL/T 5207—2005	水工建筑物抗冲磨防空蚀混凝土技术规范
171	DL/T 5208—2005	抽水蓄能电站设计导则
172	DL/T 5209—2005	混凝土坝安全监测资料整编规程
173	DL/T 5211—2005	大坝安全监测自动化技术规范
174	DL/T 5212—2005	水电工程招标设计报告编制规程
175	DL/T 5213—2005	水电水利工程钻孔抽水试验规程
176	DL/T 5214—2005	水电水利工程振冲法地基处理技术规范
177	DL/T 5215—2005	水工建筑物止水带技术规范
178	DL/T 5238—2010	土坝坝体灌浆技术规范

序号	标准编号	标 准 名 称
179	DL/T 5330—2005	水工混凝土配合比设计规程
180	DL/T 5331—2005	水电水利工程钻孔压水试验规程
181	DL/T 5332—2005	水工混凝土断裂试验规程
182	DL/T 5333—2005	水电水利工程爆破安全监测规程
183	DL/T 5363—2006	水工碾压式沥青混凝土施工规范
184	DL/T 5337—2006	水电水利工程边坡工程地质勘察技术规程
185	GB/T 50107—2010	混凝土强度检验评定标准
186	GBJ132—90	工程结构设计基本术语和通用符号
187	GB6722—2003	爆破安全规程
188	GB1346—2011	水泥标准稠度用水量、凝结时间、安定性检验方法
189	GB/T 14684—2011	建筑用砂
190	GB/T 17638—1998	土工合成材料 短纤针刺非织造土工布
191	GB/T 17639—2008	土工合成材料 长丝纺粘针刺非织造土工布
192	GB/T 17640—2008	土工合成材料 长丝机织土工布
193	GB/T 17641—1998	土工合成材料 裂膜丝机织土工布
194	GB/T 17642—1998	土工合成材料 非织造复合土工膜
195	GB/T 17678.1—1999	CAD电子文件光盘存储、归档与档案管理要求第一部分：电子文件归档与档案管理
196	GB/T 17678.2—1999	CAD电子文件光盘存储归档与档案管理要求第二部分：光盘信息组织结构
197	GB/T 17679—1999	CAD电子文件光盘存储归档一致性测试
198	GB/T 17688—1999	土工合成材料 聚氯乙烯土工膜
199	GB 17741—2005	工程场地地震安全性评价
200	GB/T 17920—1999	土方机械 提升臂支承装置
201	GB/T 18148—2000	压实机械压实性能试验方法
202	GB 50003—2011	砌体结构设计规范
203	GB 50007—2011	建筑地基基础设计规范
204	GB 50009—2012	建筑结构荷载规范
205	GB 50010—2010	混凝土结构设计规范
206	GB 50026—2007	工程测量规范
207	GB 50027—2001	供水水文地质勘察规范
208	GB 50071—2002	小型水力发电站设计规范
209	GB 50086—2002	锚杆喷射混凝土支护技术规范
210	GB 50181—93	蓄滞洪区建筑工程技术规范
211	GB 50191—2012	构筑物抗震设计规范
212	GB 50194—93	建设工程施工现场供用电安全规范

序号	标准编号	标准名称
213	GB 50202—2002	建筑地基基础工程施工质量验收规范
214	GB 50203—2011	砌体结构工程施工质量验收规范
215	GB 50204—2002	混凝土结构工程施工质量验收规范
216	GB 50205—2001	钢结构工程施工质量验收规范
217	GB 50208—2011	地下防水工程质量验收规范
218	GB 50209—2010	建筑地面工程施工质量验收规范
219	GB 50214—2001	组合钢模板技术规范
220	GB 50218—94	工程岩体分级标准
221	GB50224—2010	建筑防腐蚀工程质量验收规范
222	GB/T 50265—2010	泵站设计规范
223	GB/T 50266—2013	工程岩体试验方法标准
224	GB/T 50279—98	岩土工程基本术语标准
225	GB 50286—2013	堤防工程设计规范
226	GB 50287—2006	水利水电工程地质勘察规范
227	GB 50288—99	灌溉与排水工程设计规范
228	GB 50290—98	土工合成材料应用技术规范
229	GB 50296—99	供水管井技术规范
230	GB 50300—2001	建筑工程施工质量验收统一标准
231	GB 50303—2002	建筑电气工程施工质量验收规范
232	GB 50319—2000	建设工程监理规范
233	GB/T 8077—2012	混凝土外加剂均质性试验方法
234		《水利水电工程标准施工招标资格预审文件》（2009 年版）
235		《水利水电工程标准施工招标文件》（2009 年版）
236	GF—2000—0211	水利工程建设监理合同示范文本
237		水利水电工程项目建议书编制暂行规定
238	DL/T 5370	水电水利工程施工通用安全技术规程
239	DL/T 5181—2003	水电水利工程锚喷支护施工规范
240	DL/T 5186—2004	水力发电厂机电设计技术规范
241	SL 631—2012	水利水电工程单元工程施工质量验收评定标准——土石方工程
242	SL 632—2012	水利水电工程单元工程施工质量验收评定标准——混凝土工程
243	SL 633—2012	水利水电工程单元工程施工质量验收评定标准——地基处理与基础工程
244	SL 634—2012	水利水电工程单元工程施工质量验收评定标准——堤防工程
245	SL 635—2012	水利水电工程单元工程施工质量验收评定标准——水工金属结构安装工程
246	SL 636—2012	水利水电工程单元工程施工质量验收评定标准——水轮发电机组安装工程
247	SL 637—2012	水利水电工程单元工程施工质量验收评定标准——水力机械辅助设备系统安装工程

序号	标准编号	标 准 名 称
248	CECS 13：2009	钢纤维混凝土试验方法
249	CECS 25：90	混凝土结构加固技术规范
250	CECS 28：2012	钢管混凝土结构设计与施工规程
251	CECS 40：92	混凝土及预制混凝土构件质量控制规程
252	CECS 68：94	氢氧化钠溶液（碱液）加固湿陷性黄土地基技术规程
253	JGJ/T 23—2011	回弹法检测混凝土抗压强度技术规程
254	JC 475—2004	混凝土防冻剂
255	JTJ/T 239—2005	水运工程土工织物应用技术规程
256	JTJ 133—1—2010	港口工程地质勘察规范
257	JTJ 147—1—2010	港口工程地基规范
258	JTS 204—2008	水运工程爆破技术规范
259	JTS 202—2001	水运工程混凝土施工规范
260	JTJ 298—98	防波堤设计与施工规范
261	JTJ/T 321—96	疏浚工程土石方计量标准
262	JTJ 312—2003	航道整治工程技术规范
263	JTJ 319—99	疏浚工程技术规范
264	JTJ/T 320—96	疏浚岩土分类标准

第2章 案 例

2.1 水利水电工程项目施工案例

2.1.1 农田水利工程

2.1.1.1 工程概况

吉林省西部土地开发整理重大项目大安项目位于松嫩平原西部嫩江下游右岸,吉林省大安市中部。大安项目(三区)为干、支一期工程的总干渠1~4支渠及三干渠1~5支渠控制的区域,位于大安项目区的西部。项目区地貌类型为平原,地势东西高,中间低,地形平坦开阔。

项目区地处中纬度区欧亚大陆东缘,属于北温带干旱大陆性季风气候区,受大陆环流影响,在冷暖气团交替控制上,四季气候变化十分明显。本地区多年平均降水量为412.4mm,是我省西部干旱少雨地区,降水量在年内分配极不均匀,主要集中在6~9月份,占全年降水量的82.1%,尤以7、8两月最为集中,7、8两月降雨量占全年降水量的56%,春秋两季占15%左右,冬期不足3%。多年平均蒸发量为1702.44mm。多年平均气温为4.4℃。

项目区地处松嫩平原,埋藏有多层地下水。按地下水类型可分为:第四系松散岩层孔隙潜水、孔隙承压水,其中孔隙潜水、上更新统孔隙潜水,因其水力联系较密切,故统称为孔隙潜水。孔隙承压水为下更新统孔隙承压水,局部分布有中更新统孔隙承压水。含水层由全新统冲积细粒土质砂、黄土状低液限黏土、含砂细粒土组成,厚度5~15m,其中全新统冲积砂层主要分布于局部沼泽化微波状岗地及微波状岗地表部。含水层由下更新统白土山组冰水堆积的砂、砂砾石组成,广布该区,水量丰富,因含水层厚度和颗粒大小而有所不同,单井涌水量一般为1000~2000m³/d,局部小于1000m³/d。

项目区土壤主要有淡黑钙土、草甸淡黑钙土、盐化草甸淡黑钙土、草甸土、盐化草甸土、盐土等。

2.1.1.2 涵管工程

1. 涵管施工流程

施工准备→测量放样→土方开挖→验基→基础混凝土浇筑→涵管安装→挡土墙浇筑→回填土方→交工验收。

2. 土方开挖

管槽开挖采用反铲挖掘机挖沟,人工结合修整,具体方法为反铲挖掘机单槽一次性开挖至距设计标高0.3m处,再由人工进行修正。开挖时根据走向,从下游向上游挖进。施工中注意边坡稳定,及时用潜水泵排除基槽积水,严禁基槽长期泡水。在挖至设计标高时，应及时安排人员进行清除余土，排干沟槽积水，做到基槽一开挖立即进行涵沟混凝土施工，不得使基底暴露过久，基底设计标高以上30cm厚，不得提前挖除，应在管基施工的同时方可挖除，若基底土壤已受扰动或超挖，用碎石砂夯实填平。基槽外1m以内不得堆土，同时堆土不得超过1.5m高。采用反铲挖掘机配合人工进行开挖，自卸汽车配合挖装运土，在接近基底20cm范围内，由人工辅助开挖修坡、修底。

3. 涵管施工

（1）运输与装卸

涵管在运输、装卸过程中，应采取防碰撞措施，避免管节损坏或产生裂纹。涵管装卸工作必须用经监理工程师批准的吊具进行；除非取得监理工程师的书面许可，否则不允许用滚板或斜板卸管。存放场地的位置和装卸的操作方法必须经监理工程师认可。

（2）施工要求

1）基础开挖

基础开挖应符合图纸要求。当在原有灌溉水流的沟渠修筑时挖临时过水通道保护好灌溉水流。基槽开挖后，应紧接着进行垫层铺设、混凝土浇筑涵管敷设及基槽回填等作业。如果出现不可避免的耽误，无论是何原因，在施工过程中应采取必要措施，保护基槽的外露面不致破坏。

2）垫层和基座

砂垫层应压实到设计要求密实度，其压实度应在90%以上，按重型击实法试验测定，砂垫层应分层摊铺压实，不得有离析现象，否则要重新拌和铺筑。灰土作垫层时，混合料的配合比设计，承包人应在施工前报监理工程师批准；施工中要拌和均匀，分层摊铺，分层压实，其压实度应在90%以上，按重型击实法试验测定。

3）混凝土基座尺寸及沉降缝应符合设计图纸要求，沉降缝位置应与管节的接缝位置相一致。

4）管涵基础应按图纸所示或监理工程师的指示，结合土质及路基填土高度设置预留拱度。

5）钢筋混凝土圆管涵成品质量

管节端面应平整并与其轴线垂直；斜交管涵进出水口管节的外端面，应按斜交角度进行处理。管壁内外侧表面应平直圆滑，如果缺陷小于下列规定时，应修补完善后方可使用；如果缺陷大于下列规定时，不予验收，并应报监理工程师处理。每处蜂窝面积不得大于30mm×30mm。其蜂窝深度不得超过10mm。蜂窝总面积不得超过全面积的1%，并不得露筋。管节混凝土强度应符合图纸要求，混凝土配合比、拌合均应符合有关规范要求。

6）管节各部尺寸，不得超过有关规范规定值。

（3）圆管涵敷设施工

1）管节安装从下游开始，使接头面向上游；每节涵管应紧贴于垫层或基座上，使涵管受力均匀；所有管节应按正确的轴线和图纸所示坡度敷设。如管壁厚度不同，应以内壁齐平为准。

2）在敷设过程中，应保持管内清洁无赃物、无多余的砂浆及其他杂物。

3）在软基上修筑涵管时，应按图纸和监理工程师指示对地基进行处理，当软基处理达到图纸要求后，方可在上面修筑涵管。

（4）管节接缝

本工程圆管管节采用承插式接缝，在承口端应先铺以干硬性水泥砂浆，在管口套接以后再在承口端的环形空隙内塞以砂浆，以使接头部位紧密吻合，并将内壁表面抹平。本工程涵管为涵管。管节接头及进出水口应按图纸要求进行防水处理，不得漏水和渗水。在填土覆盖前应按图纸要求或监理工程师指示进行潜水试验。

2.1.1.3 桥墩、桥台、桥面及盖梁工程

1. 桥墩、桥台施工

（1）钢筋

墩身模板采用定型特制整体钢模，接缝处用角钢加螺栓连接，中间加有箍筋，一次性立模、浇注完成，不留施工缝。钢筋焊接与绑扎：墩台身在基础施工、检验合格后进行钢筋焊接与绑扎。先将钢筋调至正确位置，再焊接墩台身钢筋，焊接钢筋保证轴线一致，偏差不得大于 $0.1d$，且不大于 2mm。

（2）模板

待钢筋焊接、绑扎完毕后，用吊车配合人工支立墩台身模板。模板内涂脱模剂，接缝处采用胶带封缝，以防漏浆。

（3）混凝土浇筑

待模板及钢筋检测完毕后浇筑混凝土。混凝土用 $0.4m^3$ 搅拌机拌合，机动翻斗车运输入模。用插入式振捣器振捣。浇筑时分层浇筑，每层不大于 30cm，浇筑一次性完成振捣时应尽可能避免与模板、钢筋及预埋件相接触，振捣充分，一般以振动到混凝土不再下沉，不出现大量气泡，表面摊平且开始泛浆为度，防止漏振、欠振和过振，务必使混凝土表面无蜂窝麻面、混凝土达到内实外美的标准。混凝土浇筑完后，用草袋覆盖并洒水养生，拆模后，用塑料薄膜覆盖养生。

2. 盖梁施工

（1）桥台盖梁施工

桥台盖梁采用在桥头填土上直接施工，施工时精确定出桥台位置并控制标高，底模采用 15cm 素混凝土，尺寸比盖梁低面尺寸每侧小 5mm，模板采用定型钢模板，以保证混凝土外观质量，加固采用上下对拉杆配合方木顶撑加固。钢筋采用集中加工，现场绑扎成型。混凝土采用盖梁主体和耳背墙一次性浇筑，以保证混凝土侧面不出现施工缝。当浇筑至盖梁顶面时，做适当浇筑时间间隔再浇筑耳背墙。浇筑完成及时养生，达到规定强度后方可拆除模板。

（2）桥墩盖梁

采用碗扣脚手架，上铺 10cm×10cm 方木当作横梁。纵向放置工字钢以保证底面线形。支架地基除支撑在承台内不处理外，其余均采用 15cm 素混凝土处理。

为保证钢筋绑扎质量，采用一次绑扎成型工艺，即在地面上放样、焊接、绑扎完成，监理工程师验收合格后用吊车将盖梁钢筋吊置已提前铺设完毕的盖梁底模板上，然后支立侧端模。

盖梁模板均采用大块钢模板。盖梁模板加固采用对拉螺栓，并设置 5# 钢丝绳和紧固器找正。模板、钢筋验收合格后即可浇筑混凝土，盖梁混凝土施工时，应从梁中间向两端

对称进行浇筑，其他工艺均同墩柱的浇筑方法。浇筑完毕及时保温养生。达到规定强度时即可拆侧模，拆模时吊车配合人工进行。

墩顶支座垫石预埋件在墩身施工时预埋，浇筑支座垫石混凝土时，保证支座顶面标高准确无误。

2.1.1.4 砌筑工程

1. 砌石工程

（1）石料

1）砌体石料必须质地坚硬、新鲜，不得有剥落层或裂纹。其基本物理力学指标应符合设计规定。

2）石料从采石场专门开采，表面的泥垢等杂质，砌筑前应清洗干净。

3）石料的规格要求

块石：一般由成层岩石爆破面或大块石料砌切而得，要求上下两面大致平整且平行，无尖角、薄边，块厚宜大于 20cm。

毛石：无一定规则形状，单块重量应大于 25kg，中厚不小于 15cm。

（2）浆砌石胶结材料

1）砌石体的胶结材料，主要有水泥砂浆和混凝土。水泥砂浆是由水泥、砂、水按一定的比例配合而成。用作砌石胶结材料的混凝土是由水泥、水、砂和最大粒径不超过 40mm 的骨料按一定的比例配合而成。

2）水泥：应符合国家标准及部颁标准的规定，水泥强度等级不低于 P·O32.5 级；水位变化区、溢流面和受水流冲刷的部位，其水泥强度等级应不低于 P·O42.5 级。

3）水：拌合用的水要求符合国家标准规定。

4）水泥砂浆的沉入度应控制在 4~6cm，混凝土的坍落度应为 5~8cm。

（3）浆砌石砌筑要求

1）砌石基础按设计要求开挖后，进行清理，并请工程师进行验收。

2）已砌好的砌体，在抗压强度未达到 2.5MPa 前不得进行上层砌石的准备工作。

3）砌石必须采用铺浆法砌筑。砌筑时，石块宜分层卧砌，上下错缝，内外搭砌。

4）在铺砌前，将石料洒水湿润，使其表面充分吸收，但不得残留积水。砌体外露面在砌筑后 12~18h 之内给予养护。继续砌筑前，将砌体表面浮碴清除，再行砌筑。

5）砂浆砌石体在砌筑时，应做到大面朝下，适当摇动或敲击，使其稳定；严禁石块无浆贴靠，竖缝填塞砂浆后用扁铁插捣至表面泛浆；同一砌筑层内，相邻石块应错缝砌筑，不得存在顺流向通缝，上下相邻砌筑的石块，也应错缝搭接，避免竖向通缝。必要时，可每隔一定距离立置丁石。

6）雨天施工不得使用过湿的石块，以免细石混凝土或砂浆流淌，影响砌体的质量，并做好表面的保护工作。如没有做好防雨棚，降雨量大于 5mm 时，应停止砌筑作业。

（4）浆砌石砌筑方法

1）一般要求

① 砂浆必须要有试验配合比，强度须满足设计要求，且应有试块试验报告，试块应在砌筑现场随机制取。

② 砌筑前，应在砌体外将石料上的泥垢冲洗干净，砌筑时保持砌石表面湿润。

③ 砌筑因故停顿，砂浆已超过初凝时间，应待砂浆强度达到 2.5MPa 后才可继续施工；在继续砌筑前，应将原砌体表面的浮渣清除；砌筑时应避免震动下层砌体。

④ 勾缝砂浆强度等级应高于砌体砂浆；应按实有砌缝勾平缝，严禁勾假缝，凸缝；勾缝密实，粘结牢固，墙面洁净。

⑤ 砌石体应采用铺浆法砌筑，砂灰浆厚度应为 20～50mm，当气温变化时，应适当调整。

⑥ 采用浆砌法砌筑的砌石体转角处和交接处应同时砌筑，对不同时砌筑的面，必须留置临时间断处，并应砌成斜搓。

⑦ 砌石体尺寸和位置的允许偏差，不应超过有关的规定。

2）块石、毛石砌体

① 砌筑基础的第一皮石块应座浆，且将大面朝下。

砌体基础扩大部分，若做成阶梯形，上级阶梯的石块应至少压砌下级阶梯的 1/2，相邻阶梯的块、毛石应相应错缝搭接。

② 砌体应分皮卧砌，并应上下错缝、内外搭砌，不得采用外面侧立石块、中间填心的砌筑方法。

③ 砌体的灰缝厚度应为 20～30mm，砂浆应饱满，石块间较大的空隙应先填塞砂浆，后用碎块或片石嵌实，不得先摆碎石块后填砂浆或干填碎石块的施工方法，石块间不应相互接触。

④ 砌体第一皮及转角处、交接处和洞口处应选用较大的石料砌筑。

⑤ 石墙必须设置拉结石。拉结石必须均匀分布、相互错开，一般每 0.7m 墙面至少应设置一块，且同皮内的中距不应大于 2m。拉结石的长度，若其墙厚等于或小于 400mm 时，应等于墙厚；墙厚大于 400mm 时，可用两块拉结石内外搭接，搭接长度不应小于 150mm，且其中一块长度不应小于墙厚的 2/3。

⑥ 砌体每日的砌筑高度，不应超过 1.2m。

3）养护

砌体外露面，在砌筑后 12～18h 之间应及时养护，经常保持外露面的湿润。养护时间：水泥砂浆砌体一般为 14d，混凝土砌体为 21d。

4）砌石表面勾缝

勾缝砂浆采用细砂，用较小的水灰比，采用 P·O42.5 级水泥拌制砂浆。灰砂比应控制在 1∶1～1∶2 之间。清缝在料石砌筑 24h 后进行，缝宽不小于砌缝宽度，缝深不小于缝宽的二倍。勾缝前必须将槽缝冲洗干净，不得残留灰渣和积水，并保持缝面湿润。勾缝砂浆必须单独拌制，严禁与砌石体砂浆混用。拌制好的砂浆向缝内分几次填充并用力压实，直到与表面平齐，然后抹光。砂浆初凝后砌体不得扰动。勾缝表面与块石应自然接缝，力求美观、匀称，砌体表面溅上的砂浆要清除干净。当勾缝完成和砂浆初凝后，砌体表面应刷洗干净，至少用浸湿物覆盖保持 21d，在养护期间应经常洒水，使砌体保持湿润，避免碰撞和振动。

（5）干砌石砌筑

干砌石在砌筑前，要用手推车或人运至施工现场，杜绝滚动式搬运，防止块石带有泥土和碰破无纺布，在砌筑时的厚度、平整度、缝隙宽度等项技术要求一定按照技术规范施工。砌体砌筑面的平整度、石块嵌挤的紧密度、厚度等外观质量及砌筑尺寸和位置的允许偏差符合《砌体工程施工质量验收规范》（GB 50203）中相关要求。

2. 红砖砌筑

（1）红砖经试验以后方可使用，砂浆必须按配合比施工。

（2）严格控制砂浆稠度，砂浆应随拌随用，一般应在2～3h内用完。

（3）砌筑前红砖应提前一天洒水润湿，含水达到10%～15%，决不允许干砖上墙。

（4）砌筑时必须使用皮数杆，490mm、370mm墙双面挂线，240mm墙单面反手挂线，门洞口安放防腐木砖，每侧安放三块。

（5）砌筑时应先排砖，外纵墙排顺砖，山墙排丁砖，摆砖由一个大角摆到另一个大角，砖与砖留10mm缝隙，如不赶活，调整砖缝直到缝隙均匀后再砌筑。

（6）拉结筋数量及位置必须按图放置，240垛放置环形套。

（7）内外墙不能同时砌筑的地方，按要求放置拉结筋，转角处必须同时砌筑。

（8）构造柱马牙槎按规定留置，不许使用二寸砖，不允许通缝，截面必须符合设计和有关规定。

（9）施工中做到三步一吊，五步一靠，确保质量。

2.1.1.5 混凝土工程

1. 模板

（1）模板和支架材料应优先选用钢材、钢筋混凝土或混凝土等模板材料。

（2）模板材料的质量应符合本合同指明的现行国家标准或行业标准。并用于本工程的新模板数量应不少于模板总量的70%，永久外露混凝土表面要求全部采用新模板，以保证建筑物外观质量。

（3）木材的质量应达到Ⅲ等以上的材质标准，腐朽、严重扭曲或脆性的木材严禁使用。

（4）钢模面板厚应不小于3mm，钢板面应尽可能光滑，不允许有凹坑、皱折或其他表面缺陷。

（5）模板安装的允许偏差：大体积混凝土模板安装的允许偏差，结构混凝土和钢筋混凝土梁、柱的模板允许偏差，应遵守《砌体工程施工质量验收规范》（GB 50204）的规定。

（6）钢模板在每次使用前应清洗干净，为防锈和拆模方便，钢模面板应涂刷矿物油类的防锈保护涂料，不得采用污染混凝土的油剂，不得影响混凝土或钢筋混凝土的质量。若检查发现在已浇的混凝土面沾染污迹，应采取有效措施予以清除。

（7）模板拆除时限，除符合施工图纸的规定外，还应遵守下列规定：不承重侧面模板的拆除，应在混凝土强度达到其表面及棱角不因拆模而损伤时，方可拆除；在墩、墙和柱部位在其强度不低于3.5MPa时方可拆除。

2. 钢筋

（1）钢筋材料及检验

钢筋优先选用国有大型钢铁厂的名优产品，钢筋混凝土结构的钢筋应符合热轧钢筋主要性能标准；每批进场钢筋均须附有产品质量证明书及出厂检验单，使用前应分批进行钢筋机械性能试验，试验检查合格后才能使用。材质不合格的钢筋严禁进入施工现场，钢筋混凝土结构用的钢筋必须符合热轧钢筋主要性能要求，每批钢筋必须附有产品质量证明书及出厂检验单，并且在使用前，按规定进行相应的钢筋机械性能等检验。其检验内容包括：

① 钢筋分批试验，以同一炉（批）号、同一截面尺寸的钢筋为一批，取样的重量不大于 60kg；

② 根据厂家提供的钢筋质量证明书，检查每批钢筋的外表质量，并测量每批钢筋的代表直径；

③ 在每批钢筋中，选取经表面检查和尺寸测量合格的两根钢筋中各取一个拉力试件（含屈服点，抗拉强度和延伸率试验）和一个冷弯试验，如一组试验项目的一个试件不符合监理人规定数值时，则另取两倍数量的试件，对不合格的项目作第二次试验，如有一个试件不合格，则该批钢筋为不合格产品。

工程所用钢筋，应在钢筋加工厂加工成型，钢筋加工应保证：

1）钢筋表面保证洁净无损伤，在使用之前将油漆污物和铁锈等清除干净，不使用带有颗粒状或片状老锈的钢筋，且保证钢筋平直，无局部弯折。

2）采用冷拉方法调直钢筋时，Ⅰ级钢筋的冷拉率不大于 4％；Ⅱ、Ⅲ级钢筋的冷拉率不大于 1％。

3）冷拔低碳钢丝在调直机上调直后，保证表面无明显擦伤，抗拉强度不低于施工图纸的要求。

4）钢筋根据加工料表进行加工，加工的尺寸符合施工图纸的要求，加工后允许偏差符合规定数值。

5）对加工好的钢筋挂牌编号，分仓位、分编号按序整齐排放；场地设有防潮设施，防止发生钢筋受损、锈蚀、混号现象。

6）钢筋焊接和钢筋绑扎按《砌体工程施工质量验收规范》（GB 50204）第五节有关的规定，以及施工图纸的要求执行。

7）钢筋的气压焊和安装遵守以下规定：

① 气压焊可用于钢筋在垂直、水平和倾斜位置的对接焊接，当两钢筋直径不同时，其两直径之差不得大于 7mm。

② 气压焊施焊前，钢筋端面要切平，钢筋边角毛刺及端面上铁锈、油污和氧化膜清除干净，并经打磨露出金属光泽，无氧化现象。

③ 安装焊接夹具和钢筋时，使两根钢筋的轴线在同一直线上，两根钢筋之间的局部缝隙不大于 3mm。

（2）钢筋运输

钢筋加工成型后，采用人工配合装车由载重汽车运至现场，再由人工运至仓号就位。

（3）钢筋安装

1）钢筋安装均采用现场绑扎、焊接。

2）钢筋的安装位置、间距、保护层等按施工详图及有关规范进行控制。

3）在钢筋与模板之间，用不低于结构物设计强度的混凝土垫块隔开，并保证混凝土保护层厚度满足设计要求。垫块相互错开，分散布置，在各排钢筋之间，用短钢筋支撑以保证位置准确。

4）钢筋接头

① 钢筋连接采用焊接或绑扎。钢筋直径小于等于 25mm 时，采用绑扎接头；钢筋直径大于 25mm 时，采用焊接接头。焊接钢筋接头，须将施焊范围内的浮锈、泥污、油漆等清除干净。

② 接头分散布置，配置在"同一截面"（指两钢筋接头相距在 30d 或 50cm 以内）的接头面积，占受力钢筋总截面积的允许百分率要符合规范要求。

③ 钢筋的绑扎接头最小搭接长度，及钢筋焊接接头最小焊接长度，按规范要求进行。

3. 混凝土浇筑

（1）混凝土材料

1）水泥

① 水泥品种：按各建筑物部位施工图纸的要求，配置混凝土所需的水泥品种，各种水泥均应符合本技术条款指定的国家和行业的现行标准。

② 发货：每批水泥发货时均应附有出厂合格证和复检资料。每批水泥运至工地后，承包人均应对制造厂水泥的品质进行检查复验，监理人有权对水泥进行查库和抽样检测，当发现库存或到货水泥不符合本技术条款的要求时，监理人有权通知承包人停止使用。

③ 运输：水泥运输过程中应注意其品种和强度等级不得混杂，应采取有效措施防止水泥受潮。

④ 贮存：到货的水泥应按不同品种、强度等级、出厂批号、袋装或散装等，分别贮放在专用的仓库或储罐中，防止因贮存不当引起水泥变质。袋装水泥的出厂日期不应超过 3 个月，散装水泥不应超过 6 个月，快硬水泥不应超过 1 个月，袋装水泥的堆放高度不得超过 15 袋。

2）水

凡适宜饮用的水均可使用，未经处理的工业废水不得使用。

3）骨料

① 混凝土骨料应按监理人批准的料源进行生产或外购，对含有活性成分的骨料必须进行专门试验论证，并经监理人批准后，方可使用。

② 不同粒径的骨料应分别堆存，严禁相互混杂和混入泥土；装卸时，粒径大于 40mm 的粗骨料的净自由落差不应大于 3m，应避免造成骨料的严重破碎。

③ 细骨料的质量技术要求规定如下：细骨料的细度模数，应在 2.4～3.0 范围内；砂料应质地坚硬、清洁、级配良好；砂料中有活性骨料时，必须进行专门试验论证；其他砂的质量技术要求应符合《水工混凝土施工规范》（DL/T 5144—2001）表 5.2.7 中的规定。

④ 粗骨料的质量要求应符合以下规定：

粗骨料的最大粒径，不应超过钢筋最小净间距的 2/3 及构件断面最小边长的 1/4，素混凝土板厚的 1/2，对少筋或无筋结构，应选用较大的粗骨料粒径；施工中应将骨料按粒径分级，采用连续级配或间断级配，应由试验确定并经监理人同意，如采用间断级配，应注意混凝土运输中骨料的分离问题；含有活性骨料、黄锈等的粗骨料，必须进行专门试验论证后，才能使用；其他粗骨料的质量要求应符合《水工混凝土施工规范》（DL/T 5144—2001）表 5.2.8-2 中的规定。

4）外加剂

① 用于混凝土中的外加剂（包括减水剂、加气剂、缓凝剂、速凝剂和早强剂等），其质量应符合《水工混凝土外加剂技术规程》（DL/T 5100—1999）第 4.1.1 条～第 4.1.4 条的规定。

② 承包人应根据混凝土的性能要求，结合混凝土配合比的选择，通过试验确定外加剂的掺量，其试验成果应报送监理人。

③ 不同品种外加剂应分别储存，在运输与储存中不得相互混装，以避免交叉污染。

（2）配合比

1）各种不同类型结构物的混凝土配合比必须通过试验选定，其试验方法应按《水工混凝土试验规程》（DL/T 5150—2001）有关规定执行。

2）混凝土配合比试验前 14d，将各种配合比试验的配料及其拌和、制模和养护等的配合比试验计划报送监理人。按施工图纸要求和监理人指示，大体积建筑物内部混凝土胶凝材料的最低用量应通过试验确定，试验成果应报送监理人。

3）混凝土的坍落度，应根据建筑物的性质、钢筋含量、混凝土运输、浇筑方法和气候条件决定，尽量采用小的坍落度，混凝土在浇筑地点的坍落度应在 3～5cm 范围内。

4）混凝土配合比调整：在施工过程中，如需要改变经监理人批准的混凝土配合比，必须重新得到监理人批准。

5）混凝土取样试验

在混凝土浇筑过程中，应按《水工混凝土试验规程》（DL/T 5150—2001）的规定和监理人的指示，在出机口和浇筑现场进行混凝土取样试验，并按相关规定、质量监督部门要求及监理人的指示向监理人提交资料。

（3）拌合

1）拌制现场浇筑混凝土时，必须严格遵守承包人现场试验室提供并经监理人批准的混凝土配料单进行配料，严禁擅自更改配料单。

2）应采用固定拌合设备，设备生产率必须满足本工程高峰浇筑强度的要求，所有的称量、指示、记录及控制设备都应有防尘措施，设备称量应准确，其称量偏差不应超过《水工混凝土施工规范》（DL/T 5144—2001）第 7.1.3 条的规定，并按监理人的指示定期校核称量设备的精度。

3）拌合设备安装完毕后，会同监理人进行设备运行操作检验。

4）混凝土拌合应符合《水工混凝土施工规范》（DL/T 5144—2001）第 7.1 节的规定，拌合程序和时间均应通过试验确定，且最少拌合时间应不少于 3min。

5）因混凝土拌合及配料不当，或因拌合时间过长而报废的混凝土应弃置在指定的场地。

（4）运输

1）混凝土出拌合机后，应迅速运达浇筑地点，运输中不应有分离、漏浆和严重泌水现象。

2）混凝土入仓时，应防止离析，混凝土的自由下落高度不宜大于 1.5m，超过时应采取缓降或其他措施，以防止混凝土骨料分离。

（5）浇筑

1）说明

① 任何部位混凝土开始浇筑前 8h（隐蔽工程为 12h），必须通知监理人对浇筑部位的

准备工作进行检查，经监理人检验合格后，方可进行混凝土浇筑。

② 任何部位混凝土开始浇筑前，应将该部位的混凝土浇筑的配料单提交监理人审核，经监理人同意后，方可进行混凝土浇筑。

2）基础面混凝土浇筑

① 建筑物建基面必须验收合格后，方可进行混凝土浇筑。

② 基础面浇筑仓，在浇筑第一层混凝土前，必须先铺一层 2～3cm 厚的水泥砂浆，砂浆水灰比应与混凝土的浇筑强度相适应，铺设工艺应保证混凝土与基础结合良好。

3）浇筑的间歇时间

① 混凝土浇筑应保持连续性，浇筑混凝土允许间隙时间应按试验确定，或按《水工混凝土施工规范》（DL/T 5144—2001）表 7.3.11 规定执行。若超过允许间歇时间，则应按工作缝处理。

② 两相邻块浇筑间歇时间不得小于 72h。

（6）养护

针对本工程建筑物的不同情况，按监理人指示选用洒水或薄膜进行养护。

1）采用洒水养护，应在混凝土浇筑完毕后 6～18h 内开始进行，其养护期时间按下表执行，在干燥、炎热气候条件下，应延长养护时间至少 28d 以上。

2）薄膜养护：在混凝土表面涂刷一层养护剂，形成保水薄膜，涂料应不影响混凝土质量；在狭窄地段施工时，使用薄膜养护液应注意防止工人中毒。采用薄膜养护的部位，必须报监理人批准。

（7）质量检查和验收

1）说明

按本方案规定对混凝土的原材料和配合比进行检测以及对施工过程中各项主要工艺流程和完工后的混凝土质量进行检查和验收，检测试验资料应及时报送监理人。

2）混凝土原材料的质量检验

① 水泥检验

每批水泥均应有厂家的品质试验报告，应按国家和行业的有关规定，对每批水泥进行取样检测，必要时还应进行化学成分分析，检测取样以 200～400t 同品种、同强度等级水泥为一个取样单位，不足 200t 时也应作为一取样单位。检测的项目应包括：水泥强度等级、凝结时间、体积安定性、稠度、细度、比重等试验，监理人认为有必要时，可要求进行水化热试验。

② 外加剂的检验

配置混凝土所使用的各种外加剂均应有厂家的质量证明书，应按国家和行业标准进行试验鉴定，贮存时间过长的应重新取样，严禁使用变质的不合格外加剂。现场掺用的减水剂溶液浓缩物，以 5t 为取样单位，加气剂以 200kg 为取样单位，对配置的外加剂溶液浓度，每班至少检查一次。

③ 水质检查

拌合及养护混凝土所用的水，除按规定进行水质分析外，应按监理人指示进行定期检测，在水源改变或对水质有怀疑时，应采取砂浆强度试验法进行检测对比，如果水样制成的砂浆抗压强度，低于原合格水源制成的砂浆 28d 龄期抗压强度的 90％时，该水不能继续使用。

④ 骨料质量检验

骨料的质量检验应分别按下列规定在筛分场和拌合场进行：在筛分场每班应检查一次，内容包括各种骨料的超（逊）径、含泥量和砂的细度模数等；在拌合场，每班至少检查两次砂和小石的含水率，其含水率的变化应分别控制为±0.5％（砂）和±0.2％（小石）范围内；当气温变化较大或雨后骨料含水量突变的情况下，应每两小时检查一次；砂的细度模数每天至少检查一次，其含水率超过±0.2％时，需调整混凝土配合比；骨料的超（逊）径、含泥量应每班检查一次。

3）混凝土质量的检测

① 混凝土拌合均匀性检测

按监理人指示，并会同监理人对混凝土拌合均匀性进行检测；定时在出机口对一盘混凝土按出料先后各取一个试样（每个试样不少于30kg），以测定砂浆密度，其差值应不大于30kg/m³；用筛分法分析测定粗骨料在混凝土中所占百分比时，其差值不应大于10％。

② 坍落度检测

按施工图纸的规定和监理人指示，每班应进行现场混凝土坍落度的检测，出机口应检测四次，仓面应检测两次。

③ 强度检测

现场混凝土抗压强度的检测，同一等级混凝土的试样数量应以下表规定为准；非大体积混凝土抗拉强度的检查以28d龄期的试件按每200m³成型试件3个，3个试件应取自同一盘混凝土。

4）混凝土工程建筑物的质量检查和验收

① 在混凝土浇筑过程中，承包人应会同监理人对混凝土工程建筑物基础及测量放样成果进行检查和验收；

② 按监理人指示和本章的规定对混凝土工程建筑物永久结构面修整质量进行检查和验收。

2.1.1.6　安装工程

1. 埋件安装

（1）安装程序：

1）一期插筋的安装随土建施工进度进行，土建浇注混凝土前一期插筋必须按图纸要求高程安装完，经严格自检合格，报请监理人批准方可通知土建浇注混凝土。

2）用汽车吊将埋件运至孔口平台，并把埋件按图纸位置和安装顺序号，吊入二期混凝土槽内，悬挂好。按图纸尺寸和规范要求，将埋件调整到安装位置加固。

3）经严格自检检查合格后，报请监理人批准进行浇注二期混凝土。

（2）安装技术要求：

1）埋件的测量点要精确可靠的放在线架上或其他部位。

2）埋件就位调整完毕，应与一期混凝土中的锚筋（板）焊牢。严禁将加固材料直接焊在主轨、反轨、侧轨、门楣（胸墙）等的工作面上或水封座板上。

3）埋件所有不锈钢材料的焊接接头，必须使用相应的不锈钢焊条进行焊接。

4）埋件所有工作面上的连接焊缝，应在安装工作完毕和浇注二期混凝土后仔细进行打磨，其表面粗糙度应与焊接构件一致。

5）埋件安装完毕后，应对所有的工作表面进行清理，门槽范围内影响闸门安全运行的外露物必须清除干净。特别应注意清除不锈钢水封座板表面的水泥浆，并对埋件的最终安装精度进行复测，如不锈钢水封座板有划痕，非常浅的划痕用角向磨光机打磨平，如果非常深要用不锈钢焊条补焊并打磨平，满足图纸的技术要求，做好记录报给监理人。

6）安装好的门槽，除了主轨不锈方钢表面、水封座板的不锈钢表面外，其余外露表面，均应按有关施工图纸、防腐技术要求或制造厂技术说明书的规定，进行防腐处理。

7）启闭机一期地脚螺栓应与梁中钢筋（网）焊牢。地脚螺栓的斜度不大于1/1000，螺栓中心线位置误差≤3mm。

8）埋件安装结束后，经检查合格，应在5～7d内浇筑二期混凝土。如过期或有碰撞，应予复测，复测合格，方可浇筑混凝土。

2. 闸门安装

（1）安装程序

1）闸门运到工地后，安装前进行门体各部位尺寸检查。如需要矫正变形，使用火焰加热烘烤法，绝对不使用切割法。

2）检查闸门几何尺寸、偏差，满足图纸、规范要求后，焊接闸门节间焊缝。焊接顺序为先焊两侧边梁腹板，再焊中间隔板、面板，后焊接边梁中间翼板。

3）所有焊缝顺序都是从中间往两边焊接，面板焊缝跳跃焊接。

4）主缝焊接后要进行气刨清理打磨，再进行焊接。

5）焊接时，应分几次检查闸门几何尺寸、偏差，防止焊接产生过大变形。

6）焊接结束后，经过充分冷却，对各项尺寸进行复查，复查结果要符合图纸、规范有关规定要求。

（2）安装技术要求

1）所有主支承面应调整到同一平面上，其误差不得大于施工图纸和规范的规定。

2）充水装置的安装，除应满足施工图纸要求外，以确保安全可靠地动作为目的。

3）止水橡皮接头采用生胶热压法胶合，胶合接头处不得有错位、凹凸不平和疏松现象。

4）闸门水封和压板一起配钻螺栓孔，螺栓孔采用专用钻头，使用旋转法加工，其孔径比螺栓直径小1mm。

5）止水橡皮安装后，两侧止水中心距离和顶止水中心至底止水底缘距离的允许偏差±3.0mm，表面平面度为2.0mm。闸门处于工作状态时，止水橡皮的压缩量应符合图样规定。

6）平面闸门安装完毕后，应清除门叶上的所有杂物，在滚轮轴套涂抹或灌注润滑脂。

7）平面闸门安装完毕，应作静平衡试验。试验方法为：将闸门自由地吊离地面100mm，通过滚轮或滑道中心测量上、下游方向与左、右方向的倾斜，倾斜不应超过门高的1/1000，且不大于8mm，当超过上述规定时，应予配重调整。

（3）平面闸门的试验

1）闸门安装完毕后，施工单位要会同监理人员对平面闸门进行试验和检查。试验前应检查并确认充水装置在其行程内升降自如、密封良好。

2）平面闸门的试验项目包括：

无水情况下全行程启闭试验。试验过程中，滑道或滚轮的运行无卡阻现象。在闸门全关位置，水封橡胶无损伤，漏光检查合格，止水严密。在本项试验的全过程中，必须对水封橡胶与不锈钢水封座板的接触面采用清水冲淋润滑，以防损坏水封橡胶。

静水情况下的全行程启闭试验。本项试验应在无水试验合格后进行。试验、检查内容与无水试验相同（水封装置漏光检查除外）。

动水启闭试验。按施工图纸要求进行动水条件下的启闭试验，试验水头尽可能与设计水头相一致。动水试验前，施工公司根据施工图纸及现场条件，编制试验大纲报送监理人批准后实施。

通用性试验：必须分别在门槽中进行无水情况下的全行程启闭试验，并经检查合格。

3. 螺杆启闭机安装

（1）螺杆启闭机安装应根据起吊中心线找正，其纵、横向中心线偏差不应超过±3mm，高程不应超过±5mm，水平偏差不应大于0.5/1000。

（2）螺杆与闸门连接前，其不垂直度不应大于0.2/1000，螺杆下端与滑块装置连接时，其倾斜方向与滑块槽倾斜方向一致。滑块槽对起重螺母中心偏差不应大于1mm，不垂直度不应大于0.2/1000，滑块在滑槽内上、下移动时应无卡阻现象，两侧间隙应在0.2～0.4mm范围内。

（3）螺杆启闭机安装好后，应做好润滑、防护等工作。

2.1.1.7 道路工程

道路工程主要包括干支渠堤顶路、田间路、生产路等。道路工程首先形成路基，一方面作为现场临时工路，另一方面路基经过压实后不会发生沉降，路面铺筑在农田水利工程和其他工程结束后进行。

1. 施工流程

施工准备→测量放样→土方开挖→路床验基→素土夯实→路面铺填→交工验收

2. 路基土方

（1）路基挖土方

1）开挖采用推土机配合挖掘机、装载机作业，自卸汽车运输。

2）土方开挖按图纸要求自上而下进行，严格控制乱挖和超挖，严禁用爆破法施工和掏洞取土。

3）开挖土方地段有含水层时，在开挖该层土方前，采取措施后再进行开挖。

4）土方开挖时注意排水，尤其在地下水位较高的路段，开挖时，采用先两边后中央的方法，施工横断面保持有3%～4%的横向坡，确保排水畅通。

5）开挖过程中如发现土层性质有变化时，修改施工方案及挖方边坡，并及时报监理工程师批准。

6）路基开挖达到标高后，要进行认真整形，使其宽度、边坡、边沟均符合设计要求。

7）挖方路基的施工标高，考虑因压实而产生的下沉量，预留沉降值由试验确定。

（2）路基填土

1）采用分层填筑，自卸汽车卸车后，先用推土机粗平，再用平地机精平，振动式压路机碾压，利用洒水车配合调整土方含水量。

2）施工准备

按照设计文件要求，在开工前组织测量队对全合同段进行恢复定测测量，补齐必要的坐标桩、中桩、水准点等。

根据设计图放出路堤边线，重新测绘出横断面图，复核土石方数量。

3）基底处理

① 在路基施工前，清除施工范围内的植被、垃圾、软土、淤泥、有机物残渣及原地面草皮和表土，并将地表土 30cm 以内深度的土壤翻松。横坡较陡路段，严格按照设计文件挖土质台阶，台阶顶做成 2%～4% 的内倾斜坡，台阶宽度满足摊铺和压实设备操作的需要。

② 用推土机将地面基本整平后，用振动压路机进行碾压，达到要求的压实度为止。

③ 将路基范围内所有的树墩、树根和其他有机物彻底掘除，路基范围内的坑穴填平。

4）试验路段

① 在开工前，用路堤填料在全幅路基范围内铺筑长度不小于 100m 的试验路段。

② 根据试验路段确定压实设备的类型、最佳组合方式、碾压遍数及碾压速度、工序、每层材料的松铺厚度、材料的含水量等。

③ 路基土方填筑施工中，为使每道工序互不干扰，并满足规范要求，便于作业和检查，确保每个施工段的填筑碾压质量，将施工段划分为多个施工区。具体施工方法如下：

a. 填筑施工时，自卸汽车卸车后，先用推土机粗平，再用平地机精平。将合格的材料均匀平整地摊铺在路堤的整个宽度上，填料含水量在最佳含水量的条件下进行碾压。

b. 填方作业要分层平行摊铺，每层松铺厚度，根据压实设备、压实方法现场试验确定。不同土质的填料要分层填筑，且层数尽量减少。利用挖方的借土填筑路堤不能含有腐殖土、树根、草泥或其他有害物质。

c. 路基每层填筑时，要保持表面平整，并做成 2%～4% 的双向横坡以利排水。每层填料铺设的宽度每侧要超出设计宽度至少 30cm，以保证修整路基边坡后的路堤边缘有足够的压实度，削坡余土用作路基护坡。

d. 路堤基底未经监理工程师验收，不得进行填筑；下一层填土不经监理工程师检验合格，上层填土不得进行。

e. 碾压时，从低处向高处排压，前后两次轮迹须重叠 1/2 轮宽，达到无漏压，无死角，确保碾压均匀。

f. 当路基填筑至路基顶部时，摊铺平整后，首先用压路机快速碾压一遍，以暴露不平部位。平地机细平后，再用压路机碾压，确保路基顶部平整密实。

g. 为保证施工质量和压实效果，尽量控制土方含水量在最佳含水量范围内进行碾压。当含水量不适宜时，用洒水或晾晒的办法解决。

h. 涵洞两侧、锥坡等填土，使用透水性好的材料对称分层填筑压实。涵洞填土与锥坡填土同时进行，并按设计宽度一次填足。填料严格按设计要求填筑。

i. 填土路堤分段施工时，其交接处不在同时间填筑则先填段按 1:1 坡度分层留台阶；如两段同时施工时，则分层相互交叠衔接，其搭接长度不小于 2m。

j. 整修。路基填筑成型后，检查路基的路线位置、宽度、纵坡、横坡、边坡及相应的标高等，然后编制出整修计划。土质路基采用人工或机械刮土或补土，配合机械碾压的方法整修成型。边沟的整修应挂线进行，对各种水沟的纵坡用仪器检测，修整到符合设计及规范要求。

k. 为了在测试精度和速度上满足控制施工质量和工期的要求，填筑施工中使用核子密度仪检测密实度和含水量，核子密度仪采用灌砂法标定校核，测量采用全站仪进行。在整个路基施工中，严格控制"五度"。即：宽度、坡度、平整度、填筑高度、密实度。重点是密实度。

3. 泥结碎石路面施工

泥结碎石路面施工

1）施工工艺

泥结碎石路面施工程序：准备工作→摊铺碎石→预压→浇灌泥浆→撒嵌缝料→辗压

2）推土机推土

场地清理：主要清除工程区内树木、树桩树根、杂草、垃圾以及监理工程师认为的其他有碍物。含细根须、植物、覆盖草等的表层有机质土壤要及时开挖运至监理指定地点。场地清理及表土清除都采用70kW推土机推土，推距40~80m。推平采用推土机将高处土方就近推至低处，使场地平整。

3）人工场地平整

推土机推平后，辅以人工整平，以达到设计要求的平整度。

4）泥结碎石路面施工

① 材料

碎石为质地坚硬、均匀、无风化、多棱角和洁净，最大粒径不超过40mm的连续级配良好的碎石，并根据碎石技术要求将碎石的各项技术指标控制在设计要求的范围之内，细小颗粒含量不大于15%，软弱颗粒含量不大于5%，含泥量不大于10%，以保证泥结碎石的施工质量。

② 黏土

黏土的塑性指数一般大于12，黏土中不得含腐殖质或其他杂物。黏土用量一般不超过碎石干重的15%。

③ 结碎石路面

a. 路基要求

按路堤施工线进行施工，若在施工开挖中偏离指定开挖线，应重新修整。将开挖路槽的土方弃至两侧并进行碾压处理。应防止雨水侵蚀地基土壤。机械开挖路槽土方时，实际施工的沟槽适当留有修整余量，再用人工修整。需先挖好路槽，做好路基。路槽土质为黏性土。路基中不能含有草皮、树根、杂草和地面上的淤泥等物，路基土湿度不得超过20%，路基土要求碾压或夯实，新填路基每层回填碾压厚度为200mm，路中间要比两边略高一些，以便在突遇大雨后，可及时排干渍水。回填时回填土干容重≥15kN/m³，路基横坡同路面，施工中注意不能让路基积水。

原有路堤在修弯取直施工时，对需要修弯的地段采用挖土机开挖后，由人工修坡取直。对原有弯道则应开挖成台阶状，填土分层回填碾压夯实。回填时对原有基层应做好清基，接口修成牙口。

b. 泥结碎石面层

泥结碎石面层为20cm，碎石粒径为2~4cm，等级不低于3级，黏土塑性指数12~

20，用土量不超过碎石的 15％（按重量计）。在压实的中基上按松散铺厚度（压实厚度1.2倍）摊铺碎石，要求碎石大小颗粒均匀分布，厚度一致。碎石铺好后，用 10～12t 压路机碾压 3～4 遍，直至石料无松动为止，碾速宜慢，25～30m/min。泥结碎石面层施工方法用拌合法、碎石摊铺后，将规定的用量土，均匀地摊铺在碎石层顶上。然后拌合，拌合一遍后，随拌随洒水，一般翻拌 3～4 遍，以黏土成浆与碎石粘结在一起为止，然后用平地机械或铁锹等工具将路面整平，再用 12t 压路机洒水碾压，使泥浆上冒，表层石缝中有一层泥浆即停止碾压。过几小时后，用 15t 压路机进行收浆碾压 1 遍后再撒嵌缝石屑，再碾压 2 遍。压实后的土体取样试验频次每 200m³、厚 30cm，取样一次或由监理根据工程实际确定试验频率。

c. 石屑层和路肩

田间路磨耗层厚度 2cm，松铺厚度为压实厚度的 1.3～1.4 倍，粒径为厚度的 0.55～0.75 倍。将磨耗层石料与 20％～30％的黏土先干拌 2 遍，将拌合好的混合料摊铺在路面上（采用路拌法），用 10～12t 压路机碾压 2～3 遍。同时做好路肩的培垫和整理。路面横向坡比为中间向两边 3％。磨耗层洒水湿润后，将粒径 2～5mm 的粗砂均匀铺上一层即可。

2.1.1.8　穿越作业

相关交叉部位通过措施，对有具体设计的以设计为准，按设计组织施工。无具体处理措施设计的，由我单位提供施工方案提交监理工程师批准后组织施工，但要保证其使用功能及施工安全。

沟渠工程通过已有道路，应充分了解标段穿越道路情况，不论采用何种方法施工不能阻断交通。当采用破路施工，应提供临时交通便道，同时施工完毕后，路面恢复不能低于原路标准。

1. 穿越石油管线作业方案

（1）首先进行施工图纸会签，确定交叉位置，尽可能避让原有管线。

（2）对原有输油管线进行人工开挖。露出地面后，以与待作业工程交点为中心，人工开挖，露出输油管线。

（3）当管线穿越时，应使用槽钢对石油管线中心进行临时支撑，并沿其进行纵向开挖至设计尺寸。利用吊车将支撑用预制构件吊装至指定位置，吊装过程中严禁与输油管线接触。将输油管线套管平均切割成 4 片，取其中一片靠近槽钢支撑置于输油管线底部，并将沟底支撑用预制构件摆正至设计位置，取套管另一片置于顶部焊接。拆除临时支撑，以同样方式将另一个支撑用预制构件及其他两片套管摆正至设计位置，并将套管焊接为一体。利用吊车将管线吊装至安装位置，此过程严禁与输油管线及支撑用预制构件相碰。

（4）当沟渠等工程穿越时，需同相关单位积极协商后编制具体施工方案，经监理工程师批准后实施。

2. 穿越原有道路作业方案

工程通过已有道路，应充分了解标段穿越道路情况，不论采用何种方法施工不能阻断交通。当采用破路施工，应提供临时交通便道，同时施工完毕后，路面恢复不能低于原路标准。

3. 穿越光缆作业方案

（1）首先进行施工图纸会签，确定交叉位置。

（2）施工前通知光缆所属单位，在其指导下施工。

2.1.2 中小河流治理工程

2.1.2.1 工程概况

晓墅港（黄武斗～石子涧）河道整治工程位于安吉县北部梅溪镇，起点为黄武斗，终点为石子涧，全长2097m。设计河底高程-2.8m，河底宽度20m，最小堤间距95m，设计堤顶高程8.35m。主要工程项目有：晓墅港黄武斗至石子涧段河道拓浚2097m（不含疏浚）、加固加高和新建左右岸堤防4854m，拆除原华光桥、加长散剂桥涵闸、拆建华光桥灌溉泵站出水渠道、改造散剂桥排涝泵站、改建晓墅闸、拆建大雁塘涵闸、改造石子涧排涝泵站、改造石子涧灌溉泵站等。

本工程防洪标准采用20年一遇，排洪标准采用5年一遇，工程等级为Ⅳ级，堤防、河道整治建筑物和跨河建筑物级别为4级。

2.1.2.2 土方开挖

1. 清基

土方开挖前先进行测量放样，测定清基边线，洒上石灰线；清除开挖土方表层的杂草、杂物、腐殖土及淤泥，以便利用部分开挖土方用于土方回填。

本工程清基主要由推土机或人工剥离，推运至附近已征用的堆土区内堆放。

2. 土方开挖

（1）施工方法

开挖前，首先由测量人员根据设计图纸进行测量定线放样，测量开挖原始断面，测放开挖轮廓线，施工过程中随时控制边线。

开挖主要采用液压反铲配合人工进行开挖，开挖出的土方由T120推土机直接堆放于沿绿化带外侧20m临时征用范围内，或装5t自卸汽车或手推车运输至业主指定地点。

土方开挖时，为确保施工安全，拟铺设路基箱进行作业。

基底预留15～30cm土方待下一道工序开工前采用人工开挖，开挖时，严格控制基础面开挖高程，确保开挖质量。基础开挖结束，应及时组织人员验收，防止基底土层受曝晒、雨淋扰动。

为保证施工进度施工区配备2台1.0～1.6m³液压反铲和2台推土机，按施工安全生产要求，自上而下分层进行（开挖边坡按设计要求同步到位），在土方开挖施工过程中，随时进行自检，若发现有不合格之处，立即进行返工处理，直至达到设计要求。

（2）施工排水

沿开挖基槽的坡顶设置排水沟，在基槽内设集水井，用小型水泵将雨水及坑内积水抽排至基坑外，以确保基础旱地施工。

（3）质量、安全控制措施

1）按图纸要求仔细放样，土方开挖后的坡度符合设计要求，避免因边坡过陡而造成塌陷，为了保证边坡质量，反铲要紧靠坡线开挖，以确保边坡平整度，并尽量避免欠挖及超挖的出现。

2）开挖过程中，必须经常测量和校核施工开挖区域的平面位置、水平标高和边坡等是否符合设计要求；始终保持设计边坡线逐层开挖，避免开挖过程中因临时边坡过陡造成坍方，同时加强边坡稳定性观察。

3）基坑开挖严禁超欠挖，如发生超挖，则按监理工程师的指示，对超挖部分进行认真处理；如遇新的地质情况与设计不符时，由监理工程师会同设计人员研究处理。

4）基础开挖完成后，即清理基础面，及时对桩号、坐标、高程等做出醒目的标记。

5）雨天，应在基坑边坡顶设置截水沟，基坑内设置排水沟和集水井，及时做好排水工作，以防基坑积水。

6）基坑边坡顶严禁堆置重物，避免坍方。

（4）施工进度安排及设备配备

1）施工进度安排详见施工总进度计划

为保证施工进度，同时配备 8 台 1～1.6m³ 液压反铲，1m³ 液压反铲每台班可开挖约 1000m³ 土方，每月按 25d 计，拟配 3 台 1m³ 液压反铲共计可开挖约 7.5 万 m³/月，部分地段开挖须分两层台阶施工，故计算可开挖约 4 万 m³/月；1.6m³ 液压反铲每台班可开挖约 1500m³ 土方，每月按 25d 计，拟配 2 台 1m³ 液压反铲共计可开挖约 7.5 万 m³/月，部分地段开挖须分两层台阶施工，故计算可开挖约 4 万 m³/月，根据施工进度安排月平均施工强度约 8 万 m³/月，故配备 8 台液压反铲满足施工要求。

2）设备配备

液压反铲	1～1.6m³	8 台
自卸汽车	5t	25 辆
推土机	T120	8 台

2.1.2.3 土方、塘渣回填

本工程土方回填主要包括堤防工程土方填筑、航道护岸护坡及平台下黏土回填夯实、交叉建筑物土方填筑；塘渣回填包括堤防内侧护脚塘渣填筑及堤顶塘渣路面。

1. 土方回填

（1）土料要求

土方回填采用黏土，填土每 30cm 一层，必须分层压实。

（2）土料回填

1）施工工艺

土方回填前先进行清基，待清基验收合格后及时进行土方回填。

土方填筑料源主要采用开挖料，其填筑主要工序为填土、平土、晾晒或洒水（含水量控制）、土料压实及质检等。

回填应由最低洼部位开始，按水平分层向上铺土填筑，不得顺斜坡填筑。施工时应做到相邻的分段作业面均衡上升，减少施工接缝，如段与段之间不可避免出现高差，应以斜坡相接并按规定要求处理。

土料填筑前须先进行现场压实试验，确定分层厚度（分层厚度不大于 30cm）、压实遍数等参数和最优含水量指标。施工时严格按确定的参数组织施工。据本工程特点，拟采用推土机配合人工摊铺，履带拖拉机及小型振动碾碾压密实，边角部位采用蛙式打夯机夯实。土方回填压实度要求不小于 0.92。

2）质量保证措施

①土方填筑质量检查与取样试验，按照招标文件技术规范及其他有关规范执行。

②土方填筑前，进行填筑碾压试验，以保证其达到最佳压实效果，在土方填筑过程中，随时观测基础沉陷情况，合理控制施工进度。

③层面注意进行刨毛处理，使层间结合紧密。

④施工中加强现场质量控制，并根据现场实际及时调整有关施工参数，确保质量。

⑤土方填筑施工过程中，工地试验室人员跟班作业，并严格按照土工试验有关规程取样试验，确保填土干密度等指标达到设计要求，如发现达不到要求时，即予返工处理。

⑥冬雨期施工措施

a. 冬期施工

（a）负温下填筑要求土料含水量低于塑限，必要时加大压实功能，对含冻土块及冰雪的填筑料禁止使用，如因遇雪停工，复工前必须将填土表面积雪清除干净，检查合格后方可复工；作好压实土层的防冻保温工作，避免土层冻结；

（b）负温下填筑范围内的基底在冻结前处理好，并覆盖薄膜，以防基底冻结；

（c）采取挖运、铺土、碾压等快速连续作业，压实时土料温度必须在－1℃以上，遇极端低温天气，停止填筑施工。

b. 雨期施工

（a）雨期填筑施工时，应对临时堆土场地排水采取有效措施，尽量减少雨后停待时间；雨前及时压实作业面，并做成中央凸起向两侧微倾，当降小雨时，停止黏土填筑；雨后施工时，应采取翻晒、复压土料等措施确保填筑料的含水量最佳；填筑时，在压实层表面做成斜坡形式以利排水，必要时对表层再次进行清理，并待质检合格后及时复工；

（b）下雨时停止清基工作，待天气较好时再进行，清理好的基础必须立即进行回填施工。

2. 塘渣填筑

塘渣填筑施工主要包括塘渣运输、卸料、摊铺、洒水、压实、质检验收等工序。塘渣卸料摊铺采用后退法，卸料后，用人工或推土机摊铺平整，层厚满足要求。碾压可采用8t压路机，碾压前，先用水枪（管）洒水，然后采用进退错距法碾压。

塘渣填筑注意事项：填筑施工前，应对基础面清理；填筑应由最低洼部位开始，按水平分层向上铺筑，不得顺斜坡填筑；碾压采用进退错距法平行于堤轴线方向进行，铺料厚度及碾压遍数严格按碾压参数施工，铺筑碾压层次分明，尽量做到平起平升，以防碾压时漏振欠振，机械碾压不到部位，辅以电动夯夯实；填筑必须保证质量，严禁草皮、树根及超径料进行回填，回填时严格测量，控制层厚。

2.1.2.4 混凝土工程

堤防及航道护岸混凝土工程主要包括混凝土压顶、混凝土边石、混凝土基础、混凝土拱形骨架等，共计3219.4m³。

1. 施工准备工作

（1）原材料的选择

1）水泥：选用 P. O32.5 级水泥。

水泥品质必须符合现行国家标准及有关部颁标准的要求，水泥应有质保单，合格证，进场水泥需分批抽样复检。

2）骨料及砂：从附近料场购买。骨料应质地坚硬，清洁、不含泥块、草木屑及其他杂物、级配应符合工程要求，超（逊）径含量在规范要求范围内；砂细度模数要求符合中粗砂标准，含泥量等其他指标达到规范要求。

3）水：混凝土拌合用水利用现场简易水箱设水管供给。

4）外加剂：外加剂的使用须符合有关规范的规定。

（2）配合比

混凝土施工前，先进行混凝土配合比设计试验，并根据试验配合比确定水泥、砂、石子的用量，配合比的设计应符合施工上对和易性等的要求，报经监理工程师批准。

（3）模板

模板采用标准建筑钢模板，部分边角位置采用木模镶拼。

2. 混凝土的搅拌合运输

（1）混凝土搅拌

1）混凝土由布置在附近的移动式拌合站拌合。

2）拌制混凝土时，材料配合偏差不得超过下列规定的数值：

① 水泥和外掺混合材料按重量计，允许偏差<1%；

② 骨料按重量计，允许偏差为<2%；

3）混凝土搅拌应均匀、颜色一致，自全部材料装入搅拌机起，到混凝土由筒中开始卸料为止，其连续搅拌的最短时间不应少于120s。

（2）混凝土运输

混凝土由工程车或手推车运到浇筑点直接送料入仓，压顶混凝土采用工程车或手推车运至浇筑点铁板上，人工铁锹入仓，人工平仓。

混凝土运输过程中应尽量避免混凝土的二次搬运，混凝土运输过程中应保持其均质性。如在运到浇筑地点有离析现象时，必须在浇筑前二次搅拌。

3. 混凝土的振捣和养护

（1）振捣

混凝土采用插入式及平板式振捣器振捣密实。混凝土振捣应均匀、密实，并注意以下各点要求：

1）根据构件的具体情况，振捣前应详细交代操作要点，组织专人分段负责。

2）混凝土入模后应做平仓方可进行振捣，每层混凝土未振实前，不得加添新混凝土。

3）为了防止混凝土中的石子被钢筋卡住使混凝土不再下落造成下部空洞，必须选用插钎检查捣实后，再加强振捣。

4）边角部位应加强人工插捣和机械振捣。

5）振捣器振捣时，其间距一般为50cm，振至混凝土不再继续下沉表面不再冒气泡止。

6）插入式振捣器应快插慢拔，拔出时不可太快、太猛，以免留下孔迹和空洞。

（2）混凝土的养护

1）混凝土在浇筑完毕后的12h内，应加以覆盖和洒水，当气温低于0.5℃时，应覆盖保温，不得向混凝土洒水，可先覆盖一层塑料膜，再加盖保温层；炎热天气混凝土表面宜先覆盖草袋，并加强洒水养护。

2）混凝土的养护时间根据水泥品种、气候条件确定，一般不应小于14d。

3）混凝土试块的制作

混凝土试块制作按规范要求进行，试块制作后在养护池进行养护，并及时送试验室进行强度试压。

4. 主要混凝土浇筑施工方法

（1）C15 基础混凝土

机械开挖基础土方完成后，用人工开挖基础，清理验收合格后即进行基础混凝土浇筑。

模板采用标准建筑钢模，用钢管、方木等进行加固，模板的架立应牢固、稳定、整体性好，模板拼缝应光滑、平顺，缝间不漏浆。

混凝土采用工程车或手推车经施工便道运输至施工点直接送料入仓，人工进行平仓，机械振捣密实。

（2）C15 拱形骨架混凝土

1）施工准备

混凝土浇筑前配备足够的模板，砂石料、水、电均应准备好后方可进行。

2）模板

模板采用自制的定型钢模，几何形状符合设计要求。保证脱模后混凝土表面良好的光洁度。

3）混凝土浇筑

混凝土采用工程车或手推车运至浇筑点，人工分料入仓，插入式振捣器振捣密实。为加快混凝土浇筑速度，在混凝土中加入早强剂，以便模板周转。

混凝土浇筑在拱形骨料顶设伸缩缝，缝内填厚 20mm 塑料泡沫板。

对于顺直堤线段混凝土浇筑，要求平整度为 ±3mm，横向平整度为 ±10mm，纵向平整度为 ±20mm。

对于堤塘转角处，要按实际转角进行拱形骨架混凝土浇筑，模板必须拼接完整以利坡面平整、顺直。

（3）C15 边石混凝土

堤防工程堤顶道路两侧需进行混凝土边石施工，共计 582.5m³。

混凝土边石待堤身填筑至设计高程并由监理工程师验收合格后进行施工。混凝土浇筑前，由测量人员在待浇仓面测设浇筑高程，并做好标注。混凝土由附近拌合站拌合，由 1t 工程车或人工双胶轮车运至浇筑点直接送料入仓或人工送料入仓，由人工进行平仓。振捣器振捣密实，表面采用人工进行抹面，抹面要求严格控制表面平整度。

（4）压顶混凝土

堤防工程堤后干砌块石基础、航道护岸平台及浆砌块石基础施工完毕后进行压顶混凝土施工。

模板采用标准建筑钢模，混凝土自拌合系统出料后采用工程车或手推车运至施工点铁板上，人工铁锹入仓，人工平仓，插入式振捣器振捣密实。

混凝土的养护应按规定要求进行，一般可采用潮湿麻袋包覆盖，有太阳直射时应增加浇水的频度，并经常保持混凝土表面潮湿。

（5）台阶混凝土

台阶混凝土模板采用标准组合钢模，边角部位以木模镶拼，混凝土由附近所设的移动式拌合机拌制，工程车或手推车运输至浇筑点，人工分料入仓、平仓，机械振捣密实。表面采用人工抹面，为保证表面平整度及美观，抹面必须采取二次抹面工艺。

5. 混凝土浇筑高、低温防护措施

为防止混凝土出现裂缝，在高温季节及冬期施工时，应采取切实可行的温控防裂措施。

（1）严格控制混凝土原材料的质量，加强取样试验和检查，发现不合格材料坚决不用。

（2）混凝土施工前，做好混凝土级配试验，同时根据混凝土的各项性能要求，掺入一定比例的减水剂，优选最佳级配。

（3）避开高温时段进行混凝土施工，减少每次浇筑层厚度和方量，加快覆盖速度，缩短混凝土曝晒时间，并在仓面附近喷水雾进行降温。

（4）严格控制仓面混凝土的浇筑工艺，在高温季节混凝土浇筑时，用彩条编织布搭设临时遮阳凉棚，遮住阳光直射面，防止骨料遭太阳曝晒。

（5）在混凝土脱模后2～4h内表面覆盖一层塑料薄膜，再加盖1～2层润湿草袋，草袋周边搭接小于10cm。

（6）冬期施工：避开0℃以下天气浇筑混凝土，低温季节对混凝土骨料事前采用加盖塑料布保温、拌合时严禁带有冰粒的骨料及水进入拌合机，浇筑结束后及时用塑料薄膜、草袋等覆盖保温，并延长拆模时间。

1）掺入一定量的早强剂，提高混凝土的早期强度；

2）混凝土浇筑尽量安排在白天气温较高的时段进行；

3）混凝土掺加防冻剂；

4）冬期低温时搅拌混凝土宜适当延长混凝土搅拌时间，拌合物温度应不低于5℃；

5）混凝土低温下施工，应符合《水工混凝土施工规范》（DL/T 5144—2001）的有关规定。

2.1.2.5 砌体工程

砌体工程为堤防干砌块石基础、浆砌块石护坡及航道护岸干砌块石护坡及浆砌块石基础。

1. 施工准备工作

（1）砌石前要清洗石料，将表面泥土等杂物冲洗干净，以确保施工质量。

（2）清理基础面层，用水冲洗浮泥，基础面不得留有杂物。

（3）按设计断面尺寸放样定位，弹出墨线，树立样架。

2. 主要施工工艺

（1）浆砌块石施工

为了便于浆砌石工程的施工，需经测量放样定出基础、护坡的底脚线、顶线及各边线，并用标杆标出。砌石时根据样杆拉线定位。

同时在附近设高程点，以便随时复核砌筑高程，控制砌筑标高。

砌石采用坐浆法砌筑，坐浆厚度不少于5cm，砌筑时石块宜分层卧砌、上下错缝、内外搭接，石块间不得相互接触，不得采用面石侧立中间乱石填心的填筑方法。砌筑前石块必须保持湿润，灰缝厚度一般为20～30cm。

根据我单位以往砌石施工经验，铺砌工艺流程一般为：

砌筑面准备（清除浮浆、残渣、冲洗）→选料→铺（坐）浆→堆放块石→竖缝灌浆→捣实→清除石面浮浆、检查砌筑质量→勾缝→养护。

砌筑时石块之间混凝土应饱满，内设拉结石，表面平整顺直。面石施工时，根据混凝土级配留有一定的缝距，腹石大面朝下，块石之间形成上大下小缝隙，以利砂浆灌注及振捣密实。

养护按规定要求进行，一般可采用潮湿麻袋包覆盖，有太阳直射时应增加浇水的频度，并经常保持混凝土表面潮湿。气温较低时，应停止浇水，以防混凝土受冻。

（2）干砌块石施工

堤防基础开挖并经监理工程师验收合格后及航道护坡基础清理完毕后即进行。石块运输至施工现场，人工抬运安砌。块石石料要求采用新鲜完整无风化龟裂，并具有两个大致平行平面的块石，岩石长边的尺寸以满足护坡单层竖砌的要求为原则。

干砌块石由人工采用紧砌法砌筑。砌筑时，必须按设计厚度单层竖砌，要求由下而上竖砌，长边垂直于坡面，契合紧密，互相借缝，顺坡向接缝互相交错，块石间咬扣紧密，块石厚度小于 15cm 的飞口、锐角应凿去，坡度应顺适，无凹凸肚现象，表面平整度±2cm。砌筑时严禁出现大面朝上，不得有松动、叠砌、浮塞、夹用片石和小块石以及上下左右通缝的现象出现。

2.1.2.6 抛石工程

石料由 5t 自卸汽车或自卸式拖拉机运输到施工段，采用端进法向前延伸立抛，立抛时采用分层流水阶梯式抛填，推土机配合推平并压实。

填筑完成后，先由人工进行整坡，修整采用方格网进行测量控制，然后用人工或液压反铲进行表面块石理砌。

两个相邻的不同断面间应设过渡段，以控制桩号处的较低高程断面向高程较高断面过渡。

2.1.2.7 撒草籽护坡工程

撒草籽护坡施工前按设计要求填筑种植土，表面采用人工按设计坡度进行整平。草籽按设计要求选用优质草籽，草籽护坡施工要求专业队伍进行施工，草籽护坡施工完成后要派专人养护，特别是前期，要经常进行浇水。

2.1.2.8 交叉建筑物工程

本工程交叉建筑物包括华光桥拆除、散剂桥涵闸、华光桥灌溉泵站出水渠道改造、散剂桥排涝泵站改造、改建西墅闸、拆建大雁塘涵闸及改造石子涧排涝泵站、灌溉泵站施工。

1. 拆除施工

本工程需拆除 3 座涵闸及闸，1 座老桥。

计划采用人工配合重锤敲击法或采用风镐撬挖，1m³ 液压反铲挖装 5t 自卸汽车运输至业主指定地点或采用人工装双胶轮车运输弃放。

2. 涵闸、闸、泵站及出水渠道施工

涵闸、闸、泵站及出水渠道施工顺序如下：

施工围堰→（原涵闸及水闸拆除）→土方人工开挖→（混凝土箱涵、混凝土基础、钢筋混凝土涵管、混凝土底板等）→浆砌块石护底、基础、挡墙及混凝土压顶等→（钢闸门制安）→上部结构→启闭机安装→土方回填。

（1）土方开挖及回填

土方采用人工进行开挖装双胶轮车运至业主指定地点就近堆放。土方回填待挡墙施工完毕后按设计要求进行填筑，填筑采用自卸式拖拉机或人工双胶轮车运至填筑点填筑，小型振动碾或蛙式打夯机夯实。

（2）混凝土基础及箱涵施工

拆除及土方开挖验收合格后，即可进行箱涵及混凝土基础施工。首先将人工开挖扰动的土回填夯实，然后进行混凝土垫层施工。垫层施工完毕后，基础及箱涵混凝土施工前，用高压水枪将垫层表面冲洗干净，以保证基础及箱涵混凝土与垫层结合良好。

底板侧模采用组合钢模，部分配合木模，用钢管、方木、杉原木加固。

钢筋在钢筋加工厂加工后运输至工作面绑扎、焊接，闸门槽预埋件及止水预埋件在箱涵混凝土前按设计要求进行预埋。

混凝土采用双胶轮车从拌合系统出料后，经基坑边搭设的溜筒下料转运，然后经施工便道或搭设的跑道运输至工作点直接送料入仓，台阶式浇筑，插入式振捣器振捣密实。底板表面采用平板式振捣器振捣后，人工压实抹光，并及时覆盖洒水养护。

混凝土浇筑过程中，应派专人值班，随时注意观察模板、底坎门槽位置以及门槽底坎插筋位置，以防止其位移。

箱涵施工严格按照设计及规范要求进行施工，混凝土采用手推车运至浇筑点直接送料入仓或人工分料入仓，插入式振捣器振捣密实。

（3）浆砌块石施工

基础开挖完毕并经验收合格后按设计要求进行浆砌块石护底、基础、挡墙及护坡等的施工。为了便于浆砌石工程的施工，需经测量放样定出基础、护底、挡墙及护坡的底脚线、顶线及各边线，并用标杆标出。砌石时根据样杆拉线定位。

同时在附近设高程点，以便随时复核砌筑高程，控制砌筑标高。

砌石采用坐浆法砌筑，坐浆厚度不少于 5cm，砌筑时石块宜分层卧砌、上下错缝、内外搭接，石块间不得相互接触，不得采用面石侧立中间乱石填心的填筑方法。砌筑前石块必须保持湿润，灰缝厚度一般为 20～30cm。

根据我单位以往砌石施工经验，铺砌工艺流程一般为：

砌筑面准备（清除浮浆、残渣、冲洗）→选料→铺（坐）浆→堆放块石→竖缝灌浆→捣实→清除石面浮浆、检查砌筑质量→勾缝→养护。

砌筑时石块之间混凝土应饱满，内设拉结石，表面平整顺直。面石施工时，根据混凝土级配留有一定的缝距，腹石大面朝下，块石之间形成上大下小缝隙，以利砂浆灌注及振捣密实。

养护按规定要求进行，一般可采用潮湿麻袋包覆盖，有太阳直射时应增加浇水的频度，并经常保持混凝土表面潮湿。气温较低时，应停止浇水，以防混凝土受冻。

（4）钢筋混凝土涵管施工

混凝土涵管购买后采用汽车运至工地，16t 汽车吊运至工作面人工配合安装。注意吊放前确定管道轴线控制，以确保安放位置正确。管道出口部位设一出水池。出水池基础经验收合格后即可进行施工，模板采用标准建筑钢模，混凝土自拌合系统出料后采用手推车直接送料入仓或人工分料入仓，插入式振捣器振捣密实。

（5）启闭机房施工

排架柱混凝土采用井架提升，人工分料入仓，插入式振捣器振捣密实。

墙体砌筑时，严格控制灰缝厚度和饱满度，砌体层数必须符合皮数杆，做到砌缝平整均匀，坐浆饱满，转角垂直，砌体表面垂直平整。

混凝土浇筑时，模板采用钢木组合，模板利用脚手钢管支撑，对拉螺栓加固。施工时，为防止起砂，基层必须清理干净，提前浇筑湿润，严格控制水灰比，并掌握好面层的压光时间，及时进行养护。屋顶完工后，即可进行内外装饰。

房屋建筑工程施工按设计图进行，工程由我公司长期从事房建工程施工的专业施工队伍施工，施工时严格执行建筑工程有关施工规范，确保房建工程优良。

（6）钢闸门制安

1）金属材料：金属结构材料符合设计要求，必须具有出厂合格证书及质量保证书，并符合设计要求。

2）工艺流程

根据现场实际情况，为避免与土建施工间的干扰，钢闸门的大部分零部件在公司总部制作完毕后用汽车运至施工现场，在闸室附近较宽畅处进行现场拼装。

在施工现场搭设钢平台一座，简易 5t 门吊一台，15t 人字扒杆一副，用于金属结构制作、翻身、移位、起吊、拼装，配备一定数量的电焊机、切割机、碳弧气刨，起重卷扬机等施工机械设备，以满足施工进度和质量要求。

制作钢闸门前，首先按施工图纸所示的尺寸进行划线放样，放样时尽量减少拼缝长度。对于一、二类焊缝采用剖口焊。焊接时，严格控制焊缝的宽度、高度、咬边、面错位等技术指标。绝不允许有焊缝夹渣、裂纹等缺陷。为控制拼装的间隙和焊接变形，采取夹具加固和焊缝二至三次成形的措施。门体焊接时，采用多台电焊机，从门体中间对称向四周焊接。

3）防腐处理

防腐工程质量的好坏直接影响到闸门金属构件的寿命及外表的美观。故闸门制作完毕，按设计要求进行处理。

4）闸门的安装

利用 2 副 15t 独脚扒杆将闸门起吊至闸墩顶后转正竖直、定位，校准定轮及侧轮，并做升降调试后做水密封安装，最后沉放就位。

5）质量安全措施

① 滚轮或滑动支座的安装应在整个门叶结构安装、焊接完备，并经过校正合格后才能进行。各个滚轮或各个滑动支座的承压面应调整到同一个平面上。

② 有关闸门安装后的检查、试验及油漆工作，严格按照施工图纸并参照有关技术条款和《制造、安装及验收规范》的规定执行。

③ 起重作业按制订的施工方案实施，起吊机具索具都要经过严格检查，起重作业时，吊钩中心线与构件重心在一条垂直线上，严禁在倾斜状态下拖拉构件。并在使用过程中，设专人统一指挥。

④ 闸门拖运、平移、吊装，必须有切实可靠的施工措施，并进行支撑加固，绑扎牢固，以防倾覆等事故的发生。

（7）启闭机安装

启闭机严格按照设计要求进行安装，安装由我单位长期从事安装工程的施工队伍进行施工。

2.1.3 小型水库除险加固工程

2.1.3.1 工程概况

前溪湖水库位于余姚市西南街道郭相桥境内，属甬江流域水系。引水后上游集水面积 4.43km²，总库容 232 万 m³，正常库容 178.5 万 m³，相应水位 8.85m；死库容 10 万 m³，相应水位为 2.85m。设计洪水标准为 50 年一遇，校核洪水标准为 500 年一遇。前溪湖水库是一座以灌溉、供水为主，结合防洪、养鱼等综合利用的 1 型水闸。工程于 1957 年 8 月兴建，经多次加高加固，于 1980 年完工。

枢纽工程由主坝、副坝、溢洪道、泄洪闸及输水涵管组成。

主坝为均质坝，形状为外弓形，上游坝面采用干砌块石护坡，坝顶长 350m，坝高约 11m，坝顶高程 12.85m，设计坝顶宽为 3m，现宽为 1.3～1.8m，设计迎水坡为 1:3，背水坡为 1:2，现迎水坡为 1:2.54，背水坡为 1:2，大坝内外镇压层各宽 15m 左右，镇压层顶高程 5.5m 左右。副坝为均质坝，上、下游坝面均无块石护坡，坝顶长 180m，坝高 4m，坝顶高程 10.63m，坝顶宽为 1.2m，迎水坡、背水坡均为 1:2。

溢洪道位于东边山岙，堰型为实用堰，堰顶高程 9.94m，底宽 33m。

泄洪闸位于大坝左端，共 4 孔，每孔净宽 3.0m，总净宽 12m，进口底高程 7.4m，闸门采用混凝土平板闸门，螺杆式启闭机，启闭力为 10t。

输水涵管共有东、西二条，其形式为坝内式涵管。东涵管进口底高程 3.55m，管长 52m，管径 0.45m，为钢筋混凝土网管；西涵管进口底高程 4.75m，管长 46m，管径 0.90m，为钢筋混凝土网管。闸门为铸铁斜插门，启门力 5t。

2.1.3.2 坝坡拆除及土方开挖

1. 坝坡拆除

坝坡拆除包括坝坡原干砌块石护坡拆除。

干砌块石护坡采用人工配合 1.25m³ 液压挖土机进行拆除。拆除时，由人工从块石上缘封口石的接缝开始，先撬松后挖除，抬运到堆放点。

中间腹石自上而下分层进行拆除，必要时采用风镐作辅助。

拆除施工自上而下进行，拆除的块石可用部分放置在坝坡下空地内备，无用部分由 1.25m³ 液压反铲装 5t 自卸汽车运至业主指定地点堆放。

2. 坝体土方开挖

在坝体土方开挖前，首先测量人员根据设计提供的平面控制点及开挖图，布设测量控制网点，而后进行测量定线放样，测量开挖原始断面，测放开挖轮廓线，施工过程中随时控制边线。

开挖时边开挖边修建施工便道，挖出的土方由自卸汽车运到弃渣场。

土方开挖时应先清理覆盖层杂物，人工配合 0.6～1.0m³ 液压反铲自上而下分层挖除，最后预留 20cm 左右采用人工开挖，以保证建基面完整。挖出的土方由液压反铲装自卸汽车运到监理指定的弃渣场地。

2.1.3.3 坝体填筑

坝体填筑前须先进行现场压实试验，确定分层厚度、压实遍数等碾压参数和最优含水量指标，施工时严格按确定的参数组织施工。

根据本工程土料的性质和状态，结合我单位的技术装备，拟采用 T120A 或 T802 推土机摊铺，10t 羊足碾碾压密实，边角部位采用平板振动夯夯实，铺料厚度初定为 20cm。填筑料的铺料与压实工序应连续进行，压实过程中要求层面平整、层次清楚。

土方填筑主要工序为填土、平土、晾晒或洒水（含水量控制）、土料压实、质检。

回填由最低洼部位开始，按水平分层向上铺土填筑，不得顺坡填筑。施工时应做到相邻的分段作业面均衡上升，减少施工接缝，如段与段之间不可避免出现高差，应以斜坡相接并按规定要求处理。

土料填筑前须先进行现场压实试验，确定分层厚度（层厚不大于 20cm）、压实遍数等碾压参数和最优含水量指标。施工时严格按确定的参数组织施工。根据本工程土方回填料的性质和状态，结合现场实际拟采用人工摊铺、小型压路机或斜坡碾碾压密实，边角部位采用人工夯实。铺土厚度符合规范要求，土料的铺料与压实工序应连续进行，压实过程中要求层面平整、层次清楚。

在压实过程中，及时测定回填土方的干容重，确保达到设计要求，碾压时，注意控制含水量，若含水量过大或过小时，应进行翻晒或洒水拌匀后再压实；压实后的土层无漏压虚土层、弹簧土、剪力破坏和光面不良现象，否则，根据具体情况及时进行处理。

雨期施工时，应根据雨情预报，在下雨前及时压实作业面表层的松土，作业面及时做好横坡排泄雨水。必要时，对填土工作面用雨布等覆盖，雨后填筑应晾晒或作处理，经检查合格后，方可复工。

2.1.3.4　砌石工程

1. 混凝土灌砌块石地梁

灌砌块石应新鲜、坚硬，冲洗干净，保持湿润。施工时，先铺混凝土，后摆砌块石，再灌入混凝土振捣。

灌砌块石采用灌浆法砌筑，石块间不得相互接触。灌砌时石块之间应混凝土饱满，表面平整顺直。施工时，根据混凝土级配留有一定的缝距，腹石大面朝下，块石之间形成上大下小缝隙，以利混凝土灌浆及振捣密实。

2. 干砌块石护坡

（1）测量放样

为了便于干砌石护坡工程的施工，需经测量放样定出砌筑范围，并用标杆标出。砌石时根据样杆拉线定位。

同时在附近设高程点，以便随时复核砌筑高程，控制砌筑标高。

（2）材料选择

1）干砌块石应选用新鲜、质地坚硬、无风化、没有裂缝且大致方正的岩石，不允许使用薄片状石料。其抗水性、抗冻性、抗压强度等均应符合设计要求。

2）用于砌体表面的石料必须有一个用作砌体表面的平整面，尺寸较大时，应稍作修整。

3）碎石应选用级配良好，质地坚硬的石料。

（3）砌筑方法

1）砌石前先用样架将基础整修至设计要求，基础必须密实稳定，施工时只宜将其铲平，避免薄层补坡，少量填补采用碎石。之后报请监理工程师验收。

2）砌筑采用紧砌法，使块石的长边垂直于基面以满足设计厚度要求，砌筑块石接缝要上下互相错开，咬合紧密、牢固，不得有松动、叠加、浮塞和通缝等弊病，并按设计要求做好封边和封顶，表面顺直美观，不得有凹陷凸肚等现象。干砌块石施工时，严格按设计要求进行施工。施工采用平行流水作业法，修一段，成一段，防止雨水、江水冲刷。砌体外露面的侧边，应选用较整齐的石块砌筑平整。

3）砌体缝口应砌紧，底部应垫稳填实，严禁架空。

4）不得使用一边厚一边薄的石块或边口很薄而未修整掉的石料。

5）宜采用立砌法，不得叠砌和浮塞；

6）为使沿石块的全长有坚实支承，所有前后的明缝均应用小片石料填塞紧密。

3. 浆砌半细料石挡墙

（1）材料选择

1）块石应新鲜、质地坚硬、无风化、没有裂缝且大致方正。其抗水性、抗冻性、抗压强度等均应符合设计要求。

2）砌体表面的石料采用平面，并按"半细料石"标准"平面"。

3）半细料石的外表面及四个侧面均需进行修面处理，外表面的高差小于设计要求。

（2）材料运输

半细料石外购利用自卸汽车或拖拉机运至施工现场堆放在填筑点较宽畅地段，人工抬运或手推车推运至砌筑点。

（3）砌筑方法

1）砌石前先请监理工程师对基础面进行验收，待验收合格后进行 M7.5 浆砌半细料石施工。

2）M7.5 浆砌半细料石施工前，应先放样并整修好基面。半细料石不得乱堆乱放，严禁集中堆放，半细料石大小要按设计要求，并将石料的泥垢冲洗干净，砌筑时保持砌石表面湿润。砌筑采用坐浆法分层砌筑，铺浆厚度控制在 3～5cm，随铺浆随砌石，砌缝需用砂浆填充饱满，不得无浆直接贴靠，砌缝内砂浆应采用扁铁插捣密实，严禁先堆砌石再用砂浆灌缝。砌筑半细料石接缝要上下互相错开，咬合紧密、牢固，不得有松动、叠加、浮塞和通缝等弊病，表面应顺直美观，不得有凹陷凸肚等现象。外露面上的砌缝应预留 4cm 深的空隙，以备勾缝处理，水平缝宽度应不大于 2cm，竖缝宽应不大于 3cm。

砌筑因故停顿，砂浆已超过初凝时间，应等砂浆强度达 2.5MPa 后才可继续施工；在继续砌筑前应将原砌体表面的浮渣清除，砌筑时应避免振动下层砌体。

M7.5 浆砌半细料石施工严格按设计要求进行。施工采用平行流水作业法，修一段，成一段，防止雨水冲刷。

4. 碎石垫层施工

碎石垫层由自卸汽车或自卸拖拉机运到坝顶卸料，采用钢质溜槽卸料、人工分料摊铺，采用挂线及大三角尺来控制厚度和平整度，最后由人工夯实。

2.1.3.5 帷幕灌浆

基岩帷幕灌浆采用纯水泥浆，帷幕灌浆采取按序逐渐加密的原则进行，同时按设计要求灌浆自上而下进行。

1. 钻孔

帷幕钻孔采用 150 型钻机钻进，钻孔应进行统一编号，钻孔前由测量人员进行定位，钻进时，应对孔内各种情况作详细记录。

2. 冲洗

灌浆孔在灌浆前应进行冲洗，以提高灌浆效果，冲洗采用压水冲洗，即使用灌浆泵将压力通过孔内循环管路对灌浆孔进行冲洗，直到回清水后 10min 为止，冲洗压力一般不大于该段灌浆压力的 80%。

洗孔后做压水试验，测量定透水率。

3. 灌浆

根据工程地质条件，灌浆施工中，应以压力控制为主，即在保证按规定灌浆浓度后，尽快达到设计压力，同时兼顾吸浆率。

灌浆浆液的变换，应遵循由稀到浓的原则，逐级改变，浆液的水灰比采用 8：1、5：1、3：1、2：1、1.5：1、1：1、0.8：1、0.5：1（重量比）九个比级，初始水灰比采用 8：1。

灌浆过程中，当灌浆压力保持不变、吸浆率均匀减少，或吸浆率不变，压力均匀升高时，不得改变水灰比。一般某一级水灰比浆液的灌入量超过规定值，而灌浆压力和吸浆率均无明显变化时，应改浓一级水灰比。

4. 灌浆结束与封孔

灌浆在设计规定压力下，如吸浆率小于 0.08L/min·m 后继续灌注 60min 即可结束。

在全孔灌浆结束后，应再用最稠一级浆液，按 10～15m 的段长将全孔作一次自下而上地复灌。封孔灌浆时，采用该孔段的原灌浆压力，按正常灌浆的结束标准进行。孔内水泥浆干硬后，应排除孔内积水，再直接用干硬性水泥砂浆封堵。

2.1.3.6　坝顶施工

本工程主坝坝顶工程包括 10cm 素混凝土垫层、3cm 厚 M7.5 水泥砂浆及 20cm×10cm×6cm 人行道板，副坝坝顶路面为泥结石路面。主坝安排在帷幕灌浆后进行，副坝安排在护坡工程完成后进行。

1. 素混凝土垫层及水泥砂浆

素混凝土垫层由工程车运至施工地点，人工摊铺，插入式振捣器及平板式振捣器振捣密实；

水泥砂浆由附近所设砂浆搅拌机拌制，手推车运至施工点，人工铺设，而后按设计图纸随即人工铺设人行道板。

2. 人行道板安装

按控制点定出方格坐标，并挂线，按分段冲筋（铺装样板条）随时检查位置与高程。

铺砌砂浆由搅拌机拌合后用工程车运到施工现场，人工按设计厚度实行铺砌。人行道板铺装要轻拿轻放，橡皮锤或木锤（钉橡皮）敲实。不得扣坏砖边角。

按设计做伸缝时，要求平正直顺，紧靠花岗岩，不能有弯曲不平现象。缝宽符合设计要求。

2.1.3.7　输水系统工程

1. 涵管封堵施工

本工程坝体原埋有东西两根涵管，在本次施工中需进行封堵。

根据设计，涵管封堵设在坝前，先用挖土机开挖涵管处拟挖除的土方，并拆除部分原有涵管，然后对埋设于坝体内的涵管进行混凝土填塞。而后按设计要求进行土方回填。

2. 倒虹管

倒虹管由业主自行设计。进出口混凝土按设计进行施工。

2.1.3.8 溢洪道工程

1. 石方明挖

明挖施工前先在开挖边坡线之外做截水沟，使山坡水不流入开挖工作面，断面为梯形断面，截水沟采用人工开挖，岩体裸露地段采用手风钻钻浅孔爆破开挖。

在截水沟施工的同时进行开挖区域内的场地清理，清理全部树木、树根等障碍物。

石方自上而下分层开挖，手风钻钻眼，浅孔爆破。开挖边坡应进行保护，以确保安全。出碴采用人工装自卸式拖拉机运至弃碴场堆放。弃碴时，应尽量将大块石碴弃于碴堆底部，在弃碴形成最终堆体时，使碴堆体自由排水通畅，并对碴堆边坡进行修整，使边坡保持稳定。

开挖时应预留出碴道路，对明挖过程中遇到的不稳定边坡，采用边开挖边支护的方法施工，即开挖一层支护一层，边坡采用槽钢桩或锚杆进行支护。

2. 混凝土基础及找平层

（1）混凝土基础及找平层施工，必须对基坑进行清理，对松动岩块、残留石渣、杂物清除干净。

（2）在混凝土浇筑之前，先用人工清除岩面上的杂物、泥土及松动岩石，并用压力水冲洗干净，排净欲浇筑仓位内的积水，并且保持岩面洁净和湿润。

（3）模板采用组合钢模或部分采用木模拼模，钢模板的安装、拆除人工进行。堵头模板采用木模配合钢模封堵。

（4）钢筋在钢筋厂加工制作，由平板车运输至施工点，利用钢筋施工台车人工进行绑扎、焊接。

（5）混凝土自拌合系统出料后，由手推车经施工便道运至浇筑点直接送料入仓，采用人工送料入仓。插入振捣器或平板振捣器振平

（6）混凝土养护，在相对湿度大于 95％时不养护，相对湿度在 60％～90％时，洒水养护 10d，相对湿度小 60％时，洒水养护 21d，有特殊要求延长养护期。

（7）混凝土施工工艺流程：

基础清理→测量放样→垫层铺设→模板、钢筋安装→仓面清理→验收→浇筑混凝土→养护。

3. 混凝土灌砌块石施工

块石应新鲜、坚硬，面石基本上有整面，块石应冲洗干净，并保持湿润。施工时，分层卧砌，先铺混凝土，后摆砌块石，再灌入混凝土振捣。砌筑时应上下错缝，内外搭接，石块间不得相互接触，不得采用面石侧立中间乱石填心的填筑方法。根据我单位以往砌石施工经验，铺砌工艺流程一般为：

砌筑面准备（清除浮浆、残渣、冲洗）→选料→铺（坐）浆→堆放石块→竖缝灌浆→清除石面浮浆、检查砌筑质量→勾缝→养护。

（1）块石由自卸汽车运至施工点，砌筑前，应在砌体外将石料上的泥垢冲洗干净，砌筑时保持砌石表面湿润；

（2）混凝土自相应拌合系统出料后，由工程车或手推车运至施工点附近堤顶，然后采用人工、手推车运输到砌筑点；

（3）采用坐浆法分层砌筑，铺混凝土厚宜 3～5cm，随铺混凝土随砌石，砌缝用混凝土填充饱满，不得无混凝土直接贴靠，砌缝内混凝土采用扁铁插捣密实，严禁先堆砌石块再用混凝土灌缝；

（4）上下层砌石应错缝；砌体外露面应平整美观；

（5）砌筑因故停顿，混凝土已超过初凝时间，应待混凝土强度达到 2.5MPa 后才可继续施工；在继续砌筑前，将原砌体表面的浮渣清除；砌筑时避免振动下层砌体；砌筑完毕后保持砌体表面湿润，做好养护；

（6）混凝土配合比、工作性能等，先按设计强度等级通过试验确定，施工中在砌筑现场随机制取试件。

4. 塘碴回填

挡墙前后部分塘碴回填应在相应的挡墙达到设计要求的强度后进行。回填料由自卸汽车运到施工点，人工配合反铲将塘碴直接回填到挡墙背后。

回填时应由最低洼部位开始，按水平分层向上铺料填筑。施工时应做到相邻的分段作业面均衡上升，以减少施工接缝，如段与段之间不可避免出现高差，应以斜坡相接并按规定要求处理。

回填的分层厚度取 30cm ，并宜采用小型压路机结合电动打夯机夯实，碾压或夯击时，应注意保护挡墙，防止出现破坏。

2.1.3.9 泄洪闸施工

泄洪闸加固包括原泄洪闸拆除重建、更换闸门板、更新启闭设备、翻修闸底板下游护底、重建启闭房等。

1. 原泄洪闸拆除

原泄洪闸拆除采用常规方法进行。拆除时，自上而下进行，其施工流程：上部附属结构（启闭房）拆除→排架及混凝土框架拆除→原工作桥、交通面板拆除→闸墩拆除→底板及护坦等拆除。

（1）上部附属结构及排架拆除

上部附属结构可移动部分采用人工搬移。排架及墙体采用人工配合风镐撬松后，人工拆除，装车运到弃碴场。

钢筋采用切割机或乙炔割断后，人工拆除。

（2）面板拆除

混凝土面板采用切割机或乙炔割断后，人工拆除成块后，采用 16t 汽车吊分块吊离原框架，装船或装车运到弃碴场。

（3）闸墩、底板及护坦拆除

采用人工配合风镐撬松后，人工拆除，割断钢筋后装车运到弃碴场。

2. 泄洪闸混凝土浇筑

泄洪闸混凝土工程主要包括水闸底板 110m³、混凝土闸墩 100m³、排架及大梁 19m³、其他混凝土 14.86m³。

（1）原材料的选择

1）水泥：选用不低于 P·O32.5 级普通硅酸盐水泥。

水泥品质必须符合现行国家标准及有关部颁标准的要求，水泥应有质保单，合格证，进场水泥需分批抽样复检。

2）碎石：采用外购。碎石应质地坚硬，清洁、不含泥块、草木屑及其他杂物。级配应符合工程要求，超径含量在规范要求范围内，针片状含量应小于规范规定。

3）砂：采用淡水砂，中粗。

4）水：采用水库水。

5）配合比：混凝土浇筑前，先进行混凝土配合比设计和试验，并根据试验配合比确定水泥、砂、石子的用量，配合比的设计应符合施工上对和易性等的要求。

（2）混凝土搅拌

1）混凝土的搅拌采用 0.35m³ 混凝土搅拌机。

2）拌制混凝土时，材料配合偏差不得超过下列规定的数值：

① 水泥和外掺混合材料按重量计，允许偏差<2%；

② 骨料按重量计，允许偏差为<3%；

3）混凝土搅拌应均匀、颜色一致，自全部材料装入搅拌机起，到混凝土由筒中开始卸料为止，其连续搅拌的最短时间不应少于 120s。

（3）混凝土运输

混凝土由 1t 工程车或人力手推车直接从拌合地点运往浇筑点，尽量避免二次搬运。混凝土运输过程中应保持其均质性。

混凝土运至灌注地点时，应具有配合比设计时所规定的坍落度。

（4）混凝土的振捣和养护

1）振捣

混凝土采用插入式振捣器和平板式振捣器振捣。混凝土振捣应均匀、密实，并注意以下各点要求：

① 根据构件的具体情况，振捣前应详细交代操作要点，组织专人分段负责。

② 混凝土入模后稍作平整即可进行振捣，每层混凝土未振实前，不得添加新混凝土。

③ 边角部位应加强人工插捣和机械振捣。

④ 振捣器振捣时，其间距一般为 50cm，振至混凝土不再继续下沉，表面不再冒气泡止。

⑤ 插入式振捣器应快插慢拔，拔出时不可太快、太猛，以免留下孔和空洞。

2）混凝土的养护

① 混凝土在浇筑完毕后的 12～18h 以内，应加以覆盖和洒水，当气温低于＋0.5℃时，应覆盖保温，不得向混凝土洒水，可先覆盖一层塑料膜，再加盖保温层；炎热天气混凝土表面宜先覆盖草袋，并加强洒水养护。

② 混凝土的养护时间根据水泥品种、气候条件确定，一般不应小于 28d。

③ 混凝土试块的制作

混凝土试块制作按规范要求进行，试块制作后在养护池进行养护，并及时送试验室进行强度试压。

混凝土浇筑过程中，派专人值班，并拆除模板内撑，认真仔细检查调整钢筋，严防移位，并在墩墙模板边挂 2kg 重的铅垂，随时观察浇筑过程中模板及支撑的移位情况，发现问题及时处理。

钢筋保护层垫块，随混凝土浇筑上升的高度而跟着拆除，以防止混凝土表面收缩不均匀，同时保证混凝土外表美观。

3）水闸上部结构施工

闸站上部结构包括排架柱、检修平台、启闭平台等。

材料利用各闸墩上提升架提升，四周用仓面跑道连通，混凝土材料运输通过提升架至仓面，人工手推车分料入仓。

① 排架柱施工

排架柱施工时，利用钢管搭设支架，组合钢模立模，卡箍加固，混凝土利用提升架提升入仓或溜筒分料入仓，机械振捣密实。

② 启闭平台施工

启闭平台采用钢桁架在闸墩上搭设钢排架进行平台模板支立，钢筋采用提升架上的摇头提升，混凝土通过提升架提升，手推车分料入仓，机械振捣密实。

3. 工作闸门制安

本工程共有钢筋混凝土平面闸门 4 扇，其采用螺杆启闭。

（1）主要材料

门体为 C30 混凝土，混凝土中掺入 WG-Ⅲ型高效复合防水剂，掺量为水泥用量的 2%，主筋为Ⅱ级钢筋，余为Ⅰ级钢筋。

（2）施工方法

1）为使安装运输方便，并便于集中管理，闸门预制场分别布置在泄洪闸轴线附近，并沿闸轴线方向"一"字形布置，以方便吊装。

2）闸门预制采用托模法施工，计划配备三套托模。预制场旁设闸门临时堆放场。

3）托模安装就位后，立模、扎筋、预埋铁件并浇筑混凝土。模板为保证质量，采用特制的组合钢模，工作吊耳等预埋件位置要准确、牢固性好。钢筋按图纸和规范要求制作绑扎。混凝土保护层厚度梁为 5cm，板为 2cm，采用高强度等级砂浆垫块控制。

4）混凝土采用一级配，坍落度控制在 2～4cm，机械拌合，机械振捣，宜采用微型插入式震动器振捣辅以模板外侧附加敲击震动，确保振捣密实。

（3）闸门吊装

在闸门预制的同时，随着土建工程的进度，各门槽的预埋件同时进行制作、安装，安装前，首先按设计要求测量出门槽中心线及高程点。在各部位安装过程中，用经纬仪、水准仪、钢直尺等量具校准检查，其误差达到规范和设计要求后，及时浇筑二期混凝土。闸门在水闸检修平台及胸墙混凝土达到设计强度后进行安装。

安装施工方法：

1）闸门脱模移位采用 16t 汽车吊吊运。

2）从预制场到闸墩工采用轨道平板车卷扬机牵引外拖车拖运到闸室附近。安装采用 15t 履带吊沉放。

2.1.3.10 交通桥工程

1. 土石方开挖

土方开挖采用推土机配合挖掘机自上而下分层进行，运至场外堆弃。

软石先用大型推土机推松，次坚石及坚石实施浅孔爆破。石方装车用挖掘机或装载机，运输用自卸汽车。风化层和松软岩地段的边坡用人工清刷，次坚石及坚石地段的边坡用预留光爆层实施光面爆破。

挖方过程中，及时根据测设的边线桩及坡度刷边坡，避免损害其他构造物。

2. 桥台、立柱、盖梁及桥台施工

（1）桥台施工

本工程桥台基础采用混凝土基础、台身采用灌浆块石，混凝土基础与台身施工方法与溢洪道挡墙施工方法相同。

（2）立柱施工

立柱为圆形柱，模板采用自制定型钢模，以提高模板组拼的精度，保证表面光洁。立柱模板用钢管轧头加固，混凝土采用搭设平台上的井架提升入仓，溜筒送料入模，插入式振捣器捣实。

（3）盖梁及桥台帽施工

盖梁及桥台帽混凝土模板采用定型钢模，底模支撑采用满堂架，混凝土浇筑采用桥台边坡顶设浇筑栈桥水平运输，手推车送料并由人工分料入仓，插入式振捣器和平板式振捣器联合振捣密实，混凝土采用台阶法浇筑，以防出现裂缝。

3. 混凝土空心板预制及安装

（1）预制

1）模板

板梁预制场设在业主提供的空地上。预制场经清理平整后，上浇 10cm 厚 C10 混凝土。预制时沿构件长方向布置为 1.5～2.0m 混凝土支墩或方木作支点架空模板，节点间配槽钢木组合底模，侧模采用专制定型组合钢模，钢管卡箍固定。空心板芯模采用充气橡胶芯模。混凝土浇筑前将先充气，保持设计外形尺寸，拆除时，放气使尺寸变小，整体抽芯。

2）混凝土浇筑

混凝土的浇捣是保证混凝土质量的关键一环，在浇筑过程中还要进行芯模和钢筋的安装工作，必须严格把握好各工序的配合。其施工程序如下：

① 浇捣底面混凝土：混凝土铺平后即可用平板式振捣器振捣，中部抹平至设计高度以贴合芯模底面，不得有空隙。

② 安置芯模：芯模安置使用前，为便于脱模，在芯模外壁上涂上脱模油。为防止混凝土振捣时芯模位移或上浮，除两端的封头板外，中部和 1/4 处还应加临时支撑，压住芯模。

③ 绑扎顶面钢筋：安置好芯模后，即在芯模顶上绑扎顶面钢筋，并用与保护层相应尺寸的水泥砂浆预制垫块于芯模上。

④ 拆除芯模：当顶面混凝土达到一定强度后，即拆除芯模，拆除芯模的时间必须根据施工时的环境温度和混凝土的养护情况掌握。

（2）板梁吊装

1）板梁吊装的施工准备

① 根据实际放出桥梁中心线和墩台中心桩号，在墩台面上放出每孔板梁的纵向中心线和边线，梁板端位置横线及支座底部轮廓线，在梁端位置横线上定出各片梁底部边缘的点及定出单块板的支承中心线。

② 起吊设备在每次组装后先进行试吊。

③ 检查台帽、板、盖梁等是否符合设计要求，支座是否按要求安设完毕。

④ 起吊时所使用的设备应齐全，场地清理工作完成。

2）吊装

空心板梁达到设计要求强度后采用小龙门架起吊脱模，采用枕木轨道卷扬机运输至桥台边，采用15t履带吊装就位，吊装从中间向两侧逐跨对称就位。

吊装前，应认真测定支座中心线，并确保橡胶支座水平和位置的准确。吊运过程中应谨慎操作，稳扎稳打。

4. 桥面工程

（1）混凝土铺装层施工

混凝土铺装层的施工，在空心板梁吊装就位准确后，首先进行桥面铰缝施工，施工前先清除结合面上的浮皮，并用水冲洗干净，然后布设钢筋，浇筑铰缝混凝土，并用插入式振捣器捣实。

空心板顶面必须拉毛，且用水冲洗桥面，布设好桥面钢筋，然后按桥面高程以及纵向、横向坡降用水准仪控制布设灰饼，控制铺装层高程。混凝土浇筑用工程车或手拉车经斜跑道直接运料入仓，人工摊铺。用平板振捣器捣实，振动梁、滚筒控制平整度，人工抹平。

（2）栏杆施工

栏杆柱为青石栏杆，在栏杆底座浇筑时将其柱埋入，并在混凝土施工过程中及时检查，以确保其顺直和高程的准确。在埋设完成后将预制栏杆扶手施工。

2.1.4　农村饮水安全工程

2.1.4.1　工程概况

某县2004年度农村饮水安全工程，项目主要包括凿井工程、水泵及配电设备、输水主支管网、配水管网及附属设施建设等。工程计划钻打深井4眼，配套深井泵及变频器4台套，Φ250~Φ16mm管材采购安装8km左右。工程于2005年8月开工，2005年12月全部完工。

在没有地勘报告的情况下，业主要求施工单位在指定的地点打一眼水井，井深50m，在施工单位将井打到设计深度时，根据钻井过程记录，施工单位提出，此井未揭露承压水层，出水量可能达不到设计指标，请求进行地勘后再行确定打井位置和井深，业主未采用施工单位意见，要求进行井管安装和抽水试验，在井管安装完成后进行抽水试验，发现井的出水量完全不能满足设计要求。后施工单位提出索赔，业主同意索赔请求，并要求施工单位进行地勘后重新打井，其费用按实际发生计算。后施工单位进行地勘后资料显示，此处打井深度达到60m后才能揭露浅层承压水层，浅层承压水层约6.5m厚。根据此地勘资料确定：设计井深为进入浅层承压水层下部的不透水层1m，施工单位按照以上要求进行重新打井，钻进到61m时进入浅层承压水层，到67.5m时进入下层不透水层，因此在钻进到68.5m时提钻进行井管安装，过滤料填完后进行抽水试验，抽水试验结果满足设计要求。

2.1.4.2　深井的施工工艺流程

井位放样→做井口、安护筒→钻机就位、钻孔→回填井底砂垫层→吊放井管→回填管壁与孔壁间的过滤层→抽水试验→井口工程施工。

2.1.4.3　钻孔泥浆质量控制要点

（1）一般地层泥浆密度为 1.1～1.2，遇高压含水层或易塌地层，泥浆密度可酌情加大。

（2）砾石、粗砂、中砂含水层泥浆黏度应为 18～22s；细砂、粉砂含水层应为 16～18s。

（3）冲击钻进时，孔内泥浆含沙量应不大于 8%；回转钻进时，不大于 12%。

（4）冲击钻进时，胶体率应不低于 70%；回转钻进时，应不低于 80%。井孔较深时，胶体率应适当提高。

2.1.4.4　井管安装要求

（1）井管安装前必须按照钻孔的实际地层资料校正井管设计，然后进行井管组合、排列、测量长度，并按井管排列顺序编号，下井管时安装井管扶正器，其外径比井管直径小 30～50mm，间隔 20m 安装一组。

（2）托盘（或浮板）下管法，宜用于井管自重超过井管允许抗拉力和起重的安全负荷。

（3）井管的连接必须做到对正接直、封闭严密，接头处的强度应满足下管安全和成品质量的要求。

2.1.4.5　填砾和管外封闭的要求

（1）滤料必须按严格要求筛选级配合理的石英砂，不合格的颗粒含量不得超过 15%。滤料除按设计备料，超出设计量的 20%。

（2）填砾一般采用循环水或静水填砾。填砾时必须连续均匀，及时测量填砾高度，校核数量，所填滤料应留样备查。

（3）不良含水层一般用黏球封闭，要求较高时用水泥砂浆封闭。黏土球应用优质黏土制成，直径约为 25～30mm，以半干为宜。投入前应取井孔内的泥浆做浸泡实验。

（4）管外封闭位置，上下偏差不得超过 300mm。

2.1.4.6　洗井和抽水实验的质量要求

（1）洗井完毕后，井底沉淀物厚度应小于井深的 5/1000。

（2）洗井完毕后，进行实验抽水，水泵出水后 30min 采取水样。测定的含量：中、细砂含水层不得超过 1/20000；粗砂、砾石、卵石含水层不得超过 1/50000。

（3）实验抽水时，一般只做一次大降深抽水，水位稳定延续时间：松散层地区不少于8h；基岩地区、贫水区和水文地质条件不清楚的地区，水位稳定延续时间应适当延长。有特殊条件的管井，应做三次降深抽水。

（4）实验抽水应达到设计出水量，如限于设备条件不能满足要求时，亦应不低于设计出水量的 75%。

（5）实验抽水终止前，应采用水样，进行水质分析。

2.1.5　农村小水电工程

2.1.5.1　工程概况

某水电站位于某江干流中游河段上，本工程水库总库容为 $552.61 \times 10^4 m^3$，调节库容 $177.36 \times 10^4 m^3$。工程以发电为主，机组台数为 3 台，单台额定容量 25MW，装机容量 75MW。工程枢纽由首部拦河坝、左岸有压引水隧洞、埋藏式调压井、压力埋管、地下厂房和地下升压站等组成。电站取水口为河岸竖井式进水口，闸室设平板事故检修钢闸门一道，孔口尺寸 6.0m×6.0m（宽×高）。

拦河坝为碾压式混凝土重力坝，混凝土强度等级 C25，坝高 16.3m，为控制混凝土的内外温差，施工时在混凝土内预埋冷却水管，在第一次进行冷却水管通水时，发现管道内堵塞，无法进行通水。经分析发现，购买的 Φ2 钢管壁厚 1mm，在混凝土碾压时，钢管损坏，未达到计算时要求的 Φ32 钢管壁厚 2mm 的要求，采购员采购材料以次充好，且进场材料未按要求验收是造成此次事件的主要原因。该施工段后期观测数据显示：混凝土内外温差最大达到 27.5℃，超过限值 25℃，在工程完工后 1 个月时观测到在该施工段上、下游各有两道裂缝，裂缝宽度 0.1～0.2mm，长度在 0.5～4.5m，深度在 0.7～3.5m。

2.1.5.2 混凝土裂缝的种类

混凝土裂缝的种类主要有：干缩裂缝、塑性收缩裂缝、沉陷裂缝、温度裂缝、化学反应引起的裂缝。

2.1.5.3 混凝土工程的温控措施

（1）减少混凝土的发热量：采用减少每立方米混凝土的水泥用量、采用低发热量的水泥。

（2）降低混凝土的入仓温度：采用合理安排浇筑时间、采用加冰或加冰水拌合、对骨料进行预冷。

（3）加速混凝土散热：采用自然散热冷却降温，在混凝土内预埋水管通水冷却。

2.1.5.4 碾压混凝土的施工工艺

碾压混凝土坝的施工工艺程序是先在初浇层铺砂浆，汽车运输入仓，平仓机平仓，振动压实机压实，振动切缝机切缝，切完缝再沿缝无振碾压两遍。

2.1.5.5 碾压混凝土坝常用的质量控制手段

（1）在碾压混凝土生产过程中，常用 VeBe 仪测定碾压混凝土的稠度，以控制配合比。

（2）在碾压过程中，可使用核子密度仪测定碾压混凝土的湿容重和压实度，对碾压层的均匀性进行控制。

（3）碾压混凝土的强度在施工过程中是以监测容重进行控制的，并通过钻孔取芯样校核其强度是否满足设计要求。

2.2 水利水电工程项目综合管理案例

2.2.1 水利水电工程施工投标与合同综合管理

【案例一】

背景资料

某小型防洪工程由地方政府投资兴建。项目法人委托某招标代理公司代理施工招标。招标代理公司依据有关规定确定该项目采用公开招标方式招标，招标公告在当地政府规定的招标信息网上发布。招标文件中规定：投标担保可采用投标保证金或投标保函方式担保。评标方法采用经评审的最低投标价法。投标有效期为 60d。

项目法人对招标代理公司提出以下要求：为避免潜在的投标人过多，项目招标公告只在本市日报上发布，且采用邀请方式招标。

项目施工招标信息发布后，共有 9 家投标人报名参加投标。项目法人认为报名单位多，为减少评标工作量，要求招标代理公司仅对报名单位的资质条件、业绩进行资格审查。开标后发生的事件如下：

事件 1：A 投标人的投标报价为 800 万元，为最低报价，商务标、技术标均通过评审。

事件 2：B 投标人的投标报价为 830 万元，在开标后又提交了一份补充说明，提出可以降价 5%。

事件 3：C 投标人投标保函有效期为 70d。

事件 4：D 投标人投标文件的投标函盖有企业及其法定代表人的印章，但没有加盖项目负责人的印章。

事件 5：E 投标人与其他投标人组成联合体投标，附有各方资质证书，但没有联合体共同投标协议书。

事件 6：F 投标人的投标报价为 860 万元，开标后谈判中提出估价为 80 万元的技术转让。

事件 7：G 投标人的投标报价最高，故 F 投标人在开标后要求撤回其投标文件。

问题

（1）项目法人对招标代理公司提出的要求是否正确？说明理由。

（2）分析 B、C、D、E、F 投标人的投标文件是否有效或有何不妥之处？说明理由。

（3）G 投标人的投标文件是否有效？对其撤回投标文件的行为，项目法人可如何处理？

（4）该项目中标人应为哪一家？合同价为多少？

答案

（1）不正确。理由：项目招标公告应按有关规定在《中国日报》、《中国经济导报》以及《中国水利报》等媒体上发布，不能限制只在本市日报上发布；依据有关规定，该项目应采用公开招标方式招标，项目法人不能擅自改变。

（2）B 投标人在开标后降价不妥。理由：投标文件在投标文件有效期内不得修改。

C 投标人无不妥之处。理由：投标人的投标保函有效期应不短于招标文件规定的有效期。

D 投标人无不妥之处。理由：投标人的投标函（或投标文件）应加盖企业及其法定代表人的印章，但不要求加盖项目负责人的印章。

E 投标人投标文件无效。理由：根据有关规定，联合体投标，应有联合体共同投标协议书。

F 投标人无不妥之处。理由：根据有关规定，开标后合同谈判中投标人提出的优惠条件，不作为评标的依据。

（3）G 投标人的投标文件有效。投标文件在投标文件有效期内不得撤回。G 投标人撤回其投标文件，项目法人可没收其投标保证金。

（4）该项目中标人应为 A，合同价为 800 万元。

【案例二】

背景资料

某小型水利工程建设项目，业主与承包商签订的是单价合同，但合同中未约定投保事项，在工程实施过程中也未办理保险。在工程实施过程中，由于遭受突如其来的暴风雨袭击，造成极大损失。后经清理和计算，因此灾害事件造成的主要损失如下：

（1）给已建工程造成破坏，损失计 48 万元。

（2）承包商有数人受伤，处理伤病医疗费和补偿金 3 万元。

（3）承包商现场使用的机械设备受到损坏，需修理等费用 18 万元。

（4）由于造成现场停工 8d，承包商损失机械台班折旧费 9 万元、人工窝工费 5 万元。

（5）由于施工现场遭到破坏，清理现场需费用 3 万元。

（6）由于停工、清理现场以及修复水毁工程等导致工期预计拖延 15d。

问题

（1）在工程建设中，风险类型主要有哪些？

（2）在工程建设中，风险管理的程序及其工作内容是什么？

（3）为规避本案例风险，应该投保的险种是什么？此险种承保的内容有哪些？

（4）根据本案例特点和工程风险责任承担原则，上述损失应由谁承担？

答案

（1）建设工程的风险主要有以下类型：

1）组织风险。在组织中，人是决定因素。人的素质决定了工程质量、安全、进度和费用。业主、施工、监理等单位人员的知识水平、工程经验、责任心以及工作能力等是影响工程建设的重要方面，也是重要的风险源。

2）经济风险。工程建设是经济活动，涉及合同价款、利率、汇率、物价、税收，以及资金供应等风险因素的影响。

3）管理风险。在工程建设中，往往涉及多项工作内容，需要多个施工队伍或多个专业工种、多种施工机械设备、多种物质进行运转，需要采取一系列质量、安全措施进行控制才能保证工程建设的顺利实施，同时在工程合同履行中由于受内外部条件的变化产生风险。

4）工程环境风险。工程建设受环境影响较大，如：地质和水文条件、自然灾害、气象条件等给工程建设带来影响。

5）技术风险。工程建设中，往往面对的技术问题比较复杂，同时技术要求高，在工程设计、施工方案制定以及施工机械、物质的配备等方面对工程的实施造成重大影响。

（2）风险管理包括策划、组织、领导、协调和控制等方面的工作。风险管理的程序及其工作内容是：

1）风险识别。根据工程建设的内容和特点，按照工程建设规律和要求以及工程建设条件，通过分析研究，找出存在的风险因素。

2）风险分析。根据知识和经验，运用科学的方法，对存在的风险进行分析，评估其发生的可能性以及影响程度，以确定风险大小。

3）风险控制。根据风险分析结果，制定风险管理方案，采取控制措施，避免或降低风险。

4）风险转移。将风险分散到不同主体进行承担，通过投保或分包等方式，转移风险。

（3）工程一切险承保的是在工程建造中因自然灾害或意外事故而引起的一切损失，包括：工程本身、施工用设施和设备、施工机具、场地清理费、第三人责任、工地内现有的建筑物和由被保险人看管和监护的停放在工地的财产等。

（4）突如其来的暴风雨属于自然灾害。发生自然灾害后，业主和承包商应根据风险责任承担原则，各自承担相应责任。该工程风险责任按以下承担原则进行分析：

1）业主承担工程安全责任。

2）承包商承担施工人员人身安全责任。

3）承包商承担施工机械设备安全管理责任。

4）非承包商原因造成的损失费用应由业主承担。

5）新增的工作内容的费用应由业主承担。

6）非承包商原因造成的工期延误应由业主承担。

2.2.2 水利水电工程施工组织与进度计划综合管理

【案例一】

背景资料

施工企业承建某小（2）型水库工程的新建土石坝工程。为加快施工进度，施工项目部按坝面作业的铺料、整平和压实三个主要工序组建专业施工队施工，并将该坝面分为三个施工段，按施工段1、施工段2、施工段3顺序组织流水作业。已知各专业施工队在各施工段上的工作持续时间如表2-1所示：

各施工段上的工作持续时间

表2-1

工作队	施工段1	施工段2	施工段3
铺料	3d	2d	4d
整平	1d	1d	2d
压实	2d	1d	2d

施工技术人员根据上表绘制了施工进度计划图，并按计划组织施工。在"施工段2"整平施工时，由于施工机械故障，造成7d延误。

问题

（1）根据表中工作的逻辑关系绘制双代号网络图。

（2）根据网络图，指出关键线路，计算工程工期。

（3）分析机械故障其对工程工期的影响。

答案

（1）双代号网络图应根据各项工作的工艺逻辑关系、组织逻辑关系，按双代号网络图绘制的基本原则正确绘制。

该项目的双代号网络计划见图2-1：

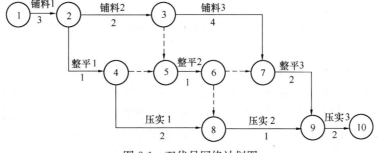

图 2-1　双代号网络计划图

（2）应从以下几个方面进行分析计算：

①计算工期应以各项工作的最早时间进行计算，可以根据公式计算法或图上计算法计算出各项工作的最早完成时间，终点节点的紧前工作最早完成时间最大值即为计算工期；也可以根据节点计算法计算出终点节点最早时间，得出计算工期。

以下根据节点计算法计算出的终点节点最早时间即为计算工期：13d。

②网络图中工期最长的线路即为关键线路，或者根据各项工作的时间参数计算结果，由总时差最小的工作组成的线路即为关键线路。

本例关键线路为：①→②→③→⑦→⑨→⑩。关键线路在网络图中用双箭线、粗实线或彩色线条来表示。

（3）一项工作被延误，是否对工程工期造成影响，应首先考虑该项工作是否在关键线路上。如果在关键线路上，则工期延误的时间就等于该项工作的延误时间；如果该项工作不在关键线路上，应计算出该项工作的总时差，用总时差与延误时间进行比较，计算出对工期的影响。

图中工作"整平 2"的总时差等于工作"整平 2"最迟开始时间与最早开始时间之差，即（9-1）-5＝3，故工作"整平 2"的总时差为 3d，现由于暴雨原因工作"整平 2"延误 7d，故对施工工期影响时间为 7-3＝4d。

【案例二】

背景资料

某水利水电工程项目的原施工进度网络计划（双代号）如图 2-2 所示。该工程总工期为 18 个月。在上述网络计划中，工作 C、F、J 三项工作均为土方工程，土方工程量分别为 7000m³、10000m³、6000m³，共计 23000m³，土方单价为 15 元/m³。合同中规定，土方工程量增加超出原估算工程量 25％时，新的土方单价可从原来的 15 元/m³ 下降至 13 元/m³。合同约定每台闲置 1d 为 800 元，每月以 30d 计；C、F、J 实际工作量与计划工作量相同。

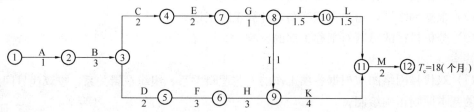

图 2-2　原施工进度网络计划图

施工中发生如下事件：

事件 1：施工中，由于施工单位施工设备调度原因，C、F、J 工作需使用同一台挖土机先后施工。

事件 2：在工程按计划进行 4 个月后（已完成 A、B 两项工作的施工），项目法人提出增加一项新的土方工程 N，该项工作要求在 F 工作结束以后开始，并在 G 工作开始前完成，以保证 G 工作在 E 和 N 工作完成后开始施工。根据施工单位提出并经监理机构审核批复，该项 N 工作的土方工程量约为 9000m³，施工时间需要 3 个月。

事件 3：经监理机构批准，新增加的土方工程 N 使用与 C、F、J 工作同一台挖土机施工。

问题

（1）在不改变各工作历时的情况下，发生事件1后，施工单位如何调整计划，使设备闲置时间最少，且满足计划工期要求？

（2）按事件2新增加一项新的土方工程N后，土方工程的总费用应为多少？

（3）土方工程N完成后，施工单位提出如下索赔：

1）增加土方工程施工费用13.5万元；

2）由于增加土方工程N后，使租用的挖土机增加了闲置时间，要求补偿挖土机的闲置费用2.4万元；

3）延长工期3个月。

施工单位上述索赔是否合理？说明理由。

答案

（1）在C、F、J三项工作共用一台挖土机时，将网络计划图2-2调整为图2-3。计算出各项工作的ES、EF和总工期（18个月）。因E、G工作的时间为3个月，与F工作时间相等，所以安排挖土机按C→F→J顺序施工可使机械不闲置。

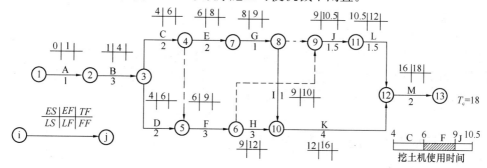

图2-3　调整后的网络计划图

（2）增加土方工程N后，土方工程总费用计算如下：

1）增加N工作后，土方工程总量为：

$23000+9000=32000\text{m}^3$

2）超出原估算土方工程量为：

$\dfrac{32000-23000}{23000}\times100\%=39.13\%>25\%$，土方单价应进行调整

3）超出25%的土方量为：

$32000-23000\times125\%=3250\text{m}^3$

4）土方工程的总费用为：

$23000\times125\%\times15+3250\times13=47.35$万元

（3）施工单位的解释是否合理

1）施工单位提出增加土方工程施工费用13.5万元不合理。

因为原土方工程总费用为：

$23000\times15=345000$元$=34.5$万元

增加土方工程N后，土方工程的总费用为47.35万元

故土方工程施工费用可增加 12.85 万元。

2) 施工单位提出补偿挖土机的闲置费用 2.4 万元合理。

增加了土方工作 N 后的网络计划见图 2-4，安排挖土机 C→F→N→J 按顺序施工，由于 N 工作完成后到 J 工作的开始中间还需施工 G 工作，所以造成机械闲置 1 个月。应给予承包方施工机械闲置补偿费：

30×800＝24000 元＝2.4 万元

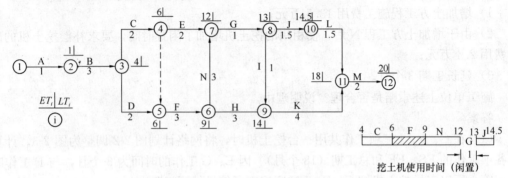

图 2-4　增加了土方工作 N 后的网络计划图

3) 工期延长 3 个月不合理。

根据对原计划（不增加 N 工作）计算的工期为 18 个月（图 2-3），增加 N 工作后的网络计划计算的工期为 20 个月（图 2-4）。因此可知，增加 N 工作后，计算工期增加了 2 个月，因此，监理工程师应批准给予承包方延长工期 2 个月。

2.2.3　水利水电工程施工质量综合管理

【案例一】

背景资料

某小（1）型水库枢纽工程由电站、溢洪道和土坝组成。主坝为均质土坝，上游设干砌石护坡，下游设草皮护坡和堆石排水体，坝顶设碎石路，工程实施过程中发生下述事件。

事件 1：项目法人委托该工程质量监督机构对于大坝填筑按《水利水电基本建设工程单元工程质量评定标准》规定的检验数量进行质量检查。质量监督机构受项目法人委托，承担了该工程质量检测任务。

事件 2：土坝施工单位将坝体碾压分包给具有良好碾压设备和经验的乙公司承担。合同文件中，单元工程的划分标准是：以 40m 坝长、20cm 铺料厚度为单元工程的计算单位，铺料为一个单元工程，碾压为另一个单元工程。

事件 3：该工程监理单位给施工单位"监理通知"如下：经你单位申请并提出设计变更，我单位复核同意将坝下游排水体改为浆砌石，边坡由 1：2.5 改为 1：2。

事件 4：该工程项目单元工程质量评定表监理单位填写，土坝单位工程完工验收由施工单位主持。工程截流验收及移民安置验收由项目法人主持。

问题

（1）指出事件 1 中存在的问题，简要说明理由。

（2）指出事件 2 中存在的问题，说明理由。

（3）简要分析事件 3"监理通知"存在的问题及理由。

（4）根据水利工程验收和质量评定的有关规定，指出事件 5 中存在的不妥之处并写出正确做法。

答案

（1）①项目法人要求该工程质量监督机构对于大坝填筑按《水利水电基本建设工程单元工程质量评定标准》规定的检验数量进行质量检查不合理。

理由：项目法人不应委托质量监督机构对大坝填筑进行质量检查，应是通过施工合同由监理单位要求施工单位按《水利水电基本建设工程单元工程质量评定标准》规定的检验数量进行质量检查。

②质量监督机构受项目法人委托，承担了该工程质量检测任务不合理。

理由：质量监督机构与项目法人是监督与被监督的关系，质量监督机构不应接受项目法人委托承担工程质量检测任务。

（2）①土坝施工单位将坝体碾压分包给乙公司承担不对。

理由：坝体碾压是主体工程，不能分包。

②单元工程划分不对。

理由：铺料和整平工作是一个单元工程的两个工序。

（3）①监理单位同意施工单位提出的设计变更不对。

理由：设计变更必须经设计单位同意并提出，监理单位不能同意由施工单位提出的设计变更。

②监理单位同意将坝下游排水体改为浆砌石不对。

理由：浆砌石不能实现坝基排水的功能，不能将排水体改为浆砌石。

（4）不妥之处

①工程项目单元工程质量评定表监理单位填写不妥，单元质量评定表应该由施工单位填写。

②土坝单位工程完工验收由施工单位主持不妥，单位工程完工验收应该由项目法人主持。

③工程截流验收及移民安置验收由项目法人主持不妥，移民安置验收应该由上级主管部门会同县级以上地方政府参加。

【案例二】

背景资料

某承包商在混凝土重力坝施工过程中，采用分缝分块常规混凝土浇筑方法。由于工期紧，浇筑过程中气温较高，为保证混凝土浇筑质量，承包商积极采取了降低混凝土的入仓温度等措施。在某分部工程施工过程中，发现某一单元工程混凝土强度严重不足，承包商及时组织人员全部进行了返工处理，造成直接经济损失 20 万元，构成了一般质量事故。返工处理后经检验，该单元工程质量符合优良标准，自评为优良。

在该分部工程施工过程中，由于养护不及时等原因，造成另一单元工程坝体内出现较大裂缝和空洞，还有个别单元工程出现细微裂缝和表面裂缝。在发现问题后，承包商都及时采取了相应的措施进行处理。

分部工程施工完成后，质检部门及时统计了该分部工程的单元工程施工质量评定情况：20 个单元工程质量全部合格，其中 12 个单元工程被评为优良，优良率 60%；关键部位单元工程质量优良；原材料、中间产品质量全部合格，其中混凝土拌合质量优良。该分部工程自评结果为优良。

问题

(1) 在大体积混凝土浇筑过程中，可采取哪些具体措施降低混凝土的入仓温度？

(2) 对上述混凝土内外部出现的不同裂缝可采取哪些处理措施？

(3) 上述经承包商返工处理的单元工程质量能否自评为优良？为什么？

(4) 该分部工程质量能否自评为优良？为什么？

答案

(1) 对于混凝土坝等大体积混凝土浇筑，必须做好温度控制措施，可采取的措施主要有减少混凝土的发热量、降低混凝土的入仓温度、加速混凝土散热等，其中降低混凝土的入仓温度的具体措施又有：

1) 合理安排浇筑时间，如：春、秋季多浇，夏季早晚浇，正午不浇，重要部位安排在低温季节、低温时段浇筑。

2) 采用加冰或加冰水拌合

3) 对骨料进行预冷，方法有：水冷、风冷、真空气化冷却。

(2) 混凝土内部及表面裂缝，应根据裂缝大小，根据不同灌浆材料的可灌性，选择不同的灌浆材料进行灌浆。对坝内裂缝、空洞可采用水泥灌浆；对细微裂缝可用化学灌浆；对于表面裂缝可用水泥砂浆或环氧砂浆涂抹处理。

(3) 对单元工程若经过全部返工处理，可重新评定质量等级。返工处理后检验符合优良标准，可自评为优良。

(4) 虽然该分部工程的优良率达到 60%，其他各项标准也达到优良，但该分部工程施工过程中，发生了质量事故，故不能评为优良。

2.2.4　水利水电工程施工安全与环境综合管理

【案例一】

背景资料

某小型泵站施工项目，业主与施工总承包单位签订了施工总承包合同，并委托了监理单位实施监理。

施工总承包完成桩基工程后，将深基坑支护工程的设计委托给了专业设计单位，并自行决定将基坑的支护和土方开挖工程分包给了一家专业分包单位施工，专业设计单位根据业主提供的勘察报告完成了基坑支护设计后，即将设计文件直接给了专业分包单位，专业分包单位在收到设计文件后编制了基坑支护工程和降水工程专项施工组织方案，施由工组织方案经施工总承包单位项目经理签字后即由专业分包单位组织了施工。

专业分包单位在施工过程中，由负责质量管理工作的施工人员兼任现场安全生产监督工作。土方开挖到接近基坑设计标高时，总监理工程师发现基坑四周地表出现裂缝，即向施工总承包单位发出书面通知，要求停止施工，并立即撤离现场施工人员，查明原因后再恢复施工。但总承包单位认为地表裂缝属正常现象没有予以理睬。不久基坑发生严重坍塌，并造成 4 名施工人员被掩埋，经抢救 3 人死亡，1 人重伤。

事故发生后，相关单位立即向有关安全生产监督管理部门上报了事故情况。经事故调查组调查，造成坍塌事故的主要原因是由于地质勘察资料中未标明地下存在古河道，基坑支护设计中未能考虑这一因素造成的。事故中直接经济损失 80 万元，于是专业分包单位要求设计单位赔偿事故损失 80 万元。

问题

（1）请指出上述整个事件中有哪些做法不妥，并写出正确的做法。

（2）根据《水利工程建设安全生产管理规定》，施工单位应对哪些达到一定规模的危险性较大的工程编制专项施工方案？

（3）根据《水利工程建设重大质量与安全事故应急预案》，按照事故的严重程度本事故可定为哪个等级？

（4）这起事故的主要责任人是谁？请说明理由。

答案

（1）上述整个事件中存在如下不妥之处：

1）施工总承包单位自行决定将基坑支护和土方开挖工程分包给了一家专业分包单位施工是不妥的，工程分包人应按规定报监理单位经建设单位同意后方可进行；

2）专业设计单位完成基坑支护设计后，直接将设计文件给了专业分包单位的做法是不妥的，设计文件的交接应经发包人交付给施工单位；

3）专业分包单位编制的基坑工程和降水工程专项施工组织方案，经施工总承包单位项目经理签字后即组织施工的做法是不妥的，专业分包单位编制了基坑支护工程和降水工程专项施工组织方案后，应由施工单位技术负责人签字并经总监理工程师审批后方可实施；

4）专业分包单位由负责质量管理工作的施工人员兼任现场安全生产监督工作的做法是不妥的。从事安全生产监督工作的人员应经专门的安全培训并持证上岗；

5）总承包单位对总监理工程师因发现基坑四周地表出现裂缝而发出要求停止施工的书面通知不予以理睬的做法是不妥的。总承包单位应按监理通知的要求停止施工；

6）专业分包单位要求设计单位赔偿事故损失是不妥的，专业分包单位和设计单位之间不存在合同关系，不能直接向设计单位索赔，专业分包单位可通过总包单位向建设单位索赔，建设单位再向设计单位索赔。

（2）施工单位应对下列达到一定规模的危险性较大的工程应当编制专项施工方案，并附具安全验算结果，经施工单位技术负责人签字以及总监理工程师核签后实施，由专职安全生产管理人员进行现场监督：

1）基坑支护与降水工程；

2）土方和石方开挖工程；

3）模板工程；

4）起重吊装工程；

5）脚手架工程；

6）拆除、爆破工程；

7）围堰工程；

8）其他危险性较大的工程。

（3）本起事故中3人死亡，1人重伤，事故应定为Ⅲ级（重大质量与安全事故）。

（4）本起事故的主要责任应由施工总承包单位承担。在总监理工程师发出书面通知要求停止施工的情况下，施工总承包单位继续施工，直接导致事故的发生，所以本起事故的主要责任应由施工总承包单位承担。

【案例二】

背景资料

某施工单位分别在某省会城市远郊和城区承接了两个标段的堤防工程施工项目，其中防渗墙采用钢板桩技术进行施工。施工安排均为夜间插打钢板桩，白天进行钢板桩防渗墙顶部的混凝土圈梁浇筑、铺土工膜、植草皮等施工。施工期间由多台重型运输车辆将施工材料及钢板桩运抵作业现场，临时散乱进行堆放。由于工程任务量大，施工工期紧，施工单位调度大量运输车辆频繁来往于城郊之间，并且土料运输均出现超载，同时又正值酷暑季节，气候干燥，因此，运输过程中产生大量泥土和灰尘。

问题

（1）加强施工环境管理，应重点做好哪几个方面的工作？

（2）远郊施工环境布置应重点注意哪些方面？

（3）城区施工环境布置应如何考虑？

（4）分析本案例施工期环境保护存在的主要问题？如何改进？

答案

（1）加强施工环境规划和布置；建立施工环境保护制度；加强环境保护教育；加强环境保护措施的落实和改进。

（2）远郊施工合理规划进场运输线路，保持道路平整，设法保证道路通畅。

对进出场土路应采取措施防止车辆行进过程中引起大量扬尘对环境的污染。

安排专人调度和管理现场，指挥进场施工车辆卸料及停放，并及时清理施工剩余料或闲置机具，保持现场料具存放整洁。

施工作业区与生活区分开设置，保证安全的施工和生活环境。

（3）城区施工现场较狭小，现场布置主要考虑合理规定进场车辆的运输线路，设法保证其通畅。

安排专人管理卸料及其堆放，及时清理施工剩余料或闲置机具，保持现场料具存放整洁。

施工场地出口应设洗车池清洁车辆，以防泥土污染城区。

运输土料、草皮等进入城市，还应对运输设备和装载量进行选择确定，防止土料、草皮在运输过程中散落对城市形成环境污染。

施工作业区与生活区分开设置，保证安全的施工和生活环境。

（4）插打钢板桩施工时的噪声大，夜间施工影响市民休息，因此，在城区标段应尽量将插打钢板桩从夜间施工调整到白天施工，即便是为抢进度，确需夜间施工时，一般也应将在夜晚10时前停止该项施工。

现场材料、机具存放不合理，应设置专人负责场地环境，对施工现场料具、设备等进行集中堆放，并保持整洁。

施工运输车辆出工地没有进行清洗措施，应在施工场地出口应设洗车池清洁车辆，以防泥土污染城区。

运土料车辆超载，应合理选择运输车辆，防止超载和土料运输漏撒。

2.2.5 水利水电工程施工成本综合管理

【案例一】

背景资料

某堤防工程项目业主与承包商签订了工程施工承包合同。合同中估算工程量为 5300m³，单价为 180 元/m³。合同工期为 6 个月。有关付款条款如下：

（1）开工前业主应向承包商支付估算合同总价 20% 的工程预付款；

（2）业主自第一个月起，从承包商的工程款中，按 5% 的比例扣留保修金；

（3）当累计实际完成工程量超过（或低于）估算工程量的 10% 时，可进行调价，调价系数为 0.9（或 1.1）；

（4）每月签发付款最低金额为 15 万元；

（5）工程预付款从乙方获得累计工程款超过估算合同价的 30% 以后的下一个月起，至第 5 个月均匀扣除。

承包商每月实际完成并经签证确认的工程量见表 2-2。

每月实际完成工程量 　　　　　　　　　　　　　　　　　　表 2-2

月份	1	2	3	4	5	6
完成工程量（m³）	800	1000	1200	1200	1200	500
累计完成工程量（m³）	800	1800	3000	4200	5400	5900

问题

（1）估算合同总价为多少？

（2）工程预付款为多少？工程预付款从哪个月起扣留？每月应扣工程预付款为多少？

（3）每月工程量价款为多少？应签证的工程款为多少？应签发的付款凭证金额为多少？

答案

（1）估算合同总价为：$5300 \times 180 = 95.4$ 万元

（2）

1）工程预付款金额为：$95.4 \times 20\% = 19.08$ 万元

2）工程预付款应从第 3 个月起扣留，因为第 1、2 两个月累计工程款为：

$1800 \times 180 = 32.4$ 万元 $> 95.4 \times 30\% = 28.62$ 万元

3）每月应扣工程预付款为：$19.08 \div 3 = 6.36$ 万元

（3）

1）第 1 个月工程量价款为：$800 \times 180 = 14.40$ 万元

应签证的工程款为：$14.40 \times 0.95 = 13.68$ 万元 < 15 万元

第 1 个月不予付款。

2）第 2 个月工程量价款为：$1000 \times 180 = 18.00$ 万元

应签证的工程款为：$18.00 \times 0.95 = 17.10$ 万元

$13.68 + 17.1 = 30.78$ 万元

应签发的付款凭证金额为 30.78 万元

3）第 3 个月工程量价款为：$1200 \times 180 = 21.60$ 万元

应签证的工程款为：$21.60 \times 0.95 = 20.52$ 万元

应扣工程预付款为：6.36 万元

$20.52 - 6.36 = 14.16$ 万元 < 15 万元

第 3 个月不予签发付款凭证。

4）第 4 个月工程量价款为：$1200 \times 180 = 21.60$ 万元

应签证的工程款为：20.52 万元

应扣工程预付款为：6.36 万元

应签发的付款凭证金额为 $14.16 + 20.52 - 6.36 = 28.32$ 万元

5）第 5 个月累计完成工程量为 $5400 m^3$，比原估算工程量超出 $100 m^3$，但未超出估算工程量的 10%，所以仍按原单价结算。

第 5 个月工程量价款为：$1200 \times 180 = 21.60$ 万元

应签证的工程款为：20.52 万元

应扣工程预付款为：6.36 万元

$20.52 - 6.36 = 14.16$ 万元 < 15 万元

第 5 个月不予签发付款凭证。

6）第 6 个月累计完成工程量为 $5900 m^3$，比原估算工程量超出 $600 m^3$，已超出估算工程量的 10%，对超出的部分应调整单价。

应按调整后的单价结算的工程量为：$5900 - 5300 \times (1 + 10\%) = 70 m^3$

第 6 个月工程量价款为：$70 \times 180 \times 0.9 + (500 - 70) \times 180 = 8.874$ 万元

应签证的工程款为：$8.874 \times 0.95 = 8.43$ 万元

应签发的付款凭证金额为 $14.16 + 8.43 = 22.59$ 万元．

【案例二】

背景资料

某水利工程公司中标承包某施工项目，该项目承包成本（预算成本）、成本计划降低率和实际成本，见表 2-3：

成本列表　　　　　　单位：万元　表 2-3

成本项目 ＼ 成本内容	预算成本	计划降低率（%）	计划降低额	计划成本	实际成本	实际降低额	实际降低率（%）
计算形式	①	②	③=	④=	⑤	⑥=	⑦=
人工费	100.00	1			99.00		
材料费	700.00	7			642.60		
机械使用费	40.00	5			38.00		
其他直接费	160.00	5			150.40		
管理费	150.00	6			139.50		
项目总成本	1150.00	6			1069.50		

问题

（1）计划降低额、计划成本、实际降低额和降低率如何计算？

（2）计算计划降低额、计划成本、实际降低额和降低率是多少？

（3）该项目总成本计划降低额任务为多少？是否完成？

分析

（1）计划降低额等于预算成本与计划降低率的乘积；

计划成本等于预算成本与计划降低额的差值；

实际降低额等于预算成本与实际成本的差值；

实际降低率等于实际降低额与预算成本的比值。

本例计算结果见表2-3。

（2）根据上述计算方法分别计算人工费、材料费、机械使用费、其他直接费、管理费及项目总成本的计划降低额、计划成本、实际降低额和降低率。

本例计算结果见表2-4：

本例计算结果表 单位：万元 **表 2-4**

成本内容　　　　成本项目	预算成本	计划降低率（%）	计划降低额	计划成本	实际成本	实际降低额	实际降低率（%）
计算形式	①	②	③=①×②	④=①－③	⑤	⑥=①－⑤	⑦=⑥÷①
人工费	100.00	1	1.00	99.00	99.00	1.00	1
材料费	700.00	7	49.00	651.00	642.60	57.40	8.2
机械使用费	40.00	5	2.00	38.00	38.00	2.00	5
其他直接费	160.00	5	8.00	152.00	150.40	9.60	6
管理费	150.00	6	9.00	141.00	139.50	10.50	7
项目总成本	1150.00	6	69.00	1081.00	1069.50	80.50	7

（3）根据问题（2）计算项目总成本计划降低额、实际降低额数值，通过比较，判断该项目总成本计划降低额任务完成情况。如果总成本计划降低额高于实际降低额，则没有完成成本计划任务；如果总成本计划降低额低于实际降低额，则超额完成成本计划任务。

本例中该项目总成本计划降低额任务为 69.00 万元，总成本实际降低额为 80.50 万元，总成本计划降低额任务超额完成。其值如下：

项目总成本超计划完成的成本降低额 ＝80.50－69.00＝11.50万元。

2.3 水利水电工程质量与安全事故案例

2.3.1 土石方工程

【案例一】

1.背景资料

某水利枢纽工程，包括节制闸和Ⅴ级船闸各一座，节制闸10孔，每孔净宽10m，流量为2500m³/s。船闸闸室长120m。船闸原河道中修建，节制闸需要开山修建，施工过程中发生下列事件：

事件1 建筑物侧回填土的压实采用蛙式打夯机夯实土方。施工时操作人员直接将打夯机的电源线连接到施工的干线线路上，工人在操作打夯机时，因触电，造成1人死亡的不幸事故。

事件 2　在进行节制闸岩基石方开挖，经过爆破后采用挖掘机装车，采用的挖掘机为W1002 型，斗容 1m³，限载 4t，开挖过程中遇到一块 2.5m×2m×0.85m 质量达到 6.8t的大块石，操作人员，强行施工，在装载石块时，导致挖掘机失稳倾翻，驾驶员从敞开的驾驶室中摔出，压在驾驶室下面，当场死亡。

2. 问题

（1）依据《水利水电工程土建施工安全技术规程》（SL 399）的规定，电动机械运行的基本要求是什么？指出造成事件 1 安全事故的原因。

（2）依据《水利水电工程施工作业人员安全操作规程》（SL 401）的规定，挖掘机作业的"八不准"是什么？

3. 答案

（1）《水利水电工程土建施工安全技术规程》（SL 399）要求电动机械运行应严格执行"三级配电两级保护"和"一机、一闸、一漏、一箱"的要求。事件 1 产生事故的主要原因是：缺乏保护装置；

（2）挖掘机作业的"八不准"是：

1）不准有一轮处于悬空状态；

2）不准以单边铲斗斗牙来硬啃岩体；

3）不准以强行挖掘大块石和硬啃固石、根底的方式作业；

4）不准用斗牙挑起大块石装车的方式进行作业；

5）铲斗未撤出掌子面，不准回转或行走；

6）运输车辆未停稳前不准装车；

7）铲斗不准从汽车驾驶室上方越过；

8）不准铲斗推动汽车。

【案例二】

1. 背景资料

某 1 级堤防工程，设计堤顶宽度为 8m，填土压实度为不小于 0.94。施工单位进场后对填土料场进行了调查，由于调查时恰逢连绵阴雨，机械难以深入料场，施工单位就在料场的一角取了一定深度（未及设计的料场深度）的土样送检测单位进行击实试验和土质试验，试验结果表明土质满足设计要求，最大干密度为 1.63g/m³，施工单位按此标准控制填土质量。

填土过程中某检测单位受建设单位委托对填土进行了检测，从填土区取代表性的土样进行了土质和击实试验，试验结果土质满足设计要求，最大干密度为 1.68g/m³，经反复复核，最大干密度 1.68g/m³，数据可靠。此时填土厚度 1m 左右，填筑长度 300m。

2. 问题

（1）指出料场调查的不当之处？如何进行料场调查？

（2）填筑过程中料场土质有较大的变化时如何处理？

（3）如何处理已填土方？

3. 答案

（1）料场调查的不当之处是试验的土样没有代表性。料场调查时应在平面和立面对料场进行全面的调查。

（2）填筑过程中料场土质有较大的变化时，应及时分析原因，应重新选择有代表性的土样重新试验，以新的试验结果控制工程质量。在填土过程中应经常的对填筑的土料进行鉴别。

（3）由于土料有变化，应对已填的土方进行分析和试验，填土的土质同原试验的土质相同或相近的，为合格部分。填土的土质同最大干密度 $1.68g/m^3$ 一致或相近时，应返工处理。

2.3.2　模板工程

1. 背景资料

某大型水闸工程共 31 孔，每孔净宽 10m。闸墩宽 1.2m，高 10m，长 19m。施工时采用定型钢模板。模板设计时采用直径为 18mm 的钢筋作为对穿螺栓。在某个闸墩的立模板时，由于木工的疏忽，缺少了一根螺栓，木工擅自用已有的直径为 12mm 的钢筋代替，混凝土浇筑的过程中由于时逢农忙季节，木工较少，没有安排木工值班，导致混凝土浇筑过程中，模板变形，影响了工程的外观。

2. 问题

（1）依据《水利水电工程土建施工安全技术规程》（SL 399）的规定，拉条直径不能小于多少？

（2）混凝土施工过程中是否需要安排木工值班？发现模板变形应如何处理？

3. 答案

（1）拉条直径不应小于 14mm；

（2）应有专人值班，发现模板变形，应调整、加固。

2.3.3　起重吊装工程

1. 背景资料

某水利枢纽工程，由节制闸、船闸和管理房组成。管理房为 7 层，框架结构。管理房封顶后进行管楼房外装饰施工时，采用卷扬机吊装砂浆，第一次吊装时吊篮升高到二楼时，脚手架伸出的管子挡住，无法继续升高，吊车工将吊篮放下，又重新吊装，又被挡住，但吊装工没有停止，继续吊装。导致龙门架及 7 层楼高的脚手架全部垮塌，造成 3 人死亡。

2. 问题

（1）根据《水利水电工程施工通用安全技术规程》（SL 398）的要求，分析事故的原因。

（2）据《水利水电工程施工作业人员安全操作规程》（SL 401）的规定，吊装司机"十不吊"是什么？

3. 答案

（1）分析事故的原因为：正式吊装前没有按照规程的要求试吊。同时吊装前没有清理运行通道上的障碍物。施工中遇到故障没有及时查清原因，就盲目地进行施工。

（2）"十不吊"是指：

1）捆绑不牢、不稳的货物。

2）吊运物品上有人。

3）起吊作业需要超过起重机的规定范围。

4）斜拉重物。

5）物体重量不明或被埋压。

6）吊物下方有人时。

7）指挥信号不明或没有统一指挥时。

8）作业场所不安全，可能触及输电线路、建筑物或其他物体。

9）吊运易燃、易爆品没有安全措施时。

10）起吊重要大件或采用双机抬吊，没有安全措施，未经批准时。

2.3.4 脚手架工程

1. 背景资料

某水利枢纽工程，由大坝、分洪道和管理房等组成。具有防汛调度功能的管理房 10 层。在施工管理房工程时，需要用吊篮将一车砂浆运送到 8 楼，吊篮到达 8 层时，没有同接料平台在同一高程，而是低了 5cm。3 个施工人员强行将砂浆车拉到接料平台，在小车的冲击和 3 个施工人员的共同作用下，接料平台倒塌，导致 2 人死亡，1 人重伤。事故后查看现场时发现：接料平台底面由 1 根水平钢管支撑，钢管的两端用扣件固定在竖直的钢管上，一端的扣件已经有四分之三损伤。接料平台下只有一根钢管，钢管下没有设置八字支撑，使接料平台的荷载大部由钢管的扣件承担。

2. 问题

（1）根据《水电水利工程施工通用安全技术规程》（DL/T 5370）的规定，钢管材料脚手架的钢管的几何尺寸、外观有何要求？

（2）《水电水利工程施工通用安全技术规程》（DL/T 5370）对扣件质量有何要求？

3. 答案

（1）《水电水利工程施工通用安全技术规程》（DL/T 5370）规定：钢管材料脚手架的钢管的外径应为 48～51mm，壁厚 3～3.5mm。有严重锈蚀、弯曲或裂纹的钢管不得使用。

（2）《水电水利工程施工通用安全技术规程》（DL/T 5370）对扣件的质量要求是：有出厂合格证明，脆裂、气孔、变形滑丝的扣件不得使用。

2.3.5 拆除爆破工程

1. 背景资料

某水闸加固工程由 A、B 两家施工单位施工，A 施工单位负责公路桥 T 形梁的拆除工作，B 施工单位负责加固工程。A 单位在拆除桥梁板时，将连接桥梁板的钢筋切断，且靠下游边侧的偏心式 T 形梁板上的支撑边墩也已经拆除，完成这些工作后，A 单位的工作人员全部下班吃午饭。中午 B 单位的施工人员需要到桥的另一端工作，3 人从桥上通过，并准备抬放于桥面边梁上的氧气瓶，当 2 人抬瓶 1 人帮忙时，T 形梁失稳倾覆并断裂坠落。梁上 3 人从 14.5m 高的桥面坠落入闸底板淤积的泥水中，导致 1 人死亡，1 人重伤，1 人轻伤。

2. 问题

（1）依据《水电水利工程土建施工安全技术规程》（DL/T 5371）的要求，本拆除工程作业至少违反了本规程哪些规定？

（2）简述《水电水利工程土建施工安全技术规程》（DL/T 5371）对拆除工程的基本要求。

3. 答案

（1）A 单位切割梁后在吊装前没有采取临时加固措施，没有设置专人监护，没有在桥面设置警示标志，没有封闭施工场所。

（2）《水电水利工程土建施工安全技术规程》（DL/T 5371）对拆除工程的基本要求是：

1）编制施工组织设计，经合同指定单位批准后实施。

2）施工前对施工人员进行交底。

3）拆除现场设置围栏和安全警示标志，设专人监护。

4）拆除前切断通向施工区的电线、瓦斯管道、水道等线路。

5）从事拆除工作时候，应站在脚手架上或其他稳固的结构部分上。

6）拆除时严格按照自上而下的原则。

7）拆除重物时严禁向下抛掷。

2.3.6 围堰工程

1. 背景资料

某水利工程枢纽工程由节制闸、船闸和连接坝组成，船闸建在老河道上，节制闸开挖新建。节制闸完成后，利用节制闸导流，后施工船闸。施工船闸时在原河道的上下游设置围堰。船闸施工完成后拆除船闸上下游的围堰。拆除采用上下游围堰同时开挖，一次开挖到设计高程，逐渐扩大的方式。拆除工作刚刚开始，恰逢连绵阴雨，上游雨量较大，导致已经开挖的围堰口门被水逐渐冲大，船闸闸室淤积较多淤泥。

2. 问题

（1）根据《水利水电工程土建安全技术规程》（SL 399），指出本围堰拆除不当之处。

（2）简要说明本工程围堰拆除的合理方法。

3. 答案

（1）根据《水利水电工程土建安全技术规程》（SL 399），本围堰拆除工程存在这些不当：

1）没有采用从上到下、逐层、逐段进行开挖的规定。

2）没有在拆除围堰时执行应密切注意雨情和水情的规定。

（2）本工程围堰的拆除应选择枯水季节，先拆除下游围堰，拆除下游围堰时关闭节制闸，使船闸下游围堰在静水的条件下拆除。下游围堰拆除完成后，再拆除上游围堰。拆除船闸上游围堰时，打开节制闸，减少通过船闸的流量。同时应关注雨情、水情，使拆除作业在天气条件良好、河道流量较小的条件下进行。

2.3.7 混凝土工程

1. 背景资料

某管理房工程大部为三层局部四层，框架结构。各层的层高依次为 4.8m、4.2m、4.8m、3.6m，建筑面积共 3750m²。

施工三层现浇屋面结构后，拆模时发现斜梁裂缝，但是当时并未引起重视。该工程竣工一年后屋面漏水严重。竣工 10 年后，房屋裂缝严重，检查发现，三层顶及四层顶的两处大梁已接近斜拉破坏。三、四层屋面梁裂缝普遍，而且严重，如四层屋面梁共 8 根，其中 5 根裂缝严重，占四层屋面梁的 62.8%。三层更严重。

为了确定产生裂缝的原因，对工程地质、设计、施工进行了分析。对结构混凝土强度进行了检测，检测结果表明：有 65% 的柱的混凝土强度低于设计的 C20，其中 5% 的柱的混凝土强度低于 C10。有 52% 的梁的混凝土强度低于设计的 C20，其中 25% 的柱的混凝土强度低于 C10。

2. 问题

（1）简述在混凝土配合比适当的条件下，影响混凝土强度的因素。

（2）简要分析本工程产生裂缝的可能原因。

3. 答案

（1）影响混凝土强度的因素有：原材料的质量、混凝土拌合时的计量是否准确、混凝土拌合的时间、混凝土浇筑时的振捣是否密实、混凝土浇筑完成后养护是否及时等。

（2）本工程产生裂缝的可能原因有：地质、设计、工程质量。从提供的背景资料看，工程质量应是导致产生裂缝的主要原因。

第3章 建造师（水利水电工程）注册执业管理规定及相关要求

3.1 注册执业工程规模标准

3.1.1 注册建造师执业工程规模标准

建设部《注册建造师执业管理办法（试行）》（建市［2008］48号）第五条规定："大中型工程施工项目负责人必须由本专业注册建造师担任。一级注册建造师可担任大、中、小型工程施工项目负责人，二级注册建造师可以承担中、小型工程施工项目负责人。

各专业大、中、小型工程分类标准按建设部《关于印发〈注册建造师执业工程规模标准〉（试行）的通知》（建市［2007］171号）执行。"

注册建造师执业工程规模标准是按照建造师的十四个专业分别进行划分的。其中水利水电工程专业执业工程规模标准详见表3-1。

3.1.2 关于建造师专业划分的说明

《执业范围表》中注册专业的划分总体上与"关于印发《建筑业企业资质等级标准》的通知（建建【2001】82号）"中施工总承包企业的专业划分以及"《关于建造师专业划分有关问题的通知》（建市【2003】232号）"中建造师的专业划分相衔接。

2003年建设部发布的《关于建造师专业划分有关问题的通知》中，依据建设工程项目的特点对建造师划分了十四个专业，包括：房屋建筑工程、公路工程、铁路工程、民航机场工程、港口与航道工程、水利水电工程、电力工程、矿山工程、冶炼工程、石油化工工程、市政公用与城市轨道工程、通信与广电工程、机电安装工程、装饰装修工程。其中除装饰装修工程和民航机场工程外，其余十二个专业是与《建筑业企业资质等级标准》中的十二个工程专业相一致的。

为适应建筑市场发展需要，有利于建设工程项目与施工管理，人事部办公厅以《关于建造师资格考试相关科目专业类别调整有关问题的通知》（国人厅发［2006］213号）对建造师资格考试《专业工程管理与实务》科目的专业类别进行调整，主要调整如下：

1. 合并的专业类别

（1）将原"房屋建筑、装饰装修"合并为"建筑工程"。

（2）将原"矿山、冶炼（土木部分内容）"合并为"矿业工程"。

（3）将原"电力、石油化工、机电安装、冶炼（机电部分内容）"合并为"机电工程"。

2. 保留的专业类别

此次调整中未变动的专业类别有 7 个：公路、铁路、民航机场、港口与航道、水利水电、市政公用、通信与广电。

3. 调整后的专业类别

调整后的一级建造师资格考试《专业工程管理与实务》科目设置 10 个专业类别：建筑工程、公路工程、铁路工程、民航机场工程、港口与航道工程、水利水电工程、市政公用工程、通信与广电工程、矿业工程、机电工程。《执业范围表》中注册专业的划分与调整后的上述 10 个专业类别是统一的。

根据"关于印发《一级建造师注册实施办法》的通知建市 [2007] 101 号"第十五条规定：

"取得一级建造师资格证书的人员，可对应下述专业申请注册：建筑工程、公路工程、铁路工程、民航工程、港口与航道工程、水利水电工程、市政公用工程、通信与广电工程、矿业工程、机电工程。

资格证书所注专业为房屋建筑工程、装饰装修工程的，按建筑工程专业申请注册；资格证书所注专业为矿山工程的按矿业工程专业申请注册；资格证书所注专业为冶炼工程的，可选矿业工程或机电工程之中的一个专业申请注册；资格证书所注专业为电力工程、石油化工工程、机电安装工程的，按机电工程专业申请注册。"

3.1.3　关于工程类别划分的说明

表中工程类别共划分为 17 类，包括：①水库工程（蓄水枢纽工程）、②防洪工程、③治涝工程、④灌溉工程、⑤供水工程、⑥发电工程、⑦拦河水闸工程、⑧引水枢纽工程、⑨泵站工程（提水枢纽工程）、⑩堤防工程、⑪灌溉渠道或排水沟、⑫灌排建筑物、⑬农村饮水工程、⑭河湖整治工程（含疏浚、吹填工程等）、⑮水土保持工程（含防浪林）、⑯环境保护工程、⑰其他（其他强制要求招标的项目或上述小型工程项目）。

上述类别的划分主要依据三个标准：《水利水电工程等级划分及洪水标准》（SL 252）、《灌溉与排水工程设计规范》（GB 50288）和《堤防工程设计规范》（GB/T 50286）。

3.1.4　关于项目名称分类的说明

表中 3-2 水库工程（蓄水枢纽工程）、防洪工程等 10 个工程类别中的项目名称是根据建筑物的重要性及其包含的主要专业来划分的，并与现场施工标段划分的需要相适应。施工单位承担的可能是枢纽工程，也可能是枢纽工程中的一部分，包括永久性主要水工建筑物，永久性次要水工建筑物、临时性水工建筑物、基础处理工程、金属结构制作与安装工程、机电设备安装工程等六个方面。

堤防工程是依据其具体工程内容来划分的，并与现场施工标段划分的需要相适应，其项目名称包括：堤基处理及防渗工程；堤身填筑（含戗台、压渗平台）及护坡工程；交叉、连接建筑物工程（含金属结构与机电设备安装）；填塘固基工程；堤顶道路（含坡道）工程；堤岸防护工程等六个方面。

灌溉渠道或排水沟、农村饮水工程、河湖整治工程（含疏浚、吹填工程等）、水土保持工程（含防浪林）、环境保护工程以及其他（其他强制要求招标的项目或上述小型工程项目）等六个类别的工程未再进行项目划分。

3.1.5 关于规模标准的说明

1. 水利水电工程执业工程规模标准确定的原则：

（1）与注册建造师执业管理相关规定相结合；

（2）与现行有关划分工程等别与建筑物级别的规程、规范相衔接；

（3）便于注册建造师在执业过程中的操作。

注册建造师执业工程规模标准（水利水电工程） 表 3-1

序号	工程类别	项目名称	单位	规模			备注
				大型	中型	小型	
1	水库工程（蓄水枢纽工程）		亿立方米	≥1.0	1.0～0.001	<0.001	总库容（总蓄水容积）
		主要建筑物工程（包括大坝、隧洞、溢洪道、电站厂房、船闸等）	级	1、2	3、4、5		建筑物级别
		次要建筑物工程	级		3、4	5	建筑物级别
		临时建筑物工程	级		3、4	5	建筑物级别
		基础处理工程	级	1、2	3、4、5		相应建筑物级别
		金属结构制作与安装工程	级	1、2	3、4、5		相应建筑物级别
		机电设备安装工程	级	1、2	3、4、5		相应建筑物级别
2	防洪工程			特别重要、重要	中等、一般		保护城镇及工矿企业的重要性
			10⁴亩	≥100	100～5	<5	保护农田
		主要建筑物工程	级	1、2	3、4	5	建筑物级别
		次要建筑物工程	级		3、4	5	建筑物级别
		临时建筑物工程	级		3、4	5	建筑物级别
		基础处理工程	级	1、2	3、4	5	相应建筑物级别
		金属结构制作与安装工程	级	1、2	3、4	5	相应建筑物级别
		机电设备安装工程	级	1、2	3、4	5	相应建筑物级别
3	治涝工程		10⁴亩	≥60	60～3	<3	治涝面积
		主要建筑物工程	级	1、2	3、4	5	建筑物级别
		次要建筑物工程	级		3、4	5	建筑物级别
		临时建筑物工程	级		3、4	5	建筑物级别
		基础处理工程	级	1、2	3、4	5	相应建筑物级别
		金属结构制作与安装工程	级	1、2	3、4	5	相应建筑物级别
		机电设备安装工程	级	1、2	3、4	5	相应建筑物级别

序号	工程类别	项目名称	单位	规模			备注
				大型	中型	小型	
4	灌溉工程		10^4 亩	≥50	50～0.5	<0.5	灌溉面积
		主要建筑物工程	级	1、2	3、4	5	建筑物级别
		次要建筑物工程	级		3、4	5	建筑物级别
		临时建筑物工程	级		3、4	5	建筑物级别
		基础处理工程	级	1、2	3、4	5	相应建筑物级别
		金属结构制作与安装工程	级	1、2	3、4	5	相应建筑物级别
		机电设备安装工程	级	1、2	3、4	5	相应建筑物级别
5	供水工程			特别重要、重要	中等、一般		供水对象重要性
		主要建筑物工程	级	1、2	3、4		建筑物级别
		次要建筑物工程	级		3、4	5	建筑物级别
		临时建筑物工程	级		3、4	5	建筑物级别
		基础处理工程	级	1、2	3、4	5	相应建筑物级别
		金属结构制作与安装工程	级	1、2	3、4	5	相应建筑物级别
		机电设备安装工程	级	1、2	3、4	5	相应建筑物级别
6	发电工程		10^4 kW	≥30	30～1	<1	装机容量
		主要建筑物工程（包括大坝、隧洞、溢洪道、电站厂房、船闸等）	级	1、2	3、4	5	建筑物级别
		次要建筑物工程	级		3、4	5	建筑物级别
		临时建筑物工程	级		3、4	5	建筑物级别
		基础处理工程	级	1、2	3、4	5	相应建筑物级别
		金属结构制作与安装工程	级	1、2	3、4	5	相应建筑物级别
		机电设备安装工程	级	1、2	3、4	5	相应建筑物级别
7	拦河水闸工程		m^3/s	≥1000	1000～20	<20	过闸流量
		主要建筑物工程	级	1、2	3、4	5	建筑物级别
		次要建筑物工程	级		3、4	5	建筑物级别
		临时建筑物工程	级		3、4	5	建筑物级别
		基础处理工程	级	1、2	3、4	5	相应建筑物级别
		金属结构制作与安装工程	级	1、2	3、4	5	相应建筑物级别
		机电设备安装工程	级	1、2	3、4	5	相应建筑物级别
8	引水枢纽工程		m^3/s	≥50	50～2	<2	引水流量
		主要建筑物工程	级	1、2	3、4	5	建筑物级别
		次要建筑物工程	级		3、4	5	建筑物级别
		临时建筑物工程	级		3、4	5	建筑物级别
		基础处理工程	级	1、2	3、4	5	相应建筑物级别
		金属结构制作与安装工程	级	1、2	3、4	5	相应建筑物级别
		机电设备安装工程	级	1、2	3、4	5	相应建筑物级别

序号	工程类别	项目名称	单位	规 模			备 注
				大 型	中 型	小 型	
9	泵站工程（提水枢纽工程）		m³/s	≥50	50～2	＜2	装机流量
			10⁴kW	≥1	1～0.01	＜0.01	装机功率
		主要建筑物工程	级	1、2	3、4	5	建筑物级别
		次要建筑物工程	级		3、4	5	建筑物级别
		临时建筑物工程	级		3、4	5	建筑物级别
		基础处理工程	级	1、2	3、4	5	相应建筑物级别
		金属结构制作与安装工程	级	1、2	3、4	5	相应建筑物级别
		机电设备安装工程	级	1、2	3、4	5	相应建筑物级别
10	堤防工程		【重现期（年）】	≥50	50～20	＜20	防洪标准
		堤基处理及防渗工程	级	1、2	3、4	5	堤防级别
		堤身填筑（含戗台、压渗平台）及护坡工程	级	1、2	3、4	5	堤防级别
		交叉、连接建筑物工程（含金属结构与机电设备安装）	级	1、2	3、4	5	堤防级别
		填塘固基工程	级		1、2、3	4、5	堤防级别
		堤顶道路（含坡道）工程	级		1、2、3	4、5	堤防级别
		堤岸防护工程	级		1、2、3	4、5	堤防级别
11	灌溉渠道或排水沟		m³/s	≥300	300～20	＜20	灌溉流量
			m³/s	≥500	500～50	＜50	排水流量
			级	1	2、3	4、5	工程级别
12	灌排建筑物		m³/s	≥100	100～5	＜5	过水流量
		永久建筑物工程	级	1、2	3、4	5	建筑物级别
		临时建筑物工程	级		3、4	5	建筑物级别
		基础处理工程	级	1、2	3、4	5	相应建筑物级别
		金属结构制作与安装工程	级	1、2	3、4	5	相应建筑物级别
		机电设备安装工程	级	1、2	3、4	5	相应建筑物级别
13	农村饮水工程		万元	≥3000	3000～200	＜200	单项合同额
14	河湖整治工程（含疏浚、吹填工程等）		万元	≥3000	3000～200	＜200	单项合同额
15	水土保持工程（含防浪林）		万元	≥3000	3000～200	＜200	单项合同额

序号	工程类别	项目名称	单位	规　模			备　注
				大　型	中　型	小　型	
16	环境保护工程		万元	≥3000	3000～200	＜200	单项合同额
17	其他	其他强制要求招标的项目或上述小型工程项目	万元	≥3000	3000～200	＜200	单项合同额

注：1. 大中型工程项目负责人必须由本专业注册建造师担任，其中大型工程项目负责人必须由本专业一级注册建造师担任；

2. 对综合利用的水利水电工程，当各综合利用项目的分等（级）指标对应的规模不同时，应按最高规模确定；

3. 水利水电工程包含的通航、过木（竹）、桥梁、公路、港口和渔业等建筑物，注册建造师执业工程规模标准应参照本表中相关工程类别确定。

2. 注册建造师执业工程规模标准与水利水电工程分等指标的关系

（1）水库工程（蓄水枢纽工程）、防洪工程等九类工程执业规模标准是根据本书水利水电工程等级划分经适当调整后确定的，两者之间的关系见表3-2。

（2）堤防工程、灌溉渠道或排水沟和灌排建筑物等三类工程不分等别，因此其执业工程规模标准根据其级别来确定。

（3）农村饮水、河湖整治、水土保持、环境保护及其他等五类工程的规模标准以投资额划分。

分等指标中的工程规模与执业工程规模的关系　　　　　　　　表 3-2

序号	工程类别	分等指标中的工程规模	执业工程规模	备　注
1	①水库工程（蓄水枢纽工程）	大（1）型	大型	
		大（2）型		
		中型	中型	
		小（1）型		
		小（2）型		
		小（2）型以下	小型	
2	②防洪工程	大（1）型	大型	表 2F333013－1序号③、④、⑤、⑥、⑦、⑧、⑨等七类工程与防洪工程相同
		大（2）型		
		中型	中型	
		小（1）型		
		小（2）型	小型	

3.2　注册执业工程范围

3.2.1　注册建造师执业工程范围

建设部《注册建造师执业管理办法（试行）》建市［2008］48 号第四条规定："注册建造师应当在其注册证书所注明的专业范围内从事建设工程施工管理活动，具体执业按照本办法附件《注册建造师执业工程范围》执行。未列入或新增工程范围由国务院建设主管部门会同国务院有关部门另行规定。"规定中提到的注册建造师执业工程范围具体详见表3-3（以下简称《执业范围表》）。

序号	注册专业	工 程 范 围
1	建筑工程	房屋建筑、装饰装修、地基与基础、土石方、建筑装修装饰、建筑幕墙、预拌商品混凝土、混凝土预制构件、园林古建筑、钢结构、高耸建筑物、电梯安装、消防设施、建筑防水、防腐保温、附着升降脚手架、金属门窗、预应力、爆破与拆除、建筑智能化、特种专业
2	公路工程	公路，地基与基础、土石方、预拌商品混凝土、混凝土预制构件、钢结构、消防设施、建筑防水、防腐保温、预应力、爆破与拆除、公路路面、公路路基、公路交通、桥梁、隧道、附着升降脚手架、起重设备安装、特种专业
3	铁路工程	铁路，土石方、地基与基础、预拌商品混凝土、混凝土预制构件、钢结构、附着升降脚手架、预应力、爆破与拆除、铁路铺轨架梁、铁路电气化、铁路桥梁、铁路隧道、城市轨道交通、铁路电务、特种专业
4	民航机场工程	民航机场，土石方、预拌商品混凝土、混凝土预制构件、钢结构、高耸构筑物、电梯安装、消防设施、建筑防水、防腐保温、附着升降脚手架、金属门窗、预应力、爆破与拆除、建筑智能化、桥梁、机场场道、机场空管、航站楼弱电系统、机场目视助航、航油储运、暖通、空调、给排水、特种专业
5	港口与航道工程	港口与航道，土石方、地基与基础、预拌商品混凝土、混凝土预制构件、消防设施、建筑防水、防腐保温、附着升降脚手架、爆破与拆除、港口及海岸、港口装卸设备安装、航道、航运梯级、通航设备安装、水上交通管制、水工建筑物基础处理、水工金属结构制作与安装、船台、船坞、滑道、航标、灯塔、栈桥、人工岛、筒仓、堆场道路及陆域构筑物、围堤、护岸、特种专业
6	水利水电工程	水利水电，土石方、地基与基础、预拌商品混凝土、混凝土预制构件、钢结构、建筑防水、消防设施、起重设备安装、爆破与拆除、水工建筑物基础处理、水利水电金属结构制作与安装、水利水电机电设备安装、河湖整治、堤防、水工大坝、水工隧洞、送变电、管道、无损检测、特种专业
7	矿业工程	矿山，地基与基础、土石方、高耸构筑物、消防设施、防腐保温、环保、起重设备安装、管道、预拌商品混凝土、混凝土预制构件、钢结构、建筑防水、爆破与拆除、隧道、窑炉、特种专业
8	市政公用工程	市政公用，土石方、地基与基础、预拌商品混凝土、混凝土预制构件、预应力、爆破与拆除、环保、桥梁、隧道、道路路面、道路路基、道路交通、城市轨道交通、城市及道路照明、体育场地设施、给排水、燃气、供热、垃圾处理、园林绿化、管道、特种专业
9	通信与广电工程	通信与广电，通信线路、微波通信、传输设备、交换、卫星地球站、移动通信基站、数据通信及计算机网络、本地网、接入网、通信管道、通信电源、综合布线、信息化工程、铁路信号、特种专业
10	机电工程	机电、石油化工、电力、冶炼，钢结构、电梯安装、消防设施、防腐保温、起重设备安装、机电设备安装、建筑智能化、环保、电子、仪表安装、火电设备安装、送变电、核工业、炉窑、冶炼机电设备安装、化工石油设备、管道安装、管道、无损检测、海洋石油、体育场地设施、净化、旅游设施、特种专业

3.2.2　关于工程范围的说明

《执业范围表》中各注册专业工程范围的划分是以《建筑业企业资质等级标准》中施工总承包企业中的水利水电工程和专业承包企业中的 60 个专业为基础的。

建设部《建筑业企业资质管理规定实施意见》建市［2007］241 号明确《建筑业企业资质等级标准》中涉及水利方面的资质包括：水利水电工程施工总承包（水利专业）企业资质；水工建筑物基础处理工程专业、水工金属结构制作与安装工程专业、河湖整治工程专业、堤防工程专业、水利水电机电设备安装工程专业（水利专业）、水工大坝工程专业、水工隧洞工程专业等共七个专业承包企业资质。

涉及多个专业部门的资质包括：钢结构工程专业承包企业资质、桥梁工程专业承包企业资质、隧道工程专业承包企业资质、核工程专业承包企业资质、海洋石油专业承包企业资质、爆破与拆除工程专业承包企业资质。其中，钢结构工程和爆破与拆除工程两个专业亦纳入水利水电工程专业。

另外，为将来建造师执业留有适当的空间，在上述基础上，水利水电工程专业的执业工程范围补充增加了土石方、地基与基础、预拌商品混凝土、混凝土预制构件、建筑防水、消防设施、起重设备安装、送变电、管道、无损检测、特种专业等十一个专业。这样就形成了表中所列的二十一项工程范围，其中包括工程总承包企业的水利水电工程专业和专业承包企业的二十个专业。

3.2.3 水利水电工程范围的具体工程内容

1. 水利水电工程，不同类型的大坝、电站厂房、引水和泄水建筑物、通航建筑物、基础工程、导截流工程、砂石料生产、水轮发电机组、输变电工程的建筑安装；金属结构制作安装；压力钢管、闸门制作安装；堤防加高加固、泵站、涵洞、隧道、施工公路、桥梁、河道疏浚、灌溉、排水工程施工。

2. 水利水电金属结构制作与安装工程，各类钢管、闸门、拦污栅等水工金属结构的制作、安装及启闭机的安装。

3. 水利水电机电设备安装工程，各类水电站、泵站主机（各类水轮发电机组、水泵机组）及其附属设备和水电（泵）站电气设备的安装工程。

4. 河湖整治工程，各类河道、湖泊的河势控导、险工处理、疏浚、填塘固基工程。

5. 堤防工程专业，各类堤防的堤身填筑、堤身除险加固、防渗导渗、填塘固基、堤防水下工程、护坡护岸、堤顶硬化、堤防绿化、生物防治和穿堤、跨堤建筑物（不含单独立项的分洪闸、进水闸、排水闸、挡潮闸等）工程。

6. 水工大坝工程，各类坝型的坝基处理、永久和临时水工建筑物及其辅助生产设施的施工。

7. 水工隧洞工程，各类有压或明流隧洞工程和与其相应的进出口工程的开挖、临时和永久支护、回填与固结灌浆、金属结构预埋件等工程，以及辅助生产设施的施工。

3.3 施工管理签章文件目录

根据《注册建造师管理规定》（建设部令第153号），建设部编制了担任施工单位项目负责人的《注册建造师施工管理签章文件目录（试行）》建市［2008］42号，住房和城乡建设部建筑市场管理司组织起草了《注册建造师施工管理签章文件（试行）》建市监函［2008］49号。《注册建造师施工管理签章文件目录》和《注册建造师施工管理签章文件（试行）》均包含了房屋建筑工程、公路工程、铁路工程、民航机场工程、港口与航道工程、水利水电工程、电力工程、矿山工程、冶炼工程、石油化工工程、市政公用与城市轨道工程、通信与广电工程、机电安装工程、装饰装修工程等十四个专业。

3.3.1 水利水电工程注册建造师施工管理签章文件

现行相关标准、规程对施工单位项目负责人需签署的文件已经进行了规定，主要体现在《水利工程建设项目施工监理规范》（SL 288）、《水利工程施工质量检验与评定规程》（SL 176）、《水利水电工程标准施工招标文件》（2009年版）、《水利水电建设工程验收规程》（SL 223）等，共有近百份表格。

本着突出重点、兼顾全面的原则，从上述近百种表式文件中选取了35份作为水利水

电工程注册建造师施工管理签章文件,详见表 3-4。其中,施工组织文件 2 份,进度管理
文件 5 份,合同管理文件 12 份,质量管理文件 5 份,安全及环保管理文件 3 份,成本费
用管理文件 4 份,验收管理文件 4 份。

考虑与其他行业的统一,同时本着完善和创新的原则,所有表式均进行了调整和修
订。另外,为突出注册建造师在工程施工建设中的作用,对个别文件签署人员还进行了修
正。签章文件与现行标准使用的表式文件基本对应,详见表 3-5。

水利水电工程注册建造师施工管理签章文件目录表　　　　表 3-4

序号	工程类别	文件类别	文件名称	表号	备注
1	水库工程(蓄水枢纽工程)	施工组织文件	施工组织设计报审表	CF101	
			现场组织机构及主要人员报审表	CF102	
		进度管理文件	施工进度计划报审表	CF201	
			暂停施工申请表	CF202	
			复工申请表	CF203	
			施工进度计划调整报审表	CF204	
			延长工期报审表	CF205	
		合同管理文件	合同项目开工申请表	CF301	
			合同项目开工令	CF302	
			变更申请表	CF303	
			变更项目价格签认单	CF304	
			费用索赔签认单	CF305	
			报告单	CF306	
			回复单	CF307	
			施工月报	CF308	
			整改通知单	CF309	
			施工分包报审表	CF310	
			索赔意向通知单	CF311	
			索赔通知单	CF312	
		质量管理文件	施工技术方案报审表	CF401	
			联合测量通知单	CF402	
			施工质量缺陷处理措施报审表	CF403	
			质量缺陷备案表	CF404	
			单位工程施工质量评定表	CF405	
		安全及环保管理文件	施工安全措施文件报审表	CF501	
			事故报告单	CF502	
			施工环境保护措施文件报审表	CF503	
		成本费用管理	工程预付款申请表	CF601	
			工程材料预付款申请表	CF602	
			工程价款月支付申请表	CF603	
			完工/最终付款申请表	CF604	
		验收管理文件	验收申请报告	CF701	
			法人验收质量结论	CF702	
			施工管理工作报告	CF703	
			代表施工单位参加工程验收人员名单确认表	CF704	

注:1. 表中工程类别的划分是与注册建造师执业工程规模标准中的工程类别相一致的;

2. 本表以注册建造师执业工程规模标准中的水库工程(蓄水枢纽工程)为例对注册建造师施工管理签章文件
目录进行规定,其他 16 个类别的工程其签章文件目录与本表相同。

序号	工程类别	文件类别	文件名称	表号	对应表号	对应文件	备注
1	水库工程（蓄水枢纽工程）	施工组织文件	施工组织设计报审表	CF101	CB01	《水利工程建设项目施工监理规范》	
			现场组织机构及主要人员报审表	CF102	CB06	《水利工程建设项目施工监理规范》	
		进度管理文件	施工进度计划报审表	CF201	CB02	《水利工程建设项目施工监理规范》	
			暂停施工申请表	CF202	CB21	《水利工程建设项目施工监理规范》	
			复工申请表	CF203	CB22	《水利工程建设项目施工监理规范》	
			施工进度计划调整报审表	CF204	CB24	《水利工程建设项目施工监理规范》	
			延长工期报审表	CF205	CB25	《水利工程建设项目施工监理规范》	
		合同管理文件	合同项目开工申请表	CF301	CB14	《水利工程建设项目施工监理规范》	
			合同项目开工令	CF302	JL02	《水利工程建设项目施工监理规范》	
			变更申请表	CF303	CB23	《水利工程建设项目施工监理规范》	
			变更项目价格签认单	CF304	JL15	《水利工程建设项目施工监理规范》	
			费用索赔签认单	CF305	JL20	《水利工程建设项目施工监理规范》	
			报告单	CF306	CB34	《水利工程建设项目施工监理规范》	
			回复单	CF307	CB35	《水利工程建设项目施工监理规范》	
			施工月报	CF308	CB32	《水利工程建设项目施工监理规范》	
			整改通知单	CF309	JL11	《水利工程建设项目施工监理规范》	
			施工分包报审表	CF310	CB05	《水利工程建设项目施工监理规范》	
			索赔意向通知单	CF311	CB27	《水利工程建设项目施工监理规范》	
			索赔通知单	CF312	CB28	《水利工程建设项目施工监理规范》	
		质量管理文件	施工技术方案报审表	CF401	CB01	《水利工程建设项目施工监理规范》	
			联合测量通知单	CF402	CB12	《水利工程建设项目施工监理规范》	
			施工质量缺陷处理措施报审表	CF403	CB19	《水利工程建设项目施工监理规范》	
			质量缺陷备案表	CF404	附录 B	《水利工程施工质量检验与评定规程》	
			单位工程施工质量评定表	CF405	附录 G 表 G-2	《水利工程施工质量检验与评定规程》	
		安全及环保管理文件	施工安全措施文件报审表	CF501			新增
			事故报告单	CF502	CB20	《水利工程建设项目施工监理规范》	
			施工环境保护措施文件报审表	CF503			新增
		成本费用管理	工程预付款申请表	CF601	CB09	《水利工程建设项目施工监理规范》	
			工程材料预付款申请表	CF602	CB10	《水利工程建设项目施工监理规范》	
			工程价款月支付申请表	CF603	CB31	《水利工程建设项目施工监理规范》	
			完工/最终付款申请表	CF604	CB36	《水利工程建设项目施工监理规范》	
		验收管理文件	验收申请报告	CF701	CB33	《水利工程建设项目施工监理规范》	
			法人验收质量结论	CF702		《水利水电建设工程验收规程》	
			施工管理工作报告	CF703		《水利水电建设工程验收规程》	
			代表施工单位参加工程验收人员名单确认表	CF704		《水利水电建设工程验收规程》	

3.3.2　水利水电工程注册建造师施工管理签章文件使用

施工单位与发包方以及监理单位涉及上述签章文件时，施工单位需要具有注册建造师执业资格的人士签字并加盖执业章。水利水电工程注册建造工程师施工管理签章文件 35 份表格总体表式基本一致，共性部分需注意以下几点：

（1）表右上角的"CF×××"，指水利水电工程注册建造师签章文件的表式编号，如"CF203"指的是水利水电工程注册建造师签章文件第 2 组的第 3 份表式文件；"CF502"是水利水电工程注册建造师签章文件中第 5 组的第 2 份表式文件，依此类推。

（2）合同名称，指工程施工合同上所标注的名称，填写时可将合同编号用括号附在其后。

（3）编号：指该表式文件需编写的流水号，可自行编排。

（4）承包人、监理机构、发包人、设代机构，均指各方的现场管理机构，如"项目经理部"、"项目监理部"、"建管处"、"设代组"等。

（5）表式文件中的"□"，指示选择项，应在文件对应的"□"上打"√"。

（6）"签章"，指的是签字并加盖注册建造师图章。